U0345638

中苜2号优株

苜蓿品种比较试验

苜蓿单株选择

中苜3号生产试验
（上为中苜3号，下为对照）

苜蓿原种生产田

原种生产田喷灌设施

茎叶比测定

苜蓿的刈割

苜蓿测产试验

苜蓿鲜重测定

苜蓿杂交试验

中苜3号原原种田

加拿大苜蓿分子育种专家来所交流

研究团队与加拿大专家合影

耐盐苜蓿单株

中苜3号耐盐苜蓿新品种在重盐碱地的返青

苜蓿种子

中苜2号苜蓿的侧根

苜蓿的不同花色

国家出版基金项目
NATIONAL PUBLICATION FOUNDATION

现代农业高新技术成果丛书

苜蓿种植区划及品种指南

Guide for Alfalfa Planting Zone and Cultivar

杨青川　　主　编

中国农业大学出版社
·北京·

内 容 简 介

本书内容包括：国内外苜蓿品种的种植区划，中国苜蓿的地方品种、育成品种、引进品种以及国外近年育成的品种866个（其中中国41个、外国825个）。详细介绍了每个品种的亲本来源、育种方法、植物学特征、抗病虫、抗逆等重要性状以及适宜种植区域。本书可供从事苜蓿生产与经营管理人员以及大、中专院校师生参考，也可供环保、土壤治理及苜蓿爱好者参考与使用。

图书在版编目（CIP）数据

苜蓿种植区划及品种指南/杨青川主编 . --北京：中国农业大学出版社，2012.3
ISBN 978-7-5655-0483-9

Ⅰ.①苜⋯　Ⅱ.①杨⋯　Ⅲ.①紫花苜蓿-种植-农业区划-指南②紫花苜蓿-品种-指南
Ⅳ.①S551－64

中国版本图书馆CIP数据核字（2012）第019359号

书　　名	苜蓿种植区划及品种指南
作　　者	杨青川　主编

责任编辑	张蕊　张玉　高欣	责任校对	陈　莹　王晓凤
封面设计	郑　川		
出版发行	中国农业大学出版社		
社　　址	北京市海淀区圆明园西路2号	邮政编码	100193
电　　话	发行部 010-62731190，2620	读者服务部	010-26732336
	编辑部 010-62732627，2618	出 版 部	010-62733440
网　　址	http://www.cau.edu.cn/caup	E-mail	cbsszs@cau.edu.en
经　　销	新华书店		
印　　刷	涿州市星河印刷有限公司		
版　　次	2012年3月第1版　2012年3月第1次印刷		
规　　格	787×1092　16开　18.5印张　477千字　彩插4		
定　　价	86.00元		

编 写 人 员

主　编　杨青川

副主编　张铁军　孙　彦

参　编（以姓氏笔画为序）

孙　彦（中国农业大学）
张铁军（中国农业科学院北京畜牧兽医研究所）
杨青川（中国农业科学院北京畜牧兽医研究所）
郭文山（中国农业科学院北京畜牧兽医研究所）
康俊梅（中国农业科学院北京畜牧兽医研究所）
熊军波（湖北省农业科学院）

出版说明

瞄准世界农业科技前沿,围绕我国农业发展需求,努力突破关键核心技术,提升我国农业科研实力,加快现代农业发展,是胡锦涛总书记在2009年五四青年节视察中国农业大学时向广大农业科技工作者提出的要求。党和国家一贯高度重视农业领域科技创新和基础理论研究,特别是863计划和973计划实施以来,农业科技投入大幅增长。国家科技支撑计划、863计划和973计划等主体科技计划向农业领域倾斜,极大地促进了农业科技创新发展和现代农业科技进步。

中国农业大学出版社以973计划、863计划和科技支撑计划中农业领域重大研究项目成果为主体,以服务我国农业产业提升的重大需求为目标,在"国家重大出版工程"项目基础上,筛选确定了农业生物技术、良种培育、丰产栽培、疫病防治、防灾减灾、农业资源利用和农业信息化等领域50个重大科技创新成果,作为"现代农业高新技术成果丛书"项目申报了2009年度国家出版基金项目,经国家出版基金管理委员会审批立项。

国家出版基金是我国继自然科学基金、哲学社会科学基金之后设立的第三大基金项目。国家出版基金由国家设立、国家主导,资助体现国家意志、传承中华文明、促进文化繁荣、提高文化软实力的国家级重大项目;受助项目应能够发挥示范引导作用,为国家、为当代、为子孙后代创造先进文化;受助项目应能够成为站在时代前沿、弘扬民族文化、体现国家水准、传之久远的国家级精品力作。

为确保"现代农业高新技术成果丛书"编写出版质量,在教育部、农业部和中国农业大学的指导和支持下,成立了以石元春院士为主任的编审指导委员会;出版社成立了以社长为组长的项目协调组并专门设立了项目运行管理办公室。

"现代农业高新技术成果丛书"始于"十一五",跨入"十二五",是中国农业大学出版社"十二五"开局的献礼之作,她的立项和出版标志着我社学术出版进入了一个新的高度,各项工作迈上了新的台阶。出版社将以此为新的起点,为我国现代农业的发展,为出版文化事业的繁荣做出新的更大贡献。

中国农业大学出版社

2010年12月

前　言

　　苜蓿被誉为牧草之王,具有产草量高、富含蛋白质、适口性好、生物固氮能力强、适应性广等特点。其在美国的种植面积是仅次于玉米、大豆、小麦之后的第四大作物,对畜牧业的发展作出了重要的贡献。随着我国人民生活水平的提高,膳食结构更追求优质蛋白与营养平衡,因此,进一步加速奶牛等草食家畜饲养业的发展,生产优质畜产品已成为客观需求。生产草食家畜等动物产品,苜蓿有着不可替代的作用。近年来我国的苜蓿草价格一路走高,市场供不应求,为了满足市场需求,提升牛奶等畜产品质量安全,农业部、财政部及时提出了"奶业振兴苜蓿发展行动",大力发展种草养畜,退耕还草;同时这也是改善生态环境的重要举措。

　　当前,苜蓿产业发展迅速,农民、企业种植苜蓿的积极性方兴未艾,出现了前所未有的大好局面,已成为农业种植结构调整中的一个重要产业,成为推动农村经济可持续发展与增加农民收入的新的增长点,但目前存在的首要问题是,适宜当地种植的苜蓿品种及其栽培技术措施滞后,这势必造成盲目引种,不合理的栽培管理等,由此给农民与生产经营者带来不必要的经济损失。为解决这一生产实践问题,我们查阅了大量国内外苜蓿品种的相关文献资料,对其特征特性进行了较为详细的介绍,以期为苜蓿生产单位的品种选择提供参考资料,为苜蓿育种提供优良种质资源信息。

　　为了使人们更多地了解苜蓿的品种区划、新品种的特征特性等我们编著了此书。内容包括:国内外苜蓿品种的种植区划,中国苜蓿的地方品种、育成品种、引进品种以及国内外近年育成的品种 866 个(其中中国 41 个、外国 825 个)。详细介绍了每个品种的亲本来源、育种方法、植物学特征、抗病虫、抗逆等重要性状以及适宜种植区域。该书是编著者在多年从事苜蓿科研及生产实践的基础上,进行总结分析与归纳,并参阅国际上最新苜蓿品种文献资料编写而成,具有较高的实用价值。由于成书时间较紧,书中难免有疏漏之处,欢迎广大读者提出宝贵意见,以便再版时修改完善。

　　本书可供从事苜蓿生产与经营管理人员以及大、中专院校师生参考,也可供环保、土壤治理及苜蓿爱好者参考与应用。

编　者

2011 年 11 月

目　录

1

第1章

苜蓿的概论

1.1 苜蓿的起源与传播

1.1.1 苜蓿的起源

紫花苜蓿起源于小亚细亚、外高加索、伊朗和土库曼高地，随后从伊朗逐步传播到其他国家。黄花苜蓿也被认为起源于中亚，它分布于西伯利亚最北部到整个欧洲广泛的区域，枝条匍匐，具有较强的抗寒性。在近代苜蓿的形成中，它起到了提供抗寒遗传基因的重要作用。

1.1.2 苜蓿的传播

中国汉代旅行家、外交家、卓越的探险家张骞于公元前138年与公元前119年奉诏两次出使西域，是中国历史上第一位走出国门的人，他开拓了汉朝通往西域的南北道路，并从西域诸国引进汗血马，还引进了包括苜蓿在内的一些植物种子。有关苜蓿引种种植在我国古代《汉书·西域传》就出现记载："罽宾地平，温和，有苜蓿"。罽宾是古西域国名，在今喀布尔河下游及克什米尔一带。"大宛国，俗嗜酒，马嗜苜蓿"。武帝时得其马，汉使采苜蓿种归，"益种苜蓿离宫馆旁，极望焉"。大宛即位于今帕米尔西麓，锡尔河上、中游，今乌兹别克斯坦费尔干纳盆地。《史记·大宛列传》也记载："马嗜苜蓿，汉使取其实来，于是天子始种苜蓿"，"离宫别舍宫房尽种苜蓿"。这样苜蓿就作为饲料引入了中国，最初在西安一带种植，以后逐渐扩大到陕西各地。由于苜蓿具有很高的营养与饲用价值，广泛地被传播，如今在全国各地均有种植，主要产区在西北、华北、东北、江淮流域。

Bolton等论述了苜蓿的传播，公元前400年，苜蓿由波斯传入希腊，然后扩散到整个意大利，公元前27年，罗马时代在其占领的土地积极栽种苜蓿，苜蓿很快传到西班牙、瑞士、法国。

从 16 世纪到 18 世纪,伴随着对苜蓿的进一步认识,苜蓿由西班牙传遍欧洲各地。

1850 年,苜蓿在美洲的西海岸引种成功。1858 年,苜蓿从墨西哥、秘鲁、智利等地传入加利福尼亚州,成为深受当地畜牧生产者欢迎的牧草。这之后,从加利福尼亚州向美国西南各州急速传播,很快到达密西西比河东岸。跨越密西西比河向美国的东、北部扩展,用了 50 年的时间。智利型苜蓿为暖地生态型,虽然适应温暖、干燥的美国西南部的气候,但缺乏适应东部、北部气候所必需的耐寒性。在栽培方面,没有适应东部、北部寒冷、多湿的栽培技术。故此,1899年,密西西比河东岸苜蓿的栽培面积还不到全美国苜蓿面积的 1%,苜蓿向东扩展受到了限制。1857 年,德国人从德国把 Media 型的耐寒品系带到美国中北部的明尼苏达州,开拓了在湿冷地区种植苜蓿的道路。经过多代的反复筛选育成了耐寒苜蓿品种 Grimm。虽说苜蓿渡过密西西比河用了 50 年,但针对东部各州的品种改良、用石灰改良土壤、接种根瘤菌等技术已有发展。1958 年,密西西比河东岸各州,苜蓿种植面积已达全美国的 65%,成为苜蓿的主产地。

1.2 苜蓿的遗传改良

1.2.1 中国古代苜蓿选种思想来源

中国古代至迟北魏,就形成了从选种、留种到建立种子田的一整套管理制度,并培育出了一批耐旱、耐水、免虫,以及矮秆、早熟、高产、味美的优良品种。《齐民要术·收种》篇云:"粟、黍、穄、粱、秫,常岁岁别收,选好穗纯色者,劁刈高悬之,至春,治取别种,以拟明年种子,其别种种子,尝须加锄,先治而别埋还以所治襄草蔽窖。将种前二十许日,开出,水淘,即晒令燥,种之"。描述了对作物选中精耕细作,不能混杂,年年选,这与今天的混合选种法是相类似的,反映了一种较高的认识水平。当时已认识到了早熟、矮秆作物之优势。《齐民要术·种谷》篇云:"早熟者,苗短而收多;晚熟者,苗长而收少",这是十分卓越的见解。人们已进一步认识到了物性与地域的关系,某些作物只宜于在某地生长和留种,而不宜于在另一地生长和留种。在这些先进的选种思想指导下,选育出一批优良作物种子。由于栽培利用以人类需求为服务目的,从而形成了较为完善的选种思想和选种方法,也对我国苜蓿的选育理论与选育技术奠定了坚实的基础。

中国古代栽培利用苜蓿基本有三种方式,一是作为牲畜的饲料之用;二是作为一种重要的救荒植物,其叶、种子均为人所食用且制作方法丰富;三是作为一种重要的中药,其地上部分、地下部分均可入药,对多种疾病有疗效。随着苜蓿的栽培逐渐形成了一套行之有效的方法。对于苜蓿栽培方法在北魏的贾思勰所著的《齐民要术》一书中就有详细记载:"地宜良熟。七月种之。畦种水浇,一如韭法……亦一剪一上粪,铁耙楼土令起,然后下水。旱种者,重楼构地,使垄深阔,窍瓠下子,批契曳之。每至正月,烧去枯叶。地液辄耕垄,以铁齿扁榛扁榛之,更以鲁斫斸其科土,则滋茂矣不尔,瘦矣。一年三刈。留子者,一刈则止。春初既中生啖,为羹甚香。长宜饲马,马尤嗜。此物长生,种者一劳永逸。都邑负郭,所宜种之。"崔寔曰:"七月,八月,可种苜蓿"。由于苜蓿的栽培和利用为人们选育苜蓿品种提供了目标与方向,选育主要从苜蓿的高产、品质方面进行。且随着苜蓿应用范围扩大,选育的品种类型也在增加。

1.2.2　国内苜蓿的选育概况

　　20 世纪 40 年代初,我国少数学者进行过野生苜蓿的调查、搜集以及国外苜蓿品种的引种栽培试验。现代意义上的苜蓿育种始于 20 世纪 50 年代,80 年代比较广泛,1986 年全国牧草品种审定委员会正式成立,极大地促进了我国苜蓿品种选育、地方良种的整理、国外优良苜蓿品种的引进以及野生苜蓿的驯化工作。1987—2010 年,中国已经审定登记的苜蓿属的育成品种 34 个,野生栽培品种 5 个,地方品种 19 个,远远低于美国每年 50～90 个的品种育成速度。在 34 个育成品种中有 21 个紫花苜蓿(*Medicago sativa* L.)品种,10 个杂花苜蓿(*Medicago varia* Martin)品种,3 个是扁蓿豆与紫花苜蓿杂交种(*Medicago sativa* L.×*Medicago ruthenica*(L.)Sojak)。野生栽培品种中 1 个黄花苜蓿(*Medicago falcata* L.)品种,1 个天蓝苜蓿(*Medicago lupulina* L.)品种。其中草原 2 号、中苜 1 号、中苜 3 号、甘农 3 号、公农 1 号等推广面积相对较大,已在生产上发挥了较大的作用。

1.2.3　国内苜蓿选育的类型

　　现有登记苜蓿品种中,选育的类型基本上包括抗寒、高产、耐盐、耐牧根蘖型、抗病等类型。在 34 个品种中,抗寒品种 17 个,占 50%。抗寒品种有草原 1 号、草原 2 号、龙牧 801、龙牧 803、龙牧 806 等。据报道,草原 1 号、草原 2 号在冬季极端低温达—43℃的地区越冬率达 90% 以上,龙牧 801、龙牧 803 在冬季少雪—35℃和有雪—45℃能安全越冬,气候不正常年份越冬率仍达 78%～82%;高产品种有 11 个品种,占 32%,有中苜 2 号、公农 1 号等;耐盐品种 2 个,占 5.9%,分别为中苜 1 号、中苜 3 号,中苜 1 号在含盐量 0.3%的盐碱地上比一般栽培品种增产 10%以上,中苜 3 号在含盐 0.18%～0.39%的盐碱地上比中苜 1 号紫花苜蓿增产 10%以上;耐牧根蘖型品种 1 个,即公农 3 号苜蓿,该品种具大量水平根,根蘖株率达 30%以上。甘农 2 号杂花苜蓿,其开放传粉后代的根蘖株率在 20%以上。抗病品种 2 个,即中兰 1 号和新牧 4 号,中兰 1 号品种高抗霜霉病,无病株率达 95%～100%,中抗褐斑病,产草量比对照地方品种陇中苜蓿提高 22.4%～39.9%;抗虫品种 1 个,甘农 5 号是抗蚜虫与蓟马品种。从以上综述可见,我国苜蓿现有的品种选育类型少,在抗除草剂等方面几乎是空白。从选育的类型和数量上,远远满足不了我国市场需求。

1.2.4　国内苜蓿育种方法

　　国内苜蓿育种方法通常有选择育种、杂交育种、雄性不育系育种、生物技术辅助育种、航天育种等方法。各种方法均有应用,应用较多的是选择育种和杂交育种。

1. 选择育种

　　选择育种就是选优去劣,从自然的或人工创造的群体中根据个体的表现型选出具有优良性状、符合育种目标的基因型,并使所选择的性状稳定地遗传下去。这是改良现有品种、育成新品种的重要手段,有混合选择与轮回选择。我国登记审定的品种如中苜 1 号、中苜 2 号、中苜 3 号、公农 1 号、公农 2 号、公农 3 号、新牧 1 号、新牧 2 号、新牧 3 号、甘农 2 号苜蓿等品种,都是用选择育种的方法育成的[6,7]。这种方法实用有效,易于掌握,目前仍然是苜蓿育种最重要的方法之一。

2. 杂交育种

杂交育种指不同种群、不同基因型个体间进行杂交,并在其杂种后代中通过选择而育成纯合品种的方法。杂交可以使双亲的基因重新组合形成各种不同的类型,为选择提供丰富的材料;基因重组可以将双亲控制不同性状的优良基因结合于一体,或将双亲中控制同一性状的不同微效基因积累起来,产生在该性状上超过亲本的类型。正确选择亲本并予以合理组配是杂交育种成败的关键。我国登记品种中,甘农 3 号和图牧 2 号是品种间杂交育成的。草原 1 号、草原 2 号、图牧 1 号、甘农 1 号等均是利用这一特性通过紫花苜蓿与黄花苜蓿的杂交而育成;王殿魁利用辐射二倍体扁蓿豆(*Medicago ruthenica*)和四倍体苜蓿(*Medicago sativa*)种子,在辐射诱变的基础上,以野生二倍体扁蓿豆为母本,四倍体肇东苜蓿为父本,杂交育成龙牧 801;父母本反交育成龙牧 803。杂交育种与选择育种相比更具有创新性,更易获得符合育种目标的品种。

3. 雄性不育系育种

雄性不育系即雄性的花粉败育,但雌花发育正常,自花授粉不结实,但授予其他品系的花粉则可结实的品系。苜蓿雄性不育系育种方法开始是 1958 年加拿大学者首先发现了苜蓿雄性不育株,之后在美国、俄罗斯、匈牙利、保加利亚、法国、日本等研究人员相继培育出苜蓿雄性不育系。我国首次发现的苜蓿雄性不育系是 1978 年内蒙古农业大学吴永敷教授从草原 1 号杂花苜蓿(*Medicago varia* Martin. cv. Caoyuan No.1)中选育出的 6 株雄性不育株;1995 年,中国农业科学院畜牧研究所从大西洋苜蓿中发现 3 株雄性不育株;2008 年,吉林省农业科学院草地研究所首次在苜蓿单株观察中发现不育系,并在开放授粉条件下获得了 F_1 代种子。

4. 生物技术育种

生物技术育种主要是利用重组 DNA 技术与植物细胞全能性相结合,可以在体外操作基因,并将外源基因转入植物的细胞,再生出转基因植株,从而开创了用基因工程进行苜蓿改良的新途径。一般分子标记辅助育种常常结合常规育种方法,能加速育种进程,更有效地选育出目标品种。目前,我国登记的品种当中没有单纯应用生物技术育成的品种。较多的研究集中于抗性基因的转化与基因表达研究,以提高苜蓿的抗性。

5. 航天育种

航天育种也称空间技术育种或天空育种,就是指利用返回式航天器和高空气球等所能达到的空间环境对植物的诱变作用以产生有益变异,在地面选育新种质、新材料,培育新品种的育种技术。任卫波利用傅里叶变换拉曼光谱法对卫星搭载当代的紫花苜蓿种子研究结果表明,与地面对照相比,经卫星搭载后的苜蓿种子的 DNA 和 Ca^{2+} 的含量出现增加趋势,糖类与脂类的量出现降低趋势。其可能原因是种子主动修复诱变产生的 DNA 损伤时,消耗部分贮存能量所致,而空间飞行过程中的超重导致种子细胞内的 Ca^{2+} 浓度升高,飞行因子导致种子提前萌发,DNA 大量合成与复制,种子储藏的能量提前降解消耗。这一结果将对苜蓿空间诱变机理研究有重要参考价值。张文娟[15]对神舟 3 号飞船搭载的 4 个紫花苜蓿(Medicago sativa L.)品种的种子和对照组植株叶片显微结构进行分析,结果表明:4 个品种叶片厚度均显著大于对照,叶脉突起度均显著小于对照;栅栏组织厚度显著大于对照;细胞结构紧密度、疏松度与对照均有显著差异。这些变异的产生可能影响其抗性表现,可作为进一步抗性选育的依据。王长山于 2003 年利用第 18 颗返回式卫星搭载了龙牧 803 紫花苜蓿和肇东苜蓿两品种进行空间诱变处理,研究其细胞学效应,结果表明空间诱变的苜蓿染色体畸变类型均以微核为主;空间诱变条件作用下,有丝分裂细胞染色体发生各种可见变异。

1.2.5　国外苜蓿品种改良核心遗传资源

过去,美国从国外引入苜蓿,现在已成为北美地区栽培最广泛的牧草。美国从 1850 年到 1947 年间在世界各地收集了 9 个苜蓿的主要资源,包括 M. falcata、Ladak、M. varia、Turkistan、Flemish、Chilean、Peruvian、Indian、African 用来进行品种改良,如表 1-1 所示。

表 1-1　导入美国的苜蓿核心遗传资源

品系名	导入年代	导入过程	改良成的品种	特性上的优点	缺点
M. falcate	1894—1909	1. 俄罗斯和西伯利亚→南达科塔州 2. 阿拉斯加→加拿大	Rhizoma Rambler Teton Vemal	具有耐寒性的主要遗传基因资源。茎枝匍匐、匍匐根,对叶上的病害有抗性	晚夏产草量低,秋天进入秋眠期早,对细菌性萎凋病缺乏抵抗性,采种量低
Ladak	1901	印度北部开斯米尔的拉达克→南达科塔州	Beaver Ramsey Norseman Rambler	具耐寒性,头茬草高产,对细菌性萎凋病及叶上的病害有抵抗性	秋天早秋眠,2 茬草产草量不高
M. media (M. varia)	1958 1861 1905 1907	1. 德国→明尼苏塔 2. 欧洲→安大略 3. 北欧→南达科塔州 4. 俄罗斯→南达科塔州	Grimn Ontario Variegated Baltic Cossak	具有耐寒性,比 M. falcate 和 Ladak 的生育状况好	对细菌性凋萎病抵抗性弱
Turkistan	1898—1927	从俄罗斯以商业基准进口	Nemastan Lahontan Hardistan Zia	具有多样性的遗传物质,对根颈和根上的病害有抗性,抗线虫病及虫害,具耐寒性	种子产量低,对叶上的病害缺乏抗性

续表 1-1

品系名	导入年代	导入过程	改良成的品种	特性上的优点	缺 点
Flemish	1947	法国北部→美国	Du Puits Alfa,Europe Cardinal	刈割后再生速度快,早熟,粗茎,草势好,对叶上的病害有抗性	缺乏对根和根颈上的病害的抵抗性,耐寒性中等
Chilean (Spanish)	16世纪至19世纪50年代初	1. 西班牙→墨西哥、秘鲁→南美→美国 2. 墨西哥→加利福尼亚	California Comon Williamsburg Buffalo Cherokee	在美国特别是西南各州大面积种植,是品种改良的基本材料	欠缺耐寒性,不耐蚜虫
Peruvian	1899	西班牙→秘鲁 两个世纪后→加利福尼亚及亚利桑那州	Smooth Peruvian Hairy Peruvian Sonora	没有秋眠期,到50年代成为西南部的主要栽培品种	欠缺耐寒性,不抗蚜虫
Indian	1913 1956	1. 印度→加利福尼亚 2. 同上第二次引种	Indian Sirsa No. 9 Mesa Sirsa	没有秋眠期	欠缺耐寒性,不抗蚜虫
African	1924	埃及→美国 阿拉伯→美国	Hegazi (FC31,370) FC32,173 Moapa, Sonora	没有秋眠期,加利福尼亚、亚利桑那品种的主要遗传资源(50%)	欠缺耐寒性,不抗蚜虫

注:此表来自《苜蓿——品种、栽培、利用》,日本国际协力事业团。

第 2 章

苜蓿品种区划

苜蓿的生长发育与环境有密切关系,各种自然环境和人工环境均能影响苜蓿的产量和持久性。影响苜蓿的环境因素主要有气候、土壤和生物等因素,其中气候因子、土壤因子是决定苜蓿分布范围和生长发育状况的最主要因素。

国内外苜蓿品种繁多,了解不同苜蓿品种的特性和适应性及其分布区域,对特定地区及特定用途的苜蓿品种选择有着非常重要作用。

2.1 中国苜蓿品种区划

我国的苜蓿种植区划,主要依据我国的各地具体气候、土壤情况而划分。我国苜蓿主要分布在华北、西北、东北和江苏北部等地区,全国紫花苜蓿主要分布图见图 2-1。由于我国夏季雨水较多,冬季寒冷干燥,因而在不同地区进行引种,一定要在试验成功的基础上,再进行大面积种植,避免减少不必要的损失。依据《中国多年生栽培草种区划》将我国苜蓿种植区大体划分为 6 个大区。

2.1.1 东北苜蓿种植区

1. 自然条件

本区位于北纬 $38°4'\sim53°24'$,东经 $115°15'\sim135°$,包括内蒙古自治区的呼盟、兴安盟和黑龙江、吉林、辽宁三省。地势大体西北部、北部和东南部高,东北与南部低,形成从北往南、东西两侧向中部倾斜。山丘大致分列于东西两侧,中部为广阔平原,兼有山地、丘陵等多种地貌。东北部为三江平原,西部为松嫩平原。成为我国最大的东北平原的一部分。

本区位于北半球中纬度地带,海拔高度 $50\sim1\,000$ m 不等,大陆性气候明显,冬季多西北

7

风,寒冷干燥,最低气温可达−40℃,夏季多东南风,高温多雨,极端最高气温可达40℃。依照温度指标,从南至北可分为中温带和寒温带;依照水分条件,从东部山区到西部平原,依次分为湿润、半湿润、半干旱三个地区。辽宁≥10℃的积温2 800～3 700℃,吉林2 100～3 200℃,黑龙江2 000～2 900℃;无霜期辽宁150～180 d,吉林120～150 d,黑龙江90～120 d。年降水量250～700 mm。全年日照时数黑龙江2 300～2 800 h,吉林省2 200～3 000 h,辽宁省2 101～2 944 h。土壤有黑钙土、草甸土、暗棕壤及部分沼泽土。

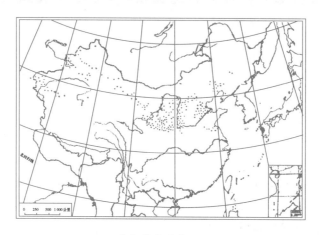

图 2-1　全国紫花苜蓿主要分布图

注:此图来源于耿华珠主编《中国苜蓿》,中国农业出版社。

2. 本区适宜的苜蓿品种

公农1号、公农2号、公农3号肇东苜蓿、龙牧801苜蓿、龙牧803苜蓿等。

2.1.2　内蒙古高原苜蓿种植区

1. 自然条件

本区位于北纬36°40′～46°50′,东经90°12′～123°30′,地处内蒙古高原,西部为甘肃河西走廊,西南为内蒙古境内阿拉善高原,东侧一断层临宁夏平原,至宁中山间盆地,东南部河北省坝上高原划入本区。东部、东南部与吉林省、辽宁省相连,南部与河北省、山西省、陕西省交界,最西部与新疆相接,最北部与蒙古国相连。

本区土地辽阔,全境以高原为主,内蒙古高原海拔1 000～1 600 m,起伏和缓,河西走廊海拔2 000～4 000 m,4 100 m以上终年积雪。年平均气温−3～9.4℃,≥10℃的积温2 000～2 800℃,无霜期90～170 d,北部温度偏低,西部气温年较差、日较差很大,极端最低温度−49.6℃,冬季严寒,夏季温暖,全年降水量50～450 mm之间,70%集中在夏季。光资源丰富,日照强烈,年日照2 500～3 400 h,年太阳辐射量为443.1～660.4 kJ/cm²,由东南向西部西北递增,为全国日照最丰富的地区之一。土壤主要为栗钙土、灰钙土、黄棕漠土、绿洲灌耕土、灰棕漠土及盐土、辐射风沙土等。植被有明显地带性过渡变化,由东向西、由南向北随着降水量的逐渐减少,海拔、干燥度与气温的变化,植被有由草原向荒漠过渡的特征。

2. 本区适宜的苜蓿品种

草原1号、草原2号、草原3号、敖汉苜蓿、准格尔苜蓿、蔚县苜蓿等。

2.1.3 黄淮海苜蓿种植区

1. 自然条件

本区位于长城以南,太行山以东,淮河以北,濒临渤海与黄海,包括北京、天津、河北省大部、河南省东部、山东省全部及江苏省苏北地区部分、安徽省淮北地区部分。其北部为燕山,西部为太行山,中北部为鲁中南山地丘陵,东南部为胶东低山丘陵。

全区除山地外,为我国最大的冲击平原,即"华北平原",系由黄淮海三大水系冲击而成。气候属暖温带,年平均气温 6~14.5℃,≥10℃的积温 4 000~4 500℃,无霜期 145~220 d,除北部山区外,可以两年三熟到一年两熟,年降水量 500~850 mm 之间,70% 集中在夏季。光资源丰富,日照强烈,年日照 2 200~2 900 h,年太阳辐射量为 501~601.2 kJ/cm²,为全国日照最丰富的地区之一。本区山地多棕壤,低山丘陵及山前平原多褐土,低平原及滨海、湖淀周边多潮土、碱土、沙姜土、水稻土,故河道及河流两岸为沙土。

2. 本区适宜的苜蓿品种

中苜3号、中苜2号、中苜1号、无棣苜蓿、沧州苜蓿、淮阴苜蓿等。

2.1.4 黄土高原苜蓿种植区

1. 自然条件

本区位于我国北部,西起青海日月山,东至太行山,南达秦岭、伏牛山,北抵长城,包括山西省全部、河南省西部、陕西省中北部、甘肃中东部、宁夏南部、青海东部共313个县(市、区)。海拔多在 1 000~1 500 m 之间。本区地处内陆,远离海洋,属于季风性大陆气候。气候温和,冬无严寒,夏无酷热,受地形影响,各地形成许多特殊的小气候。一般年平均温度在 4~14℃ 之间,≥10℃的积温 3 000~4 400℃,年太阳辐射量为 50.2~610.3 kJ/cm²。无霜期 120~250 d,年降水量 350~750 mm 之间,气温比较干燥,地区间分布不均匀,年温差、日温差较大。整个水热条件以南部较好,越往北大陆性越明显,气候变干变冷。本区土壤主要有黄绵土、黑垆土,北部有风沙土、沼泽土、草甸土等,山区有山地草甸土、栗钙土、褐土、栗褐土等。

2. 本区适宜的苜蓿品种

甘农3号、甘农2号、甘农1号、晋南苜蓿、蔚县苜蓿、偏关苜蓿、陇中苜蓿等。

2.1.5　青藏高原苜蓿种植区

1. 自然条件

青藏高原地处我国西南部,是我国面积最大、地势最高、气候最冷的高原,号称"世界屋脊"。包括西藏全部、青海大部、甘肃甘南及祁连山山地冬东段、四川西部、云南西北部共 157 县(市、区)。这是一个由海拔 4 000~6 000 m 的若干大山岭和 3 000~5 000 m 的许多台地、湖盆和谷地相间组成的巨大原体。本区属大陆性高原气候,特点是冬寒夏凉,日照长,雨少,太阳辐射强。整个气候寒冷干燥,冬长夏短,少雨多风,年温差、日温差都较大,无霜期短。全区年日照时数多在 2 900~3 550 h,极端最高温度 35.5℃,极端最地低温度 −46.4℃。降水量少而集中,分布不均匀;大部分高原地区降水量 100~200 mm,山区较多。多集中在 6~9 月份。本区河流湖泊众多,水力资源丰富。风、雪、雹、沙暴日数多 。土壤以草甸土和草原土为主。

2. 本区适宜的苜蓿品种

草原 3 号、甘农 1 号杂花苜蓿、黄花苜蓿等。

2.1.6　新疆苜蓿种植区

1. 自然条件

新疆位于我国西北部,北纬 35°40′~49°50′,东经 73°40′~96°18′,地处亚欧大陆中心,远距海洋,四周高山环绕,地形闭塞,面积 165 万 km²。全境地形轮廓明显,有三列大山,二大盆地。自然地形可分为五个大的单元,即天山、阿尔泰山、昆仑山、准格尔盆地和塔里木盆地。从海拔 2 000~6 000 m 不等。新疆地形复杂,南北和东西气候条件差异较大,垂直变化明显。北疆年平均气温 5~7℃,无霜期 160 d,极端最高温度 37~40℃,极端最低温度−45~−35℃。南疆年平均温度 7.5~14.2℃,无霜期 200~220 d,极端最高温度 47.6℃,极端最低温度−20~−30℃。≥10℃的积温 3 000~4 000℃,本区日照时间长,辐射强烈,年总辐射量多在 585.2~689.7 kJ/cm²。日照时数 2 600~3 400 h,光热资源十分丰富。降水量北疆多于南疆,山区高于平原,迎风坡高于背风坡。全疆年降水量 150 mm,北疆各地 150~200 mm,盆地内 100 mm,南疆只有 20 mm。降水量季节分配悬殊,夏季降水占全年 44%,冬季占 10%左右,山区 60%降水集中于 5~8 月份。

全疆土地总面积 165 万 km²,沙漠、高山、荒漠所占比重大,耕地比重小,耕地总面积 320 万 hm²,其中 80%为水浇地。已垦土地多分布于河谷、山前冲击扇下缘、大河三角洲、河流冲击平原及滨湖地区,草甸土所占比重大,土壤质地多为中壤、轻壤,可垦荒地中,盐土面积最大,分布最广。

2. 本区适宜的苜蓿品种

新疆大叶苜蓿、北疆苜蓿、新牧 1 号杂花苜蓿、新牧 3 号杂花苜蓿、阿勒泰杂花苜蓿等。

2.2 国外苜蓿品种区划

2.2.1 苜蓿秋眠性的概念

苜蓿秋眠性实际上是苜蓿生长习性的差异,即在北纬地区秋季,由于光照减少和气温下降,导致苜蓿形态类型和生产能力发生的变化。这种变化只能在苜蓿秋季刈割后的再生过程中才能观察到。而在春季或初夏刈割后观察不到。这种差异在美国南方类型品种和北方类型品种之间表现得十分明显。适应南方气候的栽培品种在秋季短日照气温条件下,刈割后再生植株高大挺直而强壮,相对的北方栽培品种则发育长短不一,茎纤细,可是在长日照条件下,这两种类型的再生差异就不明显。显然秋眠现象是短日照和低气温综合影响的结果。为此,人们依据短日照条件下的秋眠反应,将南方类型品种称为非秋眠性的(non fall dormant)或非秋眠的(non-dormant),而北方类型品种就称为秋眠性的(fall dormant)或秋眠的(dormant)。当前,在美国将苜蓿品种划分为十个秋眠级别,十级分类系统为:极秋眠(1)、秋眠(2)、一般秋眠(3)、半秋眠(4、5、6)、一般不秋眠(7)、不秋眠(8)、极不秋眠(9、10)。秋眠级别的大小一般可以作为耐寒性的参考,秋眠级为1的品种最耐寒,秋眠级为9的品种最不耐寒(表2-1)。

表 2-1 秋眠级别标准对照

NAAIC1998 年前		NAAIC1998 年以后	
秋眠级	标准对照品种	秋眠级	标准对照品种
1	Norseman(寒冷气候)	1	Maverick(Norseman)(冷气候)
2	Vernal	2	Vernal
3	Ranger	3	Pioneer5246(Ranger)
4	Saranac	4	Legend(Saranac)
5	DuPuits	5	Archer
6	Lahontan	6	ABI700
7	Mesilla	7	Dona Ana
8	Moapa 69	8	Pierce
9	CUF101(温暖气候)	9	CUF101
		10	UC－1465(温暖气候)

2.2.2 美国苜蓿品种种植区划

美国农业部农业局(USDA/ARS)曾颁发了一个植物抗寒性区划图,将全美划分为10个气候区。第一区年均最低气温低于-45℃以下,第二区-45.5～-40℃,第三区-40～-34.4℃,依此类推,至第十区为-1～4.4℃。根据苜蓿秋眠性指标,非秋眠品种最适宜种植区是第8～9区,半秋眠品种是5、6、7区,秋眠品种是2、3、4、5区。第1区和第10区均因气温过高或过低,无适宜品种(表2-2),这样,就为全美范围的苜蓿引种种植提供了一个较为科学的依据。美国各种秋眠级苜蓿品种适宜种植区划如图2-2所示。卢欣石(1998)认为中国的苜蓿品种多数秋眠级别为1～3,少数品种秋眠级别为4～5,例如,新疆大叶苜蓿,其秋眠级别处于 Saranac 和 Duputis 之间。秋眠品种中代表品种是沧州苜蓿和关中苜蓿,其秋眠性水平分别为2和3,相当于秋眠对照品种 Vernal 和 Ranger 的水平,表现出较耐寒的特性。

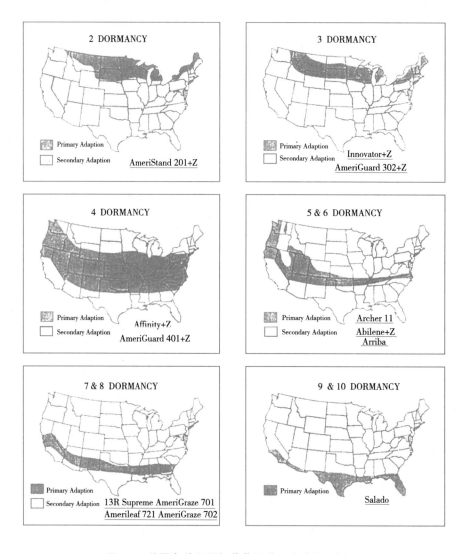

图 2-2 美国各种秋眠级苜蓿品种适宜种植区划图

注:此图来源于 www.americasalfalfa.com

表 2-2   美国苜蓿种植区域规划

区域	华氏温度 /℉	摄氏温度 /℃	秋眠类型
第 1 区	−50	−45	无适宜品种
第 2 区	−50～−40	−45.5～−40	秋眠品种
第 3 区	−40～−30	−40～−34.4	秋眠品种
第 4 区	−30～−20	−34.4～−28	秋眠品种
第 5 区	−20～−10	−28～−23.3	秋眠品种 半秋眠品种
第 6 区	−10～−0	−23.3～−17	半秋眠品种
第 7 区	0～10	−17～−12	半秋眠品种
第 8 区	10～20	−12～−6.6	非秋眠品种
第 9 区	20～30	−6.6～−1	非秋眠品种
第 10 区	30～40	−1～4.4	无适宜品种

2.2.3   日本苜蓿种植区划

日本依据其国家的土壤气候特点,将其育成品种与国外引进品种,根据其生育特征分为 5 个群。这样对不同品种的特性有个同一的理解,在栽培上也具有实用价值。

Ⅰ群:生育初期生长旺盛,茎直立,返青早,秋季结束生长迟,可利用时间较长。再生性良好,一年中各季生产量相对平均,耐寒性较差。生态上是适合极暖地区的品种。日本西南暖地可多方面利用,但可持续利用差,利用第三年的时候开始明显减产。主要包括美国南部的品种和西班牙品系的品种。

Ⅱ群:比Ⅰ群的生育期稍短,生态上被认为是最适合日本暖地的品种群,包括美国中南部、澳大利亚、意大利、西班牙、法国南部以及阿根廷品系的一部分。日本育成品种立若叶也属于该群。

Ⅲ群:春天开始生长的时期比Ⅱ群要晚,秋季停止比Ⅱ群生长早,春天生长旺盛,盛夏产量减少。在日本从本州到北海道适应范围很广。美国中部和法国的品种属于这一群。

Ⅳ群:生育期较短,草茎直立或斜生,耐寒性较强,是应寒地和高寒地的品种群。美国中北部的杂色苜蓿和德国系的品种属于这一群。

Ⅴ群:可利用时间短,茎枝匍匐,耐寒性强,产量低,是适应寒冷地区的品种群。

第3章

国内苜蓿品种

我国目前种植的苜蓿品种大体来源于三个方面,一是地方品种,即长期历史遗留下来的,当地农民世代种植的农家品种;二是国内育成品种;三是国外引进品种。另外,苜蓿属其他一些种,黄花苜蓿(*M. falcata* L.)、花苜蓿(*M. Ruthenica*)等也有一定的栽培。

我国许多学者对不同地区种植的苜蓿品种产量进行了比较研究。王志锋在吉林省农业科学院畜牧分院试验地,连续 3 年对 34 份国内 6 个品种(公农 1 号、公农 2 号、龙牧 801、龙牧 803、肇东、美国杂交熊 1)及国外 28 个苜蓿品种的产量及质量性状进行了研究,结果表明:3 年总产草量最高的品种是公农 1 号。于林清在中国农业科学院草原研究所呼和浩特市南郊实验场,对中国国家审定的 24 个苜蓿品种(公农 2 号、公农 1 号、中苜 1 号、河西、肇东、蔚县、草原 2 号、敖汉、润布勒、内蒙古准格尔、北疆、无棣、甘农 1 号、甘农 2 号、关中、阿勒泰、沧州、陇东、陇中、天水、陕北、新疆大叶、庆阳、定西)产量进行了测定,结果以公农 2 号、中苜 1 号、甘农 1 号、河西这 4 个品种的产量较高。杨青川在北京中国农业科学院畜牧研究所试验地,于 2001—2003 年对来自国内外 17 个紫花苜蓿品种(阿尔冈金、德国、Bland、敖汉、Vector、保定、中苜 1 号、Sanditi、Defy、WL232、金皇后、农宝、费纳尔、CW300、4RR、CW323、CW400)进行了品比试验,对其产量进行分析研究,结果表明:中苜 1 号、德国等 3 年干草产量较高。孙彦在中国农业科学院畜牧所试验地对 8 个苜蓿品种中苜 1 号、中苜 2 号、秘鲁、保定、W323、W320、皇后、德国进行产量比较试验,中苜 2 号在品种中产量表现最高,在北京地区表现出较好的产草量性能及适应性。

3.1 苜蓿地方品种

1.关中苜蓿

分布在陕西关中及渭北旱塬的地方品种,其栽培历史可追溯到2 000多年以前。长期栽培驯化,形成了优良的关中苜蓿类型。

关中苜蓿分布区为温暖半湿润气候,年平均温度11~14℃,年降水量500~700 mm,海拔高度500 m上下,无霜期200 d右,土壤为垆土,土层深厚,通透性好。

特征特性:主根深,侧根少,有根瘤,根颈入土深度5~7 cm。茎直立,株高70~100 cm,茎枝柔嫩。叶片较小、狭长,叶长3.0 cm,叶宽0.93 cm。茎叶比1.75:1,鲜干比为4.49:1。花紫色或浅紫,每个花序有小花19朵。荚果螺旋形,3~5圈。种子肾形,黄色,千粒重1.5~2.0 g。关中苜蓿返青最早、生长快、早熟,较其他品种早开花6~7 d,而且能多次开花,在北京第四茬仍开花30%~40%。鲜草产量45~75 t/hm²,干草9~15 t/hm²。株高90~100 cm,抗寒、抗旱性一般,较适宜湿润条件,在灌溉条件下鲜草产量高。不足的是叶片偏小,产量居中。关中苜蓿是最早熟的苜蓿品种之一,早熟性状在不同地区都能稳定表现。生长速度快,再生能力强。

适宜种植区:关中及渭北平坦的冲积阶地和黄土台塬及陕西西北部山区各县。

2.沧州苜蓿

分布在河北省东南部低平原的一个地方品种。沧州苜蓿分布区年平均温度11~13℃,≥10℃积温4 500℃,年降水量600~650 mm,海拔高度7~53 m,无霜期180~200 d,全年日照时数2 400~2 900 h。

特征特性:有明显的主根和发达的侧根,入土深度2.8~3.7 m,根颈直径1.7~1.96 cm。株型斜生,高86.2~92.1 cm,茎似圆形。每株有分枝3~17个。叶中等大小,长2.1 cm,宽0.9 cm。长椭圆形或倒卵形,色绿或浅绿。花淡紫色,每个花序有小花23~29朵。荚果螺旋形,褐色或黑色,先端有喙,每荚含种子7~10粒,种子肾形,黄色或绛黄色,千粒重1.7~2 g。生育期107 d,属中熟品种。该品种寿命较长,适应性广,返青早,收割后再生迅速,一年可收割3次,每公顷产干草14.48 t左右,种子255~285 kg/hm²。耐旱、耐干热风能力强,稍耐盐碱。缺点是旱年易感蚜虫危害,有黑斑病侵染。

适宜种植区:河北省长城以南低平原区、平原区及低山丘陵区,以及山东西北部、河南北部均可种植。

3.新疆大叶苜蓿

栽培历史悠久,在南疆广泛种植,和田地区种植历史较长。主要分布在天山以南、塔里木盆地、焉耆盆地周围绿洲。其分布区属温带大陆性气候,光热条件较好,年平均气温7.5~14℃,全年≥10℃积温3 000~5 500℃,无霜期160~230 d。年降水量35~68 mm,蒸发量高达 2 500～2 800 mm,靠雪水灌溉。土壤为栗钙土、棕钙土、灰钙土、沼泽土、山地黑土等。

　　特征特性:叶片较大(三出复叶面积大于 8 cm²)别具一格。刈割后再生迅速,株型直立,一般株高 72～87.5 cm,茎中部节间中空,两端节间为髓组织充实,茎秆粗大而质地柔嫩,节间长,基部分枝少。花以紫色为主,兼有少量深紫色和淡紫色。荚果螺旋形 1.5～2.5 圈,褐色,种子肾形,黄色,千粒重 1.7～2.0 g。在乌鲁木齐生育期 95～103 d,晚熟。产量高,一年能收三茬。单播第二年干草产量可达每公顷 15～20 t,第三、第四年产量下降幅度不大,四年平均产量为 11.9～12.1 t/hm²,种子产量每公顷为 225～300 kg。茎叶比为(1.24～1.44):1,鲜干比为(4.16～4.68):1。新疆大叶苜蓿抗寒性强,持久性好,在南疆塔里木盆地、焉耆盆地极端最低温度-35℃能安全越冬。本品种不足之处是易染苜蓿霜霉病、苜蓿病毒病和苜蓿黑叶斑病。

　　适宜种植区:新疆大叶苜蓿的宜植区除南疆外,在甘肃河西灌区及宁夏灌区产量高。很有发展前途。其产量评比结果详见表 3-1。

表 3-1　1979—1982 年苜蓿干草产量

kg/亩(1 亩=666.7m²)

编　号	苜蓿品种名称	1979 年	1980 年	1981 年	1982 年
1	秘鲁	550.5	1 249.8	807.36	890.10
2	公农 1 号	407.1	1 353.8	850.70	820.10
3	宁夏苜蓿	279.4	878.7	879.14	678.50
4	澳大利亚	506.4	1 228.5	578.83	502.56
5	武功苜蓿	463.9	1 466.0	725.52	668.70
6	新疆大叶	467.4	1 207.0	1 069.02	1045.10
7	东风(新疆)	359.1	1 130.8	904.46	817.00
8	天水(甘肃)	325.7	889.3	698.59	840.38
9	肇东	317.3	1 157.0	957.16	1 006.87
10	佳木斯	413.1	1 177.3	941.54	836.50
11	萨兰斯	415.5	1 307.3	752.79	396.83
12	美国	371.2	1 088.5	734.38	303.33

注:摘自《新疆八一农学院学报》1985 年第 1 期。

4. 陇中苜蓿

　　主要分布在六盘山以西、乌鞘岭以东,包括甘肃定西、宁夏、兰州郊县等地区和平凉地区的庄浪、静宁两县。属于黄土高原西部之丘陵沟壑区。海拔 1 500 m,降水量 300～500 mm,年平均温度 7～9℃,土壤以黄绵土为主。整个水热条件比陇东苜蓿稍差。

　　特征特性:株型半直立,株高比陇东苜蓿稍低,叶片小而浓绿,茎分枝数比陇东苜蓿稍少,花紫色及深紫色,荚果螺旋状,2～3 圈,开花期较陇东苜蓿迟 5～7 d,在旱作条件下产量与陇东苜蓿相近或稍低。本品种抗旱性强,耐瘠薄,抗寒性中上等水平,亦具有持久性强、长寿等特点。缺点是再生能力较差。本品种植株型态和陇东苜蓿大体相似,生长势和产量稍逊一筹。

适宜种植区:甘肃、宁夏、青海等西部地区种植。

5. 河西苜蓿

主要分布在乌鞘岭以西的甘肃河西走廊,威武、张掖、酒泉三地区和嘉峪关、金昌二市。

特征特性:株型半直立,根系发达,单株有分枝30余个,盛花期株高86.2 cm,茎粗0.34 cm,节间长9 cm左右,叶小,三出复叶,叶面积4.87 cm²,茎细分枝较多。花紫色或浅紫色,花序长2.2 cm,荚果螺旋形。晚熟,在甘肃威武生育期由返青—开花期需75 d,返青—种子成熟期需135 d,比陇东苜蓿晚10 d以上,比陇中苜蓿晚5~7 d,和新疆大叶苜蓿生育期相近。再生能力差,生长势和产草量均低于甘肃其他三个地方品种。但耐寒性和耐旱性较强,易感白粉病。

适宜种植区:河西苜蓿宜植区,黄土高原西部、北部及西北有灌水条件的干旱地区。

6. 陇东苜蓿

分布在甘肃庆阳、平凉(庄浪、静宁除外)地区古老的地方品种,栽培历史约2 000年之久。该品种分布区位于黄土高原沟壑区,气候温和,土层深厚,年平均气温7~11℃,降水量400~600 mm,无霜期150~200 d,年蒸发量1 500 mm左右,年日照时数2 400 h左右,土壤为黄棉土、黑垆土等。pH 7.4~8.0,生境条件非常适合苜蓿的生长。在长期旱作条件下,形成了优良的陇东苜蓿地方品种。

特征特性:株高1 m左右,株型半直立,轴根型,扎根很深。单株分枝多,茎细而密,叶片小而厚,叶色浓绿。花深紫色,花序紧凑;荚果暗褐色,螺旋形,2~3圈;种子肾形,黄色,千粒重1.8 g左右。抗旱性强,抗寒性好,开花比关中苜蓿晚7~10 d,比新疆大叶苜蓿早10 d左右。陇东苜蓿产草量高,尤其是第一茬草产量高,一般头茬草占总产量的55%、二茬占31%、三茬占14%左右。一般旱地鲜草产量30~60 t/hm²,水浇地每公顷可达75 t以上。优点含水分少,干草产量高。草地持久性强,长寿。缺点是收割后再生速度较慢。

适宜种植区:陇东苜蓿是旱作条件下的高产品种,只宜在降水量适中的旱作地区推广。

7. 陕北苜蓿

分布在陕西北部黄土丘陵沟壑区及风沙滩地,包括陕西榆林和延安两地区。该区属温带半干旱季风气候,年平均气温7~12℃,年降水量400~500 mm,海拔高度1 000~1 500 m,土壤为黄绵土等,无霜期140~180 d。适宜苜蓿的生长,栽培面积很大。

特征特性:主根入土深达2 m以上,根颈入土深度7~8 cm。茎直立,单株分枝数21个,株高100 cm左右,茎枝柔嫩。叶片较小、近似卵形,长1.76 cm,宽0.82 cm。花紫色或浅紫,每花序有小花19朵。荚果螺旋形,种子肾形,黄色。开花比关中苜蓿晚,晚熟。病虫害较少。一般旱作条件下,鲜草产量30~45 t/hm²,仅为关中苜蓿的58.7%,合干草6~9 t,种子产量375 kg/hm²左右。鲜干比3.87:1。该品种比关中苜蓿返青晚,枯黄早,茎分枝少而细,节间短,生长速度慢。

适宜种植区:陕北苜蓿宜植区包括陕西北部、甘肃陇东、宁夏盐池、内蒙古准格尔旗等毛乌素沙漠边缘地区以及黄土高原北部、长城沿线风沙地区。

8. 晋南苜蓿

分布在山西省南部古老的地方品种,分布区年平均气温0~14℃,≥10℃积温2 300~

17

3 400℃左右,降水量500～700 mm,海拔高度800 m左右,属暖温带半湿润气候。

特征特性:株型在现蕾前为直立型,以后呈斜生,株高1 m左右。主根呈圆锥形,粗大。茎圆形、光滑、绿色。叶小,平均叶长2.1 cm,叶宽0.9 cm,但叶量多,茎叶比(鲜重)为(0.96～1.17):1,叶椭圆形、窄长。花紫色,较整齐。荚果螺旋形,2～3圈,每荚含7～8粒种子,成熟的荚果呈褐色或黑色。种子肾形,黄色,千粒重2.0～2.4 g。该品种具有早熟性,在太原生育天数为110 d。收割后再生快,在气温高、雨量充沛条件下,6～8月日平均生长速度为1.63～2.22 cm。性喜温暖半干旱气候,在第2～4年,鲜草产量每公顷为32.2～34.4 t,干草8.48～8.84 t(详见表3-2),种子375～600 kg。鲜干比为(3.8～3.9):1,籽实丰产性好。缺点是叶小,产量、抗寒性、抗病性、抗旱性等居于中等水平。

表3-2　苜蓿干草产量比较表

kg/亩

品种名称	1983年	1984年	1985年	平均
晋南苜蓿	445.4	704.80	1 227.03	792.46
公农2号	421.06	1 215.73	1 370.68	1 002.49
猎人河苜蓿	552.2	1 463.58	1 275.74	1 097.17
渭南苜蓿	596.11	862.98	1 767.52	1 075.54
武功苜蓿	510.47	964.55	1 520.55	998.46

注:摘自1989年西北农业大学《陕西省苜蓿品种鉴定试验研究》报告。

适宜种植区:山西晋南、晋中、晋东南地区低山丘陵以及平川农田,华北平原,近年来本品种由北往南移,华东、华中及西南诸省试种表现一般。

9. 蔚县苜蓿

主要分布在太行山和燕山浅山区,海拔700～1 600 m,年平均气温6～7.5℃,年降水量300～600 mm的地区。集中分布在蔚县北部和阳原南部低山丘陵区的干旱贫瘠的坡梁地,面积1.67万hm²。

特征特性:主根明显,根系入土深达3 m多,根颈部粗1.6～1.9 cm。株高81.6～84.2 cm,茎圆形。叶片较小,长2.0 cm,宽0.8 cm。长椭圆形或倒卵形,叶色深绿,茎叶比1:1.04。花深紫色,种子较大,肾形,黄色,千粒重1.89～2.63 g。生育期95～97 d,在察北113 d,属中熟品种。每年可收割2次,每公顷产干草10.4 t左右,头二茬各占65%和35%,鲜干比4.06:1,种子产量360～405 kg/hm²。再生性中等,抗旱,耐寒性较强,在-36℃低温下越冬率仍达96%～99%。缺点是旱年易受蚜虫危害,温度高、湿度大时易感白粉病。

适宜种植区:蔚县苜蓿主要分布在河北省北部,其宜植区还包括黄土高原、华北平原及长城沿线等地带。

10. 肇东苜蓿

主要分布于黑龙江的肇东地区,分布区的年平均温度为4.2～4.6℃,冬季最低温度为

－30℃,但积雪较多。≥10℃的积温为 2 400～3 050℃,降雨量 550 mm,无霜期 120～140 d,土壤较肥沃,多为黑土及黑钙土。

特征特性:株型较为直立,茎光滑,绿色,花色有浅紫、深紫和紫色或略带红紫色。叶形和大小不整齐,叶片分大中小 3 种,有长圆、窄椭圆和卵圆形等,叶色有灰绿、豆绿和绿色三种。种子肾形、黄色或黄褐色,千粒重 1.7～2.2 g。该品种在当地 4 月中旬返青,6 月上旬开花,7 月中下旬成熟。抗寒性较强,越冬率在 95％以上;抗逆性较强,表现抗旱、耐寒、耐高温、抗病虫,丰产性好,生长健壮。每公顷鲜草产量 24 t,干草 6.8 t,种子 150～180 kg。

其宜植区包括东北大部分地区、内蒙古东部,在甘肃、新疆等省区试种均表现良好,是一耐寒品种,一些性状特征(表 3-3)。

表 3-3　苜蓿品种资源鉴定表

地　区	品种名称	花色	开花期	抗寒性	生长势	生长速度	青草产量	种子产量	抗病性
黑龙江省	肇东苜蓿	浅紫	晚	高抗	良	中	中	中	中
吉林省	公农 1 号	杂紫	中	高抗	良	快	高	中	良
	公农 2 号	杂紫	中	高抗	良	快	中	中	中
内蒙古	草原 1 号	杂紫	中	高抗	中	中	低		
	草原 2 号	杂花	中	高抗	中	慢	低	低	
	准格尔苜蓿	浅紫	中	高抗	良	慢	低	低	中
	敖汉苜蓿	中紫	中	高抗	中	慢	中	低	良
甘肃省	天水苜蓿	深紫	中	高抗	中	慢	低	中	中
	陇东苜蓿	中紫	中	高抗	良	中	中	中	良
	陇中苜蓿	浅紫	早	高抗	良	快	中	低	中
	晋南苜蓿	浅紫	中	中抗	中	慢	中	高	中
山西省	沧州苜蓿	浅紫	中	中抗	中	中	中	低	良
河北省	陕北苜蓿	浅紫	早	高抗	良	中	中	高	中
陕西省	新疆大叶	浅紫	晚	高抗	良	快	高	低	中
新疆	北疆苜蓿	中紫	早	中抗	中	中	中	高	良
美国	格林苜蓿	杂紫	中	高抗	优	中	中	中	中
	费纳尔苜蓿	杂紫	中	高抗	优	快	中	中	中
	萨兰斯苜蓿	杂紫	中	中抗	优	中	中	中	良
	秘鲁苜蓿	浅紫	中	中抗	优	中	高	高	良
加拿大	润布勒苜蓿	杂花	晚	中抗	差	慢	低	低	差
澳大利亚	猎人河苜蓿	浅紫	中	不抗	良	快	高	高	差

注:此表来自 1980 年中国农科院畜牧研究所《科学研究年报》。

11. 敖汉苜蓿

主要分布在内蒙古赤峰市敖汉旗为集中产区,有近 40 年的栽培历史。敖汉苜蓿分布区属北温带季风气候,海拔 350~800 m,年平均温度 6.4℃,≥10℃ 积温 2 790~3 308.7℃,无霜期 146 d 左右。年降水量 310~460 mm,蒸发量 2 533.9 mm,8 级以上大风日数平均为 86 d,土壤由北往南依次为棕壤、栗钙土、草甸土和风沙土。

特征特性:主根粗而明显,侧根发达,生长第二年主根入土深达 3~3.5 m,根颈直径 1.6~3.7 cm,入土深度 6~8 cm。播种当年分枝 7~10 个。株型直立,后期稍斜生。株高 20~90 cm,茎绿色,茎粗 0.45~0.69 cm,疏生白色柔毛,小叶狭倒卵形,中叶长 2.01 cm,宽 0.74 cm,侧叶长 1.69 cm、宽 0.64 cm;托叶较大。花序较长,2.3~4.4 cm,每个花序有小花 16~33 朵,花淡紫色。种子肾形,黄色或降色,千粒重 2.2~2.3 g。耐寒、耐旱、耐风沙,亦耐瘠薄。生育期 101~110 d,属于中早熟品种。产草量较低,在旱作条件下每年割两次,每公顷鲜草产量 20.25~26.25 t,水浇地高达 52.5 t。株型整齐一致,分枝数多,单株产量高。鲜干比为 4.05:1,茎叶比为 1:0.29,种子产量 150~300 kg/hm²。

适宜种植区:除赤峰地区外,凡干旱半干旱的黄土丘陵区、沿河平川及风蚀沙化地区均可种植。

12. 淮阴苜蓿

分布在江苏北部的一个优良地方品种,主要分布在淮阴、徐州、盐城及沿海地区。经多年种植驯化,逐渐形成一个能适应江淮下游环境条件的苜蓿类型。分布区为暖温带湿润半湿润气候,年平均温度为 13.7~14.6℃,1 月平均温度 0.3~1.3℃,8 月平均温度 26.7~27.4℃,无霜期 210~224 d,降雨量 1 070 mm,年日照时数 2 062 h。

特征特性:直根系,侧根发达,分布在 24~31 cm 以上土层中,根颈直径 1.3~3.3 cm,根颈入土深度 2.9 cm。株型直立,茎中空,微呈四棱形,绿色,株高 90~130 cm,分枝数 20~35 个。叶片中等大小,叶面积 2.74 cm²,叶量多,茎叶比 1:1.04(头茬草),五茬平均 1.03:1;鲜干比头茬为 4.31:1,五茬平均 4.88:1。花朵深紫色,花序长,约为 3.28 cm,小花多,每个花序 20~35 朵。荚果螺旋形 2~3 圈。种子肾形,黄色或黄褐色,千粒重 1.8~2.03 g,硬实率较高。极早熟,种子成熟期在 6 月中旬左右,越夏率在 75% 以上,生育期 89~99 d。每公顷鲜草产量 45~75 t,干草 9~15 t,种子产量 255~450 kg。耐热、耐湿,抗病性一般,在夏季高温伏旱、地下水位 1 m 左右,年降水量 1 000 mm 条件下能够存活。但易受各种病虫害侵染,高温、高湿引起的根部病变是部分苜蓿不能越夏的主要原因。

淮阴苜蓿的宜植区,包括江淮地区及长江中下游地区。近年来在云贵高原、江西、武汉等地种植亦表现良好。

13. 准格尔苜蓿

主要分布在内蒙古准格尔旗,是早期由陕北引入的紫花苜蓿,栽培历史约 100 年,现种植面积 5.3 万 hm²。分布区海拔为 1 100~1 500 m,年降雨量 250~400 mm,蒸发量大,≥10℃ 的积温为 2 000~3 000℃,无霜期 110~150 d,土壤为栗钙土或棕钙土。

特征特性:株型多为直立型,根系为轴根,主侧根区别明显,根颈入土深为 4.93 cm,根颈直径 2.24 cm。茎较细。平均茎粗 0.47 cm,分枝数较多。叶片小,花为紫色或淡紫色,每个花序平均有小花 24 个。荚果螺旋形 1～3 圈,每荚种子有 2～7 个,千粒重 2.5 g。本品种早熟、抗旱、耐瘠薄、耐粗放经营,产量中等,适宜于旱作栽培。

适宜种植区:内蒙古中、西部地区、陕北等地。

14. 无棣苜蓿

分布在鲁西北德州及惠民两个地区,种植面积较多的县有无棣、阳信、惠民、沽化、滨州、陵县、平原、济阳、乐陵及禹城等。分布区为暖温带半干燥半湿润季风气候区。年平均气温 11℃,降雨量 454.5 mm,日照 2 898 h,无霜期 230 d,海拔 6.7 m,土壤大部分为不同程度的盐渍化土。

特征特性:直根系,根颈入土深度 0.76 cm。茎直立,株高 100～150 cm。单株分枝数 5～6 个,茎绿色,直径 0.36 cm。叶长椭圆形,叶片长 2.6 cm,宽 0.9 cm。茎叶比 1.32∶1。花紫色和浅紫色,花序长 2.56 cm,每个花序有小花 24 朵,主茎上最先出现的 1～2 个花序有小花 30～40 朵。荚果螺旋形 2～4 圈,千粒重 1.8～2.0 g。3 月 20 日左右返青,5 月中旬现蕾,6 月下旬结实,生育期 100 d。产草量中等(表 3-4),每公顷干草产量 7.5 t,种子产量 300 kg。

适宜种植区:鲁西北及其相邻地区。

表 3-4 苜蓿鲜草产量

kg/亩

品　种	1987 年	1988 年	平均
无棣苜蓿	2 518.7	4 336.7	3 427.7
猎人河苜蓿	2 460.4	4 051.3	3 255.8
公农 1 号	2 684.7	5 009.9	3 847.3
阳源苜蓿	2 334.0	3 071.5	2 702.7
堪利浦苜蓿	2 523.6	3 482.1	3 002.8
(原产澳大利亚)			

注:摘自张传高主编《牧草与饲料》,1991 年,第 4 期。

15. 天水苜蓿

有悠久的栽培历史,分布在甘肃省天水地区,陇南地区有少量分布。

特征特性:植株中等大小,属中熟品种。再生能力较好,刈割后生长较快,这一点比其他甘肃苜蓿为优,叶片稍大,产量亦比陇东苜蓿稍高。生育期比陇东苜蓿稍晚,生长势在 4 个甘肃苜蓿地方品种中最好。每公顷干草产量 10 500 kg。

适宜种植区:黄土高原地区。我国北方冬季不甚严寒的地区均可种植。

16. 北疆苜蓿

该品种是从分布在新疆北部的苜蓿农家品种整理而来的。

特征特性：叶片比新疆大叶苜蓿略小，刈割后再生缓慢，苗期株型斜生，花以紫色为主，兼有少许深紫色和淡紫色。在乌鲁木齐市生育期 93～100 d，产草量较高，每公顷产干草 75 000～10 500 kg。抗旱、抗寒性强。在北疆有积雪覆盖条件下，极端最低气温 −49.8～−42.3℃下能安全越冬，抗寒性较新疆大叶苜蓿强，感染苜蓿霜霉病较新疆大叶苜蓿轻。

适宜在北疆准格尔盆地及天山北麓林区、伊利河谷等农牧区，我国北方各省、区种植。

17. 保定苜蓿

该品种于 1951 年采自河北省保定市的农家品种，经多年整理评价而成。

特征特性：株型直立，晚秋和早春斜生。根系发达，主根入土深，生长第四年 0～100 cm 土层中根系干重为 4 955 kg/hm²，0～30 cm 根重占总根重的 73.5%。开花期株高 99～105 cm。茎粗 0.52 cm。叶片较大，小叶长 3.1～3.3 cm，宽 1.4～1.5 cm。总状花序，花色浅紫或中紫。荚果螺旋状，2～4 圈，有种子 6～9。种子肾形，黄色或黄褐色，千粒重 2.07 g。属中熟品种，在北京生育期 102 d，在内蒙古赤峰市 108 d。再生性好，刈割后再生迅速；持久性好，生长第三年、第四年为产量高峰期。耐盐性较好，在土壤含盐量 0.3%（NaCl 为主）的土地上生长良好。抗寒、耐旱性较好，抗病虫较好。年均干草产量为 12 000～16 000 kg/hm²。草质好，盛花期叶茎比为 0.64：1，干物质中含粗蛋白质 18.47%，粗脂肪 2.21%，粗纤维 34.72%，无氮浸出物 35.81%，粗灰分 8.79%；第四茬再生草叶茎比为 0.9：1，干物质中含粗蛋白质 21.12%，粗脂肪 1.78%，粗纤维 30.19%，无氮浸出物 36.40%，粗灰分 10.51%。适口性好，各种家畜喜食。

适宜种植区：在北京、天津、河北、山东、山西、甘肃、宁夏、青海东部、内蒙古中南部、辽宁、吉林中南部等地区种植。

3.2 苜蓿育成品种

1. 中苜 1 号苜蓿

该品种是以保定苜蓿、秘鲁苜蓿、南皮苜蓿、RS 苜蓿及细胞质耐盐筛选的优株为亲本材料，在 0.4% 左右的盐碱地上开放授粉，经田间混合选择四代培育而成的耐盐品种。

特征特性：株型直立，株高 80～100 cm，主根明显，侧根较多，根系发达，叶色绿较深，花紫色或浅紫色。总状花序，荚果螺旋形 2～3 圈，耐盐性好。在 0.3% 的盐碱地上比一般栽培品种增产 10% 以上，耐旱、耐寒、也耐瘠。在北京地区 3 月下旬返青，5 月中旬开花，7 月上旬结实。在北京、河北、黄淮海平原、渤海湾一带年刈割 4～5 次；其生产性能表现为刈割后再生快、长势好。无灌溉条件下，每公顷干草产量 8 500～15 000 kg。在北京等内陆地区的产量（表3-5）。

适宜种植区：黄淮海平原及渤海湾一带的盐碱地、也可在其他类似的内陆盐碱地试种。

表 3-5　**8 个苜蓿品种在北京地区的干草产量统计表**

kg/hm²

品种名称	1999 年	2000 年	平　均
中苜 1 号	7 804.5	12 592.0	10 198.2
秘鲁	7 424.0	12 042.6	9 733.3
保定	6 765.2	12 074.4	9 419.8
WL323	7 677.4	11 616.6	9 647.0
WL320	7 804.0	11 954.5	9 879.2
中苜 2 号	7 880.1	17 436.6	12 658.3
QUEEN	7 820.9	12 076.6	9 948.8
德国	7 339.5	12 808.3	10 073.9

注:来源于中国农业科学院畜牧研究所《苜蓿品种比较试验》。

2. 公农 1 号苜蓿

该品种是用美国引入的 Grimn 杂花苜蓿为原始材料,采用品种内单株表型选择法,选择抗寒性强、成熟期一致、高产稳产的单株,经四代混合选择育成。

特征特性:株型半直立,株高 90～100 cm。根系发达,主根圆锥形,粗大明显,当年根长 120 cm 以上。叶中等大小,叶色深绿有光泽。花以浅紫为主,兼有深紫或白色,总状花序,花序长 3.87 cm,每个花序有 23 个小花。在辽宁省朝阳市 4 月中旬返青,于 6 月上旬开花,7 月中下旬种子成熟。生育期 92～110 d,长势好、不早衰、产草量高。耐寒,在 −40～−35℃ 有雪覆盖下能安全越冬。鲜草产量 57 t/hm²,种子 300 kg/hm²。荚果螺旋形,3 回,每荚含种子 7.8 粒,千粒重 1.93 g(郜玉田,1988)。

适宜种植区:在北纬 37°05′～43°57′、东经 99°35′～124°48′,海拔 148～3 200 m,最高气温 35℃、最低温度 −35℃,降水量 205～500 mm 地区均能种植。

3. 公农 2 号苜蓿

该品种是以自然选择驯化的国外 5 个引进品种为原始材料,经混合选择培育而成。

特征特性:株型半直立,株高 70～90 cm。茎有棱,基部浅紫色、也有绿色。根系发达,主根明显,比公农 1 号苜蓿的根粗,侧根少。叶片小于公农 1 号苜蓿,叶量大,叶色深绿。花以浅紫为主,总状花序,花序长 2.7 cm,每个花序有 27 个小花。荚果螺旋形,3 回,每荚含种子 6 粒,千粒重 1.93 g。返青时间 3 月 11 日左右,开花时间在 5 月 26 日左右,生育期 100 d 左右,它对湿热气候耐力远胜过武功苜蓿、新疆大叶苜蓿和美国的 Savanac 苜蓿;它们的各荐草产量比较(表 3-6);青草产量每公顷 72 t/hm²,种子产量 345 kg。

表 3-6　苜蓿品种各年份的青草产量
kg/亩

品种	1987 年		1988 年		1989 年		3 年平均
	第一茬	第二茬	第一茬	第二茬	第一茬	第二茬	
公农 2 号	853	1 776	1 325	1 485	1 632	1 666	2 912
武功	566	1 505	1 082	1 039	1 761	1 457	2 470
新疆大叶	527	1 441	1 027	899	1 386	1 322	2 191
Savanac	609	1 618	739	951	1 618	1 744	2 430

注:摘自 1990 年《中国草原学会第六次学术讨论会论文》。

适宜种植区:同公农 1 号苜蓿。

4.草原 1 号苜蓿

该品种是以锡盟黄花苜蓿做母本,准格尔紫花苜蓿做父本,人工杂交选育而成。

特征特性:有直立、半直立、匍匐 3 种株型,以半直立为主。花有深紫、浅紫、紫黄绿、黄绿、白色、淡黄和黄色等颜色,以紫色、紫黄绿为主。荚果有螺旋形(占 49%)、镰刀形(25.5%)和环形(25.5%)3 种,螺旋数 0.5~4 个。种子有肾形(21.2%)、中间型(64.9%)、菱角型(13.9%)3 种。产量较低(表 3-7),生育期 120 d。能耐-43~37℃低温,耐旱。

适宜种植区:适应内蒙古东部及东北、华北北部等地区种植。

表 3-7　苜蓿品种干草产量
kg/亩

品种名称	1980 年	1981 年	1982 年	1983 年	4 年合计
草原 1 号	605.65	1 057.35	560.35	559.8	2 782.95
猎人河苜蓿	640.1	1 140.7	777.05	638.4	3 197.2
和田苜蓿	668.9	1 080.35	709.7	711.1	3 169.8
西德苜蓿	709.5	1 095.7	340	268.3	2 413.46

注:摘自 1983 年新疆八一农学院《苜蓿品种比较试验总结》。

5.草原 2 号苜蓿

该品种是以锡盟黄花苜蓿做母本,准格尔紫花苜蓿、武功苜蓿、府谷苜蓿、亚洲苜蓿、原苏联 1 号苜蓿等五个紫花苜蓿做父本,天然杂交选育而成。

特征特性:有直立、半直立、匍匐 3 种株型,以半直立为主。杂色花。生育期 120 d 左右。能耐-43~-37℃低温,抗旱、抗寒、抗风沙。

适宜种植区:适应内蒙古西部及东北、西北地区种植。

6.新牧 1 号苜蓿

该品种是从野生黄花苜蓿杂种群体中选择优良单株,经分系比较、选优培育而成。

特征特性:花杂色,以紫色为主;叶片中等大小,与北疆苜蓿类似;再生速度快,又与新疆大叶苜蓿相近。抗寒性强,越冬良好,种子产量高,具有根茎、根蘖特性。比新疆大叶苜蓿和北疆苜蓿早熟 8~11 d,为中熟品种。

适宜种植区:新疆北部准噶尔盆地、伊犁、哈密地区等。

7.图牧 2 号苜蓿

该品种是以内蒙古图牧吉当地散逸的紫花苜蓿为母本,以武功苜蓿、匈牙利苜蓿、苏 0134 苜蓿、印帝安苜蓿等 4 个品种为父本,进行多父本杂交选育而成。

特征特性:株型直立,花紫色及蓝紫色,荚果密螺旋形 2~4 回,适应性强,抗寒、抗旱、耐瘠薄,较抗霜霉病、白粉病,产量中等。

适宜种植区:适应于半干旱草原气候地区,在吉林西部、内蒙古中东部、大兴安岭西南麓台地、西北黄土高原半干旱气候地带均可种植。

8.甘农 1 号杂花苜蓿

该品种是以黄花苜蓿与紫花苜蓿杂交后代为亲本,采用改良混合选择方法培育而成。

特征特性:株型多为半直立,花以浅紫色和杂色为主,荚果以松螺旋形(0.5~1.5 回)和镰刀形为主。根为主根型,但侧根较多,有 5% 左右的植株具有根蘖。抗寒性和抗旱性强,属于中早熟品种,产量中等。

适宜种植区:黄土高原西部、北部,青藏高原边缘海拔 2 700 m 以下,年平均气温 2℃ 以上地区。

9.甘农 3 号苜蓿

该品种是以捷克引进的 6 个品种、美国引进的 3 个品种、新疆大叶苜蓿、矩苜蓿等 14 个品种中选择优良单株,经多元杂交法选育而成。

特征特性:株型紧凑直立,茎枝多,高度整齐,叶片中等大小,叶色浓绿,花紫色,荚果螺旋形,种子肾形,千粒重 2.2 g。春季返青早,初期生长快,在灌溉条件下鲜草产量高,每公顷干草产量为 12~15 t,为灌区丰产品种。

适宜种植区:适应于西北内陆灌溉农业区和黄土高原地区。

10.龙牧 801 苜蓿

该品种以野生二倍体篇蓄豆做母本,地方良种四倍体肇东苜蓿做父本,进行有性杂交选育而成。

特征特性:近似肇东苜蓿的中间型,株型比较直立。在齐齐哈尔地区开花期的株高 70~80 cm,成熟期株高 90~110 cm。叶形和大小不一致,多为窄叶型。花序长短不齐,长者 3~4 cm,短者 1~2 cm,花色为深浅不同的紫色,杂花率为 6%~8%。荚果螺旋形,有旋 1~7 转,种子黄色,肾形和不规则肾形,千粒重 2~3.5 g。生育期 110 d 左右。返青比肇东苜蓿晚 2~3 d。抗寒,冬季少雪 -35℃ 和冬季有雪 -45℃ 以下安全越冬,气候不正常年份越冬率为 82%。耐碱性较强,在 pH 为 8.4 的白城地区盐碱地上,每公顷春播当年干草产量 6 000 kg。在温暖湿润的松辽平原,每年可刈割 3 次,每公顷鲜草产量 12 000 kg。在松嫩平原温和湿润区一般每公顷干草产量 7 500~9 000 kg。

适宜种植区:小兴安岭寒冷湿润区和松嫩平原温和半干旱区。

11. 龙牧 803 苜蓿

该品种是以肇东苜蓿做母本,野生二倍体扁蓿豆做父本,进行有性杂交选育而成。

特征特性:近似肇东苜蓿的中间型,株型比较直立。在齐齐哈尔地区开花期的株高 70~80 cm,成熟期株高 90~110 cm。叶形和大小不一致,多为长圆形。花序长短不齐,花色为深浅不同的紫色,杂花率为 4%~5%。荚果螺旋形,有旋 1.5 转,种子黄色,肾形和不规则肾形,千粒重 2.42 g。生育期 110 d 左右。返青比肇东苜蓿晚 2~3 d。抗寒,冬季少雪-35℃和冬季有雪-45℃以下安全越冬,气候不正常年份越冬率为 78.3%。丰产性好,在松嫩平原温和湿润区二年生每公顷干草产量 9 180 kg,在温暖湿润的松辽平原地区二年生每公顷干草产量 15 270 kg。在松嫩平原半干旱区和白城地区盐碱地上干草产量低于 801 苜蓿。

适宜种植区:小兴安岭寒冷湿润区和松嫩平原温和半干旱区、牡丹江半山间温凉湿润区。

12. 新牧 2 号苜蓿

该品种是以表型选择与基因型选择结合而育成的新品种。

特征特性:株型直立,属大叶型,唯叶片形状多样,花以紫色为主,荚果螺旋形。2.0~2.5 旋,种子黄色肾形,千粒重 1.8~2.0 g。生育期 108 d,具再生快、早熟、高产、耐寒、抗旱、耐盐特性。与新疆大叶苜蓿相比早熟 3~5 d,增产 12.19%,感染霜霉病轻等特点,每公顷干草产量 9 000~15 000 kg。

适宜种植区:凡新疆大叶苜蓿、北疆苜蓿能种植的省区均可种植。

13. 中兰 1 号苜蓿

该品种是以国内外 69 份以紫花为主的苜蓿品种(材料),通过多年接种致病性鉴定,由 5 个选系杂交育成。

特征特性:植株茎粗直立,叶片大,椭圆形,叶色嫩绿显光泽。花多为淡紫色,主茎分枝,花序和单株总荚数多。主要特性是高抗霜霉病,无病枝率达 95%~100%,中抗褐斑病和锈病,生长后期轻感白粉病。植株生长快,在营养期平均每天长高 1.3~2.0 cm,生长旺期,每 10~13 d 生长一片新叶。再生能力强;每茬青草比对照高 22.4~52.8 cm。全年青草产量较高,播种当年每公顷干草产量达 25 500 kg 左右,比陇中苜蓿增产 22.4%~39.9%。

适宜种植区:适宜在降水量 400 nm 左右,年平均气温 6~7℃,海拔 990~2 300 m 的黄土高原半干旱地区种植。

14. 阿尔泰杂花苜蓿

该品种是由阿勒泰市草原工作站在额尔齐斯河滩阶地上,混合选收高大的野生直立型黄花、紫花苜蓿植株种子,经多年栽培、繁殖推广。通过系列试验整理而成。

特征特性:多年生草本植物,株型(现蕾前)以斜生为主,兼有直立和匍匐。花杂色、深紫色、紫色、淡紫色、黄色及半紫半黄色,花色随苜蓿群体生长年限或繁殖代数的增加而黄花株渐少,到第 3~4 年生时,黄花株即成偶见株,但遇严重干旱年份苜蓿群体长势差时,黄花株又有明显的增加。在乌鲁木齐市生育期为 105 d,果荚有螺旋(1～3 卷)形和镰形,种子千粒重约 2 g。在乌鲁木齐市产草量比北疆苜蓿高,在旱作栽培时增产幅度更大,具抗旱、抗寒、耐盐等特性,连续干旱 124 d,其成苗率达 100%,植株绿色部分占 60%;在 0.5% 以下的总含盐量的土中能出苗,幼苗均能成活。每公顷干草产量 6 000～12 000 kg。

适宜种植区:适应年降水量 250～300 cm 的草原带旱作栽培,在灌溉条件下,也适应于干旱半干旱的平原农区种植。

15.甘农 2 号杂花苜蓿

该品种是由国外引进的 9 个根蘖型苜蓿品种,经多年抗寒筛选和根系鉴定,从中选出 7 个无性繁殖系形成的综合品种。

特征特性:株型半匍匐或半直立,根系具有发达的水平根,根上有根蘖膨大部位,可形成新芽出土成为枝条。花多为浅紫色和少量杂色花,荚果为松散螺旋形。本品种的主要性状是根蘖性状明显,开放传粉后代的根蘖株率在 20% 以上,有水平根的株率在 70% 以上;扦插并隔离繁殖后代的根蘖株率在 50%～80%,水平根株率在 95% 左右,抗寒性好,产量一般,在温暖地区比普通苜蓿品种产草量稍低。

适宜种植区:该品种是具有根蘖性状的放牧型苜蓿品种,适宜在黄土高原地区、西北荒漠沙质壤土地区和青藏高原北部边缘地区栽培作为混播放牧、刈割兼用品种。因其根系强大,扩展性强,更适宜于水土保持、防风固沙、护坡固土。

16.图牧 1 号杂花苜蓿

该品种是由内蒙古图牧吉草地研究所采用多父本(苏联亚洲、日本、张掖和抗旱 4 个紫花苜蓿)和当地野生黄花苜蓿采用种间杂交,然后以越冬率高、产量高和品质优良为目标,经 1977—1982 年共进行 3 次混合选择而成。

特征特性:株型多呈半直立,分枝多,主根粗壮,侧根较多,三出复叶,总状花序,花呈黄紫色,荚果多呈镰刀形。抗旱耐瘠薄,对水肥条件要求不严;在 −45℃ 严寒条件下,仍可安全越冬,越冬率 97% 以上。品质优,产量高,每公顷干草产量 10 500～13 500 kg。耐抗霜霉病。

适宜种植区:北方半干旱气候适应适宜种植。1993 年,在新疆著名高寒地区巴音布鲁克试种成功。

17.新牧 3 号杂花苜蓿

该品种是以 Speador 为原始材料,在乌鲁木齐冬季严寒的气候条件下,连续 3 年自然选择后,再通过人工冬季扫雪冷冻筛选优株。由 11 个优良株系开放授粉,种子等量混合组成的综合品种。

特征特性:花以紫色为主,极少黄花。叶片中等大小。再生速度快。荚果螺旋形,1.5～2.5 圈。抗寒性强,在阿勒泰极端气温 −43℃ 的条件下能安全越冬。丰产性强,在乌鲁木齐 3 年平均每公顷干草产量为 11 250 kg,鲜、干草超过北疆苜蓿(CK)及原始亲本 Speador 30% 以上。耐盐性、抗旱性及抗病性较好。生育期播种当年为 105～115 d,二年生为 90～94 d。

适宜种植区:凡种植新疆大叶苜蓿及北疆苜蓿适合的省内外地区均可种植,是冬季严寒地区的优良品种。

18. 甘农 4 号紫花苜蓿

该品种是从欧洲引进的安达瓦(Ondava)、普列洛夫卡(Prerovaka)、尼特拉卡(Nitranka)、塔保尔卡(Taborka)、巴拉瓦(Palava)、霍廷尼科(Hodonika)6 个品种中选择多个优良单株,经母系选择法选育而成。

特征特性:主根明显。株型紧凑直立,茎枝多。叶色嫩绿,叶片稍大。总状花序,长 5～8 cm,花紫色。荚果为螺旋状,2～4 圈,黄褐色和黑褐色,荚果有种子 6～9 粒。种子肾形,黄色,千粒重 2.2 g。节间长,生长速度快,草层较整齐。在灌溉条件下产草量高。表现为抗寒性和抗旱性中等,春季返青早,生长速度较快,适宜灌区高产栽培。和甘农 3 号相比,生态适应性更强一些。初花期干物质中含粗蛋白质 19.79%,粗脂肪 2.79%,粗纤维 30.26%,无氮浸出物 39.38%,粗灰分 7.78%。在甘肃河西走廊灌溉条件下,年可刈割 3～4 次,干草产量达 15 000 kg/hm²。适宜于调制干草、青饲和放牧。

适宜种植区:西北内陆灌溉农业区和黄土高原地区。

19. 中苜 2 号紫花苜蓿

该品种是以 101 份国内外苜蓿品种、种质资源为原始材料,选择没有明显主根,分枝根或侧根强大,叶片大、分枝多、植株较高的优良单株相互杂交,完成第一次混合选择形成 RS 苜蓿,而后又对其进行三代混合选择育成。

特征特性:株型直立。无明显主根,侧根发达的植株占 30%以上。株高 80～110 cm,分枝较多。叶色深绿,叶片较大。总状花序,花浅紫色到紫色。荚果 2～4 圈螺旋形。种子肾形,黄色或棕黄色,千粒重 1.8～2.0 kg。因侧根发达,有利于改善根的呼吸状况及根瘤菌活动,较耐质地湿重、地下水位较高的土壤。在北京、河北省南皮县,生育期 100 d 左右。长势好,刈割后再生性好,每年可刈割 4 次。耐寒级抗病虫较好,耐瘠性好。在华北平原、黄淮海地区种植,年均干草产量 15 000～16 000 kg/hm²。种子产量为 360 kg/hm²。初花期干物质中含粗蛋白质 19.79%,粗脂肪 1.87%,粗纤维 32.54%,无氮浸出物 36.15%,粗灰分 9.65%,钙 1.76%,磷 0.26%。适口性好,各种家畜喜食。

适宜种植区:黄淮海平原非盐碱地及华北平原相类似地区。

20. 中苜 3 号紫花苜蓿

该品种是以耐盐苜蓿品种中苜 1 号为亲本材料,通过盐碱地表型选择,得到 102 个耐盐优株,经耐盐性一般配合力的测定,将其中耐盐性一般配合力较高的植株相互杂交,完成第一次轮回选择。然后又经过二次轮回选择,一次混合选择育成。

特征特性:株型直立,分枝较多,株高 80～100 cm。直根系,根系发达。叶片较大,叶色深。总状花序,花紫色到浅紫色。荚果螺旋形 2～3 圈,种子肾形,黄色或棕黄色,千粒重 1.8～2.0 g。返青早,再生速度快,较早熟,在河北黄骅地区从返青到种子成熟约 110 d。耐盐性好,在含盐量为 0.18%～0.39%的盐碱地上,比中苜 1 号紫花苜蓿增产 10%以上。产量高,在黄淮海地区旱作条件下干草产量平均达 15 000 kg/hm²,种子产量可达 330 kg/hm²。营养丰富,初花期干物质中含粗蛋白质 19.70%,粗脂肪 1.91%,粗纤维 32.44%,无氮浸出物 36.31%,粗灰分 9.64%。

适宜种植区:黄淮海地区轻度、中度盐碱地。

21.龙牧 806 紫花苜蓿

该品种是从 1991 年开始,以肇东苜蓿与扁蓿豆远缘杂交的 F₃ 代群体为育种材料,根据越冬率、产草量、粗蛋白质含量等选育目标,经系统选育而成。

特征特性:株型直立,株高 75~110 cm。叶卵圆形,长 2~3 cm,叶缘有锯齿。总状花序,花深紫色。荚果螺旋状,2~3 圈,每荚有种子 4~8 粒。种子浅黄色,肾形,千粒重 2.2 kg。生育期 100~120 d。抗寒,在黑龙江省北部寒冷区和西部半干旱区－45℃ 以下越冬率可达 92%~100%,比对照高 5~11 个百分点。在 0~60 cm 土层含水量为 7.0%~9.7%,低于正常需水量 30% 的情况下,日生长速度比对照提高 21.6%。耐盐碱性能强,在 pH 8.2 的碱性土壤上亦可种植。生长期间无病虫害发生。1999—2001 年在黑龙江省不同生态区生产试验中,3 年平均干草产量 7 500~11 218.5 kg/hm²。种子产量 347 kg/hm²。初花期干物质中含粗蛋白质 20.71%,粗脂肪 2.42%,粗纤维 29.47%,无氮浸出物 37.73%,粗灰分 9.67%。适口性好,各种家畜喜食。

适宜种植区:东北寒冷气候区、西部半干旱区及盐碱土区均可种植。亦可在我国西北、华北以及内蒙古等地种植。

22.草原 3 号杂花苜蓿

该品种是内蒙古农业大学与 1992 年在草原 2 号杂花苜蓿原始群体中,依花色(杂种紫花、杂种杂花、杂种黄花)选择优株,采用集团选择法育成。

特征特性:株型直立或半直立,株高 110 cm 左右,平均分枝数 46.5 个。三出复叶,小叶长 2.85 cm,宽 1.34 cm。总状花序,花色有深紫色、淡紫色、杂色、浅黄、深黄色等,其中以杂色为主,杂化率为 71.9%。荚果螺旋形或环形,少数镰形,每荚含种子 4.5 粒。种子为不规则肾形,浅黄色至黄褐色,千粒重 1.99 g。与原始群体相比杂种优势明显,干草和种子产量高,在内蒙古中西部地区种植生长良好,年均干草产量为 12 330 kg/hm²,种子产量 510 kg/hm²。生育期约 120 d,抗旱、抗寒性强。饲草品质好,初花期干物质中含粗蛋白质含粗蛋白质 20.42%,粗脂肪 3.61%,粗纤维 25.00%。无氮浸出物 40.52%,粗灰分 10.45%。适口性好,各种家畜喜食。

适宜种植区:我国北方寒冷干旱、半干旱地区。在内蒙古东部级黑龙江省的寒冷地区均可安全越冬。

23.赤草 1 号杂花苜蓿

该品种是以内蒙古赤峰野生黄花苜蓿为母本,敖汉紫花苜蓿为父本杂交选育而成。

特征特性:植株直立或半直立,株丛高 60~80 cm。直根系,主根明显,入土深,根茎分枝能力强。三出复叶,叶片椭圆形或倒卵形,长 2.0~2.8 cm,宽 0.8~1.5 cm。总状花序,花冠有紫、绛紫、黄紫、黄、黄白等颜色。荚果螺旋形 1~2 圈,种子黄色,肾形或不典型肾形,千粒重 2.1 g。生育期 120~130 d。具有较强的抗寒性,受冻害后根茎下端或主根的上端能产生新芽,并形成枝条。具有较强的抗旱性,在年降雨量 300~500 mm 的地区,在旱作条件下干草产量 5 000~8 000 kg/hm²,种子产量 300~400 kg/hm²。初花期干物质中含粗蛋白质 21.73%,

粗脂肪 2.23%,粗纤维 26.59%,无氮浸出物 41.59%,粗灰分 7.86%,钙 2.38%,磷 0.25%。既用于人工草地建植,又可作为水土保持用草。

适宜种植区:我国北方降水量 300~500 mm 的干旱和半干旱地区。

24. 公农 3 号紫花苜蓿

该品种是以阿尔冈金等 5 个苜蓿为原始材料,选择具有根蘗的优良单株,建立无性系、多元杂交圃,经一般配合力测定后,组配成的综合种。

特征特性:株高 50~100 cm,多分枝。主根发育不明显,具有大量水平根,由水平根可发生不定枝条,即根蘗枝条,根蘗率为 30%~50%,是一个放牧型苜蓿品种。三出复叶,小叶倒卵形,上部叶缘有锯齿,两面有白色长柔毛。总状花序腋生,花有紫、黄、白等色。荚果螺旋形,种子肾形,浅黄色,千粒重 2.18 g。抗寒,在北纬 46°以南、海拔 200 m 地区越冬率 80% 以上;较耐旱,在降水量 350~500 mm 地区不需要灌溉。春季返青早,生长旺盛。收草宜在初花期刈割,放牧利用可适当提前。初花期干物质中含粗蛋白质 18.34%,粗脂肪 2.57%,粗纤维 29.62%,无氮浸出物 39.64%,粗灰分 9.83%。

适宜种植区:东北、西北、华北北纬 46°以南、年降水量 350~550 mm 的地区。

第4章

国外苜蓿品种

4.1 国外引进品种

1. 格林苜蓿（Grimn）

1922年引进的老品种，以后也曾多次引入。该品种是美国北部和加拿大西部地区的主要抗寒品种。其特点是株型斜生，高80 cm，单株分枝18～25个，叶量较多，约占总重的53.2%，杂色花，但以紫色、蓝色为主，极少数为黄色。抗寒性强。据北京、吉林及甘肃等地试种后，都反应格林苜蓿耐寒，越冬率高，产草量比较高，每公顷鲜草产量40～50 t。另外，西藏当雄县试种后，反映在当地越冬不良，该县海拔4 200 m，年平均温度1℃，只有采取覆盖措施才能有部分越冬，因此，该品种不宜在高海拔、高纬度，无霜期短的地区种植。

适宜种植区：该品种可在华北、西北及东北寒冷地区种植。

2. 润布勒苜蓿（Rambler）

1972年从加拿大引进我国，是该国干旱地区的丰产品种。该品种是一个综合杂种，杂色花约占50%以上。株型斜生，早春和晚秋匍匐生长，株高中等，分枝多达20～30个，茎细，叶多，根颈宽阔，侧根发达，有根蘖，有根蘖的植株占群体的5%～30%，可匍匐生长和生根，抗寒耐旱能力强。据内蒙古、黑龙江、吉林、甘肃等地试种反映，抗寒性强，在－40～－30℃的锡林浩特及海拉尔都能安全越冬。在甘肃武威调查，润布勒苜蓿的根蘖株率为23.6%，最大的一株有茎枝300个以上，无性繁殖能力强。在北京试验，夏季生长不良，越夏死亡率达15%～70%，而且再生慢、产量低。因此，该品种不适宜于长城以内的地区栽培。

适宜种植区：内蒙古、黑龙江、吉林、甘肃、晋北等寒冷地区种植。

3. 秘鲁苜蓿（Peru）

20世纪40年代由美国引进的一个丰产品种。该品种茎直立，株高110 cm，主根粗壮，入土深,侧根发达,叶片大,生长快,再生好,产量高。花紫色和浅紫色。在美国为不抗寒品种,但在北京种植多年,越冬良好。据北京、天津、新疆等地试种,干草产量每公顷 13～14 t,一年收割 3～4 次。

适宜种植区:在我国河北、河南、山东以及长城以南地区种植。

4. 萨兰斯苜蓿(Sanranac)

1975 年由美国东北地区引进的,抗细菌枯萎病及豌豆蚜。该品种株型斜生到直立,株高 90 cm,叶片较大,叶量多,花色以蓝色、紫色为主,另有 15% 的杂色花,再生性好,但早春和晚秋生长缓慢。抗寒性好。经北京、山西、甘肃等省市试种后,认为其产量中等,每公顷干草产量约 10 t,但叶量高,约占植株重量 54%,质量好,是一个优良品种。但在甘肃武威及新疆乌鲁木齐试种,越冬率只有 20%～22%,抗寒性差,因此,不适宜寒冷地区种植。

适宜种植区:在长城以南地区种植。

表 4-1   苜蓿品种性状表

kg/亩

品种名称	青草产量			生育天数/d	备　注
	第一年	第二年	第三年		
格林苜蓿	909	1 786.6	1 980	130	
润布勒苜蓿	688.9	1 633.5	3 199.5	130	
秘鲁苜蓿	1 160.5	660	1 991.2	130	
萨兰斯苜蓿	1 177.5	1 873.3	2 773.5	131	
猎人河苜蓿	1 555.5	3 733	1 644	128	

注:摘自 1985 年中国农科院兰州畜牧所《黄土高原地区苜蓿评比试验报告》。

5. 猎人河苜蓿 (Hunter River)

1974 年从澳大利亚引进的,为该国广泛种植的一个老品种。该品种茎直立,株高 85～105 cm,根系发达,返青后茎为紫色,开花期为绿色,花浅紫色,抗寒性差。河北省中南部种植,水肥条件好的情况下,每公顷鲜草产量 75～105 t,产种子 240～270 kg;在旱地种植时,产量减少一半,对水肥反应敏感。而在河北省北部,辽宁朝阳,新疆乌鲁木齐等地均不能安全越冬。

适宜种植区:该品种适宜长城以南,长江以北地区种植。

6. 阿尔贡奎因(阿尔冈金)苜蓿(Algonquin)

阿尔贡奎因是多次从加拿大、美国引进的苜蓿品种,是一个中间型或标准型苜蓿。大部分植株的花为浅紫色或接近白色。大部分种荚呈松散的螺旋形,只有少数为镰刀形,茎多而细,叶片稍小于 Flemish 类型品种。幼苗的生活能力较强,抗寒能力强,在有雪覆盖的条件下,能耐受−40℃低温;每年可刈割 3～4 次;抗病性能强,对细菌性萎蔫病、褐斑病、黄萎病等有很强的抗性。阿尔贡奎因喜中性或微碱性土壤。

适宜种植区:适应于我国东北、西北,地区种植。

7. 费纳尔苜蓿(Vernal)

费纳尔苜蓿是多次从加拿大、美国北部引进的苜蓿品种。该品种花的颜色繁多,从黄色、黄绿色、紫色到蓝色都有。但蓝色和紫色的花占优势。种荚形状也不固定,秋季秋眠级为2,蛋白含量19%以上,苗期生活力强,刈割后恢复快,每年可刈割3~4次,抗病虫害能力强,对细菌性萎蔫病、根腐病、苜蓿蚜虫等都具高抗特性,直立改良型,产量较高。适应范围广,抗旱能力强。该品种的产草量比较如表4-2所示。

适宜种植区:华北、东北、内蒙古东部和西北地区种植。

表 4-2　25 个苜蓿品种在北京地区的产草量统计表(1987—1989 年)

| 品种名称 | 英语名称 | 干草产量/(kg/hm²) | | | | 种子产量/(kg/亩) |
		1987 年	1988 年	1989 年	3 年平均	1987 年
道森	DAWSON	13 680	10 720	10 820	11 740	190
沙漠	DESERET	14 360	8 900	8 540	10 605	100
科迪	CODY	14 120	11 619	13 180	12 973	160
伊鲁瑰斯	LROQUOIS	13 940	11 320	10 780	12 013	120
拉洪坦	LAHONTAN	14 680	12 540	14 360	13 860	140
内菲	NPH	13 980	11 220	13 180	12 793	72
费纳尔	VERNAL	14 380	10 680	12 600	12 553	240
兰姆斯	RAMSEY	12 600	10 780	11 880	1 175	74
罗左马	RHIZOMA	15 001	10 220	10 720	12 380	125
延伸 2 号	SPREDOR—2	13 760	9 700	11 260	11573	70
托尔	THOR	15 040	10 700	13 460	12 940	130
安斯塔	ANSTAR	16 720	11 820	14 820	14 453	80
马克辛	MAXIM	15 300	12 320	14 220	13 946	70
海菲	HI-PHY	14 775	10 700	14 100	13 706	80
阿摩	ARMOR	16 000	11 800	13 640	13 813	30
德鲁莫	DURMMOR	14 660	11 740	12 600	13 000	154
科曼德	COMMANDOR	14 060	11 100	12 840	12 666	240
维多利亚	VICTOQIA	14 380	11 280	14 380	13 346	100
埃皮克	EPIC	14 360	11 100	13 800	13 084	70
	C/W334	14 220	11 840	13 520	13 193	120

续表 4-2

品种名称	英语名称	干草产量/(kg/hm²)				种子产量/(kg/亩)
		1987 年	1988 年	1989 年	3 年平均	1987 年
	C/W327	13 780	11 440	12 760	12 660	150
	555	13 500	11 320	13 840	12 886	210
	5 444	15 100	11 020	12 540	12 886	210
新疆大叶		13 920	9 240	10 341	1 166	200
公农 1 号		15 520	13 500	15 200	14 740	144

注:来源于 1998 年《中国苜蓿产业化战略决策与综合技术研讨会》资料汇编。

8. WL252HQ

WL252HQ 是从美国引进的苜蓿品种。秋眠级为 2 级,直立型,具有杰出的抗寒性,茎秆纤细,刈割后的再生速度快,对多种病虫害具有很强的抗性,抗寒性好。

适宜种植区:可在中国西北、华北北部、东北地区试种。

9. WL323

WL323 是从美国引进的苜蓿品种。秋眠级为 4 级,高抗多种病虫害,尤其对苜蓿疫霉根腐病具有较高的抗性,刈割后再生能力强,经河北东光县等地试种,表现了较好的适应性,产草量与 WL320、Queen 接近。

适宜种植区:在中国西北部分地区、华北中南部地区种植。

10. 爱费尼特(Affinity)

爱费尼特是从美国引进的苜蓿品种。秋眠级为 4 级,叶量大,叶色浓绿,产草量较高,耐刈割,再生草产量高。抗苜蓿多种病害,而且抗线虫能力出色。广泛的抗性使其在产量高峰后几年产量下降很慢,是一个持久性较好的紫花苜蓿品种。

适宜种植区:可在中国西北部分地区、华北中南部地区种植。

11. 威多利亚(Victory)

该品种是由美国康奈尔大学农业试验站于 1990 年育成的新品种,秋眠级为 3 级,高抗炭疽病、镰刀菌萎蔫病、黄萎病,中抗疫霉根腐病,易感苜蓿斑点芽,对于茎线虫、豌豆蚜、蓝苜蓿蚜的抗性未做试验。该品种有 75% 的紫色花,25% 杂色花,包括黄色、白色和奶油色。适应于美国北部地区种植。

适宜种植区:该品种可在我国华北北部、东北、西北部分地区试种。

12. 牧歌 702(AmeriGraze 702)

该品种是美国佐治亚农业试验站于 1996 年育成的紫花苜蓿新品种,在连续强度放牧的条件下筛选耐牧的苜蓿,是由 150 个株系组成的综合品种。秋眠级相当于 Mesilla。大约 94% 为紫色花,6%为杂色花。高抗镰刀菌萎蔫病、高抗炭疽病、疫霉根腐病;中抗细菌性萎蔫病、黄萎病、苜蓿斑翅蚜、茎线虫。对于蓝苜蓿蚜、豌豆蚜的抗性未做试验。该品种适合美国东南部地区放牧、制作干草、青贮。在佐治亚和加利福尼亚南部实验表明,强度放牧之后,AmeriGraze 702的存活率为73%,Alfagraze的存活率为72%,13R的存活率为33%,WL457的存活率为8%。近年来育成的其他放牧性品种。

适宜种植区:该品种可在我国苏北及类似地区试种。

表4-3为美国最新放牧型苜蓿品种。

表 4-3　美国最新放牧型苜蓿品种一览表

品种名称	育种单位	育成年份	推广区域
Cimarron	大不列颠研究站	1981	—
WL222	WL研究公司	1987	加拿大
5683	先锋公司	1989	阿根廷,澳大利亚,新西兰
Alfagraze	乔治亚大学	1990	美国
5715	先锋公司	1990	阿根廷,澳大利亚,新西兰
Cimarron VR	大不列颠研究站	1990	—
Alfa 50	WL研究公司	1991	阿根廷
Prim	WL研究公司	1992	阿根廷
Manga Graze	Dairyland Research	1992	美国北部
Stampede	Dairyland Research	1993	美国北部
Cut'N'Graze	乔治亚大学	1993	美国
PAN4581	WL研究公司	1993	南非
Pasture$^+$	Dairyland Research	1994	美国北部
5939	先锋公司	1994	阿根廷,澳大利亚,新西兰
AmeriGraze 401+Z	ABI苜蓿公司	1995	美国
ABT805	乔治亚大学	1995	南美
5681	先锋公司	1995	阿根廷,澳大利亚,新西兰
AmeriGraze 701	乔治亚大学	1996	美国西部
ABT 205	ABI苜蓿公司	1996	美　国
ABT 405	ABI苜蓿公司	1996	美　国
ABT 705	ABI苜蓿公司	1996	美　国
WL 326 GZ	WL研究公司	1996	美　国
HayGrazer	大不列颠研究站	1996	—
Dual	大不列颠研究站	1996	—

4.2 国外近年育成首蓿品种

4.2.1 秋眠品种

1. Spreador 3

Spreador 3 是由 44 个亲本植株通过杂交而获得的综合品种。其亲本材料是在爱荷华州生长 4 年的植物苗圃中,根据其生长势、越冬率和侧根生长状况等选择出多个种群,并运用表型轮回选择法加以选择,以获得对细菌性萎蔫病、黄萎病、炭疽病和疫霉根腐病的抗性。种质资源贡献率大约为:黄花首蓿占 35%、拉达克首蓿占 31%、杂花首蓿占 31%、佛兰德斯首蓿占 2%、智利首蓿占 1%。该品种花色 59% 为紫色、37% 为杂色、4% 黄色中带有一些乳白色和白色。属于极度秋眠类型,秋眠等级为 1 级。该品种对细菌性萎蔫病、镰刀菌萎蔫病具有高抗性;对炭疽病具有抗性;对黄萎病、疫霉根腐病、豌豆蚜和茎线虫有中度抗性;对丝囊霉根腐病和首蓿斑翅蚜敏感;对蓝首蓿蚜和根结线虫的抗性未测试。该品种适宜于加拿大西部地区种植,已在加拿大的阿尔伯特地区通过测试。基础种永久由 Nortlu-up King 公司生产和持有,合格种子于 1994 年上市。

2. AC Caribou

AC Caribou 是由 15 个亲本植株通过杂交而获得的综合品种。亲本材料是根据无性繁殖、杂交和自交后代材料的产量、活力、越冬率等特性选择出的,具有牧草产量高、种子产量高、再生性好、抗病性好和抗寒性强的多个种群。亲本种质来源:Apica、Titan、Angus、WL 217 和 Iroquois。该品种主根明显,株型直立,叶量大,为多叶型品种。该品种花色 60%~75% 为深色到浅紫色,17%~20% 为深色到浅蓝,3%~5% 为青绿到紫色杂色,少于 1% 为乳白色。茎秆较细,类似于 Vernal,成熟期为中等偏早。对细菌性萎蔫病具有高抗性;对黄萎病具有抗性;中度抗疫霉菌根腐病。该品种适宜用于生产干草或青贮饲料,也适宜于建立混播牧场,比如和无芒雀麦混播的牧场。在加拿大东部和西部地区的大多数试验中,该品种都表现出高产的性能。多年的高产趋势表明,该品种是一个持久性优良的品种。基础种永久由加拿大的 BrettYoung 公司生产和持有。

3. Maverick

Maverick 是由 55 个亲本植株通过杂交而获得的综合品种。其亲本材料是在爱荷华州埃姆斯地区根据其春季长势、再生性和对疫霉根腐病的抗性选择出多个种群。亲本种质来源:Kane、Drylander、Roamer、Fosters Siberian、Beaver 和 Rambler。该品种花色 47% 为紫色、43% 为杂色、9% 为黄色和 1% 乳白色。属于极度秋眠类型,秋眠等级为 1 级,抗寒性极好。该品种对细菌性萎蔫病具有高抗性;对疫霉根腐病和镰刀菌萎蔫病有中度抗性;对炭疽病敏感;对豌豆蚜、斑翅蚜和茎线虫的抗性未测试。该品种适宜于加拿大西部地区种植;已在加拿大的阿尔伯特地区通过测试;合格种子于 1982 年上市。

4. **Spyder**

Spyder 该品种花色 89% 为紫色、7% 杂色、3% 黄色和 1% 乳白色、还有极少数白色,属于秋眠类型,秋眠等级 2 级。该品种对细菌性萎蔫病、镰刀菌萎蔫病具有高抗性,对炭疽病、黄萎病、疫霉根腐病、丝囊霉根腐病和豌豆蚜有抗性;对苜蓿斑翅蚜有中度抗性;对蓝苜蓿蚜、茎线虫和根结线虫的抗性未测试。该品种适宜于美国中北部和加拿大西部地区种植;已在美国威斯康星州和加拿大不列颠哥伦比亚省通过测试。基础种永久由 Cal/West 种子公司生产和持有,审定种子于 2006 年上市。

5. **FSG 229CR**

FSG 229CR 是由 60 个亲本植株通过杂交而获得的综合品种。其亲本材料是在抗病资源圃中,选择其根颈在地里生长势好的不同种群,由蜜蜂、苜蓿切叶蜂、熊蜂传粉进行自然杂交,并加强对疫霉根腐病和丝囊霉根腐病抗性的选择。亲本材料来自 Dairyland 实验中心。该品种花色 90% 为紫色,10% 为杂色夹杂乳白色、白色和黄色,秋眠等级为 2 级,抗寒性等级为 2 级。该品种对细菌性萎蔫病、镰刀菌萎蔫病、疫霉根腐病、炭疽病、黄萎病具有高抗性;对丝囊霉根腐病有抗性;对北方根结线虫、茎线虫、蓝苜蓿蚜、豌豆蚜和苜蓿斑翅蚜的抗性未测试。适宜于美国中北和中东地区种植;已在威斯康星州、密歇根州通过测试。基础种永久由 Dairyland 研究中心生产和持有,审定种子于 2009 年上市。

6. **FSG 420LH**

FSG 420LH 是由 18 个亲本植株通过杂交而获得的综合品种。其亲本材料选择具有牧草产量高、牧草质量好和持久性好等特性的多个种群,并运用基因型和表型轮回选择相结合的方法加以选择,以获得具有对细菌性萎蔫病、镰刀菌萎蔫病、黄萎病、炭疽病、疫霉根腐病、丝囊霉根腐病、茎线虫,北方根结线虫和马铃薯叶蝉的抗性。该品种花色 51% 为紫色、20% 为杂色、19% 为黄色、6% 为白色和 4% 乳白色,属于秋眠类型,秋眠等级为 2 级,抗寒性类似于 Vernal,小叶数量较少。该品种对炭疽病、细菌性萎蔫病、镰刀菌萎蔫病、黄萎病、疫霉根腐病、丝囊霉根腐病和马铃薯叶蝉具有高抗性;对豌豆蚜和茎线虫有抗性;对北方根结线虫、蓝苜蓿蚜和苜蓿斑翅蚜的抗性未测试。该品种适宜于美国中北部地区种植;已在印第安纳州、宾夕法尼亚州和爱荷华州通过测试。基础种永久由 Forage Genetics 公司生产和持有,审定种子于 2009 年上市。

7. **DS721**

DS721 是由 37 个亲本植株通过杂交而获得的综合品种。其亲本材料选择具有根颈位置深、秋眠早等特性的多个种群,以获得具有对细菌性萎蔫病、镰刀菌萎蔫病、疫霉根腐病、丝囊霉根腐病的抗性。亲本种质来源:Dairyland 原种试验材料(86%)、Thor(3%)、Bounty(8%)和 TMF421(3%)。该品种花色 90% 为紫色、10% 为杂色,略带黄色、白色和乳白色,属于秋眠类型,秋眠等级为 2 级,抗寒性类似于 Vernal。该品种对炭疽病、细菌性萎蔫病、镰刀菌萎蔫病、黄萎病、疫霉根腐病、北方根结线虫和丝囊霉根腐病具有高抗性;对南方根结线虫和茎线虫有抗性;对蓝苜蓿蚜、豌豆蚜和苜蓿斑翅蚜的抗性未测试。该品种适宜于美国中北部地区种植;已在威斯康星州通过测试。基础种永久由 Dairyland 研究中心生产和持有,审定种子于2010 年上市。

8. DS722

DS722 是由 80 个亲本植株通过杂交而获得的综合品种。其亲本材料是从病害苗圃中选择具有根颈向地下伸的多个种群,并获得具有对疫霉根腐病和丝囊霉根腐病的抗性。亲本种质来源:Dairyland 原种试验材料。该品种花色 90%为紫色、10%为杂色,略带黄色、白色和乳白色,属于秋眠类型,秋眠等级为 2 级,抗寒性类似于 Vernal。该品种对炭疽病、细菌性萎蔫病、镰刀菌萎蔫病、黄萎病和疫霉根腐病具有高抗性;对丝囊霉根腐病有抗性;对北方根结线虫、茎线虫、苜蓿斑翅蚜、豌豆蚜和蓝苜蓿蚜的抗性未测试。该品种适宜于美国中北部地区种植;已在威斯康星州通过测试。基础种永久由 Dairyland 研究中心生产和持有,审定种子于2010 年上市。

9. GH767(Amended)

GH767 是由 172 个亲本植株通过杂交而获得的综合品种。其亲本材料具有抗疫霉根腐病、丝囊霉根腐病、多叶型的特性,并运用表型轮回选择法和近红外反射光谱技术加以选择,以获得高饲用价值和对细菌性萎蔫病、丝囊霉根腐病、疫霉根腐病、炭疽病、黄萎病、小光壳叶斑病和苜蓿斑翅蚜的抗性。亲本种质来源:Class、DK 122、Multiplier、Alfaleaf、Chief、Crown Ⅱ、VS-775 和 WL 320。种质资源贡献率大约为:黄花苜蓿占 8%、拉达克苜蓿占 6%、杂花苜蓿占25%、土耳其斯坦苜蓿占 5%、佛兰德斯苜蓿占 46%、智利苜蓿占 10%。该品种花色 82%为紫色、14%为杂色、4%为乳白色带有少许白色和黄色,属于秋眠类型,秋眠等级为 2 级,同 Multiking Ⅰ苜蓿相似,小叶数量较多,为多叶型品种。对细菌性萎蔫病、镰刀菌萎蔫病、炭疽病、疫霉根腐病、豌豆蚜具有高抗性;对黄萎病、丝囊霉根腐病、茎线虫和苜蓿斑翅蚜有抗性;对根结线虫和蓝苜蓿蚜的抗性未测试。适宜于美国中北部和中东部地区种植;已在威斯康星州、明尼苏达州和宾夕法尼亚州通过测试。基础种永久由 Cal/West 种子公司生产和持有,审定种子于 1995 年上市。

10. TMF421

TMF421 是由 107 个亲本植株通过杂交而获得的综合品种。其亲本材料具有抗疫霉根腐病、丝囊霉根腐病的特性,亲本材料是从威斯康星州生长 3 年的产量试验田里选择出的多个种群,并运用表型轮回选择法和近红外反射光谱法技术对牧草产量,饲用价值加以选择,以获得对细菌性萎蔫病、黄萎病、疫霉根腐病、丝囊霉根腐病、炭疽病和小光壳叶斑病的抗性。亲本种质来源:DK122、GH767 和 Pacesetter。种质资源贡献率大约为:黄花苜蓿占 9%、拉达克苜蓿占 6%、杂花苜蓿占 24%、土耳其斯坦苜蓿占 3%、佛兰德斯苜蓿占 48%、智利苜蓿占 10%。该品种花色 94%为紫色、5%杂色、1%乳白色中带有少许白色和黄色,属于秋眠类型,秋眠等级为 2 级,牧草品质类似 WL322HQ。对细菌性萎蔫病、黄萎病、炭疽病、疫霉根腐病、丝囊霉根腐病、豌豆蚜、茎线虫具有高抗性;对镰刀菌萎蔫病和苜蓿斑翅蚜有抗性;对根结线虫和蓝苜蓿蚜的抗性未测试。适宜于美国中北部地区种植;已在威斯康星州和明尼苏达州通过测试。基础种永久由 Cal/West 种子公司生产和持有,审定种子于 1996 年上市。

11. ZG9415

ZG9415 是由 368 个亲本植株组成,其亲本全部可追溯到 A-295。从 1991 年 3 月开始在华伦斯堡经过反复放牧实验,A-295 苜蓿采样地在 1991 年经过 70 d 的不间断放牧,1992 年和 1993 年都经过 155 d 不间断放牧。1993 年 10 月当生物量下降至 10％的时候,样地已被根颈大而均匀的最健康亲本植株占据。种质资源贡献率大约为:黄花苜蓿占 7％、拉达克苜蓿占 8％、杂花苜蓿占 19％、土耳其斯坦苜蓿占 19％、佛兰德斯苜蓿占 32％、智利苜蓿占 8％、秘鲁苜蓿占 6％、未知品种占 1％。该品种花色 65％为紫色,34％为杂色,略带乳白色、白色和黄色;属于秋眠类型,秋眠等级类似于 Vernal,为 2 级,耐牧强度类似于 Alafagraze。对细菌性萎蔫病、镰刀菌萎蔫病、炭疽病和疫霉根腐病具有高抗性;对黄萎病、茎线虫和丝囊霉根腐病具有抗性,对豌豆蚜具有中等的抗性,对苜蓿斑翅蚜蓝苜蓿蚜和根结线虫的抗性尚未测试。适宜于美国的中北地区种植,基础种永久由 ABI 生产和持有,审定种子于 1997 年上市。

12. C131

C131 是由 137 个亲本植株通过杂交而获得的综合品种,其亲本材料选自具有抗疫霉根腐病的 4 个种群,并运用表型轮回选择法和近红外反射光谱技术加以选择,以获得高质量的饲用价值。亲本种质来源:DK 122、M. PHA 2001、WL 252 HQ1、Vernal1 和 Ovation。种质资源贡献率约为:黄花苜蓿占 16％、拉达克苜蓿 19％、杂花苜蓿占 27％、土耳其斯坦苜蓿占 6％、佛兰德斯苜蓿占 32％。该品种花色 100％为紫色,略带有杂色、白色、乳白色和黄色。属于秋眠类型,秋眠等级为 2 级。对炭疽病、细菌性萎蔫病、镰刀菌萎蔫病、黄萎病、疫霉根腐病和丝囊霉根腐病具有高抗性;对豌豆蚜和苜蓿斑翅蚜具有抗性;对茎线虫具有中等抗性;低抗北方根结线虫;对蓝苜蓿蚜的抗性未做测试。该品种适宜于美国的中北部、中东部种植;已在纽约州和威斯康星州通过测试。基础种永久由 W-L 研究公司生产和持有,审定种子于 1998 年上市。

13. DK 121 HG

DK 121 HG 是由 14 个亲本植株通过杂交而获得的综合品种。其亲本材料是根据亲本和后代材料的牧草产量、质量、秋眠性、抗虫害等特性选择出的多个种群;并综合运用基因型选择和表型轮回选择法加以选择,以获得对细菌性萎蔫病、黄萎病、镰刀菌萎蔫病、疫霉根腐病、丝囊霉根腐病、炭疽病和马铃薯叶蝉的抗性。亲本种质来源:Rushmore（25％）、Sterling（25％）、Encore（13％）、Pacesetter（12％）、DK133（12％）、Legend（4％）以及种质材料 81 IND-2（3％）、KS I08GH5（3％）和 KS94GH6（3％ ）。种质资源贡献率大约为:黄花苜蓿占 3％、拉达克苜蓿占 5％、杂花苜蓿占 22％、土耳其斯坦苜蓿占 4％、佛兰德斯苜蓿占 55％、智利苜蓿占 2％和未知苜蓿占 9％。该品种花色 50％为紫色,44％杂色,1％白色,2％乳白色和 3％黄色,秋眠等级 2 级,抗寒性类似于 Vernal。该品种对炭疽病、细菌性萎蔫病、镰刀菌萎蔫病、黄萎病、疫霉根腐病具有高抗性;对马铃薯叶蝉、丝囊霉根腐病、豌豆蚜和苜蓿斑翅蚜有抗性;对蓝苜蓿蚜、茎线虫和根结线虫的抗性未测试。该品种适宜于美国中北部和中东部种植;已在爱荷华州、威斯康星州和印第安纳州通过测试。基础种永久由 Forage Genetics 公司生产和持有,审定种子于 1997 年上市。

14. **Arrowhead**

Arrowhead 是由 58 个亲本植株通过杂交而获得的综合品种。其亲本材料的一半是在威斯康星州克林顿地区附近,选择侧枝生长发达、抗细菌性萎蔫病、镰刀菌萎蔫病,而且根颈生长健康和产量高的种群;其亲本材料的另一半是在威斯康星州马什菲尔德地区选择出的,并且对其抗细菌性萎蔫病、镰刀菌萎蔫病、疫霉根腐病、丝囊霉根腐病和叶部病害的抗性进行了评估。亲本种质来源:Evolution 和 Defiant 群体。种质资源贡献率大约为:拉达克苜蓿占 28%、杂花苜蓿占 12%、土耳其斯坦苜蓿占 35%、佛兰德斯苜蓿占 25%。该品种花色 85% 为紫色、15% 杂色中带有少许白色、乳白色和黄色,秋眠等级为 2 级。该品种对细菌性萎蔫病、镰刀菌萎蔫病、疫霉根腐病具有高抗性;对炭疽病、丝囊霉根腐病、黄萎病、豌豆蚜有抗性,对北方根结线虫和茎线虫有中度抗性;对苜蓿斑翅蚜和蓝苜蓿蚜的抗性未测试。该品种适宜于美国中北部种植,计划推广到美国北部;已在威斯康星州通过测试。基础种永久由 Dairyland 研究中心生产和持有,审定种子于 1998 年上市。

15. **C227**

C227 是由 132 个亲本植株通过杂交而获得的综合品种,其亲本材料是根据对疫霉根腐病和丝囊霉根腐病的抗性选择出的,并运用表型轮回选择法加以选择。亲本种质来源:Paramount、Royalty、WL 252 HQ、WL 316 和 WL 324 群体。种质资源贡献率大约为:黄花苜蓿占 16%、拉达克苜蓿占 19%、杂花苜蓿占 30%、土耳其斯坦苜蓿占 15%、佛兰德斯苜蓿占 20%。该品种花色 100% 为紫色,略带有一些杂色和白色,秋眠等级为 2 级,与 Vernal 相同。该品种对炭疽病、细菌性萎蔫病、镰刀菌萎蔫病和丝囊霉根腐病具有高抗性;对茎线虫、豌豆蚜和苜蓿斑翅蚜有抗性;对蓝苜蓿蚜、黄萎病、疫霉根腐病和根结线虫的抗性未测试。该品种适宜于美国中北部、中东部地区和中度寒冷山区种植;已在纽约州、华盛顿州和威斯康星州通过测试。基础种永久由 W-L 公司生产和持有,审定种子于 1999 年上市。

16. **CW 4223**

CW 4223 是由 170 个亲本植株通过杂交而获得的综合品种。其亲本材料具有抗疫霉根腐病、丝囊霉根腐病、多叶型的特性,亲本材料是从威斯康星州生长 3 年的试验田里选择出的,并运用表型轮回选择法和近红外反射光谱法技术对牧草饲用价值加以选择,以获得对细菌性萎蔫病、黄萎病、疫霉根腐病、丝囊霉根腐病、炭疽病和马铃薯叶蝉的抗性。亲本种质来源:GH 767、MultiQueen、2888、329、Alfaleaf Ⅱ 和 Cal/West Seeds 育种群体。种质资源贡献率大约为:黄花苜蓿占 9%、拉达克苜蓿占 7%、杂花苜蓿占 25%、土耳其斯坦苜蓿占 5%、佛兰德斯苜蓿占 45%、智利苜蓿占 9%。该品种花色 90% 为紫色、9% 为杂色,1% 为黄色,略带有少许乳白色和白色。属于秋眠类型,秋眠等级同 Vernal。该品种对炭疽病、细菌性萎蔫病、镰刀菌萎蔫病、黄萎病、疫霉根腐病、丝囊霉根腐病和苜蓿斑翅蚜具有高抗性;对豌豆蚜、蓝苜蓿蚜、茎线虫和根结线虫的抗性未测试。该品种适宜于美国中北部地区种植,计划推广到美国中北部和中东部利用;已在威斯康星州、明尼苏达州和爱荷华州通过测试。基础种永久由 Cal/West 种子公司生产和持有,审定种子于 1999 年上市。

17. **WL 232 HQ**

WL 232 HQ 是由 137 个亲本植株通过杂交而获得的综合品种。其亲本材料具有抗疫霉根腐病的特性,并运用表型轮回选择法、近红外反射光谱法技术和化学沉淀法进行选择,选择出饲用价值高(粗蛋白含量高、酸性和中性洗涤纤维含量低)的亲本材料。亲本种质来源:DK 122、ALPHA 2001、WL 252 HQ、Vernal 和 Ovation。种质资源贡献率大约为:黄花苜蓿占 16%、拉达克苜蓿占 19%、杂花苜蓿占 27%、土耳其斯坦苜蓿占 6%、佛兰德斯苜蓿占 32%。该品种花色近 100% 为紫色,略带有少许白色、乳白色和杂色,秋眠等级为 2 级,同 Vernal 相似。该品种对炭疽病、细菌性萎蔫病、镰刀菌萎蔫病、黄萎病、疫霉根腐病和丝囊霉根腐病具有高抗性;对豌豆蚜、苜蓿斑翅蚜和茎线虫有抗性;对北方根结线虫抗性弱;对蓝苜蓿蚜的抗性未测试。该品种适宜于美国中北部、中东部地区种植;已在威斯康星州、纽约州通过测试。基础种永久由 W-L 种子公司生产和持有,审定种子于 1998 年上市。

18. **XGrazer**

XGrazer 是由 358 个亲本植株通过杂交而获得的综合品种。其亲本材料来自品种 ABI 9022,该品种于 1991 年播种于密苏里州沃伦斯堡地区的放牧试验田中,经过连续不断的家畜放牧试验后,选择出具有健康根颈的多个种群。种质资源贡献率大约为:黄花苜蓿占 6%、拉达克苜蓿占 7%、杂花苜蓿占 20%、土耳其斯坦苜蓿占 17%、佛兰德斯苜蓿占 34%、智利苜蓿占 7%、秘鲁苜蓿占 5% 和未知苜蓿占 4%。该品种花色 67% 为紫色、32% 杂色中带有少许白色、乳白色和黄色,秋眠等级同 Vernal,耐牧性同 Alfagraze。该品种对细菌性萎蔫病、镰刀菌萎蔫病、黄萎病、炭疽病和疫霉根腐病具有高抗性;对丝囊霉根腐病有抗性;中度抗茎线虫;对豌豆蚜抗性弱;对苜蓿斑翅蚜、蓝苜蓿蚜和根结线虫的抗性未测试。该品种适宜于美国中北部地区种植;可以作为放牧地利用,也可作为生产饲草利用。基础种永久由 ABI 种子公司生产和持有,审定种子于 1997 年上市。

19. **AmeriStand 201 ＋Z**

Ameristand 201＋Z 亲本材料选择标准是为了改良这个品种的耐牧性,通过连续放牧试验,运用表型轮回选择法,选择出根颈和根系大而健康的种群。该品种花色近 62% 为紫色,38% 为杂色,略带黄色、乳白色和白色,秋眠等级为 2 级,耐牧强度优于 Alafagraze。该品种对细菌性萎蔫病、黄萎病、镰刀菌萎蔫病、疫霉根腐病、丝囊霉根腐病具有高抗性;对炭疽病、豌豆蚜有抗性;对茎线虫、苜蓿斑翅蚜、蓝苜蓿蚜、根结线虫的抗性未测试。该品种适合在美国中北部、中东部等地区种植;已在爱荷华州、威斯康星州和伊利诺伊州等地通过测试。基础种永久由 ABI 生产和持有,审定种子于 2000 年上市。

20. **UltraLac**

UltraLac 是由 170 个亲本植株通过杂交而获得的综合品种。其亲本材料具有抗疫霉根腐病、丝囊霉根腐病、多叶型的特性,是从威斯康星州生长 3 年的无性繁殖材料的杂交后代中选择出的多个种群,并运用表型轮回选择法和近红外反射光谱法技术加以选择,以获得高质量的饲用价值和对细菌性萎蔫病、黄萎病、疫霉菌根腐病、丝囊霉根腐病、炭疽病和小光壳叶斑病的抗性。亲本种质来源：GH 767、MultiQueen、2888、329、Alfaleaf 11 和 Cal/West 育种群体。种质资源贡献率大约为：黄花苜蓿占 9%、拉达克苜蓿占 7%、杂花苜蓿占 25%、土耳其斯坦苜蓿占 5%、佛兰德斯苜蓿占 45%、智利苜蓿占 9%。该品种花色 90% 为紫色，9% 杂色，1% 为黄色，带有少许白色和乳白色，属于秋眠品种，秋眠等级跟 Vernal 相似。该品种对炭疽病、细菌性萎蔫病、镰刀菌萎蔫病、黄萎病、疫霉菌根腐病、丝囊霉根腐病和苜蓿斑翅蚜抗性具有高抗性；对茎线虫有抗性；对豌豆蚜、根结线虫和蓝苜蓿蚜的抗性未测试。该品种适宜于美国中北部地区种植；已在威斯康星州、明尼苏达州、爱荷华州通过测试。基础种永久由 Cal/West 种子公司生产和持有，合格种于 1999 年上市。

21. WinterMax

WinterMax 是由 324 个亲本植株(72% 来自 Quantum，28% 来自 ABI 9031)通过杂交而获得的综合品种。Quantum 和 ABI 9031 均来自于 1991 年 3 月密苏里州 Warrensburg 地区附近的放牧试验田里。样地于 1991 年连续放牧 70 d，1992 年和 1993 年放牧 155 d。该品种花色约 68% 为紫色、31% 为杂色，极少量为乳白色、白色和黄色。秋眠等级类似于 Vernal，耐放牧程度强于 Alfagraze。该品种对细菌性萎蔫病、镰刀菌萎蔫病、黄萎病、炭疽病、疫霉根腐病具有高抗性；对丝囊霉根腐病和茎线虫有抗性；中度抗豌豆蚜；对斑翅蚜、蓝苜蓿蚜、根结线虫的抗性未测试。该品种适宜于美国中北部种植。基础种永久由 ABI 公司生产和持有，审定种子于 1997 年上市。

22. Dynamic

Dynamic 是由 225 个亲本植株通过杂交而获得的综合品种。其亲本材料具有抗疫霉根腐病和丝囊霉根腐病、多叶型的特性，亲本材料是在明尼苏达州、威斯康星州生长 3 年的产量试验田和威斯康星州生长 3 年的单株选择苗圃里选择出的多个种群，并运用表型轮回选择法及近红外反射光谱法技术加以选择，以获得相对较高的饲用价值和对细菌性萎蔫病、镰刀菌萎蔫病、黄萎病、疫霉根腐病、丝囊霉根腐病、炭疽病和小光壳叶斑病的抗性。亲本种质来源：TMF 421 和 Cal/West 种子多个育种种群。种质资源贡献率大约为：黄花苜蓿占 8%、拉达克苜蓿占 6%、杂花苜蓿占 26%、土耳其斯坦苜蓿占 4%、佛兰德斯苜蓿占 48%、智利苜蓿占 8%。该品种花色 97% 为紫色，3% 为杂色带有白色、乳白色和黄色，属于秋眠类型，秋眠等级 2 级。对炭疽病、细菌性萎蔫病、镰刀菌萎蔫病、黄萎病、疫霉根腐病和丝囊霉根腐病具有高抗性；对豌豆蚜和北方根结线虫有抗性；中度抗茎线虫；对苜蓿斑翅蚜和蓝苜蓿蚜的抗性未测试。适宜于美国的中北部、中东部和平原地带地区种植；已在威斯康星州、明尼苏达州、爱荷华州、密歇根州、宾夕法尼亚州和内布拉斯加州通过测试。基础种永久由 Cal/West 种子公司生产和持有，审定种子于 2003 年上市。

23. Spredor 4

Spredor 4 亲本材料选择标准是为了改良这个品种的匍匐根生长习性、耐牧性、牧草产量、持久性，并且获得对细菌性萎蔫病、黄萎病、炭疽病、疫霉根腐病的抗性。该品种花色 55% 紫色、35% 杂色、5% 黄色、2% 白色、3% 乳白色，属于秋眠类型，秋眠等级为 2 级，抗寒性接近 Norseman。对炭疽病、细菌性萎蔫病、镰刀菌萎蔫病、疫霉根腐病和黄萎病具有高抗性；对丝囊霉根腐病和豌豆蚜有抗性;对蓝苜蓿蚜、苜蓿斑翅蚜、茎线虫和根结线虫的抗性未测试。适宜于美国中北部地区种植;已在威斯康星州、明尼苏达州通过测试。基础种永久由 Forage Genetics 公司生产和持有,审定种子于 2003 年上市。

24. Mariner Ⅱ

Mariner Ⅱ 是由 94 个亲本植株通过杂交而获得的综合品种。其亲本材料是从威斯康星州马什菲尔德地区附近的产量试验田,选择出具有对疫霉根腐病、细菌性萎蔫病、镰刀菌萎蔫病、丝囊霉根腐病的抗性以及根颈健康、具有侧根的多个种群。种质资源贡献率大约为:拉达克苜蓿占 13%、杂花苜蓿占 18%、土耳其斯坦苜蓿占 10%、佛兰德斯苜蓿占 41% 和未知苜蓿占 18%。该品种花色 87% 为紫色,13% 杂色中带有少许白色、乳白色和黄色,属于秋眠类型,秋眠等级为 2 级,抗寒性类似于 Vernal。该品种对细菌性萎蔫病、镰刀菌萎蔫病、疫霉根腐病和北方根结线虫具有高抗性;对丝囊霉根腐病、豌豆蚜、茎线虫、黄萎病和炭疽病有抗性;对苜蓿斑翅蚜和蓝苜蓿蚜的抗性未测试。该品种适宜于美国中北部、中东部地区种植;已在明尼苏达州、印第安纳州和威斯康星州通过测试。基础种永久由 Dairyland 研究中心生产和持有,审定种子于 1999 年上市。

25. CW52044

CW52044 是由 200 个亲本植株通过杂交而获得的综合品种。亲本材料是从两部分群体的杂交后代中选择的,其中一部分群体选自生长于威斯康星州河岸的地方品种材料;另一部分群体选自威斯康星州生长 3 年的苗圃材料,并运用表型轮回选择法和近红外反射光谱法技术加以选择,以获得抗寒、抗叶部病害、叶茎比高、饲用价值高等特性以及对细菌性萎蔫病、镰刀菌萎蔫病、黄萎病、疫霉根腐病、丝囊霉根腐病、炭疽病和小光壳叶斑病的抗性。亲本种质来源:329(2%)、Cal/West 多个育种群体(48%)和未知材料(50%)。种质资源贡献率大约为:黄花苜蓿占 9%、拉达克苜蓿占 7%、杂花苜蓿占 34%、土耳其斯坦苜蓿占 7%、佛兰德斯苜蓿占 37%、智利苜蓿占 6%。该品种花色 89% 为紫色、7% 为杂色、3% 为黄色、1% 为乳白色,夹杂一点白色,秋眠等级为 2 级。该品种对细菌性萎蔫病和镰刀菌萎蔫病具有高抗性;对炭疽病、黄萎病、疫霉菌根腐病、丝囊霉根腐病和豌豆蚜具有抗性;中度抗苜蓿斑翅蚜;对蓝苜蓿蚜、茎线虫和根结线虫的抗性未测试。该品种适宜于美国中北部地区和加拿大西部种植;已在威斯康星州和加拿大不列颠哥伦比亚省通过测试。基础种永久由 Cal/West 种子公司生产和持有,审定种子于 2005 年上市。

26. 6200HT

6200HT 亲本材料选择标准为具有茎秆消化率高、蛋白含量高和抗寒性强等特性,并运用表型轮回选择法加以选择,以获得对细菌性萎蔫病、镰刀菌萎蔫病、黄萎病、疫霉根腐病、炭疽病、丝囊霉根腐病和苜蓿损伤线虫的抗性。最后一轮选择是在爱达荷州纳比尔地区、威斯康星州利文斯顿地区和马什菲尔德地区附近生长 2～3 年的苗圃中进行的,选择标准包括产量、抗寒性、秋眠性、对黄色叶蝉和叶部病害的抗性。该品种花色 73% 为紫色、27% 为杂色,夹杂乳白色,黄色和白色,秋眠等级为 2 级,耐持续放牧。该品种对细菌性萎蔫病、镰刀菌萎蔫病、黄萎病、炭疽病、疫霉菌根腐病、丝囊霉根腐病和豌豆蚜具有高抗性;中抗茎线虫;对苜蓿斑翅蚜敏感;对蓝苜蓿蚜和根结线虫的抗性未测试。该品种适宜于美国中北部地区种植;已在威斯康星州、爱荷华州和伊利诺伊州通过测试。基础种永久由 ABI 公司生产和持有,审定种子于 2004 年上市。

27. CW 02001

CW 02001 是由 114 个亲本植株通过杂交而获得的综合品种。其亲本材料是从位于宾夕法尼亚州生长 5 年、明尼苏达州和威斯康星州生长 3 年的测产试验田里、威斯康星州的生长 3 年的苗圃里,选择出的具有多叶型表达、抗寒性好、产量高、相对饲用价值高等特性的多个种群,并运用表型轮回选择法和近红外反射光谱法加以选择,以获得具有高饲用价值和对细菌性萎蔫病、镰刀菌萎蔫病、黄萎病、疫霉根腐病、丝囊霉根腐病、炭疽病和小光壳叶斑病的抗性。其亲本种质来源:TMF 421、Abound、金加、Sprint 和由 Cal/West 种子培育公司提供的混杂群体。该品种花色 93％为紫色、1％杂色、2％乳白、4％黄色和极少量白色。属于秋眠类型,秋眠等级为 2 级。该品种对炭疽病、细菌性萎蔫病、镰刀菌萎蔫病和疫霉根腐病具有高抗性;对丝囊霉根腐病和苜蓿斑翅蚜有抗性;对豌豆蚜具有中度抗性;对蓝苜蓿蚜、茎线虫和根结线虫的抗性未测试。该品种适宜于美国中北部和中东部地区种植;已在威斯康星州和爱荷华州通过测试。基础种永久由 Cal/west 种子公司生产和持有,审定种子于 2006 年上市。

28. CW 02012

CW 02012 是由 200 个亲本植株通过杂交而获得的综合品种。其亲本材料是从位于明尼苏达州和威斯康星州生长 3 年的测产试验田里选择出的具有多叶型表达、抗疫霉根腐病、丝囊霉根腐病和炭疽病等特性的多个种群,并运用表型轮回选择法和近红外反射光谱法加以选择,以获得具有高饲用价值和对细菌性萎蔫病、镰刀菌萎蔫病、黄萎病、疫霉根腐病、丝囊霉根腐病、炭疽病和小光壳叶斑病的抗性。亲本种质来源:UltraLac、Chimo 和由 Cal/West 种子培育公司提供的混杂群体(占 29％)。该品种花色 94％为紫色、2％杂色、2％乳白、2％黄色和极少量白色,属于秋眠类型,秋眠等级为 2 级。该品种对炭疽病、细菌性萎蔫病、镰刀菌萎蔫病和疫霉根腐病具有高抗性;对丝囊霉根腐病有抗性;对豌豆蚜具有中度抗性;对蓝苜蓿蚜、茎线虫和根结线虫的抗性未测试。该品种适宜于美国中北部和中东部地区种植;已在威斯康星州和爱荷华州通过测试。基础种永久由 Cal/west 种子公司生产和持有,审定种子于 2006 年上市。

29. Upper Edge

Upper Edge 是由 180 个亲本植株通过杂交而获得的综合品种。其亲本材料具有抗疫霉根腐病、丝囊霉根腐病、炭疽病、多叶型的特性,亲本材料是在威斯康星州生长 3 年的苗圃里选择出的多个种群,并运用表型轮回选择法及近红外反射光谱法技术加以选择,以获得相对较高的饲用价值和对细菌性萎蔫病、镰刀菌萎蔫病、黄萎病、疫霉根腐病、丝囊霉根腐病、炭疽病和小光壳叶斑病的抗性。亲本种质来源:9326(6％)、Abound(6％)和 Cal/West 多个育种种群(88％)。该品种花色 99％为紫色、1％杂色,属于秋眠类型,秋眠等级 3 级。该品种对炭疽病、细菌性萎蔫病、镰刀菌萎蔫病、黄萎病、疫霉根腐病、丝囊霉根腐病具有高抗性;对豌豆蚜有抗性;对蓝苜蓿蚜、苜蓿斑翅蚜、北方根结线虫和茎线虫的抗性未测试。该品种适宜于美国的中北部、中东部、大平原地区种植;已在威斯康星州、爱荷华州、明尼苏达州、宾夕法尼亚州、堪萨斯州和南达科塔州通过测试。基础种永久由 Cal/West 种子公司生产和持有,审定种子于 2007 年上市。

30. CW 13019

CW13019 是由 205 个亲本植株通过杂交而获得的综合品种。其亲本材料具有抗疫霉根腐病、丝囊霉根腐病、炭疽病、多叶型的特性,亲本材料是在威斯康星州和宾夕法尼亚州生长 5 年、威斯康星州和爱荷华州生长 3 年的产量试验田以及威斯康星州生长 3 年的苗圃里选择出的多个种群,并运用表型轮回选择法及近红外反射光谱法技术加以选择,以获得相对较高的饲用价值和对细菌性萎蔫病、镰刀菌萎蔫病、黄萎病、疫霉根腐病、丝囊霉根腐病、炭疽病和小光壳叶斑病的抗性。亲本种质来源:Setter (1%)、Abound (2%)、9326 (2%)、30-30Q (2%)、FQ 315 (6%)、TopHand (9%)、Supreme (13%)、Extreme (14%) 和 Cal/West 多个育种种群 (51%)。该品种花色 99% 为紫色、1% 黄色和极少数乳白色,属于秋眠类型,秋眠等级 3 级。该品种对炭疽病、细菌性萎蔫病、镰刀菌萎蔫病、黄萎病、疫霉根腐病、丝囊霉根腐病具有高抗性;对豌豆蚜有抗性;对蓝苜蓿蚜、苜蓿斑翅蚜、北方根结线虫和茎线虫的抗性未测试。该品种适宜于美国的中北部、中东部、大平原和适度寒冷的山区种植;已在威斯康星州、宾夕法尼亚州、堪萨斯州和南达科塔州通过测试。基础种永久由 Cal/West 种子公司生产和持有,审定种子于 2007 年上市。

31. Alfagraze 300 RR

Alfagraze 300 RR 亲本材料的选择标准是为了改良这个品种对草甘膦除草剂的耐性、牧草产量、牧草质量、耐放牧性和持久性,并且获得对细菌性萎蔫病、镰刀菌萎蔫病、黄萎病、炭疽病、疫霉根腐病和丝囊霉根腐病的抗性。亲本材料包含耐草甘膦除草剂 CP4-EPSPS 的基因,特别是美国农业部放松管制的草甘膦独特标识转入苜蓿的 J101 或 J163 基因。该品种花色 100% 紫色、含极少量的杂色、黄色、乳白色和白色,属于秋眠类型,秋眠等级 3 级,抗寒性类似于 Ranger,对转农达除草剂有抗性。该品种对炭疽病、细菌性萎蔫病、疫霉根腐病、镰刀菌萎蔫病和丝囊霉根腐病具有高抗性;对黄萎病具有抗性;对苜蓿斑翅蚜有中度抗性;对蓝苜蓿蚜、北方根结线虫、豌豆蚜和茎线虫的抗性未测试。该品种适宜于美国中北部和中东部地区种植;已在威斯康星州、印第安纳州、宾夕法尼亚州和爱荷华州通过测试。基础种永久由 Forage Genetics 公司生产和持有,审定种子于 2007 年上市。

32. Graze N Hay 3. 10RR

Graze N Hay 3. 10RR 亲本材料的选择标准是为了改良这个品种对草甘膦除草剂的耐性、牧草产量、牧草质量、耐放牧性和持久性,并且获得对细菌性萎蔫病、镰刀菌萎蔫病、黄萎病、炭疽病、疫霉根腐病和丝囊霉根腐病的抗性。亲本材料包含耐草甘膦除草剂 CP4-EPSPS 的基因,特别是美国农业部放松管制的草甘膦独特标识转入苜蓿的 J101 或 J163 基因。该品种花色 100% 紫色、含极少量的杂色、黄色、乳白色和白色,属于秋眠类型,秋眠等级 3 级,抗寒性类似于 Vernal。对转农达除草剂有抗性。该品种对炭疽病、细菌性萎蔫病、疫霉根腐病、黄萎病、镰刀菌萎蔫病和丝囊霉根腐病具有高抗性,对苜蓿斑翅蚜具有抗性,对蓝苜蓿蚜、北方根结线虫、豌豆蚜和茎线虫的抗性未测试。该品种适宜于美国中北部和中东部地区种植;已在威斯康星州、印第安纳州、宾夕法尼亚州和爱荷华州通过测试。基础种永久由 Forage Genetics 公司生产和持有,审定种子于 2007 年上市。

33. Maxi-Pro 3.10RR

Maxi-Pro 3.10RR 亲本材料的选择标准是为了改良这个品种对草甘膦除草剂的耐性、牧草产量、牧草质量、耐放牧性和持久性,并且获得对细菌性萎蔫病、镰刀菌萎蔫病、黄萎病、炭疽病、疫霉根腐病和丝囊霉根腐病的抗性。亲本材料包含耐草甘膦除草剂 CP4-EPSPS 的基因,特别是美国农业部放松管制的草甘膦独特标识转入苜蓿的 J101 或 J163 基因。该品种花色 98% 紫色、2% 杂色,含有极少量白色,黄色和乳白色,属于秋眠类型,秋眠等级 3 级,抗寒性类似于 Vernal。小叶数量较多,为多叶型品种,对转农达除草剂有抗性。该品种对炭疽病、细菌性萎蔫病、疫霉根腐病、黄萎病、镰刀菌萎蔫病和丝囊霉根腐病具有高抗性;对北方根结线虫、苜蓿斑翅蚜和茎线虫具有抗性;对蓝苜蓿蚜、豌豆蚜的抗性未测试。该品种适宜于美国中北部和中东部地区种植;已在威斯康星州、印第安纳州、宾夕法尼亚州和爱荷华州通过测试。基础种永久由 Forage Genetics 公司生产和持有,审定种子于 2007 年上市。

34. Integra 8300

Integra 8300 亲本材料的选择标准是为了改良这个品种的牧草产量、牧草质量和持久性,并且获得对细菌性萎蔫病、镰刀菌萎蔫病、黄萎病、炭疽病、疫霉根腐病和丝囊霉根腐病的抗性。该品种花色 88% 紫色、10% 杂色、1% 黄色、1% 乳白色,有极少量白色,属于秋眠类型,秋眠等级为 3 级,抗寒性接近 Norseman,小叶数量多,为多叶型品种。该品种对炭疽病、细菌性萎蔫病、疫霉根腐病、黄萎病、镰刀菌萎蔫病、豌豆蚜和丝囊霉根腐病具有高抗性,对北方根结线虫和茎线虫有抗性;对苜蓿斑翅蚜、蓝苜蓿蚜的抗性未测试。该品种适宜于美国中北部、中东部地区种植;已在威斯康星州、宾夕法尼亚州、印第安纳州和爱荷华州通过测试。基础种永久由 Forage Genetics 公司生产和持有,审定种子于 2003 年上市。

35. ReGen

ReGen 是由 3 个来源的亲本植株通过杂交而获得的综合品种。首先的两个亲本材料是由 eedway 种群和由 Iroquois、Saranac AR、Oneida VR 及 Vertus 种群构成的群体,运用表型轮回选择技术,在田间对植株活力、病害程度和抗寄主性加以选择,以获得中性洗涤纤维和酸性洗涤纤维含量较低的牧草。每个种群选择 100 个单株进行全同胞人工杂交;这个群体再与一个抗炭疽病(经过 2 个轮回选择)、黄萎病(经过 2 个轮回选择)和疫霉根腐病(经过 1 个轮回选择)的 Magnum Ⅲ 群体进行杂交,每个种群选择 74 个单株进行全同胞人工杂交。该品种花色 93% 紫色和 7% 杂色,豆荚形状 96% 是紧实的环形,4% 是松散的环形,属于秋眠类型,秋眠等级 3 级。该品种对炭疽病、黄萎病和镰刀菌萎蔫病具有高抗性;对细菌性萎蔫病和疫霉根腐病有抗性;低抗丝囊霉根腐病;对苜蓿斑翅蚜、豌豆蚜、茎线虫、根结线虫和蓝苜蓿蚜的抗性未测试。该品种适宜于美国中北部和中东部地区种植;已在纽约州和宾夕法尼亚州经过测试。基础种永久由 Cornell University 生产和持有,审定种子于 2007 年上市。

36. Keystone

Keystone 是由 240 个亲本植株通过杂交而获得的综合品种。其亲本材料具有抗疫霉根腐病、丝囊霉根腐病、炭疽病、多叶型的特性,亲本材料是从宾夕法尼亚州生长 5 年的产量试验田和威斯康星州生长 6 年的产量试验田里选择出的多个种群,并运用表型轮回选择法和近红外反射光谱技术进行选择,以获得具有高的饲用价值和对细菌性萎蔫病、镰刀菌萎蔫病、黄萎病、疫霉根腐病、丝囊霉根腐病、炭疽病和小光壳叶斑病的抗性。亲本种质来源:FQ 315(54%)、Sprint(13%)和 Cal/West 不同的繁殖群体(33%)。该品种花色 100% 为紫色略带有杂色,属于秋眠类型,秋眠等级为 3 级,为多叶型品种。该品种对炭疽病、丝囊霉根腐病、细菌性萎蔫病、疫霉根腐病、镰刀菌萎蔫病和黄萎病具有高抗性;对豌豆蚜、蓝苜蓿蚜有抗性;对北方根结线虫、茎线虫和苜蓿斑翅蚜的抗性未测试。适宜于美国中北部、中东部和大平原种植;已在堪萨斯州、明尼苏达州、俄亥俄州和威斯康星州通过测试。基础种永久由 Cal/West 种子公司生产和持有,审定种子于 2008 年上市。

37. CW 13006

CW 13006 是由 100 个亲本植株通过杂交而获得的综合品种。其亲本材料是从爱荷华州和明尼苏达州生长 3 年的测产试验田、宾夕法尼亚州和威斯康星州生长 5 年的测产试验田、威斯康星州生长 3 年的病害试验田里选择出的具有抗寒、高产和多叶型表达等特性的多个种群,并运用表型轮回选择法和近红外反射光谱技术加以选择,以获得具有高饲用价值和对细菌性萎蔫病、镰刀菌萎蔫病、黄萎病、疫霉根腐病、丝囊霉根腐病、炭疽病和叶斑病的抗性。亲本种质来源:9326(2%)、30-30Q(5%)、Abound(2%)、eXtreme(9%)、Foremost Ⅱ(2%)、FQ 315(3%)、Setter(1%)、Supreme(9%)、TopHand(7%)和 Cal/West 种子公司提供的不同的繁殖群体(60%)。该品种花色 100% 为紫色,少许为乳白色,属于秋眠类型,秋眠等级为 3 级,其小叶数量较多,为多叶型品种。该品种对炭疽病、细菌性萎蔫病、疫霉根腐病、镰刀菌萎蔫病、黄萎病和蓝苜蓿蚜具有高抗性;对丝囊霉根腐病和豌豆蚜有抗性;对北方根结线虫、茎线虫和苜蓿斑翅蚜的抗性未测试。适宜于美国中北部、中东部和大平原种植;已在威斯康星州、明尼苏达州、宾夕法尼亚州、俄亥俄州和堪萨斯州通过测试。基础种永久由 Cal/West 种子公司生产和持有,审定种子于 2008 年上市。

38. CW 23017

CW 23017 是由 205 个亲本植株通过杂交而获得的综合品种。其亲本材料是从伊利诺伊州和明尼苏达州生长 3 年的测产试验田、宾夕法尼亚州和威斯康星州生长 5 年的测产试验田里选择出的具有抗疫霉根腐病、丝囊霉根腐病、炭疽病和多叶型表达等特性的多个种群,并运用表型轮回选择法和近红外反射光谱技术加以选择,以获得抗寒、高产并具有高饲用价值和对细菌性萎蔫病、镰刀菌萎蔫病、黄萎病、疫霉根腐病、丝囊霉根腐病、炭疽病和叶斑病的抗性。亲本种质来源:Abound 6%、Concept 3%、GH 700 2%、Harmony 4%、Perfect 1%、Power 4.2 2%、Radiant 1%、WinterGold 4% 和 Cal/West 种子公司提供的不同的繁殖群体(77%)。该品种花色 99% 为紫色,1% 为乳白色,少许为黄色和杂色,属于秋眠类型,秋眠等级为 3 级,小叶数量较多,为多叶型品种。该品种对炭疽病、细菌性萎蔫病、镰刀菌萎蔫病、黄萎病、疫霉根腐病、丝囊霉根腐病、豌豆蚜和苜蓿斑翅蚜具有高抗性；对蓝苜蓿蚜、北方根结线虫和茎线虫有抗性。适宜于美国中北部、中东部和大平原种植；已在爱荷华州、堪萨斯州、明尼苏达州、南达科塔州、宾夕法尼亚州和威斯康星州通过测试。基础种永久由 Cal/West 种子公司生产和持有，审定种子于 2008 年上市。

39. FSG 329

FSG 329 是由 90 个亲本植株通过杂交而获得的综合品种。其亲本材料是从加利福尼亚州的 Sloughhouse 产量试验田和抗病苗圃中，选择具有多叶型的、高产、抗寒性强、抗黄萎病和茎线虫等特性的多个群体，由苜蓿切叶蜂互相传粉，并对其抗线虫性做了评价。亲本种质来源：Dairyland 研究中心。该品种花色 90％为紫色，10％为杂色夹杂乳白色、白色和黄色。属于秋眠类型，秋眠等级为 3 级，越冬能力等级为 2 级。该品种对细菌性萎蔫病、镰刀菌萎蔫病、疫霉根腐病、炭疽病、黄萎病、丝囊霉根腐病、北方根结线虫、茎线虫具有高抗性；对豌豆蚜有抗性；对蓝苜蓿蚜和苜蓿斑翅蚜的抗性未测试。适宜于美加中北部种植；已在威斯康星州通过测试。基础种永久由 Dairyland 研究中心生产和持有，审定种子于 2009 年上市。

40. BigSky Ladak

BigSky Ladak 是由 135 个亲本植株通过杂交而获得的综合品种。其中 100 个亲本材料是在华盛顿州东部生长达 27 年的 Ladak 苜蓿田里，运用表型选择方法选择出的具有牧草产量高、种子产量高、耐干旱、根系和根颈健康等特性的种群；另外 35 个亲本材料是选择具有抗疫霉根腐病和丝囊霉根腐病的种群。该品种花色 70％为紫色、30％杂色、稀有乳白、黄色和白色，属于秋眠类型，秋眠等级 3 级。该品种对细菌性萎蔫病和北方根结线虫具有高抗性；对镰刀菌萎蔫病、疫霉根腐病和茎线虫有抗性；对炭疽病、丝囊霉根腐病和豌豆蚜具有中度抗性；对黄萎病的抗性较低；对苜蓿蓝蚜、苜蓿斑翅蚜的抗性未测试。该品种适宜于美国的中北部地区种植；已在威斯康星州通过测试。基础种永久由 Dairyland 研究中心生产和持有，审定种子于 2010 年上市。

41. Rugged

Rugged 其亲本材料是在家畜(牛)连续放牧的试验田里，选择出那些根系和根颈全部健康的多个种群，并运用表型轮回选择法(一个轮回)加以选择而育成的品种。该品种花色 63％为紫色、37％为杂色，略带乳白色、黄色和白色，属于秋眠类型，秋眠等级 3 级，抗寒性类似于 Vernal，耐牧性与 Alfagraze 相似，在种子萌发期间比较耐盐(NaCl)。该品种对炭疽病、细菌性萎蔫病、镰刀菌萎蔫病、丝囊霉根腐病、疫霉根腐病、豌豆蚜和黄萎病具有高抗性；对茎线虫抗性适中；对蓝苜蓿蚜、苜蓿斑翅蚜和根结线虫的抗性未测试。该品种适宜于美国的中北部和中东部地区种植；已在爱荷华州、威斯康星州和伊利诺伊州通过测试。基础种永久由 ABI 公司生产和持有，审定种子于 2009 年上市。

42. ForeGrazer V

ForeGrazer V 是由 110 个亲本植株通过杂交而获得的综合品种。其亲本材料于 2003 年春季，从威斯康星州埃文斯维尔附近苜蓿田中选择具有牧草产量高、抗寒性好，根颈和根系无病害的多个种群。该品种花色 88% 为紫色、12% 为杂色,略带黄色、白色和乳白色,属于秋眠类型,秋眠等级为 3 级。该品种对炭疽病、细菌性萎蔫病、镰刀菌萎蔫病、丝囊霉根腐病和疫霉根腐病具有高抗性;对黄萎病有抗性;对豌豆蚜、苜蓿斑翅蚜、蓝苜蓿蚜、茎线虫和根结线虫的抗性未测试。该品种适宜于美国中北部地区种植;已在威斯康星州通过测试。基础种永久由 Legacy Seeds 生产和持有,审定种子于 2009 年上市。

43. L333HD

L333HD 是由 97 个亲本植株通过杂交而获得的综合品种。其亲本材料于 2004 年春季,从威斯康星州埃文斯维尔附近苜蓿田中选择具有牧草产量高、牧草质量好、抗寒性好,根颈和根系无病害的多个种群。该品种花色 91% 为紫色、7% 为杂色、1% 为白色、1% 为黄色,略带乳白色,属于秋眠类型,秋眠等级为 3 级。该品种对炭疽病、细菌性萎蔫病、镰刀菌萎蔫病、黄萎病、丝囊霉根腐病和疫霉根腐病具有高抗性,对豌豆蚜、苜蓿斑翅蚜、蓝苜蓿蚜、茎线虫和根结线虫的抗性未测试。该品种适宜于美国中北部地区种植,已在威斯康星州通过测试。基础种永久由 Legacy Seeds 生产和持有,审定种子于 2009 年上市。

44. Legend Extra

Legend Extra 是由 205 个亲本植株通过杂交而获得的综合品种。其亲本材料具有抗疫霉根腐病、丝囊霉根腐病、炭疽病和多叶型表达的特性,亲本材料是从宾夕法尼亚州和威斯康星州的生长 5 年的测产试验田、爱荷华州和威斯康星州生长 3 年的测产试验田、威斯康星州生长 3 年的苗圃里选择出的多个种群,并运用表型轮回选择法和近红外反射光谱技术加以选择,以获得具有高饲用价值和对细菌性萎蔫病、镰刀菌萎蔫病、黄萎病、疫霉根腐病、丝囊霉根腐病、炭疽病和小光壳叶斑病的抗性。亲本种质来源:Setter(1%)、Abound(2%)、9326(2%)、30-30Q(2%)、FQ 315(6%)、TopHand(9%)、Supreme(13%)、Extreme(14%)和 Cal/West 育种种群(51%)。该品种花色 99% 为紫色、1% 为杂色,略带乳白色,属于秋眠类型,秋眠等级为 3 级。该品种对炭疽病、丝囊霉根腐病、疫霉根腐病、细菌性萎蔫病、镰刀菌萎蔫病、黄萎病和根结线虫具有高抗性;对豌豆蚜、蓝苜蓿蚜和茎线虫有抗性;对豇豆蚜虫有中度抗性;对苜蓿斑翅蚜的抗性未测试。该品种适宜于美国的中北部、中东部和大平原地区种植;已在堪萨斯州、南达科塔州、宾夕法尼亚州和威斯康星州通过测试。基础种永久由 Cal/West 种子公司生产和持有,审定种子于 2007 年上市。

45. NY 0240

NY 0240 是由两个群体大约 250 个亲本植株通过杂交而获得的综合品种。其中第一个群体亲本材料是 Seedway 9558,它经过一个轮回的抗疫霉根腐病的选择;第二个群体亲本材料是具有抗炭疽病、黄萎病的 Magnum Ⅲ 以及与 Oneida VR 相关的 Cornell 复合繁殖群体,然后又对黄萎病、炭疽病和疫霉根腐病的抗性做了进一步筛选。该品种花色 78% 为紫色、22% 杂色,略带乳白、黄色和白色,荚果形状有 76% 呈紧密的螺旋状,21% 呈较松的螺旋状,还有 3% 为新月形,属于秋眠类型,秋眠等级 3 级。该品种对炭疽病和镰刀菌萎蔫病具有高抗性;对黄萎病、细菌性萎蔫病和疫霉根腐病有抗性;对丝囊霉根腐病敏感。该品种适宜于美国的中北部和中东部地区种植;已在宾夕法尼亚州和纽约州通过测试。基础种永久由 Cornell University in Ithaca，NY 公司生产和持有，审定种子于 2008 年上市。

46. DK143

DK143 是由 11 个亲本植株通过杂交而获得的综合品种。其亲本材料是在测产试验田和病害试验田里，根据其牧草产量、饲料品质、秋眠性、持久性、抗虫性和多叶性选择出的多个种群，并综合运用基因型选择和表型轮回选择法加以选择，以获得对细菌性萎蔫病、镰刀菌萎蔫病、黄萎病、炭疽病、疫霉根腐病、丝囊霉根腐病和苜蓿斑翅蚜的抗性。亲本种质来源：Encore（20％）、Prism（20％）、Alfaleaf（20％）、DK133（15％）、Achieva（15％）、和 Pacesetter（10％）。种质资源贡献率大约为：黄花苜蓿占 5％、拉达克苜蓿占 5％、杂花苜蓿占 27％、土耳其斯坦苜蓿占 3％、佛兰德斯苜蓿占 57％、智利苜蓿占 3％。该品种花色 81％为紫色、19％杂色中带有少许白色、乳白色和黄色。属于秋眠类型，秋眠等级为 3 级，抗寒性类似于 Vernal。同 Multiking Ⅰ苜蓿相似，小叶数量较多，为多叶型品种。对细菌性萎蔫病、炭疽病、豌豆蚜和疫霉根腐病具有高抗性；对丝囊霉根腐病、镰刀菌萎蔫病、黄萎病、北方根结线虫有抗性；对茎线虫有中度抗性；对蓝苜蓿蚜和苜蓿斑翅蚜的抗性未测试。适宜于美国中北部和中东部地区种植；已在威斯康星州、明尼苏达州、爱荷华州和宾夕法尼亚州通过测试。基础种永久由 Forage Genetics 公司生产和持有，审定种子于 1995 年上市。

47. GH 797

GH 797 是由 44 个亲本植株通过杂交而获得的综合品种。其亲本材料是从威斯康星州利文斯顿地区的试验田里，根据其植株活力、抗病虫害能力、抗寒性和秋眠性，选择出 22 个种群，并运用表型轮回选择法加以选择，以获得对细菌性萎蔫病、镰刀菌萎蔫病、黄萎病、疫霉根腐病、炭疽病、丝囊霉根腐病的抗性。亲本种质来源：Nordic（16％）、Venture（14％）、AP 8822（12％）、Dawn（12％）、Trident Ⅱ（7％）、Genesis（7％）、Garst 645（5％）、Clipper（5％）、Dominator、Cutter、North Star、Stine 9227、AP 8730、AP 8740、AP 8831、AP 8841 和 AP 8843（各 2％）。种质资源贡献率大约为：黄花苜蓿占 7％、拉达克苜蓿占 8％、杂花苜蓿占 21％、土耳其斯坦苜蓿占 22％、佛兰德斯苜蓿占 34％、智利苜蓿占 4％、秘鲁苜蓿占 4％。该品种花色 72％为紫色、28％杂色中带有少许白色、乳白色和黄色。属于秋眠类型，秋眠等级为 3 级。对细菌性萎蔫病、镰刀菌萎蔫病、黄萎病、炭疽病和疫霉根腐病具有高抗性；对丝囊霉根腐病、豌豆蚜有抗性；对茎线虫有中度抗性；低抗苜蓿斑翅蚜；对蓝苜蓿蚜和根结线虫的抗性未测试。适宜于美国中北部地区种植；已在爱荷华州、伊利诺伊州、威斯康星州和爱达荷州通过测试。基础种永久由 ABI 公司生产和持有，审定种子于 1995 年上市。

48. MaximumⅠ(Amended)

Maximum Ⅰ是由 133 个亲本植株通过杂交而获得的综合品种。其亲本材料具有抗疫霉根腐病、丝囊霉根腐病、多叶型的特性，亲本材料是从明尼苏达州生长 3 年的产量试验田里选择出的多个种群，并运用表型轮回选择法和近红外反射光谱技术进行选择，以获得具有牧草产量高、多叶型特性、高饲用价值和对细菌性萎蔫病、丝囊霉根腐病、疫霉根腐病、炭疽病、黄萎病、小光壳叶斑病和苜蓿斑翅蚜的抗性。亲本种质来源：Jewel、Alfaleaf、Encore、WL 320、Precedent、Achieva、Prism 和 Crown Ⅱ。种质资源贡献率大约为：黄花苜蓿占 8％、拉达克苜蓿占6%、杂花苜蓿占25%、土耳其斯坦苜蓿占15%、佛兰德斯苜蓿占46%、智利苜蓿占10%。该品种花色96%紫色,1%杂色,3%乳白色带有少许白色和黄色,属于秋眠类型,秋眠等级为3级,同 Multiking I 苜蓿相似,小叶数量较多,为多叶型品种。对细菌性萎蔫病、镰刀菌萎蔫病、黄萎病、炭疽病、疫霉根腐病、豌豆蚜具有高抗性;对丝囊霉根腐病、茎线虫和苜蓿斑翅蚜有抗性;对根结线虫和蓝苜蓿蚜的抗性未测试。适宜于美国中北部地区种植;已在威斯康星州、明尼苏达州通过测试。基础种永久由 Cal/West 种子公司生产和持有,审定种子于1995年上市。

49. **Rambo**

Rambo 是由87个亲本植株通过杂交而获得的综合品种。其亲本材料是在威斯康星州的利文斯顿和马什菲尔德生长4年的产量试验田里,根据其植株活力、抗病性、抗寒性、秋眠级以及茎蛋白含量选择出的40个种群,并运用表型轮回选择法加以选择,以获得对细菌性萎蔫病、镰刀菌萎蔫病、黄萎病、疫霉根腐病、炭疽病、丝囊霉根腐病的抗性。亲本种质来源:Garst 6451、Nordic 和 ABI 9024W（各7%）,Quantum、Evolution 和 Arrow（各6%）,Apollo、Stine 9227、Cutter、AP 8622 和 ABI 9022X（各4%）,Venture、Dominator、Genesis、AP 8925W、AP 8926X 和 AP8936X（各3%）,Garst 636、Surpass、Starmaster、Impact、Green Field、Imperial、Allegro、ABI 9020X、ABI 9021X、ABI 9031X 和 ABI 9042(各2%),1%来自 Apollo Supreme。该品种花色69%为紫色,31%杂色中带有少许白色、乳白色和黄色。属于秋眠类型,秋眠等级为3级。对细菌性萎蔫病、镰刀菌萎蔫病、炭疽病和疫霉根腐病具有高抗性;对黄萎病、茎线虫、豌豆蚜、丝囊霉根腐病有抗性;对苜蓿斑翅蚜有中度抗性;对蓝苜蓿蚜敏感,对根结线虫的抗性未测试。适宜于美国中北部地区种植;已在爱荷华州、伊利诺伊州、威斯康星州和爱达荷州通过测试。基础种永久由 ABI 公司生产和持有,审定种子于1995年上市。

50. **DK127**

DK127 是由161个亲本植株通过杂交而获得的综合品种。其亲本材料从两个 FG 育种系中选择具有多叶性状、抗丝囊霉根腐病和疫霉根腐病的多个种群,其中的一个育种系是从明尼苏达州生长4年的产量试验田中选择出的抗寒而且叶片多的种群,并运用表型轮回选择法对其植株活力、持久性、饲料品质加以选择,以获得对细菌性萎蔫病、镰刀菌萎蔫病、黄萎病、炭疽病、疫霉根腐病和丝囊霉根腐病的抗性。亲本种质来源:Pacesetter（35%）、LegenDairy（20%）、Encore（20%）、Alfaleaf（15%）、Prism（5%）和 DK133（5%）。种质资源贡献率大约为:黄花苜蓿占6%、拉达克苜蓿占6%、杂花苜蓿占30%、土耳其斯坦苜蓿占3%、佛兰德斯苜蓿占52%、智利苜蓿占3%。该品种花色79%为紫色、21%为杂色夹杂少许白色、乳白色和黄色,属于秋眠类型,秋眠等级为3级,抗寒性类似 Vernal,同 Multiking I 苜蓿相似,小叶数量较多,为多叶型品种。对细菌性萎蔫病、炭疽病、疫霉根腐病、丝囊霉根腐病、苜蓿斑翅蚜和豌豆蚜具有高抗性;对镰刀菌萎蔫病、黄萎病、北方根结线虫和茎线虫有抗性;对蓝苜蓿蚜有中度抗性。适宜于美国中北部、中东部地区种植;已在威斯康星州、明尼苏达州、爱荷华州和宾夕法尼亚州通过测试。基础种永久由 Forage Genetics 公司生产和持有,审定种子于1995年上市。

51. **8498**

8498 是由 10 个亲本植株通过杂交而获得的综合品种。其亲本材料从无性系或多元杂交的育种群体中,根据其牧草产量、牧草品质、秋眠性、持久性和多叶型特性选择出的多个种群,并综合运用基因型选择和表型轮回选择法加以选择,以获得对细菌性萎蔫病、镰刀菌萎蔫病、黄萎病、炭疽病、疫霉根腐病、丝囊霉根腐病和苜蓿斑翅蚜的抗性。亲本种质来源:Encore (20%)、Prism (20%)、Alfaleaf (20%)、DK133 (15%)、Achieva (15%)和 Pacesetter (10%)。种质资源贡献率大约为:黄花苜蓿占 5%、拉达克苜蓿占 5%、杂花苜蓿占 27%、土耳其斯坦苜蓿占 3%、佛兰德斯苜蓿占 57%、智利苜蓿占 3%。该品种花色 64%为紫色,36%杂色中带有少许白色、乳白色和黄色,属于秋眠类型,秋眠等级为 3 级,抗寒性类似于 Vernal。小叶数量较多,具多叶性状。对细菌性萎蔫病、炭疽病、疫霉根腐病、豌豆蚜和镰刀菌萎蔫病具有高抗性;对丝囊霉根腐病、黄萎病、苜蓿斑翅蚜有抗性;对北方根结线虫和茎线虫有中度抗性;对蓝苜蓿蚜和苜蓿斑翅蚜的抗性未测试。适宜于美国中北部和中东部地区种植;已在威斯康星州、明尼苏达州、爱荷华州和宾夕法尼亚州通过测试。基础种永久由 Forage Genetics 公司生产和持有,审定种子于 1996 年上市。

52. **9326**(Amended)

9326 是由 119 个亲本植株通过杂交而获得的综合品种。其亲本材料具有抗疫霉根腐病、丝囊霉根腐病、多叶型的特性,亲本材料是从威斯康星州生长 3 年的产量试验田里选择出的多个种群,并运用表型轮回选择法和近红外反射光谱法技术对牧草产量、饲用价值加以选择,以获得对细菌性萎蔫病、黄萎病、疫霉根腐病、丝囊霉根腐病和炭疽病的抗性。亲本种质来源:Pacesetter、Ciba 2888、329 和 MultiQueen。种质资源贡献率大约为:黄花苜蓿占 9%、拉达克苜蓿占 6%、杂花苜蓿占 25%、土耳其斯坦苜蓿占 4%、佛兰德斯苜蓿占 46%、智利苜蓿占 10%。该品种花色 98%为紫色、2%杂色中带有少许白色、乳白色和黄色,属于秋眠类型,秋眠等级为 3 级,牧草品质类似 WL322HQ,小叶数量比 MultikingⅠ苜蓿还多,为多叶型品种。对细菌性萎蔫病、镰刀菌萎蔫病、疫霉根腐病、豌豆蚜、苜蓿斑翅蚜具有高抗性;对炭疽病、黄萎病、丝囊霉根腐病、茎线虫有抗性;对根结线虫和蓝苜蓿蚜的抗性未测试。适宜于美国中北部地区种植;已在威斯康星州、明尼苏达州通过测试。基础种永久由 Cal/West 种子公司生产和持有,审定种子于 1996 年上市。

53. **Target Ⅱ Plus**

Target Ⅱ Plus 是由 16 个亲本植株通过杂交而获得的综合品种。其亲本材料是在测产试验田和病害试验田里,根据其牧草产量、持久性、饲料品质选择出的多个种群,并运用表型轮回选择法加以选择,以获得对细菌性萎蔫病、镰刀菌萎蔫病、疫霉根腐病、炭疽病、黄萎病、丝囊霉根腐病和苜蓿斑翅蚜的抗性。亲本种质来源:Apollo、Tempo、Thor、Answer、Apollo Supreme、Teweles Multistrain 和来源于 Vernal、Ranger、Iroquois 的 Dairyland 试验材料。种质资源贡献率大约为:杂花苜蓿占 25%、土耳其斯坦苜蓿占 40%、佛兰德斯苜蓿占 35%。该品种花色 92%为紫色、8%杂色中带有一些白色、乳白色和黄色,属于秋眠类型,秋眠等级为 3 级,牧草品质与高品质的对照类似。对疫霉根腐病、细菌性萎蔫病、镰刀菌萎蔫病具有高抗性;

对炭疽病、黄萎病、豌豆蚜和茎线虫有抗性;对丝囊霉根腐病、蓝苜蓿蚜、苜蓿斑翅蚜和北方根结线虫有中度抗性。适宜于美国中北部和大平原地区种植;已在威斯康星州、明尼苏达州、爱荷华州、内布拉斯加州和堪萨斯州通过测试。基础种永久由 Dairyland 研究中心生产和持有,审定种子于 1996 年上市。

54. **WinterKing**

WinterKing 是由 169 个亲本植株通过杂交而获得的综合品种。其亲本材料具有多叶性、抗疫霉根腐病、丝囊霉根腐病的特性,亲本材料是从威斯康星州和明尼苏达州生长 3 年的产量试验田里选择出的多个种群,并运用表型轮回选择法和近红外反射光谱法技术对牧草产量、饲用价值加以选择,以获得对细菌性萎蔫病、黄萎病、疫霉根腐病、丝囊霉根腐病、炭疽病的抗性。亲本种质来源:Pacesetter、Crown Ⅱ、Encore、DK133、9323、Benchrnark、Prism 和 DK122。种质资源贡献率大约为:黄花苜蓿占 9%、拉达克苜蓿占 5%、杂花苜蓿占 25%、土耳其斯坦苜蓿占 3%、佛兰德斯苜蓿占 48%、智利苜蓿占 10%。该品种花色 98% 为紫色、2% 杂色中带有少许乳白色、白色和黄色,属于秋眠类型,秋眠等级为 3 级,牧草品质类似 WL322HQ,小叶数量比 MultiKing 更多,为多叶型品种。对细菌性萎蔫病、镰刀菌萎蔫病、黄萎病、炭疽病、疫霉根腐病具有高抗性;对丝囊霉根腐病、苜蓿斑翅蚜、豌豆蚜、茎线虫有抗性;对根结线虫和蓝苜蓿蚜的抗性未测试。适宜于美国中北部地区种植;已在威斯康星州和明尼苏达州通过测试。基础种永久由 Cal/West 种子公司生产和持有,审定种子于 1996 年上市。

55. **93-292(Amended)**

93-292 是由 160 个亲本植株通过杂交而获得的综合品种。亲本材料运用表型轮回选择法和近红外反射光谱技术加以选择,以获得高质量的饲用价值,包括高的粗蛋白含量、低的酸性和中性纤维含量。亲本种质来源:Prism、WL 322 HQ、Thrive 和 WL 226。种质资源贡献率大约为:黄花苜蓿占 5%、杂花苜蓿占 26%、拉达克苜蓿占 14%、土耳其斯坦苜蓿占 6%、佛兰德斯苜蓿占 49%。该品种花色几乎 100% 为紫色,略带乳白色和杂色;属于秋眠类型,秋眠等级为 3 级。对炭疽病、细菌性萎蔫病、镰刀菌萎蔫病、疫霉根腐病、黄萎病和丝囊霉根腐病具有高抗性;对豌豆蚜、苜蓿斑翅蚜和茎线虫具有抗性;对蓝苜蓿蚜和根结线虫的抗性尚未测试。适宜于美国中北和中东地区;已经在伊利诺伊州、宾夕法尼亚州和威斯康星州通过测试。基础种永久由 W-L 研究中心生产和持有,审定种子于 1997 年上市。

56. **W110**

W110 是由 123 个亲本植株通过杂交而获得的综合品种。其亲本材料是在威斯康星州的埃文斯维尔苗圃选出的牧草产量高的多个种群,并运用表型轮回选择法加以选择。亲本种质来源:WL324、TridentⅡ、GH755、和 Ovation。种质资源贡献率大约为:黄花苜蓿占 9%、拉达克苜蓿占 16%、杂花苜蓿占 33%、土耳其斯坦苜蓿占 10%、佛兰德斯苜蓿占 32%。该品种花色几乎 100% 为紫色,略带乳白色、杂色和黄色;属于秋眠类型,秋眠等级类似于 Pioneer 5246,为 3 级,抗寒性类似于 Vernal。对炭疽病、细菌性萎蔫病、镰刀菌萎蔫病、疫霉根腐病、黄萎病和丝囊霉根腐病具有高抗性;对豌豆蚜和苜蓿斑翅蚜具有抗性;对叶斑病具有中等的抗性;对蓝苜蓿蚜、茎线虫和根结线虫的抗性尚未经过充分测试。适宜于美国中北和中东地区;已经在纽约州、宾夕法尼亚州和威斯康星州经过测试。基础种永久由 W-L 研究中心生产和持有,审定种子于 1997 年上市。

57. Vitro

Vitro 是由 188 个亲本植株通过杂交而获得的综合品种,其亲本材料运用表型轮回选择法和近红外反射光谱法及湿化学技术加以选择,以获得具有高饲用价值(高消化的、高粗蛋白质、低酸性和中性洗涤纤维)的饲料。亲本种质来源:WL-252 HQ 和 Ovation。种质资源贡献率大约为:黄花苜蓿占 13%、拉达克苜蓿占 21%、杂花苜蓿占 30%、土耳其斯坦苜蓿占 5%、佛兰德斯苜蓿占 31%。该品种花色几乎 100% 为紫色,略带乳白色、杂色和白色,属于秋眠类型,秋眠等级类似于 Pioneer5246,为 3 级,抗寒性类似于 Vernal。对炭疽病、细菌性萎蔫病、镰刀菌萎蔫病、疫霉根腐病和黄萎病具有高抗性;对丝囊霉根腐病、茎线虫、豌豆蚜和苜蓿斑翅蚜具有抗性;对蓝苜蓿蚜和根结线虫的抗性尚未经过充分测试。适宜于美国中北和中东地区种植;已经在伊利诺伊州、宾夕法尼亚州和威斯康星州经过测试。基础种永久由 W-L 研究中心生产和持有,审定种子于 1997 年上市。

58. CW 3307

CW 3307 是由 201 个亲本植株经过杂交而获得的综合品种,其亲本材料是从威斯康星州的生长 3 年的苗圃里选择出的具有多叶型特性、抗疫霉根腐病和丝囊霉根腐病等特性的多个种群,并运用表型轮回选择法和近红外反射光谱法加以选择,以获得具有高饲用价值的饲料和对细菌性萎蔫病、黄萎病、疫霉根腐病、丝囊霉根腐病、炭疽病和小光壳叶斑病等病虫害的抗性。亲本种质来源:CIBA 2888、MultiQueen、AlfaStar、GH767 和 329。种质资源贡献率大约为:黄花苜蓿占 8%、杂花苜蓿占 26%、拉达克苜蓿占 5%、土耳其斯坦苜蓿占 5%、佛兰德斯苜蓿占 46%、智利苜蓿占 10%。该品种花色约 99% 为紫色,1% 为乳白色,略带杂色、白色和黄色,秋眠级类似于 Ranger 为 3 级。对炭疽病、细菌性萎蔫病、镰刀菌萎蔫病、黄萎病、疫霉根腐病、丝囊霉根腐病和苜蓿斑翅蚜具有高抗性;对茎线虫和豌豆蚜具有抗性;对根结线虫的抗性尚未充分测试。适宜于美国的中北部和中东部地区种植;已经在威斯康星州、明尼苏达州、爱荷华州和宾夕法尼亚州通过测试。基础种由 Cal/West 生产,审定种子于 1997 年上市。

59. C134

C134 是由 200 个亲本植株通过杂交而获得的综合品种,其亲本材料选自 2 个具有高饲用价值的种群,并运用表型轮回选择法和近红外反射光谱技术加以选择,以获得对疫霉根腐病的抗性。亲本种质来源:WL 252 HQ 和 M. PHA 2001。种质资源贡献率约为:黄花苜蓿占 14%、拉达克苜蓿占 18%、杂花苜蓿占 24%、土耳其斯坦苜蓿占 8%、佛兰德斯苜蓿占 36%。该品种花色 100% 为紫色,带有少许杂色、白色、乳白色和黄色,属于秋眠类型,秋眠等级为 3 级,越冬率接近 Vernal。该品种对炭疽病、细菌性萎蔫病、镰刀菌萎蔫病、黄萎病、疫霉根腐病和丝囊霉根腐病具有高抗性;对豌豆蚜和苜蓿斑翅蚜具有抗性;对茎线虫具有中等抗性;对蓝苜蓿蚜和根结线虫的抗性未做测试。该品种适宜于美国的中北部、中东部种植;已在伊利诺伊州、宾夕法尼亚州和威斯康星州通过测试。基础种永久由 W-L 研究公司生产和持有,审定种子于 1998 年上市。

60. CW 4335

CW 4335 是由 160 个亲本植株通过杂交而获得的综合品种,其亲本材料具有抗丝囊霉根腐病、疫霉根腐病、小叶数量较多等特性,是从威斯康星州试验评价田里生长 3 年的杂交植株后代中选择出的,并运用表型轮回选择法和近红外反射光谱技术选择,以获得高饲用价值和对细菌性萎蔫病、黄萎病、疫霉根腐病、丝囊霉根腐病、炭疽病和小光壳叶斑病的抗性。其亲本种质来源:WinterKing、9326、Maximum Ⅰ和 Cal/West 多个育种种群。种质资源贡献率约为:黄花苜蓿占 9%、拉达克苜蓿占 6%、杂花苜蓿占 25%、土耳其斯坦苜蓿占 4%、佛兰德斯苜蓿占 46% 和智利苜蓿占 10%。该品种花色 95% 为紫色,5% 杂色,混有白色、乳白色和黄色,属于秋眠类型,秋眠等级为 3 级。该品种对炭疽病、细菌性萎蔫病、镰刀菌萎蔫病、黄萎病、疫霉根腐病、丝囊霉根腐病、豌豆蚜和苜蓿斑翅蚜具有高抗性;对蓝苜蓿蚜、茎线虫和根结线虫的抗性未做测试。该品种适宜于美国的中北部、中东部种植;已在威斯康星州、明尼苏达州、爱荷华州和内布拉斯加州通过测试。基础种永久由 Cal/West 公司生产和持有,审定种子于 1998 年上市。

61. CleanSweep 1000

CleanSweep 1000 是由 10 个亲本植株通过杂交而获得的综合品种。其亲本材料是根据亲本和后代植株的产量、质量、秋眠性、抗虫害等特性选择出的多个种群,并综合运用基因型选择和表型轮回选择法加以选择,以获得对细菌性萎蔫病、镰刀菌萎蔫病、黄萎病、疫霉根腐病、丝囊霉根腐病、炭疽病和马铃薯叶蝉的抗性。亲本种质来源:Rushmore(25%)、Sterling(25%)、Encore(13%)、Pacesetter(12%)、DK133(12%)、Legend(4%)以及 81IND-2、KS108GH5 和 KS94GH6(每份占 3%)。种质资源贡献率大约为:黄花苜蓿占 3%、拉达克苜蓿占 5%、杂花苜蓿占 22%、土耳其斯坦苜蓿占 4%、佛兰德斯苜蓿占 55%、智利苜蓿占 2% 和未知苜蓿占 9%。该品种花色 51% 为紫色、39% 杂色、3% 白色、4% 乳白色和 3% 黄色。秋眠等级为 3 级,抗寒性接近 Vernal。对炭疽病、细菌性萎蔫病、镰刀菌萎蔫病和疫霉根腐病具有高抗性;对黄萎病、丝囊霉根腐病、豌豆蚜和苜蓿斑翅蚜具有抗性;中度抗马铃薯叶蝉;对蓝苜蓿蚜、茎线虫和根结线虫的抗性尚未测试。适宜于美国中北部和中东部地区;已经在爱荷华州、威斯康星州、明尼苏达州和印第安纳州通过测试。基础种永久由 Forage Genetics 公司生产和持有,审定种子于 1997 年上市。

62. CW 4308

CW 4308 是由 220 个亲本植株通过杂交而获得的综合品种。其亲本材料具有抗疫霉根腐病、丝囊霉根腐病、多叶型的特性,亲本材料是从威斯康星州生长 3 年的植物苗圃里选择出的多个种群,并运用表型轮回选择法和近红外反射光谱法技术选择,以获得高质量的饲用价值和对细菌性萎蔫病、黄萎病、疫霉根腐病、丝囊霉根腐病、炭疽病和小光壳叶斑病的抗性。亲本种质来源:Ciba 2888、GH 767、AlfaStar、MultiQueen 和 Cal/West 多个育种群体。种质资源贡献率大约为:黄花苜蓿占 8%、拉达克苜蓿占 6%、杂花苜蓿占 25%、土耳其斯坦苜蓿占 5%、佛兰德斯苜蓿占 46%、智利苜蓿占 10%。该品种花色 99% 为紫色、1% 杂色中带有少许白色、乳白色和黄色,属于秋眠类型,秋眠等级接近 Ranger 为 3 级。该品种对炭疽病、细菌性萎蔫病、镰刀菌萎蔫病、黄萎病、疫霉根腐病、豌豆蚜和苜蓿斑翅蚜具有高抗性;对蓝苜蓿蚜、茎线虫和根结线虫的抗性未测试。该品种适宜于美国中北部、中东部地区种植；已在威斯康星州、明尼苏达州、爱荷华州、密歇根州和宾夕法尼亚州通过测试。基础种永久由 Cal/West 种子公司生产和持有，审定种子于 1998 年上市。

63. FG3B6l

FG3B6l 是由 100 个亲本植株通过杂交而获得的综合品种。亲本材料选择标准包括小叶数量和对茎线虫、黄萎病、疫霉根腐病、炭疽病的抗性。亲本种质来源：Dividend（25%）、LegenDairy（25%）、Excalibur 11（25%）和 Prism 2（25%）。种质资源贡献率大约为：黄花苜蓿占 4%、拉达克苜蓿占 5%、杂花苜蓿占 26%、土耳其斯坦苜蓿占 4%、佛兰德斯苜蓿占 58%、智利苜蓿占 3%。该品种花色近 82% 为紫色，18% 杂色，带有少许白色、乳白色和黄色。小叶数量较多，为多叶型品种，秋眠等级接近 3 级。该品种对炭疽病、细菌性萎蔫病、镰刀菌萎蔫病、疫霉根腐病、苜蓿斑翅蚜和茎线虫具有高抗性；对黄萎病、豌豆蚜和根结线虫有抗性；对蓝苜蓿蚜和丝囊霉根腐病的抗性未测试。该品种适宜于美国寒冷山区种植；已在美国的威斯康星州、爱达荷州通过测试。基础种永久由 Forage Genetics 公司生产和持有，审定种子于 1998 年上市。

64. FG3L23

FG3L23 是由 108 个亲本植株通过杂交而获得的综合品种。其亲本材料是根据亲本和后代植株的产量、品质、秋眠性、持久性、抗虫性和小叶数量等特性选择出的多个种群，并综合运用基因型选择和表型轮回选择法进行选择，以获得对细菌性萎蔫病、镰刀菌萎蔫病、疫霉根腐病、丝囊霉根腐病、炭疽病和苜蓿斑翅蚜的抗性。亲本种质来源：BlazerXL（15%）、8920MF（15%）、DK127（12%）、G2841（10%）、DK133（10%）、MP2000（8%）、Lightning（8%）、Excalibur Ⅱ（8%）、Accord（7%）、5454（5%）和 Sterling（2%）。种质资源贡献率大约为：黄花苜蓿占 3%、拉达克苜蓿占 4%、杂花苜蓿占 25%、土耳其斯坦苜蓿占 5%、佛兰德斯苜蓿占 59%、智利苜蓿占 4%。该品种花色近 85% 为紫色，15% 杂色，带有少许白色、乳白色和黄色。小叶数量较多，为多叶型品种，秋眠等级接近 3 级，越冬率接近 Vernal。该品种对炭疽病、细菌性萎蔫病、镰刀菌萎蔫病、疫霉根腐病具有高抗性；对黄萎病、丝囊霉根腐病、豌豆蚜有抗性；中度抗苜蓿斑翅蚜和茎线虫；对蓝苜蓿蚜和根结线虫的抗性未测试。该品种适宜于美国的中北部种植；已在威斯康星州、明尼苏达州和爱荷华州通过测试。基础种永久由 Forage Genetics 公司生产和持有，审定种子于 1998 年上市。

65. A9503

A9503 是由 113 个亲本植株通过杂交而获得的综合品种。其亲本材料是根据抗马铃薯叶蝉和多叶型的特性选择出的，并运用表型轮回选择法加以选择，以获得对炭疽病、丝囊霉根腐病、细菌性萎蔫病、镰刀菌萎蔫病和疫霉根腐病的抗性。亲本种质来源：Achieva、GH-787 和 5333 育种群体。种质资源贡献率大约为：黄花苜蓿占 6%、拉达克苜蓿占 6%、杂花苜蓿占 27%、土耳其斯坦苜蓿占 4%、佛兰德斯苜蓿占 49%、智利苜蓿占 5% 和未知苜蓿占 3%。该品种花色 97% 为紫色，3% 杂色中带有一些乳白色、白色和黄色，秋眠等级与 Ranger 近似，在秋季多表现为多叶型的特性。该品种对炭疽病、细菌性萎蔫病、镰刀菌萎蔫病、疫霉根腐病、豌豆蚜和丝囊霉根腐病具有高抗性；对黄萎病和苜蓿斑翅蚜有抗性；中度抗茎线虫；对蓝苜蓿蚜和根结线虫的抗性未测试。该品种适宜于美国中东部地区种植;已在印第安纳州、伊利诺伊州、肯塔基州、密歇根州、俄亥俄州、宾夕法尼亚州、田纳西州和弗吉尼亚州通过测试。基础种永久由FFR公司生产和持有,审定种子于2002年上市。

66. Abound

Abound是由220个亲本植株通过杂交而获得的综合品种。其亲本材料具有抗疫霉根腐病、丝囊霉根腐病、多叶型的特性,亲本材料是从威斯康星州生长3年的产量试验田里选择出的多个种群,并运用表型轮回选择法和近红外反射光谱法技术对饲用价值加以选择,以获得对细菌性萎蔫病、黄萎病、疫霉根腐病、丝囊霉根腐病、炭疽病和马铃薯叶蝉的抗性。亲本种质来源:Ciba 2888、GH 767、AlfaStar、MultiQueen和Cal/West多个育种群体。种质资源贡献率大约为:黄花苜蓿占8%、拉达克苜蓿占6%、杂花苜蓿占25%、土耳其斯坦苜蓿占5%、佛兰德斯苜蓿占46%、智利苜蓿占10%。该品种花色99%为紫色、略带少量杂色、黄色、白色和乳白色,秋眠等级同Ranger。该品种对炭疽病、细菌性萎蔫病、镰刀菌萎蔫病、黄萎病、疫霉根腐病、丝囊霉根腐病、豌豆蚜和苜蓿斑翅蚜具有高抗性,对茎线虫有抗性,对根结线虫和蓝苜蓿蚜的抗性未测试。该品种适宜于美国中北部、中东部地区种植;已在威斯康星州、明尼苏达州、爱荷华州、密歇根州和宾夕法尼亚州通过测试。基础种永久由Cal/West种子公司生产和持有,审定种子于1998年上市。

67. 5347LH

5347LH是由11个亲本植株通过杂交而获得的综合品种,其亲本材料是根据其产量、秋眠性、品质选择出的,并运用表型轮回选择法加以选择,以获得对细菌性萎蔫病、镰刀菌萎蔫病、黄萎病、疫霉根腐病、炭疽病、丝囊霉根腐病和马铃薯叶蝉的抗性,并通过一个改良的回交方案,把来自于KS94GH6、KS108GH5和81IND-2的对马铃薯叶蝉的抗性转入商品种。种质资源贡献率为:黄花苜蓿占7%、拉达克苜蓿占7%、杂花苜蓿占29%、土耳其斯坦苜蓿占2%、佛兰德斯苜蓿占41%、智利苜蓿占5%、KS94GH6占3%、KS108GH5占3%、81IND-2占3%。该品种花色35%为紫色、64%杂色、1%为乳白色夹杂些许白色和黄色,秋眠性同Ranger,极抗寒。生长习性为夏季直立,秋季半直立。该品种对炭疽病、细菌性萎蔫病、镰刀菌萎蔫病、疫霉根腐病、豌豆蚜具有高抗性;对黄萎病和丝囊霉根腐病有抗性;中度抗茎线虫、苜蓿斑翅蚜、马铃薯叶蝉和蓝苜蓿蚜,对根结线虫的抗性未测试。该品种适宜于中北部、中东部和大平原地区种植;已在爱荷华州、伊利诺伊州、明尼苏达州和威斯康星州通过测试。基础种由Pioneer Hi-Bred International公司生产和持有,审定种子于1996年上市。

68. 6310

6310是由15个亲本通过杂交而获得的综合品种,其亲本材料是根据产量、饲草品质、秋眠性和越冬率等选择出的,并综合运用基因型选择和表型轮回选择法加以选择,以获得对细菌性萎蔫病、镰刀菌萎蔫病、黄萎病、炭疽病、疫霉根腐病、丝囊霉根腐病和马铃薯叶蝉的抗性。亲本种质来源:Rushmore DK133 Sterling、Pacesetter、DK121HG、Legend、81IND-2、KS108GH5和KS94GH6。种质资源贡献率大约为:黄花苜蓿占3%、拉达克苜蓿占5%、杂花苜蓿占22%、土耳其斯坦苜蓿占4%、佛兰德斯苜蓿占55%、智利苜蓿占2%和未知苜蓿占

3%。该品种花色 60% 为紫色、40% 杂色中带有一些乳白色、白色和黄色。秋眠等级为 3 级，抗寒性接近 Vernal。该品种对炭疽病、细菌性萎蔫病、镰刀菌萎蔫病、疫霉根腐病和马铃薯叶蝉具有高抗性；对黄萎病、茎线虫、丝囊霉根腐病和豌豆蚜具有抗性；对蓝苜蓿蚜、苜蓿斑翅蚜和根结线虫的抗性未测试。该品种适宜于美国中北部地区种植；已在威斯康星州、伊利诺伊州和明尼苏达州通过测试。基础种永久由 Forage Genetics 公司生产和持有，审定种子于 1999 年上市。

69. BPR374

BPR374 是由 50 个亲本植株通过杂交而获得的综合品种。其亲本材料的一半是在威斯康星州马什菲尔德地区选择出侧枝生长发达和产量高的种群，亲本材料的另一半选自抗病虫苗圃中，并且对其产量、持久性、种子产量、饲草品质和对疫霉根腐病、丝囊霉根腐病、黄萎病、细菌性萎蔫病、镰刀菌萎蔫病和苜蓿斑翅蚜的抗性等特性进行了评估。亲本种质来源：5373、5472、645、Nordic、Zenith、Quest、Precedent、Legacy、BlazerXL、Magnum Ⅲ-Wet、MNB-P1、Answer、RamRod 和 Dairyland Experimental 育种群体。种质资源贡献率大约为：拉达克苜蓿占 21%、佛兰德斯苜蓿占 38%、智利苜蓿占 10% 和未知苜蓿占 31%。该品种花色 86% 为紫色、14% 杂色中带有少许白色、乳白色和黄色，秋眠等级同 Ranger。生长于排水不良的土壤中时，表现为分枝根趋势。该品种对细菌性萎蔫病、镰刀菌萎蔫病、疫霉根腐病具有高抗性，对炭疽病、丝囊霉根腐病、黄萎病、豌豆蚜、北方根结线虫有抗性；对蓝苜蓿蚜有中度抗性；对茎线虫和苜蓿斑翅蚜的抗性未测试。该品种适宜于美国中北部和中东部种植，计划推广到美国北部；已在爱荷华州、明尼苏达州、内布拉斯加州、宾夕法尼亚州和威斯康星州通过测试。基础种永久由 Dairyland 研究中心生产和持有，审定种子于 1998 年上市。

70. AmeriGuard 301

AmeriGuard 301 是由 13 个亲本植株通过杂交而获得的综合品种。亲本材料来源于一个回交群体，以获得对马铃薯叶蝉的抗性。其中的一部分群体来自 81 Ind-2、KS 108 GH5 和 KS94GH6 群体，作为非回交亲本；另一部分来自 Weevlchek、Vernal、Saranac、Anchor、Kanza、Tempo、Cody（每份约占 13%）和 9% 的未知材料，作为轮回亲本，并运用表型轮回选择法加以选择。最后的选择是根据其对马铃薯叶蝉、细菌性萎蔫病、镰刀菌萎蔫病、黄萎病、炭疽病、疫霉根腐病、丝囊霉根腐病的抗性以及产量和秋眠性等特性进行的。种质资源贡献率大约为：黄花苜蓿占 4%、拉达克苜蓿占 5%、杂花苜蓿占 24%、土耳其斯坦苜蓿占 7%、佛兰德斯苜蓿占 51%、智利苜蓿占 1% 和未知苜蓿占 8%。该品种花色 48% 为紫色，41% 为杂色，5% 为乳白色，4% 为黄色，2% 为白色，秋眠等级同 Ranger。该品种对细菌性萎蔫病、镰刀菌萎蔫病、疫霉根腐病具有高抗性；对黄萎病、丝囊霉根腐病有抗性；中度抗豌豆蚜和马铃薯叶蝉；对苜蓿斑翅蚜和蓝苜蓿蚜抗性低；对茎线虫、根结线虫和炭疽病的抗性未测试。该品种适宜在美国中北部和中东部地区种植；已在爱荷华州、威斯康星州和伊利诺伊州通过测试。基础种永久由 ABI 公司生产和持有，审定种子于 1999 年上市。

71. AquaMate

AquaMate 是由 29 个亲本植株通过杂交而获得的综合品种。其中 15 份亲本材料是从威斯康星州马什菲尔德地区选择出,选择标准为侧枝生长发达、根颈和地上部分生长良好等特性,并且获得对细菌性萎蔫病、镰刀菌萎蔫病、疫霉根腐病、丝囊霉根腐病的抗性。这部分亲本种质来源:5373、5472、Nordic、Zenith、Quest、645、Precedent、Legacy、Blazer XL、Magnum Ⅲ-Wet 和 Dairyland experimentals。另外 14 份亲本材料是从威斯康星州克林顿地区选择出根颈和地上部分生长良好,并且对细菌性萎蔫病、镰刀菌萎蔫病、叶部病害具有抗性的多个种群,这部分亲本种质来源:MNB-P1、Webfoot 和 Dairyland experimentals。种质资源贡献率大约为:黄花苜蓿占 5%、拉达克苜蓿占 10%、杂花苜蓿占 8%、土耳其斯坦苜蓿占 20%、佛兰德斯苜蓿占 35% 和未知苜蓿占 22%。该品种花色 85% 为紫色、12% 杂色、1% 为乳白色、1% 为白色、1% 为黄色。秋眠等级为 3 级。该品种对细菌性萎蔫病、镰刀菌萎蔫病、疫霉根腐病具有高抗性;对炭疽病、丝囊霉根腐病、黄萎病、北方根结线虫有抗性;中度抗茎线虫;对豌豆蚜、蓝苜蓿蚜和苜蓿斑翅蚜的抗性未测试。该品种适宜于美国中北部种植,计划推广到美国北部利用;已在威斯康星州通过测试。基础种永久由 Dairyland 研究中心生产和持有,审定种子于 1998 年上市。

72. Cyclone

Cyclone 是由 211 个亲本植株通过杂交而获得的综合品种。其亲本材料具有抗疫霉根腐病、丝囊霉根腐病、多叶型的特性,亲本材料是从威斯康星州生长 3 年的试验田和 1992 个育种家种子圃中选择的,并运用表型轮回选择法和近红外反射光谱法技术对牧草产量、饲用价值加以选择,以获得对细菌性萎蔫病、黄萎病、疫霉根腐病、丝囊霉根腐病、炭疽病和马铃薯叶蝉的抗性。亲本种质来源:WinterKing、Maximum Ⅰ、9326、Ultraleaf 87、Abbey、Tartan 和 Cal/West Seeds 多个育种群体。种质资源贡献率大约为:黄花苜蓿占 9%、拉达克苜蓿占 6%、杂花苜蓿占 25%、土耳其斯坦苜蓿占 4%、佛兰德斯苜蓿占 46%、智利苜蓿占 10%。该品种花色 99% 为紫色、1% 杂色,些许带有少许白色、乳白色和黄色,秋眠等级同 Ranger。该品种对炭疽病、细菌性萎蔫病、镰刀菌萎蔫病、黄萎病、疫霉根腐病、丝囊霉根腐病、蓝苜蓿蚜和豌豆蚜具有高抗性;对苜蓿斑翅蚜和茎线虫有抗性;对根结线虫的抗性未测试。该品种适宜于美国中北部、中东部和大平原地区种植;已在威斯康星州、明尼苏达州、爱荷华州、密歇根州、宾夕法尼亚州和内布拉斯加州通过测试。基础种永久由 Cal/West 种子公司生产和持有,审定种子于 1999 年上市。

73. CW 4338

CW 4338 是由 170 个亲本植株通过杂交而获得的综合品种。其亲本材料具有抗疫霉根腐病、丝囊霉根腐病、多叶型的特性,亲本材料是从威斯康星州生长 3 年的试验田中选择的,并运用表型轮回选择法和近红外反射光谱法技术对饲用价值加以选择,以获得对细菌性萎蔫病、黄萎病、疫霉根腐病、丝囊霉根腐病、炭疽病和马铃薯叶蝉的抗性。亲本种质来源:Abacus、Milk River、MultiQueen、2888、329、GH 767 和 Cal/West Seeds 多个育种群体。种质资源贡献率大约为:黄花苜蓿占 8%、拉达克苜蓿占 6%、杂花苜蓿占 26%、土耳其斯坦苜蓿占 4%、佛兰德斯苜蓿占 46%、智利苜蓿占 10%。该品种花色 92% 为紫色、8% 杂色,些许带有少许白色、乳白色和黄色,属于秋眠品种,秋眠等级同 Ranger。该品种对炭疽病、细菌性萎蔫病、镰刀菌萎蔫病、疫霉根腐病、丝囊霉根腐病和苜蓿斑翅蚜具有高抗性;对黄萎病和茎线虫有抗性;对豌豆蚜、蓝首蓿蚜和根结线虫的抗性未测试。该品种适宜于美国中北部、中东部和大平原地区种植；已在威斯康星州、明尼苏达州、爱荷华州、密歇根州、宾夕法尼亚州和内布拉斯加州通过测试。基础种永久由 Cal/West 种子公司生产和持有，审定种子于 1999 年上市。

74. DK134

DK134 是由 13 个亲本植株通过杂交而获得的综合品种。亲本材料选择标准包括牧草产量、品质、持久性、抗病虫害能力和多叶型等特性；运用表型轮回选择法加以选择，获得对细菌性萎蔫病、镰刀菌萎蔫病、黄萎病、炭疽病、疫霉根腐病、丝囊霉根腐病和首蓿斑翅蚜的抗性。亲本种质来源：DK127（25%）、Lightning（20%）、LegenDairy 2.0（15%）、Rushmore（10%）、Excalibur Ⅱ（10%）、5262（10%）、Magnum Ⅲ（5%）和 G2852（5%）。种质资源贡献率大约为：黄花首蓿占 6%、拉达克首蓿占 4%、杂花首蓿占 32%、土耳其斯坦首蓿占 3%、佛兰德斯首蓿占 52% 和智利首蓿占 3%。该品种花色 91% 为紫色，7% 杂色，1% 为黄色，1% 为白色，少许为乳白色，秋眠等级为 3 级，抗寒性接近 Norseman，小叶数量较多，为多叶型品种。该品种对细菌性萎蔫病、镰刀菌萎蔫病、炭疽病、疫霉根腐病、黄萎病和丝囊霉根腐病具有高抗性；对豌豆蚜和北方根结线虫有抗性；中度抗蓝首蓿蚜；对茎线虫抗性低；对首蓿斑翅蚜的抗性未测试。该品种适宜于美国中北部地区种植，计划推广到中北部、中东部和寒冷的山区利用。已在威斯康星州、明尼苏达州和爱荷华州通过测试。基础种永久由 Forage Genetics 公司生产和持有，审定种子于 1999 年上市。

75. DS9475

DS9475 是由 25 个亲本植株通过杂交而获得的综合品种。其亲本的一半是从威斯康星州马什菲尔德地区选择出侧根发达和地上部分生长良好的材料,亲本材料的另一半选择标准包括：产量、持久性、饲草品质、种子产量，以及对疫霉根腐病、炭疽病、黄萎病、丝囊霉根腐病和首蓿斑翅蚜的抗性。亲本种质来源：5373、5472、645、Nordic、Zenith、Quest、Precedent、Legacy、BlazerXL、Magnum Ⅲ-Wet、MNB-Pl、Answer、RamRod 和 Dairyland experimentals。种质资源贡献率大约为：拉达克首蓿占 10%、杂花首蓿占 5%、土耳其斯坦首蓿占 15%、佛兰德斯首蓿占 40% 和未知首蓿占 27%。该品种花色 90% 为紫色、10% 杂色，略带有少许白色、乳白色和黄色，秋眠等级同 Ranger。该品种对细菌性萎蔫病、镰刀菌萎蔫病、疫霉根腐病、北方根结线虫具有高抗性；对黄萎病、豌豆蚜、丝囊霉根腐病和炭疽病有抗性；对蓝首蓿蚜有中度抗性；对首蓿斑翅蚜、茎线虫和北方根结线虫的抗性未测试。该品种适宜于美国中北部和中东部地区种植；已在威斯康星州通过测试。基础种永久由 Dairyland 研究中心生产和持有，审定种子于 1998 年上市。

76. DK124

DK124 是由 18 个亲本植株通过杂交而获得的综合品种。其亲本材料选择标准为产量、饲草品质、秋眠性、持久性、抗病虫害能力和多叶型特性；并运用表型轮回选择法加以选择，以获得对细菌性萎蔫病、镰刀菌萎蔫病、黄萎病、炭疽病和首蓿斑翅蚜的抗性。亲本种质来源：DK127（25%）、Lightning（20%）、LegenDairy 2.0（15%）、Rushmore（10%）、Excalibur Ⅱ（10%）、5262（10%）、Magnum Ⅲ（5%）和 G2852（5%）。种质资源贡献率大约为：黄花首蓿占 6%、拉达克苜蓿占 4%、杂花苜蓿占 32%、土耳其斯坦苜蓿占 3%、佛兰德斯苜蓿占 52%、智利苜蓿占 3%。该品种花色 87% 为紫色、9% 为杂色、3% 为黄色,1% 为白色,少许为乳白色。秋眠等级 3 级,抗寒性接近 Norseman。该品种对细菌性萎蔫病、镰刀菌萎蔫病、炭疽病、疫霉根腐病、黄萎病和丝囊霉根腐病具有高抗性;对豌豆蚜和蓝苜蓿蚜有抗性;中抗北方根结线虫和茎线虫;对苜蓿斑翅蚜的抗性未测试。该品种适宜于美国中北部地区种植,计划推广到美国中北部、中东部和寒冷山区以及加拿大东部利用;已在威斯康星州、明尼苏达州和爱荷华州通过测试。基础种永久由 Forage Genetics 公司生产和持有,审定种子于 1999 年上市。

77. DK131HG

DK131HG 是由 165 个亲本植株通过杂交而获得的综合品种。其亲本材料选择标准为产量、饲草品质、秋眠性、抗病虫害能力,并运用表型轮回选择法加以选择,以获得对细菌性萎蔫病、镰刀菌萎蔫病、黄萎病、炭疽病、疫霉根腐病、丝囊霉根腐病和马铃薯叶蝉的抗性。亲本种质来源:Rushmore（30%）、DK133（18%）、Sterling（15%）、Pacesetter（12%）、DK121HG（10%）、Legend（6%）、81IND-2、KS108GH5 和 KS94GH6（每份 3%）。种质资源贡献率大约为:黄花苜蓿占 3%、拉达克苜蓿占 5%、杂花苜蓿占 22%、土耳其斯坦苜蓿占 4%、佛兰德斯苜蓿占 55%、智利苜蓿占 2% 和未知苜蓿 9%。该品种花色 48% 为紫色、35% 为杂色、10% 为白色、7% 为黄色,少许为乳白色。秋眠等级 3 级,抗寒性接近 Vernal。该品种对细菌性萎蔫病、镰刀菌萎蔫病、黄萎病、炭疽病、疫霉根腐病和马铃薯叶蝉病具有高抗性;对丝囊霉根腐病、北方根结线虫、豌豆蚜和苜蓿斑翅蚜有抗性;中度抗茎线虫。该品种适宜于美国中北部和中东部地区种植,计划推广到美国北部、东部和加拿大东部利用;已在威斯康星州、明尼苏达州和伊利诺伊州通过测试。基础种永久由 Forage Genetics 公司生产和持有,审定种子于 1999 年上市。

78. FG 4R37

FG 4R37 是由 100 个亲本植株通过杂交而获得的综合品种。亲本材料是在温室里从 Trailblazer（58%）、Arrest（29%）和 DK121HG（13%）3 个品种中选择出的多个种群,并运用表型轮回选择法加以选择,以获得对马铃薯叶蝉的抗性。种质资源贡献率大约为:黄花苜蓿占 4%、拉达克苜蓿占 4%、杂花苜蓿占 22%、土耳其斯坦苜蓿占 4%、佛兰德斯苜蓿占 55%、智利苜蓿占 2% 和未知苜蓿占 9%。该品种花色 63% 为紫色、37% 为杂色,略带少量黄色、白色和乳白色。秋眠等级 3 级,抗寒性类似 Ranger。该品种对炭疽病、细菌性萎蔫病、镰刀菌萎蔫病和疫霉根腐病具有高抗性;对黄萎病、茎线虫、豌豆蚜、马铃薯叶蝉病和丝囊霉根腐病有抗性;对蓝苜蓿蚜、苜蓿斑翅蚜和根结线虫的抗性未测试。该品种适宜于美国中北部和中东部地区种植;已在威斯康星州、伊利诺伊州和明尼苏达州通过测试,基础种永久由 Forage Genetics 公司生产和持有,审定种子于 1999 年上市。

79. FQ302HR

FQ302HR 是由 65 个亲本植株通过杂交而获得的综合品种。其亲本材料选择标准包括产量、饲草品质、秋眠性和抗病虫性;并运用表型轮回选择法加以选择,以获得对细菌性萎蔫病、镰刀菌萎蔫病、黄萎病、炭疽病、疫霉根腐病、丝囊霉根腐病和马铃薯叶蝉的抗性。亲本种质来源:Rushmore（30%）、DK133（18%）、Sterling（15%）、Pacesetter（12%）、DK121HG

（10%）、Legend（6%）、81IND-2（3%）、KS108GH5（3%）和 KS94GH6（3%）。种质资源贡献率大约为：黄花苜蓿占 3%、拉达克苜蓿占 5%、杂花苜蓿占 22%、土耳其斯坦苜蓿占 4%、佛兰德斯苜蓿占 55%、智利苜蓿占 2%和未知苜蓿占 9%。该品种花色 58%为紫色、42%为杂色，略带黄色、白色和乳白色。秋眠等级 3 级，抗寒等级 Vernal。该品种对炭疽病、细菌性萎蔫病、镰刀菌萎蔫病、疫霉根腐病和马铃薯叶蝉病具有高抗性，对黄萎病、茎线虫和丝囊霉根腐病有抗性；中度抗苜蓿斑翅蚜；对蓝苜蓿蚜、豌豆蚜和根结线虫的抗性未测试。该品种适宜于美国中北部和中东部地区种植，计划推广到美国北部利用；已在威斯康星州、伊利诺伊州和明尼苏达州通过测试。基础种永久由 Forage Genetics 公司生产和持有，审定种子于 1999 年上市。

80. FQ 314

FQ 314 是由 200 个亲本植株通过杂交而获得的综合品种。亲本材料是从 4 个良种繁育品系中，运用近红外反射光谱和化学沉淀法，选择出具有高饲用价值的亲本，并运用表型轮回选择法加以选择，以获得对疫霉根腐病的抗性。亲本种质来源：WL 252 HQ 和 ALPHA 2001。种质资源贡献率大约为：黄花苜蓿占 14%、拉达克苜蓿占 18%、杂花苜蓿占 24%、土耳其斯坦苜蓿占 8%和佛兰德斯苜蓿占 36%。该品种花色近 100%为紫色，略带有少许乳白色和杂色，秋眠等级为 3 级，抗寒等级同 Vernal 相似。该品种对炭疽病、细菌性萎蔫病、镰刀菌萎蔫病、黄萎病、疫霉根腐病和丝囊霉根腐病具有高抗性，对豌豆蚜、苜蓿斑翅蚜和茎线虫有抗性；对蓝苜蓿蚜和根结线虫的抗性未测试。该品种适宜于美国中北部、中东部地区种植；已在伊利诺伊州、宾夕法尼亚州和威斯康星州通过测试。基础种永久由 W-L 公司生产和持有，审定种子于 1998 年上市。

81. FQ 315

FQ 315 是由 214 个亲本植株通过杂交而获得的综合品种。其亲本材料具有抗疫霉根腐病、丝囊霉根腐病、多叶型的特性。亲本材料是从威斯康星州、明尼苏达州生长 3 年的产量试验田和威斯康星州生长 3 年的苗圃里选择出的多个种群杂交后代中选择出的，并运用表型轮回选择法和近红外反射光谱法技术对饲用价值加以选择，并获得对细菌性萎蔫病、黄萎病、疫霉根腐病、丝囊霉根腐病、炭疽病和马铃薯叶蝉性的抗性。亲本种质来源：WinterKing、2888、BigHorn、9326、Award、MultiQueen 和 Cal/West Seeds 多个育种群体。种质资源贡献率大约为：黄花苜蓿占 9%、拉达克苜蓿占 6%、杂花苜蓿占 26%、土耳其斯坦苜蓿占 4%、佛兰德斯苜蓿占 46%和智利苜蓿占 9%。该品种花色 97%为紫色、3%杂色中带有少许白色、乳白色和黄色，秋眠等级同 Ranger 相似。该品种对炭疽病、细菌性萎蔫病、镰刀菌萎蔫病、疫霉根腐病、丝囊霉根腐病和苜蓿斑翅蚜具有高抗性；对黄萎病、豌豆蚜和茎线虫有抗性；对蓝苜蓿蚜和根结线虫的抗性未测试。该品种适宜于美国中北部和中东部地区种植；已在威斯康星州、明尼苏达州、爱荷华州、密歇根州和宾夕法尼亚州通过测试。基础种永久由 Cal/West 种子公司生产和持有，审定种子于 1999 年上市。

82. Legend Gold

Legend Gold 是由 160 个亲本植株通过杂交而获得的综合品种。其亲本材料具有抗疫霉根腐病、丝囊霉根腐病、多叶型的特性，亲本材料是从威斯康星州生长 3 年的产量试验田里选择出的多个种群,并运用表型轮回选择法和近红外反射光谱法技术对饲用价值加以选择,并获得对细菌性萎蔫病、黄萎病、疫霉根腐病、丝囊霉根腐病、炭疽病和马铃薯叶蝉性的抗性。亲本种质来源:WinterKing、9326、Maximum Ⅰ 和 Cal/West Seeds 多个育种群体。种质资源贡献率大约为:黄花苜蓿占 9%、拉达克苜蓿占 6%、杂花苜蓿占 25%、土耳其斯坦苜蓿占 4%、佛兰德斯苜蓿占 56%、智利苜蓿占 10%。该品种花色 95% 为紫色、5% 杂色中带有少许白色、乳白色和黄色,秋眠等级同 Ranger。该品种对炭疽病、细菌性萎蔫病、镰刀菌萎蔫病、黄萎病、疫霉根腐病、丝囊霉根腐病、豌豆蚜和苜蓿斑翅蚜有高抗性;对茎线虫有抗性;对蓝苜蓿蚜和根结线虫的抗性未测试。该品种适宜于美国中北部、中东部地区种植;已在威斯康星州、明尼苏达州、爱荷华州和内布拉斯加州通过测试。基础种永久由 Cal/West 种子公司生产和持有,审定种子于 1998 年上市。

83. Milk River

Milk River 是由 263 个亲本植株通过杂交而获得的综合品种。其亲本材料具有抗疫霉根腐病、丝囊霉根腐病、多叶型的特性,并运用表型轮回选择法加以选择,以获得对细菌性萎蔫病、丝囊霉根腐病、疫霉根腐病、炭疽病、黄萎病、马铃薯叶蝉病和苜蓿斑翅蚜的抗性。亲本种质来源:Alfaleaf、Chief、VS-775、Encore、Dk 122、Crown Ⅱ、Achieva 和 Prism。种质资源贡献率大约为:黄花苜蓿占 7%、拉达克苜蓿占 6%、杂花苜蓿占 27%、佛兰德斯苜蓿占 46%、智利苜蓿占 9%、土耳其苜蓿占 5%。该品种花色 96% 为紫色、4% 杂色中带有少许白色、乳白色和黄色,秋眠等级同 Ranger。该品种对细菌性萎蔫病、镰刀菌萎蔫病、炭疽病和疫霉根腐病具有高抗性;对黄萎病、丝囊霉根腐病、茎线虫和苜蓿斑翅蚜有抗性;对根结线虫、豌豆蚜和蓝苜蓿蚜的抗性未测试。该品种适宜于美国中北部、东北部地区种植,计划推广到美国北部和中部利用;已在威斯康星州、明尼苏达州和宾夕法尼亚州通过测试。基础种永久由 Cal/West 种子公司生产和持有,审定种子于 1994 年上市。

84. Interceptor

Interceptor 是由 18 个亲本植株通过杂交而获得的综合品种。亲本材料来源于一个回交群体,并获得对马铃薯叶蝉的抗性。亲本材料的一部分来自 81 Ind-2、KS 108 GH5 和 KS94GH6 群体,作为非回交亲本;亲本材料的另一部分来自 Weevlchek、Vernal、Saranac、Anchor、Kanza、Tempo 和 Cody(每份约占 13%)和 9% 的未知材料,作为轮回亲本;根据其对马铃薯叶蝉、细菌性萎蔫病、镰刀菌萎蔫病、黄萎病、炭疽病、疫霉根腐病、丝囊霉根腐病的抗性以及产量和秋眠性等特性,运用表型轮回选择法加以选择。种质资源贡献率大约为:黄花苜蓿占 3%、拉达克苜蓿占 5%、杂花苜蓿占 26%、土耳其斯坦苜蓿占 4%、佛兰德斯苜蓿占 48%、智利苜蓿占 2% 和未知苜蓿占 12%。该品种花色 51% 为紫色、39% 杂色、4% 为乳白色,3% 为黄色,3% 为白色;秋眠等级同 Ranger。该品种对细菌性萎蔫病、镰刀菌萎蔫病和疫霉根腐病具有高抗性;对黄萎病和丝囊霉根腐病有抗性;中度抗马铃薯叶蝉病、豌豆蚜和苜蓿斑翅蚜;对蓝苜蓿蚜抗性低;对茎线虫、根结线虫和炭疽病的抗性未测试。该品种适宜于美国中北部、中东部地区种植;已在爱荷华州、威斯康星州和伊利诺伊州通过测试。基础种永久由 ABI 种子公司生产和持有,审定种子于 1999 年上市。

85. Pointer

Pointer 是由 200 个亲本植株通过杂交而获得的综合品种。其亲本材料具有抗疫霉根腐病、丝囊霉根腐病、多叶型的特性,亲本材料是从威斯康星州生长 3 年的苗圃材料和 1 993 份育种家种子材料的杂交后代中选择出的,并运用表型轮回选择法和近红外反射光谱法技术对饲用价值加以选择,并获得对细菌性萎蔫病、黄萎病、疫霉根腐病、丝囊霉根腐病、炭疽病和马铃薯叶蝉的抗性。亲本种质来源:Gold Plus、2888、DK 142、Nemesis、Alfaleaf Ⅱ、329 和 Cal/West 多种育种群体。种质资源贡献率大约为:黄花苜蓿占 8%、拉达克苜蓿占 6%、杂花苜蓿占 27%、佛兰德斯苜蓿占 45%、智利苜蓿占 9%、土耳其苜蓿占 5%。该品种花色 85% 为紫色、15% 杂色,略带有少许白色、乳白色和黄色,秋眠等级类似 Ranger。该品种对炭疽病、细菌性萎蔫病、镰刀菌萎蔫病、疫霉根腐病、丝囊霉根腐病和苜蓿斑翅蚜具有高抗性;对黄萎病、豌豆蚜、蓝苜蓿蚜和茎线虫有抗性;对根结线虫的抗性未测试。该品种适宜于美国中北部地区种植,计划推广到美国中北部和中东部利用;已在威斯康星州、明尼苏达州、爱荷华州通过测试。基础种永久由 Cal/West 种子公司生产和持有,审定种子于 1999 年上市。

86. Multiplier Ⅱ

Multiplier Ⅱ 是由 30 个亲本植株通过杂交而获得的综合品种。其亲本材料的选择标准包括产量、饲草品质、秋眠性、持久性、多叶型特性、抗病虫害能力;并运用表型轮回选择法加以选择,以获得对细菌性萎蔫病、镰刀菌萎蔫病、炭疽病、疫霉根腐病、丝囊霉根腐病和苜蓿斑翅蚜的抗性。亲本种质来源:Multiplier(60%)、DK133(15%)、Achieva(15%)和 Pacesetter(10%)。种质资源贡献率大约为:黄花苜蓿占 4%、拉达克苜蓿占 4%、杂花苜蓿占 29%、土耳其斯坦苜蓿占 3%、佛兰德斯苜蓿占 57%、智利苜蓿占 3%。该品种花色 80% 为紫色、20% 杂色略带乳白色、白色和黄色。秋眠等级 3 级,抗寒性接近 Vernal。小叶数量较多,为多叶型品种。该品种对炭疽病、细菌性萎蔫病、镰刀菌萎蔫病、黄萎病、豌豆蚜、苜蓿斑翅蚜和疫霉根腐病具有高抗性;对茎线虫、根结线虫和丝囊霉根腐病有抗性;对蓝苜蓿蚜的抗性未测试。该品种适宜于美国中北部地区种植;已在威斯康星州、爱荷华州和明尼苏达州通过测试。基础种永久由 Forage Genetics 公司生产和持有,审定种子于 1997 年上市。

87. Passport

Passport 是由 120 个亲本植株通过杂交而获得的综合品种。运用表型轮回选择法加以选择,以获得对丝囊霉根腐病的抗性。亲本种质来源:WL 226、Thrive 和 WL 323。种质资源贡献率大约为:黄花苜蓿占 18%、拉达克苜蓿占 18%、杂花苜蓿占 28%、土耳其斯坦苜蓿占 10%、佛兰德斯苜蓿占 23%、智利苜蓿占 3%。该品种花色近 100% 为紫色,略带少许杂色和乳白色;秋眠等级为 3 级,同 5246 相似。该品种对炭疽病、细菌性萎蔫病和疫霉根腐病具有高抗性;对丝囊霉根腐病、茎线虫和豌豆蚜有抗性;对苜蓿斑翅蚜、蓝苜蓿蚜、镰刀菌萎蔫病、黄萎病和根结线虫的抗性未测试。该品种适宜于美国中北部、中东部地区种植,计划推广到美国中北部、中东部和大平原地区利用;已在伊利诺伊州、宾夕法尼亚州和威斯康星州通过测试。基础种永久由 W-L 种子公司生产和持有,审定种子于 1999 年上市。

88. Power Plant

Power Plant 是由 74 个亲本植株通过杂交而获得的综合品种。其亲本材料是在爱荷华州纳皮尔地区的试验田中,根据其产量、耐寒性、对黄色叶蝉和叶部病害的抗性、秋眠性和多叶型特性等选择出的 22 个种群,并运用表型轮回选择法加以选择,以获得对细菌性萎蔫病、镰刀菌萎蔫病、黄萎病、疫霉根腐病、炭疽病和丝囊霉根腐病的抗性。亲本种质来源:Stine 9227、Dawn、Aggrssor、Absolute、Venture、Garst 645、AP 8922W(各占 9%)和 G2833、DK 122、Legend、Crown(各占 7%)和 9%其他育种群体。种质资源贡献率大约为:黄花苜蓿占 3%、拉达克苜蓿占 4%、杂花苜蓿占 20%、土耳其斯坦苜蓿占 15%、佛兰德斯苜蓿占 45%、智利苜蓿占 6%、秘鲁苜蓿占 6%和未知苜蓿占 1%。该品种花色 73%为紫色、27%杂色略带有少许白色、乳白色和黄色,秋眠等级类似 Range,抗寒等级同 MultiKing Ⅰ。该品种对细菌性萎蔫病、镰刀菌萎蔫病和黄萎病具有高抗性;对丝囊霉根腐病和炭疽病有抗性;中度抗豌豆蚜;对蓝苜蓿蚜、苜蓿斑翅蚜、茎线虫、根结线虫和疫霉根腐病的抗性未测试。该品种适宜于美国中北部和中东部地区种植;已在爱荷华州、威斯康星州、伊利诺伊州通过测试。基础种永久由 ABI 公司生产和持有,审定种子于 1999 年上市。

89. Trailblazer 3.0

Trailblazer 3.0 是由 18 个亲本植株通过杂交而获得的综合品种。其亲本材料选择标准包括牧草产量、秋眠性、对马铃薯叶蝉的抗性。采用表型轮回选择法加以选择。亲本种质来源:Trailblazer (55%)、Arrest (33%)和 DK121HG (12%)。种质资源贡献率大约为:黄花苜蓿占 4%、拉达克苜蓿占 4%、杂花苜蓿占 23%、土耳其斯坦苜蓿占 4%、佛兰德斯苜蓿占 53%、智利苜蓿占 2%和未知苜蓿占 10%。该品种花色 61%为紫色,39%为杂色,略带乳白色、白色和黄色。秋眠等级为 3 级,抗寒等级与 Vernal 相似。该品种对炭疽病、细菌性萎蔫病、镰刀菌萎蔫病、黄萎病和疫霉根腐病具有高抗性;对茎线虫、豌豆蚜、丝囊霉根腐病和马铃薯叶蝉病有抗性;中度抗苜蓿斑翅蚜;对蓝苜蓿蚜和根结线虫的抗性未测试。该品种适宜于美国中北部地区种植,计划推广到美国中北部和中东部地区利用;已在威斯康星州、伊利诺伊州和明尼苏达州通过测试。基础种永久由 Forage Genetics 公司种子公司生产和持有,审定种子于 1999 年上市。

90. Trump

Trump 是由 150 个亲本植株通过杂交而获得的综合品种。其亲本材料是从产量试验田和抗病圃评价田中选择出的,选择标准包括产量、饲草品质、秋眠性、持久性、抗病虫害能力和多叶型特性;并运用表型轮回选择法加以选择,以获得对细菌性萎蔫病、镰刀菌萎蔫病、炭疽病、疫霉根腐病、丝囊霉根腐病和苜蓿斑翅蚜的抗性。亲本种质来源:Sterling (32%)、Excalibur Ⅱ (25%)、330 (24%)、Rushmore (15%)和 LegenDairy (4%)。种质资源贡献率大约为:黄花苜蓿占 6%、拉达克苜蓿占 6%、杂花苜蓿占 24%、土耳其斯坦苜蓿占 2%、佛兰德斯苜蓿占 58%、智利苜蓿占 4%。该品种花 85%为紫色、11%为杂色、2%为黄色、2%为白色,略带有少许乳白色;秋眠等级为 3 级,抗寒等级与 Vernal 相似。为多叶型品种。该品种对细菌性萎蔫病、镰刀菌萎蔫病、炭疽病、疫霉根腐病和丝囊霉根腐病具有高抗性;对黄萎病和豌豆蚜有抗性;中度抗苜蓿斑翅蚜和茎线虫;对北方根结线虫和蓝苜蓿蚜的抗性未测试。该品种适宜于美国中北部地区种植,计划推广到中北部和中东部地区利用;已在威斯康星州、明尼苏达州、爱荷华州通过测试。基础种永久由 Forage Genetics 种子公司生产和持有,审定种子于 1999 年上市。

91. Vision

Vision 是由 101 个亲本植株通过杂交而获得的综合品种。其亲本材料是从威斯康星州马什菲尔德地区的试验田里选择出的枝条粗壮、根颈健康,地上部分长势良好并且抗细菌性萎蔫病、镰刀菌萎蔫病、疫霉根腐病、丝囊霉根腐病的多个种群。亲本种质来源:5252、5246、5454、MagnaGraze、Webfoot MPR、Quantum、GH787、Prism、Genesis、Legendairy 和 Magnum Ⅲ。种质资源贡献率大约为:黄花苜蓿占 5%、拉达克苜蓿占 8%、杂花苜蓿占 18%、土耳其斯坦苜蓿占 32%、佛兰德斯苜蓿占 21% 和未知苜蓿占 16%。该品种花色 85% 为紫色、12% 为杂色、1% 为乳白色、1% 为白色、1% 为黄色,秋眠等级为 3 级。该品种对细菌性萎蔫病、镰刀菌萎蔫病、疫霉根腐病具有高抗性;对北方根结线虫、茎线虫、炭疽病、丝囊霉根腐病和黄萎病有抗性;对豌豆蚜、蓝苜蓿蚜和苜蓿斑翅蚜的抗性未测试。该品种适宜于美国中北部地区种植,计划推广到美国北部利用;已在威斯康星州通过测试。基础种永久由 Dairyland 研究中心生产和持有,审定种子于 1998 年上市。

92. TMF 4355LH

TMF 4355LH 是由 25 个亲本植株通过杂交而获得的综合品种。其亲本材料是根据其牧草产量、饲草品质、秋眠性和抗病虫害能力等选择出的,并运用表型轮回选择法加以选择,以获得对细菌性萎蔫病、镰刀菌萎蔫病、黄萎病、炭疽病、疫霉根腐病、丝囊霉根腐病和马铃薯叶蝉的抗性。亲本种质来源:Rushmore(30%)、DK133(18%)、Sterling(15%)、Pacesetter(12%)、DK121HG(10%)、Legend(6%)、81IND-2、KS108GH5 和 KS94GH6(每份占 3%)。种质资源贡献率大约为:黄花苜蓿占 3%、拉达克苜蓿占 5%、杂花苜蓿占 22%、土耳其斯坦苜蓿占 4%、佛兰德斯苜蓿占 55%、智利苜蓿占 2% 和未知苜蓿占 9%。该品种花色 58% 为紫色、42% 杂色中带有一些乳白色、白色和黄色。秋眠等级为 3 级,抗寒等级与 Vernal 相似。该品种对炭疽病、细菌性萎蔫病、镰刀菌萎蔫病、疫霉根腐病和马铃薯叶蝉具有高抗性;对黄萎病和丝囊霉根腐病有抗性;中度抗茎线虫和豌豆蚜,对蓝苜蓿蚜、苜蓿斑翅蚜和根结线虫的抗性未测试。该品种适宜于美国中北部地区种植;已在威斯康星州、伊利诺伊州、明尼苏达州通过测试。基础种永久由 Forage Genetics 公司生产和持有,审定种子于 1999 年上市。

93. W316

W316 是由 117 个亲本植株通过杂交而获得的综合品种。运用表型轮回选择法对亲本材料加以选择,以获得高品质饲草。亲本种质来源:Trident Ⅱ、Pro-Cut 2、Ovation 和 Paramount。种质资源贡献率大约为:黄花苜蓿占 16%、拉达克苜蓿占 17%、杂花苜蓿占 22%、土耳其斯坦苜蓿占 7%、佛兰德斯苜蓿占 36% 和智利苜蓿占 2%。该品种花色近 100% 为紫色、略带有少许杂色和白色,秋眠等级为 3 级,与品种 5246 相似。该品种对炭疽病、细菌性萎蔫病、疫霉根腐病和丝囊霉根腐病具有高抗性;对茎线虫和豌豆蚜有抗性;对苜蓿斑翅蚜、蓝苜蓿蚜、黄萎病、镰刀菌萎蔫病和根结线虫的抗性未测试。该品种适宜于美国中北部、中东部地区种植,计划推广到中北部、中东部和大平原地区利用;已在伊利诺伊州、明尼苏达州、纽约州和威斯康星州通过测试。基础种永久由 W-L 种子公司生产和持有,审定种子于 1998 年上市。

94. **53V63**

53V63 的亲本选择标准包括田间表现、产量、秋眠性以及对细菌性萎蔫病,黄萎病、疫霉根腐病,丝囊霉根腐病,春季黑茎病和马铃薯叶蝉的抗性。该品种花色 63% 为紫色、33% 为杂色、4% 为黄色、乳白色和白色。属于秋眠品种,秋眠等级为 3 级。该品种对炭疽病、细菌性萎蔫病、镰刀菌萎蔫病、疫霉菌根腐病、黄萎病、丝囊霉根腐病具有高抗性;对豌豆蚜、马铃薯叶蝉有抗性;对根结线虫和蓝花苜蓿蚜虫的抗性未测试。该品种适于在美国中北部、中东部等地区种植;已在爱荷华州、伊利诺伊州、威斯康星州和加拿大安大略省通过测试。基础种永久由 Pioneer Hi-Bred International 公司生产和持有,审定种子于 2000 年上市。

95. **645-11**

645-11 是由 298 个亲本植株通过杂交而获得的综合品种,其亲本可追溯到 Garst 645。试验地位于密苏里州 Warrensburg 地区苜蓿采样地。从 1991 年 4 月开始进行放牧实验,其中在 1991 年经过 75 d 的不间断放牧,1992 年、1993 年都经过 130 d 不间断放牧。到 1993 年 10 月份,采样地已被根颈大而均匀的最健康的植株占据。该品种花色约 71% 为紫色,29% 为杂色,略带黄色、乳白色和白色等,属于秋眠品种,秋眠等级为 3 级,耐牧程度与 Alfagraze 相似。该品种对细菌性萎蔫病、黄萎病、镰刀菌萎蔫病、炭疽病、疫霉根腐病、丝囊霉根腐病具有高抗性;对豌豆蚜有抗性;对蓝苜蓿蚜、苜蓿斑翅蚜、茎线虫、根结线虫的抗性未测试。该品种适合在美国中北部、中东部等地区种植;已在爱荷华州,威斯康星州和伊利诺伊州等地通过测试。基础种永久由 ABI 公司生产和持有,审定种子于 2000 年上市。

96. **Abilene ＋Z**

Abilene ＋Z 亲本材料选择标准是为了改良这个品种的牧草产量、越冬率、秋眠性,对黄色叶蝉和叶病害的抗性,并且获得对细菌性萎蔫病、镰刀菌萎蔫病、黄萎病、疫霉根腐病、炭疽病、茎线虫、丝囊霉根腐病的抗性。该品种花色有近 76% 为紫色,24% 为杂色,略带黄色、乳白色和白色的,秋眠等级为 3 级。对细菌性萎蔫病、黄萎病、镰刀菌萎蔫病、炭疽病、疫霉根腐病和豌豆蚜具有高抗性;对丝囊霉根腐病、茎线虫、根腐线虫有抗性;中抗苜蓿斑翅蚜、蓝苜蓿蚜;对根结线虫的抗性未测试。该品种适合在美国大平原、中东部等地区种植;已在爱荷华州、伊利诺伊州、堪萨斯州和宾夕法尼亚州等地通过测试。基础种永久由 ABI 生产和持有,审定种子于 2000 年上市。

97. **C207**

C207 是由 180 个亲本植株杂交而获得的综合品种,经过表型轮回选择以获得对疫霉根腐病的抗性。亲本种质来源:GH755、WL 324、Ovation 和 Trident Ⅱ。种质资源贡献率大约为:黄花苜蓿占 12%、拉达克苜蓿占 18%、杂花苜蓿占 21%、土耳其斯坦苜蓿占 17%、佛兰德斯苜蓿占 32%。该品种花色有近 100% 为紫色,略带杂色和白色,秋眠等级为 3 级。对炭疽病、细菌性萎蔫病、镰刀菌萎蔫病、黄萎病、疫霉根腐病、丝囊霉根腐病具有高抗性;对苜蓿斑翅蚜有抗性;对豌豆蚜抗性中等;对蓝苜蓿蚜、茎线虫、根结线虫抗性未检测。该品种适合在美国中北部、中东部等地区种植;已在纽约和威斯康星州通过测试。基础种永久由 W-L 公司生产和持有,审定种子于 2000 年上市。

98. EXCEL

EXCEL 是由 10 个亲本植株通过杂交而获得的综合品种。其亲本材料是从产量试验田和抗病害苗圃中,根据其产量、持久性、品质等选择出的,并且获得对细菌性萎蔫病、镰刀菌萎蔫病、疫霉根腐病、炭疽病、黄萎病、丝囊霉根腐病和苜蓿斑翅蚜的抗性。种质资源贡献率大约为:拉达克苜蓿占 15%、杂花苜蓿占 12%、土耳其斯坦苜蓿占 15%、佛兰德斯苜蓿占 35%、智利苜蓿占 8%和未知的占 15%。该品种花色有近 90%为紫色,10%为杂色,略带乳白、白色和黄色,属于秋眠类型,秋眠等级为 3 级。该品种对细菌性萎蔫病、镰刀菌萎蔫病、疫霉根腐病、北方根结线虫具有高抗性;对丝囊霉根腐病、豌豆蚜、茎线虫、黄萎病、炭疽病有抗性;对苜蓿斑翅蚜、蓝苜蓿蚜的抗性未测试。该品种适合在美国中北部、大平原、中东部等地区种植;已在明尼苏达州、爱荷华州、内布拉斯加州和威斯康星等地区通过测试。基础种永久由 Dairyland 研究中心生产和持有,审定种子于 2000 年上市。

99. FEAST ＋EV

FEAST ＋EV 亲本材料选择标准为耐家畜连续放牧,而且保持大而健康的根颈及根系的多个种群。该品种花色有近 65%为紫色,35%为杂色,略带乳白、白色、黄色,秋眠等级为 3 级,高强度放牧条件下的耐受能力优于 Alfagraze。对细菌性萎蔫病、黄萎病、镰刀菌萎蔫病、疫霉根腐病、丝囊霉根腐病具有高抗性;对炭疽病有抗性;对豌豆蚜有中等的抗性;对茎线虫、苜蓿斑翅蚜、蓝苜蓿蚜、根结线虫的抗性未测试。该品种适于在美国中北部、中东部地区种植;已在爱荷华州、伊利诺伊州、威斯康星州和爱达荷州等地区通过测试。基础种永久由 Cal/West 种子公司生产和持有,审定种子于 2000 年上市。

100. DS9802

DS9802 是由 20 个亲本植株通过杂交而获得的综合品种。其亲本材料的一半是从威斯康星州马什菲尔德地区产量试验田里选择的具有对疫霉根腐病、细菌性萎蔫病、镰刀菌萎蔫病、丝囊霉根腐病抗性并且侧根发达的植株;亲本材料的另一半是从威斯康星州克林顿地区产量试验田选择出的,并且对其产量性能、持久性、品质以及对细菌性萎蔫病、镰刀菌萎蔫病、疫霉根腐病、炭疽病、黄萎病、丝囊霉根腐病和苜蓿斑翅蚜的抗性进行了评估。种质资源贡献率大约为:拉达克苜蓿占 9%、杂花苜蓿占 28%、土耳其斯坦苜蓿占 18%、佛兰德斯苜蓿占 28%和未知苜蓿占 17%。该品种花色有近 85%为紫色,15%杂色中带有少许白色、乳白色和黄色,属于秋眠品种,秋眠等级为 3 级。对细菌性萎蔫病、镰刀菌萎蔫病、疫霉根腐病、北方根结线虫具有高抗性;对丝囊霉根腐病、豌豆蚜、茎线虫、黄萎病、炭疽病有抗性;对苜蓿斑翅蚜、蓝苜蓿蚜抗性未测试。该品种适合在美国中北部、中东部等地区种植;已在明尼苏达州、印第安纳州和威斯康星州等地通过测试。基础种永久由 Dairyland 研究中心生产和持有,审定种子于 1999 年秋季上市。

101. EverGreen

EverGreen 亲本材料选择标准为具有牧草产量高、牧草品质好等特性的多个种群,并且获得对细菌性萎蔫病、黄萎病、镰刀菌萎蔫病、炭疽病、疫霉根腐病、丝囊霉根腐病、马铃薯叶蝉的抗性。该品种花色有近 61% 为紫色,23% 为杂色,1% 为乳白色,10% 为黄色,5% 为白色,秋眠等级为 3 级,耐寒性好。该品种对炭疽病、细菌性萎蔫病、镰刀菌萎蔫病、疫霉根腐病、马铃薯叶蝉具有高抗性;对黄萎病、苜蓿茎线虫、丝囊霉根腐病有抗性;中抗苜蓿斑翅蚜;对豌豆蚜、蓝苜蓿蚜、根结线虫的抗性未测试。该品种适合在美国中北部、中东部等地区种植;已在威斯康星州和爱荷华州等地区通过测试。基础种永久由 Forage Genetics 公司生产和持有,审定种子于 2000 年上市。

102. LegenDairy YPQ

LegenDairy YPQ 亲本材料选择标准包括根据牧草潜在产量、品质、持久性、多叶型以及对细菌性萎蔫病、黄萎病、镰刀菌萎蔫病、炭疽病、疫霉根腐病和丝囊霉根腐病的抗性。亲本种质来源:Tempo、Thor、Answer、Apollo、MNP-D1、MNP-B1(syn2)、NCMP-2、Teweles Multi-strain、Vernal、Ranger 和 Iroquois 的 Dairyland 实验材料。种质资源贡献率大约为:土耳其斯坦苜蓿占 30%、佛兰德斯苜蓿占 60%、智利苜蓿占 10%。该品种花色有近 94% 为紫色,3% 为白色,2% 为杂色,1% 为黄色,略带乳白色。该品种小叶数量中等,属于秋眠品种,秋眠等级为 3 级,耐寒性好。对炭疽病、细菌性萎蔫病、镰刀菌萎蔫病、丝囊霉根腐病、疫霉根腐病具有高抗性;对黄萎病、苜蓿斑翅蚜有抗性;对豌豆蚜、蓝苜蓿蚜、根结线虫的抗性未测试。该品种适合在美国中北部、中东部地区种植;已在威斯康星州和伊利诺伊州等地通过测试。基础种永久由 Forage Genetics 公司生产和持有,审定种子于 2000 年上市。

103. NEMIESIS

NEMIESIS 是由 157 个亲本植株通过杂交而获得的综合品种。其亲本材料具有抗疫霉根腐病、丝囊霉根腐病、多叶型的特性,亲本材料是从威斯康星州生长 3 年的产量试验田里选择出的多个种群,并运用表型轮回选择法和近红外反射光谱法技术加以选择,以获得高质量的饲用价值和对细菌性萎蔫病、黄萎病、疫霉菌根腐病、丝囊霉根腐病、炭疽病、小光壳叶斑病的抗性。亲本种质来源:Ultraleaf87、Tartan、GH 787、MultiQueen 和 Cal/West 育种群体。种质资源贡献率大约为:黄花苜蓿占 8%、拉达克苜蓿占 6%、杂花苜蓿占 25%、土耳其斯坦苜蓿占 4%、佛兰德斯苜蓿占 47%、智利苜蓿占 10%。该品种花色 85% 为紫色,13% 为杂色,2% 为黄色,带有少许白色和乳白色,属于秋眠类型,秋眠等级跟 Ranger 相似。该品种对炭疽病、细菌性萎蔫病、镰刀菌萎蔫病、黄萎病、疫霉根腐病、丝囊霉根腐病和豌豆蚜具有高抗性;对茎线虫和苜蓿斑翅蚜有抗性;对根结线虫和蓝苜蓿蚜的抗性未测试。该品种适宜于美国中北部、中东部地区种植;已在威斯康星州、明尼苏达州、爱荷华州通过测试。基础种永久由 Cal/West 种子公司生产和持有,审定种子于 1998 年上市。

104. PICKSEED 8925MF

PICKSEED 8925MF 是由 108 个亲本植株通过杂交而获得的综合品种。亲本材料选择标准包括牧草产量、牧草品质、秋眠性、持久性、抗虫性和多叶型等特性,并综合运用基因型和表型选择法加以选择,以获得对细菌性萎蔫病、镰刀菌萎蔫病、炭疽病、疫霉根腐病、丝囊霉菌根腐病、苜蓿斑翅蚜的抗性。亲本种质来源:BlazerXL(15%)、8920MF(15%)、DK127(12%)、G2841(10%)、DK133(10%)、MP2000(8%)、Lightning(8%)、ExcaliburⅡ(8%)、Accord(7%)、5454(5%)和Sterling(2%)。种质资源贡献率大约为:黄花苜蓿占3%、拉达克苜蓿占4%、杂花苜蓿占25%、土耳其斯坦苜蓿占5%、佛兰德斯苜蓿占59%、智利苜蓿占4%。该品种花色85%为紫色,15%为杂色,略带乳白色、白色和黄色。秋眠等级为3级,抗寒性与Vernal相似,小叶数量较多,具有多叶性状。对细菌性萎蔫病、镰刀菌萎蔫病、炭疽病、疫霉根腐病具有高抗性;对丝囊霉根腐病、黄萎病、豌豆蚜具有抗性;对茎线虫和苜蓿斑翅蚜具有中等的抗性;对蓝苜蓿蚜的根结线虫的抗性尚未测试。适宜于美国中北部地区种植;已经在威斯康星州、明尼苏达州和爱荷华州经过测试。基础种永久由Forage Genetics公司生产和持有,审定种子于1998年上市。

105. LEXUS

LEXUS亲本材料是根据其牧草产量、越冬率、对黄色叶蝉和叶部病害的抗性、多叶型等特性选择出的多个种群,并运用表型轮回选择法加以选择,以获得对细菌性萎蔫病、镰刀菌萎蔫病、黄萎病、疫霉根腐病、炭疽病和丝囊霉根腐病的抗性。该品种花色66%为紫色、34%杂色中带有少许白色、乳白色和黄色,秋眠等级为3级。对细菌性萎蔫病、黄萎病、镰刀菌萎蔫病、炭疽病、疫霉根腐病、丝囊霉根腐病具有高抗性;对豌豆蚜有中度抗性;对茎线虫、苜蓿斑翅蚜和蓝苜蓿蚜的抗性未测试。适宜于美国中北部、中东部等地区种植;已在爱荷华州、伊利诺伊州和威斯康星州通过测试。基础种永久由ABI公司生产和持有,审定种子于2000年上市。

106. RELIANCE

RELIANCE亲本材料选择标准为具有牧草产量高、牧草品质好、持久性好等特性的多个种群,并且获得对细菌性萎蔫病、黄萎病、镰刀菌萎蔫病、炭疽病、疫霉根腐病和丝囊霉根腐病的抗性。该品种花色90%为紫色、8%杂色、1%白色、1%黄色,略带乳白色,属于秋眠类型,秋眠等级为3级,抗寒性类似于Vernal;小叶数量较多,为多叶型品种。该品种对炭疽病、细菌性萎蔫病、镰刀菌萎蔫病、黄萎病、疫霉根腐病具有高抗性;对丝囊霉根腐病和苜蓿斑翅蚜有抗性;对苜蓿茎线虫抗性中等;对豌豆蚜、蓝苜蓿蚜和根结线虫的抗性未测试。该品种适宜于美国中北部、中东部地区种植;已在威斯康星州和伊利诺伊州通过测试。基础种永久由Forage Genetics公司生产和持有,审定种子于2000年上市。

107. SPRINT

SPRINT是由180个亲本植株通过杂交而获得的综合品种。其亲本材料具有抗疫霉根腐病、丝囊霉根腐病、多叶型的特性,亲本材料是从威斯康星州生长3年的产量试验田和1993份育种家种子材料的杂交后代中选择出的,并运用表型轮回选择法和近红外反射光谱法技术加以选择,获得对细菌性萎蔫病、黄萎病、疫霉菌根腐病、丝囊霉根腐病、炭疽病和小光壳叶斑病的抗性。亲本种质来源:Nemesis、MultiQueen、DK 142、GoldPlus、AlfaStar、GH 767和Cal/West育种群体。种质资源贡献率大约为:黄花苜蓿占8%、拉达克苜蓿占6%、杂花苜蓿占

26％、土耳其斯坦苜蓿占 4％、佛兰德斯苜蓿占 47％、智利苜蓿占 9％。该品种花色有近 98％都为紫色,2％为杂色,略带黄色、乳白色和白色,属于秋眠品种,秋眠性与 Ranger 相似。该品种对炭疽病、细菌性萎蔫病、镰刀菌萎蔫病、疫霉根腐病、丝囊霉根腐病、苜蓿斑翅蚜、蓝苜蓿蚜和豌豆蚜具有高抗性;对黄萎病和茎线虫有抗性;对根结线虫的抗性未测试。适宜于美国中北部、中东部、大平原及中等寒冷的山区生长;已在威斯康星州、明尼苏达州、爱荷华州、密歇根州、宾夕法尼亚州、内布拉斯加州和华盛顿州通过测试。基础种永久由 Cal/West 种子公司生产和持有,审定种子于 1999 年上市。

108. **PROLIFIC**

PROLIFIC 是由 50 个亲本植株通过杂交而获得的综合品种。亲本材料是在威斯康星州马什菲尔德地区的产量试验田里选择出的具有抗疫霉菌根腐病、丝囊霉根腐病和根颈健康、侧根发达的多个种群。种质资源贡献率大约为:拉达克苜蓿占 5％、杂花苜蓿占 20％、土耳其斯坦苜蓿占 15％、佛兰德斯苜蓿占 40％、智利苜蓿占 2％和未知苜蓿占 18％。该品种花色 90％为紫色、10％杂色中带有少许白色、乳白色和黄色,属于秋眠类型,秋眠等级为 3 级。

该品种对细菌性萎蔫病、镰刀菌萎蔫病、疫霉菌根腐病、北方根结线虫具有高抗性;对丝囊霉根腐病、豌豆蚜、茎线虫、黄萎病、炭疽病有抗性;对苜蓿斑翅蚜和蓝苜蓿蚜的抗性未测试。该品种适宜于美国中北部、大平原、中东部地区种植;已在明尼苏达州、爱荷华州、内布拉斯加州和威斯康星州通过测试。基础种永久由 Dairyland 研究中心生产和持有,审定种子于 1999 年上市。

109. **W327**

W327 是由 109 个亲本植株通过杂交而获得的综合品种,亲本材料运用表型轮回选择法加以选择,以获得高质量的饲用价值。亲本种质来源:Ovation、Paramount、Premier Plus 和WL 252 HQ。种质资源贡献率大约为:黄花苜蓿占 13％、拉达克苜蓿占 19％、杂花苜蓿占 21％、土耳其斯坦苜蓿占 17％、佛兰德斯苜蓿占 27％、智利苜蓿占 3％。该品种花色近 100％为紫色、带有少许白色和杂色,秋眠等级为 3 级。该品种对炭疽病、细菌性萎蔫病、镰刀菌萎蔫病、疫霉根腐病、丝囊霉根腐病和蓝苜蓿蚜具有高抗性;对黄萎病和豌豆蚜有抗性;对茎线虫抗性中等;对苜蓿斑翅蚜和根结线虫的抗性未测试。该品种适宜于美国中北部、中东部地区种植;已在威斯康星州、宾夕法尼亚州通过测试。基础种永久由 W-L 种子公司生产和持有,合格种子于 2000 年上市。

110. **W330**

W330 是由 101 个亲本植株通过杂交而获得的综合品种,其亲本材料是运用表型轮回选择法从单株苗圃中选择出产量高的多个种群。亲本种质来源:ABT 350、GH755、Paramount和 WL 252 HQ。种质资源贡献率大约为:黄花苜蓿占 7％、拉达克苜蓿占 17％、杂花苜蓿占 20％、土耳其斯坦苜蓿占 18％、佛兰德斯苜蓿占 36％、智利苜蓿占 2％。该品种花色近 100％为紫色、带有少许白色和杂色,秋眠等级为 3 级。该品种对细菌性萎蔫病、镰刀菌萎蔫病、黄萎病、疫霉根腐病、丝囊霉根腐病具有高抗性;对豌豆蚜有抗性;对蓝苜蓿蚜、苜蓿斑翅蚜、茎线虫和根结线虫的抗性未测试。该品种适宜于美国中北部地区种植;已在威斯康星州、伊利诺伊州通过测试。基础种永久由 W-L 种子公司生产和持有,合格种子于 2000 年上市。

111. SURVIVOR

SURVIVOR 是由 92 个亲本植株通过杂交而获得的综合品种。其亲本材料的一半来自品种 MagnaGraze,是从威斯康星州克林顿地区附近生长 3 年的产量试验田里选择出根颈入土较深的多个种群;另一半亲本是从抗病苗圃选择的,具有对疫霉菌根腐病、细菌性萎蔫病、镰刀菌萎蔫病、丝囊霉根腐病的抗性和根颈健康等特性。种质资源贡献率大约为:拉达克苜蓿占 25%、杂花苜蓿占 10%、土耳其斯坦苜蓿占 25%、佛兰德斯苜蓿占 30% 和未知苜蓿占 10%。该品种花色 91% 为紫色、9% 杂色中带有少许白色、乳白色和黄色,属于秋眠品种,秋眠等级为 3 级。该品种对细菌性萎蔫病、疫霉根腐病具有高抗性;对镰刀菌萎蔫病、丝囊霉根腐病、豌豆蚜、茎线虫、黄萎病、炭疽病和北方根结线虫有抗性;对苜蓿斑翅蚜、蓝苜蓿蚜的抗性未测试。该品种适宜于美国中北部、中东部地区种植;已在美国的威斯康星州和加拿大的艾伯塔州、马尼托巴州和萨斯喀彻温州通过测试。基础种永久由 Dairyland 研究中心生产和持有,合格种子于 1999 年上市。

112. TRIPLE CROWN

TRIPLE CROWN 是由 113 个亲本植株通过杂交而获得的综合品种。亲本材料运用表型轮回选择法加以选择,以获得多叶型的特性和对马铃薯叶蝉、炭疽病、丝囊霉根腐病、细菌性萎蔫病、镰刀菌萎蔫病和疫霉菌根腐病的抗性。亲本种质来源:Achieva、GH-787 和 5333。种质资源贡献率大约为:黄花苜蓿占 6%、拉达克苜蓿占 6%、杂花苜蓿占 27%、土耳其斯坦苜蓿占 4%、佛兰德斯苜蓿占 49%、智利苜蓿占 5% 和未知苜蓿占 3%。该品种花色 97% 为紫色、3% 为杂色、带有一丝黄色,乳白色和白色,秋眠等级与 Ranger 相似,秋季小叶数量较多,为多叶型品种。该品种对炭疽病、细菌性萎蔫病、镰刀菌萎蔫病、疫霉根腐病、豌豆蚜、丝囊霉根腐病具有高抗性;对黄萎病、苜蓿斑翅蚜有抗性;对茎线虫有中度抗性;对蓝苜蓿蚜、根结线虫的抗性未测试。该品种适宜于美国中东部地区种植;已在印第安纳州、伊利诺伊州、肯塔基州、密歇根州、俄亥俄州、宾夕法尼亚州、田纳西州和弗吉尼亚州通过测试。基础种永久由 FFR 公司生产和持有,合格种子于 2000 年上市。

113. ZG 9734

ZG 9734 亲本材料选择标准包括耐牧性、产量、对黄色叶蝉的抗性、植株颜色、再生性、越冬率、秋眠性和对叶斑病的抗性。该品种花色约有近 65% 为紫色,35% 为杂色,略带黄色、乳白色和白色,秋眠级为 3 级,耐牧性优于 Alfagraze。该品种对细菌性萎蔫病、黄萎病、镰刀菌萎蔫病、炭疽病、疫霉菌根腐病、丝囊霉根腐病具有高抗性;对豌豆蚜有抗性;对茎线虫、苜蓿斑翅蚜、蓝苜蓿蚜、根结线虫的抗性未测试。该品种适宜在美国中北部、中东部地区种植,可用于放牧和干草生产;已在爱荷华州、威斯康星州和伊利诺伊州通过测试。基础种永久由 ABI 种子公司生产和持有,合格种子于 2000 年上市。

114. YIELDER

YIELDER 是由 16 个亲本植株通过杂交而获得的综合品种。其亲本材料来自 10 个群体和2个附加隔离系,运用表型轮回选择法加以选择,以获得对细菌性萎蔫病、镰刀菌萎蔫病、黄萎病、疫霉根腐病、炭疽病和丝囊霉根腐病的抗性。最后一轮选择是从爱荷华州纳皮尔地区生长两年的选择圃中,根据产量、越冬率、秋眠性、多叶型、对黄色叶蝉和叶部病害的抗性等特性进行选择。亲本种质来源:Garst 645、Stine 9227、Dawn、Aggressor、Venture、Legend、Arrow、Clipper、Apollo Supreme、Nordic、AP 8932W 和 Envy(每份占8%)和4%的其他材料。种质资源贡献率大约为:黄花苜蓿占4%、拉达克苜蓿占3%、杂花苜蓿占19%、土耳其斯坦苜蓿占12%、佛兰德斯苜蓿占46%、智利苜蓿占8%、秘鲁苜蓿占5%和未知苜蓿占3%。该品种花色74%为紫色、26%杂中带有少许白色、乳白色和黄色,属于秋眠类型,秋眠等级与 Ranger 相似。该品种对细菌性萎蔫病、黄萎病、镰刀菌萎蔫病、疫霉根腐病具有高抗性;对炭疽病、豌豆蚜有抗性;对蓝苜蓿蚜、苜蓿斑翅蚜、茎线虫、根结线虫和丝囊霉根腐病的抗性未测试。该品种适宜于美国中北部、中东部地区种植;已在爱荷华州、威斯康星州和伊利诺伊州通过测试。基础种永久由 ABI 种子公司生产和持有,合格种子于1999年上市。

115. **Paragon BR**

Paragon BR 是由50个亲本植株通过杂交而获得的综合品种。其亲本材料的一半是在马什菲尔德附近选择出的根及根颈大而健康的多个种群。另外一半亲本选自抗病圃,并具有牧草产量高、持久性好、种子产量高、牧草品质好的特性,并且对疫霉根腐病、丝囊霉根腐病、黄萎病、细菌性萎蔫病、镰刀菌萎蔫病、斑翅蚜的抗性进行了评估。亲本种质来源:5373、5472、Nordic、Zenith、Quest、645、Precedent、Legacy、BlazerXL、Magnum-Wet、MNB-P1、Answer、RamRod 和 Dairyland 研究中心。种质资源贡献率大约为:土耳其斯坦苜蓿占21%、佛兰德斯苜蓿占38%、智利苜蓿占10%和未知苜蓿占31%。该品种花色86%为紫色、14%杂色中带有少许白色、乳白色和黄色。在贫瘠缺水环境下,仍表现出良好的生长特性,属于秋眠类型,秋眠等级3级。该品种对细菌性萎蔫病、镰刀菌萎蔫病、疫霉根腐病、茎线虫具有高抗性;对炭疽病、黄萎病、豌豆蚜、丝囊霉根腐病、北方根结线虫有抗性;对蓝苜蓿蚜有中度抗性;对斑翅蚜的抗性未测试。该品种适宜于美国中北部、中东部地区种植;已在爱荷华州、明尼苏达州、内布拉斯加州、宾夕法尼亚州和威斯康星州通过测试。基础种永久由 Dairyland 研究中心生产和持有,审定种子于1998年上市。

116. **FG 4A79**

FG 4A79 亲本材料选择标准为高产、品质好、持久性好,对细菌性萎蔫病、黄萎病、镰刀菌萎蔫病、炭疽病、疫霉根腐病和丝囊霉根腐病有抗性。该品种花色87%为紫色,9%为杂色,2%为乳白色,1%为黄色,1%白色,属于秋眠类型,秋眠等级为3级,抗寒性类似于 Norseman,具有中等的多叶型特性。该品种对丝囊霉根腐病、细菌性萎蔫病、镰刀菌萎蔫病、疫霉根腐病、斑翅蚜和炭疽病有高度抗性;对黄萎病和茎线虫具有抗性;对豌豆蚜、蓝苜蓿蚜和根结线虫的抗性未测试。该品种适宜于美国中北部种植;已在明尼苏达州、威斯康星州通过测试。基础种永久由 Forage Genetics 公司生产和持有,审定种子于2001年上市。

117. **Standout**

Standout 亲本材料选择标准为具有植株活力强、根颈大、主根健康并且抗丝囊霉根腐病、疫霉根腐病和炭疽病等特性。该品种花色 55% 为紫色,45% 为杂色,极少量为乳白色、白色和黄色,属于秋眠类型,秋眠等级为 3 级。该品种对细菌性萎蔫病、镰刀菌萎蔫病、疫霉根腐病、炭疽病和豌豆蚜有抗性;对丝囊霉根腐病和黄萎病有中度抗性;对茎线虫、苜蓿斑翅蚜、蓝苜蓿蚜、根结线虫的抗性未测试。该品种适宜于美国中北部和中东部地区种植;已在纽约州、密西根州、内布拉斯加州、明尼苏达州通过测试。基础种永久由 Green Genes 公司生产和持有,审定种子于 2000 年上市。

118. WinterCrown

WinterCrown 是由 51 个亲本植株通过杂交而获得的综合品种。其中 26 个亲本材料是从威斯康星州克林顿地区的 MagnaGraze 苜蓿大田中选择出的。选择标准为扎根深、抗细菌性萎蔫病、镰刀菌萎蔫病、根颈生长健康。另外 25 个亲本材料是从抗病圃中的 MNP-D1 材料中选择出的,选择标准为高产、持久性好、品质好,以及对细菌性萎蔫病、镰刀菌萎蔫病、疫霉根腐病、炭疽病、黄萎病、丝囊霉根腐病的抗性。种质资源贡献率大约为:黄花苜蓿占 10%、拉达克苜蓿占 18%、杂花苜蓿占 12%、土耳其斯坦苜蓿占 40%、佛兰德斯苜蓿占 20%。该品种花色 82% 为紫色、17% 为杂色、1% 为乳白色、白色和黄色,属于秋眠类型,秋眠等级为 3 级。该品种对细菌性萎蔫病、镰刀菌萎蔫病、疫霉根腐病具有高抗性;对炭疽病、丝囊霉根腐病、黄萎病、豌豆蚜有抗性;中度抗北方根结线虫、茎线虫;对蓝苜蓿蚜、斑翅蚜的抗性未测试。该品种适宜于美国中北部种植;已在威斯康星州通过测试。基础种永久由 Dairyland 研究中心生产和持有,审定种子于 1999 年上市。

119. Badger

Badger 是由 24 个亲本植株通过杂交而获得的综合品种。其亲本材料具有高产、持久性好、品质高、抗细菌性萎蔫病、镰刀菌萎蔫病、疫霉根腐病、炭疽病、黄萎病和丝囊霉根腐病的特性,亲本材料是在产量试验田和抗病虫害苗圃里选择出的多个种群;种质资源贡献率大约为:杂花苜蓿占 15%、土耳其斯坦苜蓿占 25%、佛兰德苜蓿占 40%、未知苜蓿占 20%。该品种花色 88% 为紫色、12% 杂色中带有少许乳白色、白色和黄色,属于秋眠类型,秋眠等级为 3 级。对细菌性萎蔫病、镰刀菌萎蔫病、疫霉根腐病、豌豆蚜和北方根结线虫具有高抗性;对丝囊霉根腐病、茎线虫、黄萎病、炭疽病、苜蓿斑翅蚜、蓝苜蓿蚜有抗性。该品种适宜于美国中北部和中东部地区种植;已在明尼苏达州、爱荷华州、宾夕法尼亚州和威斯康星州通过测试。基础种永久由 Dairyland 研究中心生产和持有,审定种子于 2000 年上市。

120. A 30-06

A 30-06 亲本材料选择标准包括耐连续放牧性、高产、植株颜色、再生性、抗寒性、秋眠性、抗黄色叶蝉和叶斑病。该品种花色 65% 为紫色,35% 为杂色,极少量为白色、乳白色、黄色,秋眠等级为 3 级,耐连续放牧性优于 Alfagraze。该品种对细菌性萎蔫病、黄萎病、镰刀菌萎蔫病、炭疽病、疫霉根腐病和丝囊霉根腐病有高度抗性;对豌豆蚜有抗性;对茎线虫、斑翅蚜、蓝苜蓿蚜和根结线虫的抗性未测试。该品种适宜于美国中北部和中东部地区种植;已在爱荷华州、威斯康星州、伊利诺伊州通过测试。基础种永久由 ABI 公司生产和持有,审定种子于 2000 年上市。

121. **53H81**

53H81 是由 13 个亲本通过杂交育成的综合品种。亲本材料是在威斯康星州的 Platteville 和阿灵顿地区,选择出苗好、春季与秋季长势好的多个种群,并运用轮回选择法加以选择,以获得对丝囊霉根腐病、疫霉根腐病、黄萎病、镰刀菌萎蔫病、细菌性萎蔫病和马铃薯叶蝉的抗性。亲本种质来源:3 个 Pioneer 实验群体和一个明尼苏达州大学育种群体。该品种花色42％为紫色、51％为杂色、7％为黄色,少许为白色和乳白色,属于秋眠类型,秋眠等级为 3 级。该品种对丝囊霉根腐病、炭疽病、黄萎病、镰刀菌萎蔫病、细菌性萎蔫病、马铃薯叶蝉具有高抗性;对疫霉根腐病、茎线虫和豌豆蚜有抗性;中度抗苜蓿斑翅蚜;对蓝苜蓿蚜和根结线虫的抗性未测试。该品种适宜于美国中东部和中北部地区种植;已在威斯康星州的希耳伯特、阿灵顿地区,伊利诺伊州的普林斯顿地区,加拿大安大略省的 Chatham 和 Tavistock 地区通过测试。基础种永久由 Pioneer Hi-Bred International 公司生产和持有,审定种子于 2000 年上市。

122. **FG 3M60**

FG 3M60 亲本材料选择标准是为了改良这个品种的牧草产量、牧草品质、持久性等特性,并且获得对细菌性萎蔫病、镰刀菌萎蔫病、黄萎病、炭疽病、疫霉根腐病和丝囊霉根腐病的抗性。该品种花色 80％为紫色、10％杂色、5％黄色、2％乳白色、3％白色,属于秋眠类型,秋眠等级为 3 级,抗寒性类似于 Vernal,小叶数量较多,为多叶型品种。对炭疽病、细菌性萎蔫病、镰刀菌萎蔫病、黄萎病、疫霉根腐病和丝囊霉根腐病具有高抗性,对豌豆蚜有抗性;对茎线虫有中度抗性;对苜蓿斑翅蚜、蓝苜蓿蚜和根结线虫的抗性未测试。适宜于美国中北部和中东部种植;已在威斯康星州和宾夕法尼亚州通过测试。基础种永久由 Forage Genetics 公司生产和持有,审定种子于 2002 年上市。

123. **WL 319HQ**

WL 319HQ 亲本材料选择标准是为了改良这个品种的牧草产量、牧草品质和持久性,并且获得对细菌性萎蔫病、镰刀菌萎蔫病、黄萎病、炭疽病、疫霉根腐病和丝囊霉根腐病的抗性。该品种花色 86％为紫色、11％杂色、2％白色、1％乳白色带有黄色,属于秋眠类型,秋眠等级为 3 级,抗寒性类似于 Norseman,小叶数量较多,为多叶型品种。对炭疽病、细菌性萎蔫病、镰刀菌萎蔫病、黄萎病、疫霉根腐病、豌豆蚜、根腐病和丝囊霉根腐病具有高抗性;对苜蓿斑翅蚜有抗性;中度抗茎线虫;对蓝苜蓿蚜和根结线虫的抗性未测试。适宜于美国中北部地区种植;已在威斯康星州通过测试。基础种永久由 Forage Genetics 公司生产和持有,审定种子于 2002 年上市。

124. **6325**

6325 其亲本材料是在爱荷华州和威斯康星州生长 2～3 年的植株苗圃里选择出的,选择的标准是产量、越冬率、秋眠性、抗叶病及马铃薯叶蝉、植株矮小及黄化等的特性,并运用表型轮回选择法加以选择,以获得对细菌性萎蔫病、镰刀菌萎蔫病、黄萎病、疫霉根腐病、炭疽病、丝囊霉根腐病和马铃薯叶蝉的抗性。该品种花色 46％为紫色、43％杂色、5％乳白色、3％黄色和3％白色,属于秋眠类型,秋眠等级 3 级。对细菌性萎蔫病、镰刀菌萎蔫病、黄萎病、炭疽病、疫霉根腐病、丝囊霉根腐病具有高抗性；对豌豆蚜有抗性；对苜蓿斑翅蚜、茎线虫、蓝苜蓿蚜和根结线虫的抗性未测试。适宜于美国中北部和中东部地区种植；已在爱荷华州、威斯康星州和伊利诺伊州通过测试。基础种永久由 ABI 公司生产和持有，审定种子于 2003 年上市。

125. Ameristand 801S

Ameristand 801S 是由 250 个亲本植株通过杂交而获得的综合品种。亲本材料是在亚利桑那州和加利福尼亚州的盐碱地选择出的多个种群，并运用表型轮回选择法加以选择，以获得在盐胁迫（氯化钠）条件下种子的发芽势、牧草产量的提高。亲本种质来源：Salado（100％）。种质资源贡献率大约为：印第安苜蓿占 50％ 和未知苜蓿占 50％。该品种花色 98％ 为紫色、1％ 杂色、1％ 黄色，属于秋眠类型，秋眠等级 3 级，种子萌发阶段比较耐盐。对疫霉根腐病、镰刀菌萎蔫病、蓝苜蓿蚜、苜蓿斑翅蚜和南方根结线虫具有高抗性；对细菌性萎蔫病、炭疽病、丝囊霉根腐病有抗性；对黄萎病、豌豆蚜和茎线虫有中度抗性。适宜于美国西南地区种植，基础种永久由 ABI 公司生产和持有，审定种子于 2001 年上市。

126. CW 73010

CW 73010 是由 224 个亲本植株通过杂交而获得的综合品种。其亲本材料具有抗疫霉根腐病、多叶型的特性，亲本材料是在明尼苏达州、威斯康星州生长 3 年的产量试验田选择出的多个种群；并运用表型轮回选择法及近红外反射光谱法技术加以选择，以获得相对较高的饲用价值和对细菌性萎蔫病、镰刀菌萎蔫病、黄萎病、疫霉根腐病、丝囊霉根腐病、炭疽病和小光壳叶斑病的抗性。亲本种质来源：WinterKing、9326 和 Cal/West 多个育种种群。种质资源贡献率大约为：黄花苜蓿占 8％、拉达克苜蓿占 6％、杂花苜蓿占 27％、土耳其斯坦苜蓿占 3％、佛兰德斯苜蓿占 49％、智利苜蓿占 7％。该品种花色 100％ 为紫色、带有少许乳白色、白色和黄色，属于秋眠类型，秋眠等级 3 级。对细菌性萎蔫病、镰刀菌萎蔫病、黄萎病、疫霉根腐病和丝囊霉根腐病具有高抗性；对豌豆蚜和茎线虫有抗性；对北方根结线虫有中度抗性；对苜蓿斑翅蚜和蓝苜蓿蚜的抗性未测试。适宜于美国的中北部、中东部地区种植；已在威斯康星州、明尼苏达州、爱荷华州和宾夕法尼亚州通过测试。基础种永久由 Cal/West 种子公司生产和持有，审定种子于 2003 年上市。

127. Prairie Max

Prairie Max 是由 207 个亲本植株通过杂交而获得的综合品种。其亲本材料具有抗疫霉根腐病和丝囊霉根腐病、多叶型的特性，亲本材料是在威斯康星州，爱荷华州和明尼苏达州生长 3 年的测产试验田里选择出的多个种群；并运用表型轮回选择法及近红外反射光谱法技术加以选择，以获得相对较高的饲用价值和对细菌性萎蔫病、镰刀菌萎蔫病、黄萎病、疫霉根腐病、丝囊霉根腐病、炭疽病和小光壳叶斑病的抗性。亲本种质来源：TMF 421、GH 767 和 Cal/West 多个育种种群。种质资源贡献率大约为：黄花苜蓿占 8％、拉达克苜蓿占 6％、杂花苜蓿占 25％、土耳其斯坦苜蓿占 4％、佛兰德斯苜蓿占 48％、智利苜蓿占 9％。该品种花色近 100％ 为紫色，带有少量杂色、白色、乳白色和黄色，属于秋眠类型，秋眠等级 3 级。对炭疽病、细菌性萎蔫病、镰刀菌萎蔫病、疫霉根腐病、丝囊霉根腐病和苜蓿斑翅蚜具有高抗性；对黄萎病、豌豆蚜、茎线虫和北方根结线虫有抗性；对蓝苜蓿蚜的抗性未测试。适宜于美国的中北部、中东部和平原地带地区种植;已在威斯康星州、明尼苏达州、宾夕法尼亚州和内布拉斯加州通过测试。基础种永久由 Cal/West 种子公司生产和持有,审定种子于 2003 年上市。

128. Ignite

Ignite 亲本材料选择标准是为了改良这个品种的牧草产量、牧草质量、持久性,并且获得对细菌性萎蔫病、镰刀菌萎蔫病、黄萎病、炭疽病、疫霉根腐病和丝囊霉根腐病的抗性。该品种花色 87%紫色、9%杂色、1%黄色、1%白色、2%乳白色,属于秋眠类型,秋眠等级为 3 级,抗寒性接近 Norseman,小叶数量较多,为多叶型品种。对丝囊霉根腐病、细菌性萎蔫病、镰刀菌萎蔫病、疫霉根腐病、苜蓿斑翅蚜和炭疽病具有高抗性;对黄萎病和茎线虫有抗性;对蓝苜蓿蚜和根结线虫的抗性未测试。适宜于美国中北部地区种植;已在明尼苏达州和威斯康星州通过测试。基础种永久由 Forage Genetics 公司生产和持有,审定种子于 2001 年上市。

129. Ladak+

Ladak+是由 100 个亲本植株通过杂交而获得的综合品种。亲本材料是在华盛顿州东部生长 27 年的拉达克苜蓿地里选择出抗干旱、牧草产量高、种子产量高、根颈和根系都健康的多个种群;并在加利福尼亚州 Sloughhouse 地区附近的温室里进行人工杂交授粉。该品种花色 88%为紫色、9%杂色、1%乳白色、1%白色、1%黄色,属于秋眠类型,秋眠等级 3 级。对细菌性萎蔫病、镰刀菌萎蔫病和北方根结线虫具有高抗性;对疫霉根腐病和茎线虫有抗性;对豌豆蚜、黄萎病和丝囊霉根腐病有中度抗性;低抗炭疽病;对蓝苜蓿蚜和苜蓿斑翅蚜的抗性未测试。适宜于美国中北部、中度寒冷山区种植;已在威斯康星州通过测试。基础种永久由 Dairyland 研究中心生产和持有,审定种子于 1999 年上市。

130. Setter

Setter 是由 224 个亲本植株通过杂交而获得的综合品种。其亲本材料具有抗疫霉根腐病和丝囊霉根腐病、多叶型的特性,亲本材料是在明尼苏达州、爱荷华州和威斯康星州生长 3 年的测产试验田里选择出的多个种群,并运用表型轮回选择法及近红外反射光谱法技术加以选择,以获得相对较高的饲用价值和对细菌性萎蔫病、镰刀菌萎蔫病、黄萎病、疫霉根腐病、丝囊霉根腐病、炭疽病和小光壳叶斑病的抗性。亲本种质来源:TMF 421、GH 767 和 Cal/West 多个育种种群。种质资源贡献率大约为:黄花苜蓿占 9%、拉达克苜蓿占 6%、杂花苜蓿占 26%、土耳其斯坦苜蓿占 4%、佛兰德斯苜蓿占 47%、智利苜蓿占 8%。该品种花色 97%为紫色、3%杂色略带有白色、乳白色和黄色,属于秋眠类型,秋眠等级 3 级。对炭疽病、细菌性萎蔫病、镰刀菌萎蔫病、黄萎病、疫霉根腐病和丝囊霉根腐病具有高抗性;对北方根结线虫有抗性;中度抗豌豆蚜和茎线虫;对苜蓿斑翅蚜和蓝苜蓿蚜的抗性未测试。适宜于美国的中北部、中东部和大平原地区种植。已在威斯康星州、明尼苏达州、爱荷华州和南达科塔州通过测试。基础种永久由 Cal/West 种子公司生产和持有,审定种子于 2003 年上市。

131. Starbuck

Starbuck 亲本材料选择标准是为了改良这个品种的牧草产量、牧草品质和持久性,并且获得对细菌性萎蔫病、镰刀菌萎蔫病、黄萎病、炭疽病、疫霉根腐病和丝囊霉根腐病的抗性。该品种花色 89%紫色、9%杂色、1%乳白色、1%白色、夹杂极少量黄色，属于秋眠类型，秋眠等级为 3 级，抗寒性接近 Norseman，小叶数量较多，为多叶型品种。对丝囊霉根腐病、细菌性萎蔫病、镰刀菌萎蔫病、疫霉根腐病、首蓿斑翅蚜和炭疽病具有高抗性；对黄萎病和茎线虫有抗性；对蓝首蓿蚜和根结线虫的抗性未测试。适宜于美国中北部和中东部地区种植；已在明尼苏达州和威斯康星州通过测试。基础种永久由 Forage Genetics 公司生产和持有，审定种子于 2001年上市。

132. DKA33-16

DKA33-16 这个品种的选育标准是为了改良这个品种的牧草产量、牧草品质和持久性等特性，并且获得对细菌性萎蔫病、镰刀菌萎蔫病、黄萎病、炭疽病、疫霉根腐病和丝囊霉根腐病的抗性。该品种花色 90%为紫色、10%为杂色、黄色、乳白色和白色，属于秋眠类型，秋眠等级为 3 级，小叶数量多，为多叶型品种，抗寒性接近 Norseman。对炭疽病、细菌性萎蔫病、镰刀菌萎蔫病、黄萎病、疫霉根腐病和丝囊霉根腐病具有高抗性；对豌豆蚜、首蓿斑翅蚜和北方根结线虫有抗性，对茎线虫和蓝首蓿蚜的抗性未测试。适宜于美国美国中北部、中东部地区种植；已在爱荷华州、纽约州、威斯康星州和宾夕法尼亚州通过测试。基础种永久由 Forage Genetics 公司生产和持有，审定种子于 2004 年上市。

133. Extreme

Extreme 是由 224 个亲本植株通过杂交而获得的综合品种。其亲本材料是从明尼苏达州和威斯康星州的生长 3 年的测产试验田里，选择出的具有多叶型特性、抗疫霉根腐病和丝囊霉根腐病等特性的多个种群，并运用近红外反射光谱法加以选择，以获得具有高饲用价值和对细菌性萎蔫病，镰刀菌萎蔫病，黄萎病，疫霉根腐病，丝囊霉根腐病、炭疽病和小光壳叶斑病的抗性。亲本种质来源：WinterKing，9326 和 Cal/West 种子培育公司提供的混杂群体。种质资源贡献率大约为：黄花首蓿占 8%、拉达克首蓿占 6%、杂花首蓿占 27%、土耳其斯坦首蓿占 3%、佛兰德斯首蓿占 49%、智利首蓿占 7%。该品种花色 100%是紫色，其中有少量的杂色，白色，乳白色和黄色，属于秋眠类型，秋眠等级为 3 级。对炭疽病、细菌性萎蔫病、镰刀菌萎蔫病、黄萎病、疫霉根腐病、丝囊霉根腐病具有高抗性；对豌豆蚜虫和首蓿斑翅蚜和茎线虫有抗性；对北方根结线虫抗性适中；对蓝首蓿蚜的抗性未测试。适宜于美国中北和中西部地区种植；已在威斯康星州、明尼苏达州、爱荷华州和宾夕法尼亚州通过测试，基础种永久由 Cal/west 种子公司生产和持有，审定种子于 2003 年上市。

134. LegenDairy 5.0

LegenDairy 5.0 这个品种的选育标准是为了改良这个品种的牧草产量、牧草品质和持久性等特性，并且获得对细菌性萎蔫病、镰刀菌萎蔫病、黄萎病、炭疽病、疫霉根腐病和丝囊霉根腐病的抗性。该品种花色 89%为紫色，11%为乳白色、黄色和白色，属于秋眠类型，秋眠等级为 3 级，抗寒性接近 Norseman。小叶数量多，为多叶型首蓿。对炭疽病、细菌性萎蔫病、镰刀菌萎蔫病、黄萎病、疫霉根腐病和丝囊霉根腐病具有高抗性；对豌豆蚜虫、首蓿斑翅蚜和北方根结线虫有抗性；对茎线虫抗性适中；对蓝首蓿蚜的抗性未测试。适宜于美国中北部、中东部地区种植；已在爱荷华州、威斯康星州、宾夕法尼亚州和纽约州通过测试。基础种永久由 Forage

Genetics 公司生产和持有,审定种子于 2004 年上市。

135. **Multi775**

Multi775 这个品种的选育标准是为了改良这个品种的多叶表达型、种子萌发势、种子产量等特性,并且获得对疫霉根腐病、黄萎病和根颈及根腐病的抗性。该品种花色 91% 为紫色,9% 为乳白色、黄色和白色,属于秋眠类型,秋眠等级为 3 级,小叶数量多,为多叶型苜蓿;其牧草品质高于高质量饲料,酸性洗涤纤维和中性洗涤纤维低于高质量牧草。对细菌性萎蔫病、镰刀菌萎蔫病具有高抗性;对疫霉根腐病、黄萎病和炭疽病有抗性;对豌豆蚜抗性适中;对丝囊霉根腐病抗性较低;对茎线虫、豌豆蚜、苜蓿斑翅蚜、北方根结线虫和蓝苜蓿蚜的抗性未测试。适宜于美国南部地区种植;已在明尼苏达州、威斯康星州通过测试。基础种永久由 Green Genes 公司生产和持有,审定种子于 2004 年上市。

136. **Paramount Ⅱ**

Paramount Ⅱ 是由 110 个亲本植株通过杂交而获得的综合品种,其亲本材料是从加利福尼亚州苗圃中选择出的具有牧草产量高的多个种群,并运用表型轮回选择法加以选择。亲本种质来源:ABT 350、GH755、Paramount 和 WL 252 HQ。种质资源贡献率大约为:黄花苜蓿占 7%、拉达克苜蓿占 17%、杂花苜蓿占 20%、土耳其斯坦苜蓿占 18%、佛兰德斯苜蓿占 36% 和智利苜蓿占 2%。该品种花色 100% 是紫色,其中有少量的白色、乳白色和黄色,属于秋眠类型,秋眠等级为 3 级,小叶数量多,为多叶型苜蓿。对炭疽病、镰刀菌萎蔫病、黄萎病、疫霉根腐病、豌豆蚜、蓝苜蓿蚜、苜蓿斑翅蚜和茎线虫具有高抗性;对北方根结线虫有抗性;对细菌性萎蔫病有中等抗性;对丝囊霉根腐病的抗性未测试。适宜于美国北方地区种植;已在伊利诺伊州和威斯康星州通过测试。基础种永久由 Cal/west 种子公司生产和持有,审定种子于 2000 年上市。

137. **Pluss**

Pluss 这个品种的选育标准是为了改良这个品种的牧草产量、牧草品质和持久性等特性,并且获得对细菌性萎蔫病、镰刀菌萎蔫病、黄萎病、炭疽病、疫霉根腐病和丝囊霉根腐病的抗性。该品种花色 80% 为紫色,10% 为杂色,6% 黄色,2% 白色,2% 乳白色和黄色,属于秋眠类型,秋眠等级为 3 级,抗寒性接近 Norseman,小叶数量多,为多叶型苜蓿。对炭疽病、细菌性萎蔫病、镰刀菌萎蔫病、疫霉根腐病、黄萎病和丝囊霉根腐病具有高抗性;对茎线虫和豌豆蚜有抗性;对根结线虫抗性适中;对苜蓿斑翅蚜和蓝苜蓿蚜的抗性未测试。适宜于美国中北部地区种植;已在爱荷华州和威斯康星州通过测试。基础种永久由 Forage Genetics 公司生产和持有,审定种子于 2002 年上市。

138. **CW 83010**

CW 83010 是由 203 个亲本植株通过杂交而获得的综合品种。其亲本材料是从位于明尼苏达州、威斯康星州的生长 3 年的测产试验田以及威斯康星州苗圃里生长 3 年的植株,选择出的具有多叶型特性、抗寒性好、产量高和饲用价值高等特性的多个种群,并运用表型轮回选择法和近红外反射光谱法加以选择,以获得具有高饲用价值和对细菌性萎蔫病、镰刀菌萎蔫病、黄萎病、疫霉根腐病、丝囊霉根腐病、炭疽病和小光壳叶斑病的抗性。亲本种质来源：Abound（4％）、Sprint（3％）、Supreme（3％）、DK 142（2％）、Extreme（2％）、Pointer（2％）、TOP HAND（2％）、512（1％）、Alliant（1％）、LegendGold（1％）、Nemesis（1％）、UltraLac（1％）以及 Cal/West 种子公司提供的混杂群体（77％）。种质资源贡献率大约为：黄花苜蓿占 10％、拉达克苜蓿占 5％、杂花苜蓿占 26％、土耳其斯坦苜蓿占 4％、佛兰德斯苜蓿占 46％、智利苜蓿占 9％。该品种花色超过 98％是紫色，其余有少量的杂色、白色、乳白色和黄色，属于秋眠类型，秋眠等级为 3 级。对炭疽病、细菌性萎蔫病、镰刀菌萎蔫病、疫霉根腐病和丝囊霉根腐病具有高抗性；对苜蓿斑翅蚜有适度抗性；对黄萎病、豌豆蚜、蓝苜蓿蚜、茎线虫和根结线虫的抗性未测试。适宜于美国中北部和中西部地区、墨西哥以及阿根廷地区种植；已在威斯康星州、伊利诺伊州和明尼苏达州通过测试。基础种永久由 Cal/west 种子公司生产和持有，审定种子于 2003 年上市。

139. Ladak DL

Ladak DL 是由 59 个亲本植株通过杂交而获得的综合品种，其亲本材料是从位于怀俄明州卡斯珀西南 15 km 处、生长 8 年的 Ladak 苜蓿大田里，选择出的具有生活力强、根及根颈体积大而且健康、种子产量高和叶片数量多等特性的多个种群。该品种花色 60％紫色、37％彩斑、1％黄色、1％白色和 1％乳白色，属于秋眠类型，秋眠等级为 3 级。对细菌性萎蔫病、镰刀菌萎蔫病、黄萎病、疫霉根腐病具有高抗性；对炭疽病和丝囊霉根腐病的抗性适中；对豌豆蚜、苜蓿斑翅蚜、蓝苜蓿蚜、茎线虫和根结线虫的抗性未测试。适宜于美国冬季寒冷的山区种植；已在蒙大拿州、威斯康星州、爱荷华州、堪萨斯州和爱达荷州通过测试。基础种永久由 ABI 种子公司生产和持有，审定种子于 2004 年上市。

140. 53Q30

53Q30 是由 15 个亲本植株通过杂交而获得的综合品种。亲本材料选择标准包括牧草产量、质量和持久性，并运用表型选择法加以选择，以获得对细菌性萎蔫病、黄萎病、镰刀菌萎蔫病、炭疽病、疫霉根腐病和丝囊霉根腐病的抗性。该品种花色 89％为紫色、9％杂色、1％白色、1％乳白色略带黄色，属于秋眠类型，秋眠等级 3 级。该品种对丝囊霉根腐病、细菌性萎蔫病、镰刀菌萎蔫病、疫霉根腐病、黄萎病、北方根结线虫和炭疽病具有高抗性；对豌豆蚜、茎线虫和斑翅蚜有抗性；对蓝苜蓿蚜的抗性未测试。该品种适宜于美国中北部、中度寒冷山区和加拿大安大略省种植；已在威斯康星州、华盛顿州、俄勒冈州、爱荷华州、明尼苏达州和加拿大安大略省通过测试。基础种由 Pioneer Hi-Bred International 公司生产和持有，审定种子于 2005 年上市。

141. LS 202

LS 202 是由 104 个亲本植株通过杂交而获得的综合品种。亲本材料选择标准包括牧草产量、再生性、秋季再生量以及对根系和根颈病害的抗性。该品种花色 94％为紫色、6％杂色、略带白色、乳白色和黄色，属于秋眠品种，秋眠等级 3 级。该品种对炭疽病、细菌性萎蔫病、镰刀菌萎蔫病、黄萎病、疫霉根腐病和丝囊霉根腐病具有高抗性；对豌豆蚜、斑翅蚜、蓝苜蓿蚜、茎线虫和根结线虫的抗性未测试。该品种适宜于美国中北部种植；已在威斯康星州通过测试。

基础种永久由 Legacy Seeds 公司生产和持有,审定种于 2005 年上市。

142. **LS 201**

LS 201 是由 98 个亲本植株通过杂交而获得的综合品种。亲本材料选择标准包括牧草产量、再生性、秋季再生量以及对根系和根颈病害的抗性。该品种花色 96％为紫色、4％杂色、略带白色、乳白色和黄色,属于秋眠品种,秋眠等级 3 级。该品种对炭疽病、细菌性萎蔫病、镰刀菌萎蔫病、黄萎病、疫霉根腐病和丝囊霉根腐病具有高抗性;对豌豆蚜、斑翅蚜、蓝苜蓿蚜、茎线虫和根结线虫的抗性未测试。该品种适宜于美国中北部、中东部地区种植;已在威斯康星州通过测试。基础种永久由 Legacy Seeds 公司生产和持有,审定种子于 2005 年上市。

143. **L-311**

L-311 是由 108 个亲本植株通过杂交而获得的综合品种。亲本材料选择标准包括生长势、秋季再生量以及对根系和根颈病害的抗性。该品种花色 98％为紫色、2％杂色、略带白色、乳白色和黄色,属于秋眠品种,秋眠等级 3 级。该品种对炭疽病、细菌性萎蔫病、镰刀菌萎蔫病、黄萎病、疫霉根腐病和丝囊霉根腐病具有高抗性;低抗豌豆蚜;对苜蓿斑翅蚜、蓝苜蓿蚜、茎线虫和根结线虫的抗性未测试。该品种适宜于美国中北部、中东部地区种植;已在爱荷华州和威斯康星州通过测试。基础种永久由 Legacy Seeds 公司生产和持有,审定种子于 2004 年上市。

144. **Goliath**

Goliath 是由 100 个亲本植株通过杂交而获得的综合品种。其亲本材料具有多叶型和抗茎线虫、黄萎病、疫霉根腐病和炭疽病的特性。亲本种质来源:Dividend（25％）、LegenDairy（25％）、Excalibur 11（25％）和 Prism 2（25％）。种质资源贡献率大约为:黄花苜蓿占 4％、拉达克苜蓿占 5％、杂花苜蓿占 26％、土耳其斯坦苜蓿占 4％、佛兰德斯苜蓿占 58％、智利苜蓿占 3％。该品种花色 82％为紫色、18％杂色中带有少许白色、乳白色和黄色,属于秋眠类型,秋眠等级为 3 级,多叶性状表达水平高。该品种对细菌性萎蔫病、镰刀菌萎蔫病、炭疽病、疫霉根腐病、苜蓿斑翅蚜和茎线虫具有高抗性;对黄萎病、豌豆蚜和根结线虫有抗性;对蓝苜蓿蚜和丝囊霉根腐病的抗性未测试。该品种适宜于美国寒冷山区种植;已在爱达荷州和威斯康星州通过测试。基础种永久由 Forage Genetics 种子公司生产和持有,审定种子于 1998 年上市。

145. **Forecast 3001**

Forecast 3001 是由 75 个亲本植株通过杂交而获得的综合品种。其亲本材料是经过 4 个轮回选择从无性繁殖苗圃田里选择出具有晚熟性状的多个种群,并根据持久性、春季生长势、产量以及对细菌性萎蔫病、镰刀菌萎蔫病、疫霉根腐病、丝囊霉根腐病和黄萎病的抗性做进一步的选择。亲本种质来源:Majestic、Magnum Ⅲ、WAPH-1、5373、5246、5444、ABI700、Quantum、Olds3452ML 和 Dairyland 实验材料。种质资源贡献率大约为:拉达克苜蓿占 3％、杂花苜蓿占 8％、土耳其斯坦苜蓿占 15％、佛兰德斯苜蓿占 22％、未知苜蓿占 52％。该品种花色 86％为紫色、14％杂色中带有少许白色、乳白色和黄色,属于秋眠品种,秋眠等级为 3 级,抗寒性类似于 Vernal。该品种对疫霉根腐病、细菌性萎蔫病、镰刀菌萎蔫病具有高抗性;对炭疽病、黄萎病、丝囊霉根腐病、北方根结线虫、茎线虫和豌豆蚜和有抗性;对首蓿斑翅蚜和蓝首蓿蚜的抗性未测试。该品种适宜于美国中北部地区种植;已在美国威斯康星州和加拿大安大略省通过测试。基础种永久由 Dairyland 研究中心生产和持有,审定种子于 2000 年上市。

146. Magnum V-Wet

Magnum V-Wet 是由 72 个亲本植株通过杂交而获得的综合品种。其亲本材料的一半是从威斯康星州马什菲尔德地区附近的产量试验田里,选择出抗疫霉根腐病、细菌性萎蔫病、镰刀菌萎蔫病、丝囊霉根腐病以及根颈健康和具有侧根的多个种群;亲本材料的另一半是从威斯康星州克林顿地区附近的产量试验田里选择出的,并对牧草产量、持久性、质量以及对细菌性萎蔫病、镰刀菌萎蔫病、疫霉根腐病、炭疽病、黄萎病、丝囊霉根腐病和首蓿斑翅蚜的抗性等特性进行了评估。种质资源贡献率大约为:拉达克首蓿占 10%、杂花首蓿占 25%、土耳其斯坦首蓿占 12%、佛兰德斯首蓿占 32%和未知首蓿占 21%。该品种花色 85%为紫色、15%杂色中带有少许白色、乳白色和黄色,属于秋眠类型,秋眠等级为 3 级,抗寒性类似于 Vernal。该品种对细菌性萎蔫病、镰刀菌萎蔫病、疫霉根腐病和北方根结线虫具有高抗性;对丝囊霉根腐病、豌豆蚜、茎线虫、黄萎病和炭疽病有抗性;对蓝首蓿蚜和首蓿斑翅蚜的抗性未测试。该品种适宜于美国中北部、中东部地区种植;已在明尼苏达州、印第安纳州和威斯康星州通过测试。基础种永久由 Dairyland 研究中心生产和持有,审定种子于 1999 年上市。

147. Arapaho

Arapaho 是由多个亲本通过杂交获得的综合品种。其亲本材料是从产量试验田和抗病苗圃田里选择出的多个种群,选择标准包括产量、持久性、质量以及对细菌性萎蔫病、镰刀菌萎蔫病、疫霉根腐病、炭疽病、黄萎病、丝囊霉根腐病和首蓿斑翅蚜的抗性。种质资源贡献率大约为:拉达克首蓿占 25%、杂花首蓿占 13%、土耳其斯坦首蓿占 30%、佛兰德斯首蓿占 15%和未知首蓿占 17%。该品种花色 88%为紫色、12%杂色中带有少许白色、乳白色和黄色。属于秋眠品种,秋眠等级为 3 级,抗寒性类似于 Vernal。该品种对疫霉根腐病、细菌性萎蔫病、镰刀菌萎蔫病和北方根结线虫具有高抗性;对丝囊霉根腐病、黄萎病、炭疽病和茎线虫有抗性;中度抗豌豆蚜;对蓝首蓿蚜和首蓿斑翅蚜的抗性未测试。该品种适宜于美国中北部、中东部地区种植;已在美国的威斯康星州和印第安纳州通过测试。基础种永久由 Dairyland 研究中心生产和持有,审定种子于 2000 年上市。

148. Stampede

Stampede 是由 228 个亲本植株通过杂交而获得的综合品种。其中,112 个亲本材料是从生长 3 年的产量试验田里选择出根颈入土较深的多个种群,这些材料来源于 Answer、Apollo、Ranger 和 vernal 的 Dairyland 实验材料。另外 116 个亲本材料是从威斯康星州克林顿地区、马什菲尔德地区附近的抗病苗圃里选择出的,这些材料来源于 RamRod、ProCut Ⅱ、Aggressor、Legacy、Precedent、Blazer XL、Starmaster、Zenith、DK122、Answer、MNP-D1 和 Webfoot。种质资源贡献率大约为:拉达克首蓿占 25%、杂花首蓿占 15%、土耳其斯坦首蓿占 25%、佛兰德斯首蓿占 40%。该品种花色 88%为紫色、12%杂色中带有少许白色、乳白色和黄色,秋眠等级为 3 级,抗寒性类似于 Vernal。该品种对疫霉根腐病、细菌性萎蔫病、首蓿斑翅蚜具有高抗性;对镰刀菌萎蔫病、黄萎病、炭疽病、豌豆蚜、丝囊霉根腐病和茎线虫有抗性;对北方根结线虫和蓝苜蓿蚜和的抗性未测试。该品种适宜于美国中北部、中东部和大平原地区种植;已在威斯康星州、堪萨斯州、纽约州和宾夕法尼亚州通过测试。基础种永久由 Dairyland 研究中心生产和持有,审定种子于 1995 年上市。

149. MagnaGraze

MagnaGraze 是由 224 个亲本植株通过杂交而获得的综合品种。其亲本材料的一半是从生长 3 年的产量试验田里选择出根颈入土较深的多个种群,这些材料来源于 Answer、Apollo 以及来自 Ranger 和 vernal 的 Dairyland 实验材料。另一半亲本是从威斯康星州克林顿地区、马什菲尔德地区附近的抗病苗圃里选择出的,这些材料来源于 RamRod、ProCut Ⅱ、Aggressor、Legacy、Precedent、Blazer XL、Starmaster、Zenith 和 DK122。该品种花色 88% 为紫色、12% 杂色中带有少许白色、乳白色和黄色,秋眠等级与 Ranger 类似,抗寒性类似于 Vernal。该品种对疫霉根腐病、细菌性萎蔫病、镰刀菌萎蔫病具有高抗性;对炭疽病、黄萎病、丝囊霉根腐病和苜蓿斑翅蚜有抗性;中度抗茎线虫和蓝苜蓿蚜;低抗北方根结线虫;对豌豆蚜的抗性未测试。该品种适宜于美国中北部、中东部和大平原地区种植;已在威斯康星州、密歇根州和堪萨斯州通过测试。基础种永久由 Dairyland 研究中心生产和持有,审定种子于 1994 年上市。

150. Dryland

Dryland 是由 150 个亲本植株通过杂交而获得的综合品种。其亲本材料是从威斯康星州东部生长 27 年的苜蓿大田中选择的多个种群,选择标准包括牧草产量、种子产量、抗旱性以及根系与根颈的健康状况。其中有 55 个亲本植株选自品种 AC Minto,具有抗疫霉根腐病的特性。亲本种质来自品种 Ladak。该品种花色 90% 为紫色、7% 杂色、1% 白色、1% 乳白色和 1% 黄色,属于秋眠品种,秋眠等级为 3 级,抗寒性类似于 Vernal。该品种对细菌性萎蔫病、镰刀菌萎蔫病具有高抗性;对疫霉根腐病有抗性;中度抗茎线虫、炭疽病、北方根结线虫;低抗黄萎病;对丝囊霉根腐病敏感;对苜蓿斑翅蚜、蓝苜蓿蚜和豌豆蚜的抗性未测试。该品种适宜于美国中北部地区种植,计划推广到美国中北部和寒冷山区利用;已在威斯康星州通过测试。基础种永久由 Dairyland 研究中心生产和持有,审定种子于 1999 年上市。

151. Milestone

Milestone 是由 60 个亲本植株通过杂交而获得的综合品种。其亲本材料具有抗黄萎病的特性,亲本材料是从威斯康星州马什菲尔德地区附近的抗病苗圃里,选择出具有对疫霉根腐病、丝囊霉根腐病的抗性以及根颈健康、具有侧根的多个种群。该品种花色 85% 为紫色、15% 杂色中带有少许白色、乳白色和黄色,属于秋眠类型,秋眠等级为 3 级,抗寒性类似于 Vernal。该品种对细菌性萎蔫病、镰刀菌萎蔫病、疫霉根腐病和北方根结线虫具有高抗性;对炭疽病、黄萎病、豌豆蚜、茎线虫和丝囊霉根腐病有抗性;对蓝苜蓿蚜和苜蓿斑翅蚜的抗性未测试。该品种适宜于美国中北部、中东部和大平原地区种植;已在爱荷华州、明尼苏达州、内布拉斯加州、宾夕法尼亚州和威斯康星州通过测试。基础种永久由 Cal/West 种子公司生产和持有,审定种子于 2005 年上市。

152. **FSG 351**

FSG 351 是由 24 个亲本植株通过杂交而获得的综合品种。其亲本材料是从产量试验田和抗病苗圃田里选择出的多个种群,并对其后代材料的牧草产量、持久性、质量以及对细菌性萎蔫病、镰刀菌萎蔫病、疫霉根腐病、炭疽病、黄萎病和丝囊霉根腐病的抗性进行了评估。种质资源贡献率大约为:杂花首蓿占 15%、土耳其斯坦首蓿占 25%、佛兰德斯首蓿占 40% 和未知首蓿占 20%。该品种花色 88% 为紫色、12% 杂色、略带黄色、乳白色和白色,属于秋眠品种,秋眠等级为 3 级,抗寒性类似于 Vernal。该品种对细菌性萎蔫病、镰刀菌萎蔫病、疫霉根腐病、豌豆蚜和北方根结线虫具有高抗性;对丝囊霉根腐病、茎线虫、黄萎病、炭疽病、首蓿斑翅蚜和蓝首蓿蚜具有抗性。该品种适宜于美国的中北部、中东部地区种植;已在明尼苏达州、爱荷华州、宾夕法尼亚州和威斯康星州通过测试。基础种永久由 Dairyland 研究中心生产和持有,审定种子于 2000 年上市。

153. **GoldLeaf**

GoldLeaf 是由 10 个亲本植株通过杂交而获得的综合品种。其亲本材料是从产量试验田和抗病苗圃田里选择出的多个种群,并对其后代材料的牧草产量、持久性、质量以及对细菌性萎蔫病、镰刀菌萎蔫病、疫霉根腐病、炭疽病、黄萎病、丝囊霉根腐病和首蓿斑翅蚜的抗性进行了评估。种质资源贡献率大约为:拉达克首蓿占 15%、杂花首蓿占 12%、土耳其斯坦首蓿占 15%、佛兰德斯首蓿占 35%、智利首蓿占 8% 和未知首蓿占 15%。该品种花色 90% 为紫色、10% 杂色、略带黄色、乳白色和白色,属于秋眠类型,秋眠等级为 3 级,抗寒性类似于 Vernal。该品种对细菌性萎蔫病、镰刀菌萎蔫病、疫霉根腐病和北方根结线虫具有高抗性;对丝囊霉根腐病、豌豆蚜、茎线虫、黄萎病和炭疽病有抗性;对首蓿斑翅蚜和蓝首蓿蚜的抗性未测试。该品种适宜于美国的中北部、中东部和大平原地区种植;已在明尼苏达州、爱荷华州、内布拉斯加州和威斯康星州通过测试。基础种永久由 Dairyland 研究中心生产和持有,审定种子于 2000 年上市。

154. **CW 63002(Concept)**

CW 63002 是由 225 个亲本植株通过杂交而获得的综合品种。其亲本材料具有抗疫霉根腐病、丝囊霉根腐病、多叶型的特性,亲本材料是从明尼苏达州、爱荷华州、威斯康星州生长 3 年的产量试验田的杂交后代中选择出的;并运用表型轮回选择法和近红外反射光谱法技术加以选择,以获得高质量的饲用价值和对细菌性萎蔫病、镰刀菌萎蔫病、黄萎病、疫霉根腐病、丝囊霉根腐病、炭疽病和小光壳叶斑病的抗性。亲本种质来源:TMF 421,GH 767 和 Cal/West 多个育种群体。种质资源贡献率大约为:黄花首蓿占 8%、拉达克首蓿占 6%、杂花首蓿占 25%、土耳其斯坦首蓿占 4%、佛兰德斯首蓿占 48%、智利首蓿占 9%。该品种花色 97% 为紫色、3% 杂色、略带乳白色、白色和黄色,属于秋眠类型,秋眠等级为 3 级。该品种对炭疽病、细菌性萎蔫病、镰刀菌萎蔫病、黄萎病、疫霉根腐病和丝囊霉根腐病具有高抗性;对首蓿斑翅蚜、豌豆蚜和茎线虫具有抗性;对蓝首蓿蚜和北方根结线虫的抗性未测试。该品种适宜于美国中北部、中东部和大平原地区种植;已在威斯康星州、明尼苏达州、爱荷华州、密歇根州、宾夕法尼亚州和内布拉斯加州通过测试。基础种永久由 Cal/West 种子公司生产和持有,审定种子于

2002 年上市。

155. ZN0235

ZN0235 亲本材料选择标准是为了改良这个品种对细菌性萎蔫病、镰刀菌萎蔫病、黄萎病、疫霉菌根腐病、炭疽病、丝囊霉根腐病的抗性,并运用表型轮回选择法加以选择。该品种花色 64％为紫色、36％杂色、略带黄色、白色和乳白色,秋眠等级为 3 级。该品种对细菌性萎蔫病、镰刀菌萎蔫病、黄萎病、炭疽病和疫霉菌根腐病具有高抗性;对丝囊霉根腐病有抗性;对豌豆蚜、斑翅蚜、蓝苜蓿蚜、茎线虫和根结线虫的抗性未测试。适宜于美国中北部地区种植;已在威斯康星州、爱荷华州和伊利诺伊州通过测试。基础种永久由 ABI 公司生产和持有,审定种子于 2005 年上市。

156. DKA 34-17RR

DKA 34-17RR 亲本材料的选择标准是为了改良这个品种的牧草产量、牧草质量和持久性,并且获得对细菌性萎蔫病、镰刀菌萎蔫病、黄萎病、炭疽病、疫霉根腐病和丝囊霉根腐病的抗性。亲本材料包含耐草甘膦除草剂 CP4-EPSPS 的基因,特别是美国农业部放松管制的草甘膦独特标识转入苜蓿的 J101 或 J163 基因。该品种花色 91％为紫色、6％为杂色、2％为白色、1％乳白色,略带黄色,属于秋眠类型,秋眠等级 3 级,抗寒性类似于 Vernal。小叶数量多,为多叶型品种,对转农达除草剂有抗性。对炭疽病、细菌性萎蔫病、疫霉根腐病、黄萎病、镰刀菌萎蔫病、丝囊霉根腐病和豌豆蚜具有高抗性;对北方根结线虫和茎线虫具有抗性;对苜蓿斑翅蚜和蓝苜蓿蚜的抗性未测试。适宜于美国中北部和中东部地区种植;已在威斯康星州、印第安纳州、宾夕法尼亚州和爱荷华州通过测试。基础种永久由 Forage Genetics 生产和持有,审定种子于 2006 年上市。

157. HB 8300

HB 8300 亲本材料的选择标准是牧草产量、牧草质量和持久性,并且获得对细菌性萎蔫病、镰刀菌萎蔫病、黄萎病、炭疽病、疫霉根腐病和丝囊霉根腐病的抗性。该品种花色 88％为紫色、10％为杂色、1％黄色、1％乳白色,极少量白色,属于秋眠类型,秋眠等级 3 级,抗寒性类似于 Norseman,小叶数量较多,为多叶型品种。该品种对炭疽病、细菌性萎蔫病、疫霉根腐病、镰刀菌萎蔫病、黄萎病、丝囊霉根腐病和豌豆蚜具有高抗性;对北方根结线虫和茎线虫具有抗性;对蓝苜蓿蚜和苜蓿斑翅蚜苜蓿斑翅蚜的抗性未测试。该品种适宜于美国中北部、中东部地区种植;已在威斯康星州、宾夕法尼亚、印第安纳州和爱荷华州通过测试。基础种永久由 Forage Genetics 公司生产和持有,审定种子于 2006 年上市。

158. Impressive

Impressive 亲本材料的选择标准是牧草产量、牧草质量和持久性,并且获得对细菌性萎蔫病、镰刀菌萎蔫病、黄萎病、炭疽病、疫霉根腐病和丝囊霉根腐病的抗性。该品种花色 91％为紫色、6％为杂色、2％白色,1％乳白色,属于秋眠类型,秋眠等级 3 级,抗寒性类似于 Vernal。小叶数量较多,为多叶型品种。该品种对炭疽病、细菌性萎蔫病、疫霉根腐病、镰刀菌萎蔫病、黄萎病和丝囊霉根腐病具有高抗性;对苜蓿斑翅蚜、豌豆蚜和茎线虫具有抗性;对蓝苜蓿蚜和根结线虫的抗性未测试。该品种适宜于美国中北部、中东部地区种植;已在威斯康星州、纽约州、明尼苏达州和印第安纳州通过测试。基础种永久由 Forage Genetics 公司生产和持有,审定种子于 2006 年上市。

159. **Lariat**

Lariat 亲本材料的选择标准是牧草产量、牧草质量和持久性,并且获得对细菌性萎蔫病、镰刀菌萎蔫病、黄萎病、炭疽病、疫霉根腐病和丝囊霉根腐病的抗性。该品种花色花色 88% 为紫色、8% 为杂色、2% 白色、1% 乳白色和 1% 黄色,属于秋眠类型,秋眠等级 3 级,抗寒性类似于 Norseman,小叶数量较多,为多叶型品种。该品种对炭疽病、细菌性萎蔫病、疫霉根腐病、镰刀菌萎蔫病、黄萎病、丝囊霉根腐病和豌豆蚜具有高抗性;对北方根结线虫和茎线虫具有抗性;对蓝苜蓿蚜和苜蓿斑翅蚜的抗性未测试。该品种适宜于美国中北部、中东部地区种植;已在威斯康星州、纽约州和爱荷华州通过测试。基础种永久由 Forage Genetics 公司生产和持有,审定种子于 2006 年上市。

160. **Legend Master**

Legend Master 亲本材料的选择标准是牧草产量、牧草质量和持久性,并且获得对细菌性萎蔫病、镰刀菌萎蔫病、黄萎病、炭疽病、疫霉根腐病和丝囊霉根腐病的抗性。该品种花色 90% 为紫色、10% 为杂色,略带白色、乳白色和黄色,属于秋眠类型,秋眠等级 3 级,抗寒性类似于 Vernal。小叶数量较多,为多叶型品种。该品种对炭疽病、细菌性萎蔫病、疫霉根腐病、镰刀菌萎蔫病、黄萎病和丝囊霉根腐病具有高抗性;对苜蓿斑翅蚜和茎线虫具有抗性;对北方根结线虫具有中度抗性;对蓝苜蓿蚜和豌豆蚜的抗性未测试。该品种适宜于美国中北部、中东部地区种植;已在威斯康星州、纽约州和爱荷华州通过测试。基础种永久由 Forage Genetics 公司生产和持有,审定种子于 2006 年上市。

161. **30-30Q**

30-30Q 是由 185 个亲本植株通过杂交而获得的综合品种。其亲本材料具有抗疫霉根腐病、丝囊霉根腐病、炭疽病和多叶型的特性,亲本材料是在威斯康星州生长 3 年的苗圃里选择出的多个种群,并运用表型轮回选择法及品系杂交技术加以选择,以获得相对较高的饲用价值和对细菌性萎蔫病、镰刀菌萎蔫病、黄萎病、疫霉根腐病、丝囊霉根腐病、炭疽病、小光壳叶斑病和茎线虫的抗性。亲本种质来源:9326、DK 142、Abound 和 Cal/West 多个育种种群。该品种花色 100% 为紫色,有少量杂色、白色、乳白和黄色,属于秋眠类型,秋眠等级 3 级。该品种对炭疽病、细菌性萎蔫病、镰刀菌萎蔫病、黄萎病、疫霉根腐病、丝囊霉根腐病具有高抗性;对豌豆蚜和苜蓿斑翅蚜有抗性;对蓝苜蓿蚜、茎线虫和根结线虫的抗性未测试。该品种适宜于美国的中北部、中东部和大平原地带地区种植;已在威斯康星州、爱荷华州、明尼苏达州、宾夕法尼亚州、俄亥俄州、内布拉斯加州和印第安纳州通过测试。基础种永久由 Cal/West 种子公司生产和持有,审定种子于 2006 年上市。

162. **53H92**

53H92 是由 18 个亲本植株通过杂交而获得的综合品种。亲本材料的选择标准是春季活力、田间表现和秋眠性,并运用表型轮回选择法加以选择,以获得对马铃薯叶蝉、炭疽病、疫霉根腐病、丝囊霉根腐病、细菌性萎蔫病、镰刀菌萎蔫病、黄萎病和苜蓿斑翅蚜的抗性。该品种花色 83% 为紫色、15% 为杂色、1% 为黄色、1% 为乳白色、有少量白色,属于秋眠类型,秋眠等级 3 级。该品种对马铃薯叶蝉、炭疽病、细菌性萎蔫病、镰刀菌萎蔫病、疫霉根腐病、丝囊霉根腐病和豌豆蚜具有高抗性;对黄萎病、苜蓿斑翅蚜具有抗性;对北方根结线虫具有低抗性;对蓝苜蓿蚜和茎线虫的抗性未测试。该品种适宜于美国中北部、中东部和中度寒冷的山区种植;已在威斯康星州、伊利诺伊州和爱荷华州通过测试。基础种永久由 Hi-Bred 先锋国际公司生产和持有,审定种子于 2007 年上市。

163. CW 93013

CW 93013 是由 215 个亲本植株通过杂交而获得的综合品种。其亲本材料是从位于威斯康星州的生长 3 年的苗圃里选择出的具有多叶型表达、抗疫霉根腐病、丝囊霉根腐病和炭疽病等特性的多个种群,并运用表型轮回选择法和近红外反射光谱法加以选择,以获得具有高饲用价值和对细菌性萎蔫病、镰刀菌萎蔫病、黄萎病、疫霉根腐病、丝囊霉根腐病、炭疽病和小光壳叶斑病的抗性。亲本种质来源:FQ 315、Sprint、512、9326、DK 142、Gold Plus、Maximum Ⅰ、Nemesis、WinterGold、WinterKing 和 Cal/West 多个育种种群。该品种花色 100% 为紫色,略带杂色、乳白、黄色和白色,属于秋眠类型,秋眠等级 3 级。该品种对炭疽病、细菌性萎蔫病、镰刀菌萎蔫病、黄萎病、疫霉根腐病和丝囊霉根腐具有高抗性;对苜蓿斑翅蚜有抗性;对豌豆蚜具有中度抗性;对蓝苜蓿蚜、茎线虫和根结线虫的抗性未测试。该品种适宜于美国中北部、中东部和大平原地区种植;已在威斯康星州、爱荷华州、明尼苏达州、宾夕法尼亚州和内布拉斯加州通过测试。基础种永久由 Cal/west 种子公司生产和持有,审定种子于 2006 年上市。

164. Polar Guard

Polar Guard 是由 104 个亲本植株通过杂交而获得的综合品种。亲本材料的选择标准是为了改良这个品种的牧草产量、收获后快速再生性、秋季再生性和根及根颈病害程度的抗性。该品种花色 94% 为紫色,6% 杂色,略带乳白色、黄色和白色,属于秋眠类型,秋眠等级 3 级。该品种对炭疽病、细菌性萎蔫病、镰刀菌萎蔫病、黄萎病、疫霉根腐病和丝囊霉根腐病具有高抗性;对豌豆蚜、苜蓿斑翅蚜、蓝苜蓿蚜、茎线虫和根结线虫的抗性未测试。该品种适宜于美国中北部地区种植。已在威斯康星州通过测试,审定种子于 2005 年上市。

165. NY 0131

NY 0131 是由 3 个来源的亲本植株通过杂交而获得的综合品种。首先的两个亲本材料是由 Seedway 种群和由 Iroquois、Saranac AR、Oneida VR 及 Vertus 种群构成的群体,运用表型轮回选择技术,在田间对植株活力、病害程度和抗寄主性加以选择,以获得中性洗涤纤维和酸性洗涤纤维含量较低的材料。每个种群选择 100 个单株进行全同胞人工杂交;这个群体再与一个抗炭疽病(经过 2 个轮回选择)、黄萎病(经过 2 个轮回选择)和疫霉根腐病(经过 1 个轮回选择)的 Magnum Ⅲ 群体进行杂交,每个种群选择 74 个单株进行全同胞人工杂交。该品种花色 93% 紫色和 7% 杂色,豆荚形状 96% 是紧实的环形,4% 是松散的环形,属于秋眠类型,秋眠等级 3 级。该品种对炭疽病、黄萎病和镰刀菌萎蔫病具有高抗性;对细菌性萎蔫病和疫霉根腐病有抗性；低抗丝囊霉根腐病；对苜蓿斑翅蚜、豌豆蚜、茎线虫、根结线虫和蓝苜蓿蚜的抗性未测试。该品种适宜于美国北中部和东中部地区种植；已在纽约州和宾夕法尼亚州经过测试。基础种永久由 Cornell University 生产和持有，审定种子于 2007 年上市。

4.2.2　半秋眠品种

1. CW 04022

CW 04022 是由 200 个亲本植株通过杂交而获得的综合品种。其亲本材料具有抗疫霉根腐病、丝囊霉根腐病、炭疽病、多叶型的特性，亲本材料是在威斯康星州生长 3 年的苗圃里选择出的高抗茎线虫的多个种群；并运用表型轮回选择法及近红外反射光谱法技术加以选择，以获得相对较高的饲用价值和对细菌性萎蔫病、镰刀菌萎蔫病、黄萎病、疫霉根腐病、丝囊霉根腐病、炭疽病、小光壳叶斑病和茎线虫的抗性。亲本种质来源：Cal/West 多个育种种群。该品种花色 96％为紫色、4％杂色和极少数乳白色，属于中等秋眠类型，秋眠等级 4 级。该品种对炭疽病、细菌性萎蔫病、镰刀菌萎蔫病、黄萎病、疫霉根腐病、丝囊霉根腐病和茎线虫具有高抗性；对豌豆蚜、苜蓿斑翅蚜和北方根结线虫有抗性；对蓝苜蓿蚜的抗性未测试。该品种适宜于美国的中北部、中东部、大平原和适度寒冷的山区种植；已在威斯康星州、爱荷华州、南达科塔州、宾夕法尼亚州、内布拉斯加州和加利福尼亚州通过测试。基础种永久由 Cal/West 种子公司生产和持有，审定种子于 2007 年上市。

2. PGI437

PGI437 该品种花色 99％为紫色、极少的杂色、白色、乳白色和黄色，属于中等秋眠类型，秋眠等级 4 级。该品种对炭疽病、镰刀菌萎蔫病具有高抗性；对细菌性萎蔫病、黄萎病、疫霉根腐病、丝囊霉根腐病有抗性；对豌豆蚜、苜蓿斑翅蚜有中等抗性；对蓝苜蓿蚜、根结线虫和茎线虫的抗性未测试。该品种适宜于美国的中北部、中东部地区种植。已在威斯康星州、明尼苏达州、南达科塔州、爱荷华州、印第安纳州、俄亥俄州和宾夕法尼亚州通过测试。基础种永久由 Cal/West 种子公司生产和持有，审定种子于 2005 年上市。

3. CW 24005

CW 24005 是由 65 个亲本植株通过杂交而获得的综合品种。其亲本材料具有抗寒性好、牧草产量高、相对较高的饲用价值、多叶型的特性，亲本材料是在威斯康星州和宾夕法尼亚州生长 5 年、明尼苏达州、宾夕法尼亚州和威斯康星州生长 3 年的产量试验田以及威斯康星州生长 3 年的苗圃里选择出的多个种群，并运用表型轮回选择法及近红外反射光谱法技术加以选择，以获得高产、耐寒、相对较高的饲用价值和对细菌性萎蔫病、镰刀菌萎蔫病、黄萎病、疫霉根腐病、丝囊霉根腐病、炭疽病和小光壳叶斑病的抗性。亲本种质来源：Radiant（2％）、Foremost（2％）、A4230（2％）、Harmony（2％）、FQ 315（3％）、9429（3％）、GH 700（3％）、WinterGold（6％）、Alliant（10％）和 Cal/West 多个育种种群（67％）。该品种花色 99％为紫色、1％杂色和极少数乳白色，属于中等秋眠类型，秋眠等级 4 级。该品种对炭疽病、细菌性萎蔫病、镰刀菌萎蔫病、黄萎病、疫霉根腐病、丝囊霉根腐病和豌豆蚜具有高抗性；对蓝苜蓿蚜、苜蓿斑翅蚜、北方根结线虫和茎线虫的抗性未测试。该品种适宜于美国的中北部、中东部地区种植;已在威斯康星州、爱荷华州和南达科塔州通过测试。基础种永久由Cal/West种子公司生产和持有,审定种子于2007年上市。

4. CW 24025

CW 24025是由230个亲本植株通过杂交而获得的综合品种。其亲本材料具有抗疫霉根腐病、丝囊霉根腐病、炭疽病、多叶型的特性,亲本材料是在明尼苏达州、威斯康星州和伊利诺伊州生长3年的产量试验田里选择出的多个种群;并运用表型轮回选择法及近红外反射光谱法技术加以选择,以获得高产、耐寒、相对较高的饲用价值和对细菌性萎蔫病、镰刀菌萎蔫病、黄萎病、疫霉根腐病、丝囊霉根腐病、炭疽病和小光壳叶斑病的抗性。亲本种质来源:Tribute(24%)和WinterGold(76%)。该品种花色97%为紫色、2%杂色和1%白色,属于中等秋眠类型,秋眠等级4级。该品种对炭疽病、细菌性萎蔫病、镰刀菌萎蔫病、黄萎病、疫霉根腐病、丝囊霉根腐病和根结线虫具有高抗性;对豌豆蚜和茎线虫有抗性;对蓝苜蓿蚜、苜蓿斑翅蚜的抗性未测试。该品种适宜于美国的中北部、中东部地区种植;已在威斯康星州、爱荷华州和南达科塔州通过测试。基础种永久由Cal/West种子公司生产和持有,审定种子于2007年上市。

5. eXalt

eXalt 该品种花色96%为紫色、1%杂色、1%白色、1%乳白色和1%黄色,属于中等秋眠类型,秋眠等级4级。该品种对炭疽病、细菌性萎蔫病、镰刀菌萎蔫病、黄萎病和疫霉根腐病具有高抗性;对丝囊霉根腐病有抗性;对豌豆蚜、茎线虫、蓝苜蓿蚜和苜蓿斑翅蚜的抗性未测试。该品种适宜于美国的中北部、中东部地区种植;已在威斯康星州、南达科塔州、爱荷华州通过测试。基础种永久由Cal/West种子公司生产和持有,审定种子于2006年上市。

6. WinterKing Ⅱ

WinterKing Ⅱ是由220个亲本植株通过杂交而获得的综合品种。其亲本材料具有抗疫霉根腐病、丝囊霉根腐病、炭疽病、多叶型的特性,亲本材料是在威斯康星州生长4年的产量试验田里选择出的具有抗寒、牧草干物质产量高等特性的多个种群;并运用表型轮回选择法及近红外反射光谱法技术加以选择,以获得相对较高的饲用价值和对细菌性萎蔫病、镰刀菌萎蔫病、黄萎病、疫霉根腐病、丝囊霉根腐病、炭疽病和小光壳叶斑病的抗性。亲本种质来源:Alliant(3%)、512(6%)、9429(6%)、Sprint(6%)、FQ 315(10%)、WinterGold(10%)、A4230(10%)、GH 700(10%)、Foremost(13%)、Ascend(16%)和Cal/West多个育种种群(10%)。该品种花色100%为紫色,属于中等秋眠类型,秋眠等级4级。该品种对细菌性萎蔫病、镰刀菌萎蔫病、黄萎病、疫霉根腐病和丝囊霉根腐病具有高抗性;对豌豆蚜和茎线虫有抗性;对蓝苜蓿蚜、根结线虫和苜蓿斑翅蚜的抗性未测试。该品种适宜于美国的中北部、中东部地区种植;已在威斯康星州、爱荷华州和南达科塔州通过测试。基础种永久由Cal/West种子公司生产和持有,审定种子于2007年上市。

7. CW 34019

CW 34019是由220个亲本植株通过杂交而获得的综合品种。其亲本材料具有抗疫霉根腐病、丝囊霉根腐病、炭疽病、多叶型的特性,亲本材料是在威斯康星州生长 5 年、威斯康星州、明尼苏达州和爱荷华州生长 3 年的产量试验田里选择出的具有抗寒、牧草产量高等特性的多个种群;并运用表型轮回选择法及近红外反射光谱法技术加以选择,以获得相对较高的饲用价值和对细菌性萎蔫病、镰刀菌萎蔫病、黄萎病、疫霉根腐病、丝囊霉根腐病、炭疽病和小光壳叶斑病的抗性。亲本种质来源:GH 700 (1%)、9429 (1%)、A4230 (1%)、Extreme (1%)、Supreme (1%)、AlfaStar Ⅱ (2%)、Bobwhite (8%)、PGI 424 (9%)、SummerGold (13%)和 Cal/West 多个育种种群(63%)。该品种花色 99% 为紫色、1% 是白色,属于中等秋眠类型,秋眠等级 4 级。该品种对炭疽病、细菌性萎蔫病、镰刀菌萎蔫病、黄萎病、疫霉根腐病具有高抗性;对丝囊霉根腐病有抗性;对豌豆蚜有中等抗性;对蓝苜蓿蚜、根结线虫、茎线虫、苜蓿斑翅蚜的抗性未测试。该品种适宜于美国的中北部、中东部地区种植;已在威斯康星州、明尼苏达州、爱荷华州、宾夕法尼亚州和堪萨斯州通过测试。基础种永久由 Cal/West 种子公司生产和持有,审定种子于 2007 年上市。

8. PGI 427

PGI 427 是由 192 个亲本植株通过杂交而获得的综合品种。其亲本材料从种子的萌发、幼苗生长、成熟、植株再生等都是在温室中进行的,并且反复用 100 mmol/L NaCl 溶液灌溉后,从中选择出耐盐的多个种群材料进行相互杂交;并运用表型轮回选择法及近红外反射光谱法技术对其抗寒性、牧草干物质产量等性能加以选择,以获得相对较高的饲用价值和对细菌性萎蔫病、镰刀菌萎蔫病、黄萎病、疫霉根腐病、丝囊霉根腐病、炭疽病和小光壳叶斑病的抗性。亲本种质来源:WinterGold (8%)、DK 142(31%)和 Cal/West 多个育种种群(61%)。该品种花色 100% 为紫色、有极少数的杂色,属于中等秋眠类型,秋眠等级 4 级。该品种对炭疽病、细菌性萎蔫病、镰刀菌萎蔫病、黄萎病、疫霉根腐病、丝囊霉根腐病和豌豆蚜具有高抗性;对茎线虫有抗性;对蓝苜蓿蚜、北方根结线虫、苜蓿斑翅蚜的抗性未测试。该品种适宜于美国的中北部、中东部和大平原地区种植;已在威斯康星州、明尼苏达州、爱荷华州和堪萨斯州通过测试。基础种永久由 Cal/West 种子公司生产和持有,审定种子于 2007 年上市。

9. CW 34029

CW 34029 是由 225 个亲本植株通过杂交而获得的综合品种。其亲本材料具有抗疫霉根腐病、丝囊霉根腐病、炭疽病、多叶型的特性,亲本材料是在威斯康星州生长 4 年的产量试验田里选择出的具有生长速度快、抗寒性好、牧草干物质产量高等特性的多个种群;并运用表型轮回选择法及近红外反射光谱法技术加以选择,以获得相对较高的饲用价值和对细菌性萎蔫病、镰刀菌萎蔫病、黄萎病、疫霉根腐病、丝囊霉根腐病、炭疽病和小光壳叶斑病的抗性。亲本种质来源:CW 83021 (32%)、CW 84028 (37%)和 GH 717 (31%)。该品种花色 100% 为紫色,属于中等秋眠类型,秋眠等级 4 级。该品种对炭疽病、细菌性萎蔫病、镰刀菌萎蔫病、黄萎病、疫霉根腐病和丝囊霉根腐病具有高抗性;对豌豆蚜有抗性;对蓝苜蓿蚜、北方根结线虫、茎线虫和苜蓿斑翅蚜的抗性未测试。该品种适宜于美国的中北部、中东部和大平原地区种植;已在威斯康星州、明尼苏达州、爱荷华州、宾夕法尼亚州和堪萨斯州通过测试。基础种永久由 Cal/West 种子公司生产和持有,审定种子于 2007 年上市。

10. **FSG 505**

FSG 505 亲本材料的选择标准是为了改良这个品种的牧草产量和持久性,并且获得对细菌性萎蔫病、镰刀菌萎蔫病、黄萎病、炭疽病、疫霉根腐病和丝囊霉根腐病的抗性。该品种花色98％紫色、2％杂色含极少数的乳白色、白色和黄色。属于中等秋眠类型,秋眠等级4级,抗寒性类似于 Vernal。该品种对炭疽病、细菌性萎蔫病、镰刀菌萎蔫病、黄萎病、疫霉根腐病、丝囊霉根腐病和豌豆蚜具有高抗性;对苜蓿斑翅蚜、北方根结线虫有抗性;对蓝苜蓿蚜和茎线虫的抗性未测试。该品种适宜于美国中北部、中东部和大平原地区种植;已在威斯康星州、内布拉斯加州和印第安纳州通过测试。基础种永久由 Forage Genetics 公司生产和持有,审定种子于2003年上市。

11. **Evergreen 3**

Evergreen 3 亲本材料的选择标准是为了改良这个品种的牧草产量、牧草质量和持久性,并且获得对细菌性萎蔫病、镰刀菌萎蔫病、黄萎病、炭疽病、疫霉根腐病、丝囊霉根腐病和马铃薯叶蝉的抗性。该品种花色51％紫色、30％杂色、7％白色、2％乳白色和10％黄色,属于中等秋眠类型,秋眠等级4级,抗寒性类似于 Vernal。该品种对炭疽病、细菌性萎蔫病、疫霉根腐病、黄萎病、镰刀菌萎蔫病、丝囊霉根腐病和马铃薯叶蝉具有高抗性;对豌豆蚜、茎线虫和北方根结线虫有抗性;对蓝苜蓿蚜和苜蓿斑翅蚜的抗性未测试。该品种适宜于美国中东部地区种植;已在印第安纳州、宾夕法尼亚州、俄亥俄州和肯塔基州通过测试。基础种永久由 Forage Genetics 公司生产和持有,审定种子于2007年上市。

12. **GH773LH**

GH773LH 亲本材料的选择标准是为了改良这个品种的牧草产量、牧草质量和持久性,并且获得对细菌性萎蔫病、镰刀菌萎蔫病、黄萎病、炭疽病、疫霉根腐病、丝囊霉根腐病和马铃薯叶蝉的抗性。该品种花色34％紫色、47％杂色、9％白色、3％乳白色和7％黄色,属于中等秋眠类型,秋眠等级4级,抗寒性类似于 Vernal。该品种对炭疽病、细菌性萎蔫病、疫霉根腐病、黄萎病、镰刀菌萎蔫病、丝囊霉根腐病、豌豆蚜和马铃薯叶蝉具有高抗性;对茎线虫有抗性;对北方根结线虫有中等抗性;对蓝苜蓿蚜和苜蓿斑翅蚜的抗性未测试。该品种适宜于美国中北部和中东部地区种植;已在印第安纳州、宾夕法尼亚州、俄亥俄州和爱荷华州通过测试。基础种永久由 Forage Genetics 公司生产和持有,审定种子于2006年上市。

13. **Notice Ⅲ**

Notice Ⅲ 亲本材料的选择标准是为了改良这个品种的牧草产量、牧草质量和持久性,并且获得对细菌性萎蔫病、镰刀菌萎蔫病、黄萎病、炭疽病、疫霉根腐病和丝囊霉根腐病的抗性。该品种花色91％紫色、7％白色、2％黄色、极少数的杂色和乳白色,属于中等秋眠类型,秋眠等级4级,抗寒性类似于 Vernal。该品种对炭疽病、细菌性萎蔫病、疫霉根腐病、黄萎病、镰刀菌萎蔫病和丝囊霉根腐病具有高抗性;对豌豆蚜、北方根结线虫和茎线虫有抗性;对蓝苜蓿蚜和苜蓿斑翅蚜的抗性未测试。该品种适宜于美国中北部和中东部地区种植;已在威斯康星州、印第安纳州、宾夕法尼亚州和爱荷华州通过测试。基础种永久由 Forage Genetics 公司生产和持有,审定种子于 2007 年上市。

14. Garst 6426

Garst 6426 亲本材料的选择标准是为了改良这个品种的牧草产量、牧草质量和持久性,并且获得对细菌性萎蔫病、镰刀菌萎蔫病、黄萎病、炭疽病、疫霉根腐病、丝囊霉根腐病和马铃薯叶蝉的抗性。该品种花色 50%紫色、23%杂色、15%白色、5%乳白色和 7%黄色,属于中等秋眠类型,秋眠等级 4 级,抗寒性类似于 Vernal。该品种对炭疽病、细菌性萎蔫病、疫霉根腐病、黄萎病、镰刀菌萎蔫病、丝囊霉根腐病、豌豆蚜和马铃薯叶蝉具有高抗性;对茎线虫有抗性;对北方根结线虫有中等抗性;对蓝苜蓿蚜、苜蓿斑翅蚜的抗性未测试。该品种适宜于美国中北部和中东部地区种植;已在威斯康星州、印第安纳州和伊利诺伊州通过测试。基础种永久由 Forage Genetics 公司生产和持有,审定种子于 2007 年上市。

15. 4P424

4P424 亲本材料的选择标准是为了改良这个品种的牧草产量、牧草质量和持久性,并且获得对细菌性萎蔫病、镰刀菌萎蔫病、黄萎病、炭疽病、疫霉根腐病、丝囊霉根腐病和马铃薯叶蝉的抗性。该品种花色 52%紫色、18%杂色、16%白色、6%乳白色和 8%黄色,属于中等秋眠类型,秋眠等级 4 级,抗寒性类似于 Vernal。该品种对炭疽病、细菌性萎蔫病、疫霉根腐病、黄萎病、镰刀菌萎蔫病、丝囊霉根腐病和马铃薯叶蝉具有高抗性;对茎线虫和豌豆蚜有抗性;对蓝苜蓿蚜、北方根结线虫和苜蓿斑翅蚜的抗性未测试。该品种适宜于美国中北部和中东部地区种植;已在威斯康星州、印第安纳州和伊利诺伊州通过测试。基础种永久由 Forage Genetics 公司生产和持有,审定种子于 2007 年上市。

16. WL 343HQ

WL 343HQ 亲本材料的选择标准是为了改良这个品种的牧草产量、牧草质量和持久性,并且获得对细菌性萎蔫病、镰刀菌萎蔫病、黄萎病、炭疽病、疫霉根腐病和丝囊霉根腐病的抗性。该品种花色 86%紫色、9%杂色、2%白色、2%乳白色和 1%黄色,属于中等秋眠类型,秋眠等级 4 级,抗寒性类似于 Vernal。该品种对炭疽病、细菌性萎蔫病、疫霉根腐病、黄萎病、镰刀菌萎蔫病、丝囊霉根腐病和豌豆蚜具有高抗性;对茎线虫有抗性;对蓝苜蓿蚜、根结线虫和苜蓿斑翅蚜的抗性未测试。该品种适宜于美国中北部和中东部地区种植;已在威斯康星州、印第安纳州、宾夕法尼亚州和爱荷华州通过测试。基础种永久由 Forage Genetics 公司生产和持有,审定种子于 2007 年上市。

17. Integra 8401RR

Integra 8401RR 亲本材料的选择标准是为了改良这个品种的牧草产量、牧草质量和持久性,并且获得对细菌性萎蔫病、镰刀菌萎蔫病、黄萎病、炭疽病、疫霉根腐病和丝囊霉根腐病的抗性。亲本材料包含耐草甘膦除草剂 CP4-EPSPS 的基因,特别是美国农业部放松管制的草甘膦独特标识转入苜蓿的 J101 或 J163 基因。该品种花色 85%紫色、13%杂色、2%乳白色、有极少数白色和黄色,属于中等秋眠类型,秋眠等级 4 级,抗寒性类似于 Vernal。小叶数量多,为多叶型品种,对农达除草剂有抗性。该品种对炭疽病、细菌性萎蔫病、疫霉根腐病、黄萎病、镰刀刀菌萎蔫病和丝囊霉根腐病具有高抗性;对北方根结线虫、豌豆蚜和茎线虫具有抗性;对蓝苜蓿蚜、苜蓿斑翅蚜的抗性未测试。该品种适宜于美国中北部和中东部地区种植;已在威斯康星州、印第安纳州、宾夕法尼亚州和爱荷华州通过测试。基础种永久由 Forage Genetics 公司生产和持有,审定种子于 2007 年上市。

18. ClearGold RR

ClearGold RR 亲本材料的选择标准是为了改良这个品种对草甘膦除草剂的耐性、牧草产量、牧草质量和持久性,并且获得对细菌性萎蔫病、镰刀菌萎蔫病、黄萎病、炭疽病、疫霉根腐病和丝囊霉根腐病的抗性。亲本材料包含耐草甘膦除草剂 CP4-EPSPS 的基因,特别是美国农业部放松管制的草甘膦独特标识转入苜蓿的 J101 或 J163 基因。该品种花色 93% 紫色、2% 杂色、1% 黄色、4% 白色、有极少量乳白色,属于中等秋眠类型,秋眠等级 4 级,抗寒性类似于Vernal。小叶数量较多,为多叶型品种,对转农达除草剂有抗性。该品种对炭疽病、细菌性萎蔫病、疫霉根腐病、黄萎病、镰刀菌萎蔫病和丝囊霉根腐病具有高抗性;对豌豆蚜和茎线虫具有抗性;对蓝苜蓿蚜、北方根结线虫、苜蓿斑翅蚜的抗性未测试。该品种适宜于美国中北部和中东部地区种植;已在威斯康星州、印第安纳州、宾夕法尼亚州和爱荷华州通过测试。基础种永久由 Forage Genetics 公司生产和持有,审定种子于 2007 年上市。

19. 54R01

54R01 亲本材料的选择标准是为了改良这个品种的牧草产量、牧草质量和持久性,并且获得对细菌性萎蔫病、镰刀菌萎蔫病、黄萎病、炭疽病、疫霉根腐病和丝囊霉根腐病的抗性。亲本材料包含耐草甘膦除草剂 CP4-EPSPS 的基因,特别是美国农业部放松管制的草甘膦独特标识转入苜蓿的 J101 或 J163 基因。该品种花色 89% 紫色、6% 杂色、2% 黄色、3% 乳白色、有极少量白色,属于中等秋眠类型,秋眠等级 4 级,抗寒性类似于 Vernal。小叶数量较多,为多叶型品种,对转农达除草剂有抗性。该品种对炭疽病、细菌性萎蔫病、疫霉根腐病、黄萎病、镰刀菌萎蔫病和丝囊霉根腐病具有高抗性;对北方根结线虫、苜蓿斑翅蚜、豌豆蚜和茎线虫具有抗性;对蓝苜蓿蚜的抗性未测试。该品种适宜于美国中北部和中东部地区种植;已在威斯康星州、印第安纳州、宾夕法尼亚州和爱荷华州通过测试。基础种永久由 Forage Genetics 公司生产和持有,审定种子于 2007 年上市。

20. PGI 447RR

PGI 447RR 亲本材料的选择标准是为了改良这个品种的牧草产量、牧草质量和持久性,并且获得对细菌性萎蔫病、镰刀菌萎蔫病、黄萎病、炭疽病、疫霉根腐病和丝囊霉根腐病的抗性。亲本材料包含耐草甘膦除草剂 CP4-EPSPS 的基因,特别是美国农业部放松管制的草甘膦独特标识转入苜蓿的 J101 或 J163 基因。该品种花色 90% 紫色、9% 杂色、1% 黄色、乳白色、有极少量白色,属于中等秋眠类型,秋眠等级 4 级,抗寒性类似于 Vernal。小叶数量较多,为多叶型品种,对转农达除草剂有抗性。该品种对炭疽病、细菌性萎蔫病、疫霉根腐病、黄萎病、镰刀菌萎蔫病、丝囊霉根腐病和豌豆蚜具有高抗性;对北方根结线虫和茎线虫具有抗性;对蓝苜蓿蚜、苜蓿斑翅蚜的抗性未测试。该品种适宜于美国中北部和中东部地区种植;已在威斯康星州、爱达荷州、宾夕法尼亚州和华盛顿通过测试。基础种永久由 Forage Genetics 公司生产和持有,审定种子于 2006 年上市。

21. RR405

RR405 亲本材料的选择标准是为了改良这个品种对草甘膦除草剂的耐性、牧草产量、牧草质量和持久性,并且获得对细菌性萎蔫病、镰刀菌萎蔫病、黄萎病、炭疽病、疫霉根腐病和丝囊霉根腐病的抗性。亲本材料包含耐草甘膦除草剂 CP4-EPSPS 的基因,特别是美国农业部放松管制的草甘膦独特标识转入苜蓿的 J101 或 J163 基因。该品种花色 84% 紫色、7% 杂色、1% 黄色、4% 乳白色、4% 白色,属于中等秋眠类型,秋眠等级 4 级,抗寒性类似于 Vernal。小叶数量较多,为多叶型品种,对转农达除草剂有抗性。该品种对炭疽病、细菌性萎蔫病、疫霉根腐病、黄萎病、镰刀菌萎蔫病和丝囊霉根腐病具有高抗性;对北方根结线虫和茎线虫具有抗性;对苜蓿斑翅蚜有中度的抗性;对蓝苜蓿蚜、豌豆蚜的抗性未测试。该品种适宜于美国中北部和中东部地区种植;已在威斯康星州、爱达荷州、宾夕法尼亚州和爱荷华州通过测试。基础种永久由 Forage Genetics 公司生产和持有,审定种子于 2007 年上市。

22. 9100RR

9100RR 亲本材料的选择标准是为了改良这个品种对草甘膦除草剂的耐性、牧草产量、牧草质量和持久性,并且获得对细菌性萎蔫病、镰刀菌萎蔫病、黄萎病、炭疽病、疫霉根腐病和丝囊霉根腐病的抗性。亲本材料包含耐草甘膦除草剂 CP4-EPSPS 的基因,特别是美国农业部放松管制的草甘膦独特标识转入苜蓿的 J101 或 J163 基因。该品种花色 98% 紫色、2% 杂色、含有极少量黄色,乳白色,白色,属于中等秋眠类型,秋眠等级 4 级,抗寒性类似于 Vernal。小叶数量较多,为多叶型品种,对转农达除草剂有抗性。该品种对炭疽病、细菌性萎蔫病、疫霉根腐病、黄萎病、镰刀菌萎蔫病和丝囊霉根腐病具有高抗性;对北方根结线虫具有抗性;对苜蓿斑翅蚜和茎线虫有中度的抗性;对蓝苜蓿蚜、豌豆蚜的抗性未测试。该品种适宜于美国中北部和中东部地区种植。已在威斯康星州、爱达荷州、宾夕法尼亚州和爱荷华州通过测试。基础种永久由 Forage Genetics 公司生产和持有,审定种子于 2007 年上市。

23. AmeriStand 405T RR

AmeriStand 405T RR 亲本材料的选择标准是为了改良这个品种对草甘膦除草剂的耐性、牧草产量、牧草质量和持久性,并且获得对细菌性萎蔫病、镰刀菌萎蔫病、黄萎病、炭疽病、疫霉根腐病和丝囊霉根腐病的抗性。亲本材料包含耐草甘膦除草剂 CP4-EPSPS 的基因,特别是美国农业部放松管制的草甘膦独特标识转入苜蓿的 J101 或 J163 基因。该品种花色 96% 紫色、4% 杂色、含有极少量黄色、乳白色、白色,属于中等秋眠类型,秋眠等级 4 级,抗寒性类似于 Vernal,小叶数量较多,为多叶型品种,对转农达除草剂有抗性。该品种对炭疽病、细菌性萎蔫病、疫霉根腐病、黄萎病、镰刀菌萎蔫病、丝囊霉根腐病和北方根结线虫具有高抗性;对茎线虫具有抗性;对蓝苜蓿蚜、苜蓿斑翅蚜和豌豆蚜的抗性未测试。该品种适宜于美国中北部和中东部地区种植;已在威斯康星州、爱达荷州、宾夕法尼亚州和爱荷华州通过测试。基础种永久由 Forage Genetics 公司生产和持有,审定种子于 2007 年上市。

24. Mountainaire 4.10RR

Mountainaire 4.10RR 亲本材料的选择标准是为了改良这个品种对草甘膦除草剂的耐性、牧草产量、牧草质量和持久性,并且获得对细菌性萎蔫病、镰刀菌萎蔫病、黄萎病、炭疽病、疫霉根腐病和丝囊霉根腐病的抗性。亲本材料包含耐草甘膦除草剂 CP4-EPSPS 的基因,特别是美国农业部放松管制的草甘膦独特标识转入苜蓿的 J101 或 J163 基因。该品种花色 98%紫色、2%杂色、含有极少量黄色、乳白色、白色,属于中等秋眠类型,秋眠等级 4 级,抗寒性类似于 Vernal。小叶数量较多,为多叶型品种,对转农达除草剂有抗性。该品种对炭疽病、细菌性萎蔫病、疫霉根腐病、黄萎病、镰刀菌萎蔫病、丝囊霉根腐病和茎线虫具有高抗性;对北方根结线虫具有抗性;对蓝苜蓿蚜、苜蓿斑翅蚜和豌豆蚜的抗性未测试。该品种适宜于美国寒冷的和中度寒冷的山区种植;已在爱达荷州、华盛顿和科罗拉多州通过测试。基础种永久由 Forage Genetics 公司生产和持有,审定种子于 2007 年上市。

25. RRALF 4R200

RRALF 4R200 亲本材料的选择标准是为了改良这个品种对草甘膦除草剂的耐性、牧草产量、牧草质量和持久性,并且获得对细菌性萎蔫病、镰刀菌萎蔫病、黄萎病、炭疽病、疫霉根腐病和丝囊霉根腐病的抗性。亲本材料包含耐草甘膦除草剂 CP4-EPSPS 的基因,特别是美国农业部放松管制的草甘膦独特标识转入苜蓿的 J101 或 J163 基因。该品种花色 98%紫色、2%杂色、含有极少量黄色、乳白色、白色,属于中等秋眠类型,秋眠等级 4 级,抗寒性类似于 Vernal。小叶数量较多,为多叶型品种,对转农达除草剂有抗性。该品种对炭疽病、细菌性萎蔫病、疫霉根腐病、黄萎病、镰刀菌萎蔫病、丝囊霉根腐病和茎线虫具有高抗性;对北方根结线虫具有抗性;对苜蓿斑翅蚜具有中度抗性;对蓝苜蓿蚜和豌豆蚜的抗性未测试。该品种适宜于美国中北部和中东部地区种植;已在威斯康星州、印第安纳州、宾夕法尼亚州和爱荷华州通过测试。基础种永久由 Forage Genetics 公司生产和持有,审定种子于 2007 年上市。

26. FG R44BD18

FG R44BD18 亲本材料的选择标准是为了改良这个品种对草甘膦除草剂的耐性、牧草产量、牧草质量和持久性,并且获得对细菌性萎蔫病、镰刀菌萎蔫病、黄萎病、炭疽病、疫霉根腐病、茎线虫和丝囊霉根腐病的抗性。亲本材料包含耐草甘膦除草剂 CP4-EPSPS 的基因,特别是美国农业部放松管制的草甘膦独特标识转入苜蓿的 J101 或 J163 基因。该品种花色 99%紫色、1%杂色、含有极少量黄色、乳白色和白色,属于中等秋眠类型,秋眠等级 4 级,抗寒性类似于 Vernal。小叶数量较多,为多叶型品种,对转农达除草剂有抗性。该品种对炭疽病、细菌性萎蔫病、疫霉根腐病、黄萎病、镰刀菌萎蔫病、丝囊霉根腐病和茎线虫具有高抗性;对北方根结线虫具有抗性;对蓝苜蓿蚜、苜蓿斑翅蚜和豌豆蚜的抗性未测试。该品种适宜于美国寒冷山区和中度寒冷的山区种植;已在爱达荷州、华盛顿州和科罗拉多州通过测试。基础种永久由 Forage Genetics 公司生产和持有,审定种子于 2007 年上市。

27. Genoa

Genoa 亲本材料的选择标准是为了改良这个品种的牧草产量、牧草质量和持久性,并且获得对细菌性萎蔫病、镰刀菌萎蔫病、黄萎病、炭疽病、疫霉根腐病和丝囊霉根腐病的抗性。该品种花色 92％为紫色、8％杂色中带有黄色、白色和乳白色。属于中等秋眠类型，秋眠等级为 4 级，抗寒性接近 Norseman。该品种对炭疽病、细菌性萎蔫病、疫霉根腐病、黄萎病、镰刀菌萎蔫病和丝囊霉根腐病具有高抗性；对豌豆蚜和茎线虫有抗性；对苜蓿斑翅蚜、蓝苜蓿蚜和根结线虫的抗性未测试。该品种适宜于美国中北部、中东部和冬季寒冷的山区种植；已在威斯康星州、宾夕法尼亚州和爱荷华州通过测试。基础种永久由 Forage Genetics 公司生产和持有，审定种子于 2003 年上市。

28. Medalist

Medalist 亲本材料的选择标准是为了改良这个品种的牧草产量、秋眠性和持久性，并且获得对细菌性萎蔫病、镰刀菌萎蔫病、黄萎病、茎线虫和疫霉根腐病的抗性。该品种花色 92％紫色、4％杂色、2％白色、1％黄色、1％乳白色，属于中等秋眠类型，秋眠等级 4 级，抗寒性类似于 Ranger，小叶数量多，为多叶型品种。该品种对炭疽病、细菌性萎蔫病、疫霉根腐病、黄萎病、镰刀菌萎蔫病、茎线虫、苜蓿斑翅蚜和北方根结线虫具有高抗性；对丝囊霉根腐病和豌豆蚜具有抗性；对蓝苜蓿蚜的抗性未测试。该品种适宜于美国寒冷的山区种植；已在爱达荷州和科罗拉多州通过测试。基础种永久由 Forage Genetics 公司生产和持有，审定种子于 2005 年上市。

29. Integra 8400

Integra 8400 亲本材料的选择标准是为了改良这个品种的牧草产量、牧草质量和持久性，并且获得对细菌性萎蔫病、镰刀菌萎蔫病、黄萎病、炭疽病、疫霉根腐病和丝囊霉根腐病的抗性。该品种花色 88％紫色、10％杂色、1％黄色、1％乳白色、有极少量白色，属于中等秋眠类型，秋眠等级为 4 级，抗寒性接近 Vernal。该品种对炭疽病、细菌性萎蔫病、疫霉根腐病、黄萎病、镰刀菌萎蔫病、豌豆蚜和丝囊霉根腐病具有高抗性；对北方根结线虫和茎线虫有抗性；对苜蓿斑翅蚜、蓝苜蓿蚜的抗性未测试。该品种适宜于美国中北部、中东部地区种植；已在威斯康星州、宾夕法尼亚州、印第安纳州和爱荷华州通过测试。基础种永久由 Forage Genetics 公司生产和持有，审定种子于 2006 年上市。

30. 54R02

54R02 亲本材料的选择标准是为了改良这个品种对草甘膦除草剂的耐性、牧草产量、牧草质量和持久性，并且获得对细菌性萎蔫病、镰刀菌萎蔫病、黄萎病、炭疽病、疫霉根腐病和丝囊霉根腐病的抗性。亲本材料包含耐草甘膦除草剂 CP4-EPSPS 的基因，特别是美国农业部放松管制的草甘膦独特标识转入苜蓿的 J101 或 J163 基因。该品种花色 99％紫色、1％杂色、含有极少量黄色，乳白色，白色，属于中等秋眠类型，秋眠等级 4 级，抗寒性类似于 Vernal。小叶数量较多，为多叶型品种，对转农达除草剂有抗性。该品种对炭疽病、细菌性萎蔫病、疫霉根腐病、黄萎病、镰刀菌萎蔫病、丝囊霉根腐病和苜蓿斑翅蚜具有高抗性；对北方根结线虫和茎线虫具有抗性；对豌豆蚜有中度抗性；对蓝苜蓿蚜的抗性未测试。该品种适宜于美国中北部和中东部地区种植。已在威斯康星州、印第安纳州、宾夕法尼亚州和爱荷华州通过测试。基础种永久由 Forage Genetics 公司生产和持有，审定种子于 2007 年上市。

31. DKA43-22RR

DKA43-22RR 亲本材料的选择标准是为了改良这个品种对草甘膦除草剂的耐性、牧草产量、牧草质量和持久性,并且获得对细菌性萎蔫病、镰刀菌萎蔫病、黄萎病、炭疽病、疫霉根腐病和丝囊霉根腐病的抗性。亲本材料包含耐草甘膦除草剂 CP4-EPSPS 的基因,特别是美国农业部放松管制的草甘膦独特标识转入苜蓿的 J101 或 J163 基因。该品种花色 92% 紫色、4% 杂色、3% 白色、1% 乳白色,有极少量黄色,属于中等秋眠类型,秋眠等级 4 级,抗寒性类似于 Vernal。小叶数量较多,为多叶型品种,对转农达除草剂有抗性。该品种对炭疽病、细菌性萎蔫病、疫霉根腐病、黄萎病、镰刀菌萎蔫病、丝囊霉根腐病和茎线虫具有高抗性;对北方根结线虫具有抗性;对蓝苜蓿蚜、苜蓿斑翅蚜和豌豆蚜的抗性未测试。该品种适宜于美国中度寒冷和寒冷的山区种植;已在爱达荷州、华盛顿州和科罗拉多州通过测试。基础种永久由 Forage Genetics 公司生产和持有,审定种子于 2007 年上市。

32. 54V09

54V09 是由 63 个亲本植株通过杂交而获得的综合品种。其亲本材料具有抗茎线虫和北方根结线虫的特性,亲本材料是在先锋公司的育种品系中根据田间活力、田间表现和秋眠性等特性选择出的多个种群;并运用表型轮回选择技术加以选择,以获得对细菌性萎蔫病、镰刀菌萎蔫病、黄萎病、疫霉根腐病、丝囊霉根腐病、炭疽病和苜蓿斑翅蚜的抗性。该品种花色 92% 紫色、8% 杂色,有极少量黄色、乳白色和白色,属于中等秋眠类型,秋眠等级 4 级。该品种对炭疽病、细菌性萎蔫病、黄萎病、豌豆蚜、疫霉根腐病、茎线虫和北方根结线虫具有高抗性;对镰刀菌萎蔫病、苜蓿斑翅蚜和丝囊霉根腐病有抗性;对蓝苜蓿蚜的抗性未测试。该品种适宜于美国中北部、中东部、适度寒冷及寒冷的山区、大平原地区和加拿大安大略湖地区种植;已在爱荷华州、伊利诺伊州、明尼苏达州、华盛顿州、威斯康星州和安大略省通过测试。基础种永久由 Pioneer Hi-Bred International 公司生产和持有,审定种子于 2007 年上市。

33. BPR382

BPR382 是由 24 个亲本植株通过杂交而获得的综合品种。亲本材料是在测产试验田或疾病苗圃里选择出的其后代具有牧草产量高、牧草质量好和持久性好等特性的多个种群,并且获得对细菌性萎蔫病、镰刀菌萎蔫病、黄萎病、炭疽病、疫霉根腐病和丝囊霉根腐病的抗性。亲本种质来自 Dairyland 试验地。该品种花色 90% 紫色和 10% 的杂色,有极少量乳白色、白色和黄色,属于中等秋眠类型,秋眠等级 4 级,抗寒性类似于 Vernal。该品种对炭疽病、细菌性萎蔫病、镰刀菌萎蔫病、疫霉根腐病、黄萎病、北方根结线虫和茎线虫具有高抗性;对丝囊霉根腐病和豌豆蚜有抗性;对苜蓿斑翅蚜和蓝苜蓿蚜的抗性未测试。该品种适宜于美国中北部、大平原和中东部地区种植;已在爱荷华州、明尼苏达州、内布拉斯加州、宾夕法尼亚州和威斯康星州通过测试。基础种永久由 Dairyland 研究中心生产和持有,审定种子于 2008 年上市。

34. Magnum Ⅵ

Magnum Ⅵ 是由 121 个亲本植株通过杂交而获得的综合品种。亲本材料是在测产试验田或疾病苗圃里选择出的其后代具有牧草产量高、牧草质量好和持久性好等特性的多个种群,并且获得对细菌性萎蔫病、镰刀菌萎蔫病、黄萎病、炭疽病、疫霉根腐病和丝囊霉根腐病的抗性。该品种花色 90％紫色和 10％的杂色、有极少量乳白色、白色和黄色，属于中等秋眠类型，秋眠等级 4 级，抗寒性类似于 Vernal。该品种对炭疽病、细菌性萎蔫病、镰刀菌萎蔫病、疫霉根腐病、黄萎病和丝囊霉根腐病具有高抗性；对豌豆蚜有中度抗性；对茎线虫、北方根结线虫、苜蓿斑翅蚜和蓝苜蓿蚜的抗性未测试。该品种适宜于美国中北部地区种植；已在爱荷华州、明尼苏达州和威斯康星州通过测试。基础种永久由 Dairyland 研究中心生产和持有，审定种子于 2007 年上市。

35. 54H11

54H11 是由 109 个亲本植株在温室里通过杂交而获得的综合品种。其亲本材料具有耐寒性、牧草产量高、持久性和抗寄主性的特性，亲本材料是在先锋公司育种品系中根据耐寒性、综合外观和抗寄主性等特性选择出的多个种群，并运用表型轮回选择技术加以选择，以获得对细菌性萎蔫病、黄萎病、疫霉根腐病、丝囊霉根腐病、颈腐病和叶斑病的抗性。该品种花色99％紫色、1％杂色、有极少量黄色、乳白色和白色，属于中等秋眠类型，秋眠等级 4 级。该品种对炭疽病、丝囊霉根腐病、黄萎病和镰刀菌萎蔫病具有高抗性；对疫霉根腐病、苜蓿斑翅蚜、豌豆蚜、茎线虫、北方根结线虫、细菌性萎蔫病和寄主病有抗性；对蓝苜蓿蚜的抗性未测试。该品种适宜于美国中北部和适度寒冷的山区种植。基础种永久由 Pioneer 公司生产和持有，审定种子于 2004 年上市。

36. Mariner Ⅲ

Mariner Ⅲ是由 84 个亲本植株通过杂交而获得的综合品种。亲本材料的一半是在威斯康星州 Appleton 地区附近的抗病苗圃里选择出的具有侧根表达的、抗疫霉根腐病及丝囊霉根腐病等特性的多个种群，而且其后代检测表明对丝囊霉根腐病具有高抗性；亲本材料的另一半是选择具有种子产量和牧草产量都高的和抗丝囊霉根腐病的多个种群。亲本种质来自DS416。该品种花色 90％紫色、10％杂色、有极少量乳白色、白色和黄色，属于中等秋眠类型，秋眠等级 4 级，抗寒性类似于 Vernal。该品种对细菌性萎蔫病、镰刀菌萎蔫病、疫霉根腐病、炭疽病、丝囊霉根腐病、黄萎病和北方根结线虫具有高抗性；对茎线虫和豌豆蚜有抗性；对苜蓿斑翅蚜和蓝苜蓿蚜的抗性未测试。该品种适宜于美国中北部和中东部地区种植；已在爱荷华州、明尼苏达州、宾夕法尼亚州和威斯康星州通过测试。基础种永久由 Dairyland 研究中心生产和持有，审定种子于 2007 年上市。

37. DS304Hyb

DS304Hyb 是一个三系配套杂交率为 $75\%\sim95\%$ 的杂交苜蓿品种。其亲本材料具有雄性不育性、保持性、恢复性的特性，亲本材料是在测产试验田或疾病苗圃里选择出来其后代具有牧草产量高、牧草质量好和持久性好等特性的多个种群，并且获得对细菌性萎蔫病、镰刀菌萎蔫病、疫霉根腐病、炭疽病、丝囊霉根腐病、黄萎病的抗性。该品种花色 90％紫色、10％杂色，含有极少量乳白色、白色和黄色，属于中等秋眠类型，秋眠等级 4 级，抗寒性类似于 Vernal。该品种对细菌性萎蔫病、镰刀菌萎蔫病、黄萎病、疫霉根腐病、茎线虫和北方根结线虫具有高抗性；对丝囊霉根腐病、炭疽病和豌豆蚜有抗性；对苜蓿斑翅蚜和蓝苜蓿蚜的抗性未测试。

该品种适宜于美国中东部、中北部地区种植;已在爱荷华州、明尼苏达州、纽约州和威斯康星州通过测试。基础种永久由 Dairyland 研究中心生产和持有,审定种子于 2007 年上市。

38. A 4330

A 4330 是由 230 个亲本植株通过杂交而获得的综合品种。其亲本材料是从明尼苏达州、威斯康星州和伊利诺伊州生长 3 年时间的产量试验田里选择出来的具有抗寒、高产特性的多个种群,并运用表型轮回选择法和近红外反射光谱技术加以选择,以获得相对较高的饲用价值和对细菌性萎蔫病、镰刀菌萎蔫病、黄萎病、疫霉根腐病、丝囊霉根腐病、炭疽病、小光壳叶斑病的抗性。亲本种质来源:Tribute(24%) 和 WinterGold(76%)。该品种花色 97% 为紫色,2% 为杂色,1% 为白色;属于中等秋眠类型,秋眠等级为 4 级;同 MF 苜蓿相似,小叶数量较多,具多叶性状。该品种对炭疽病、细菌性萎蔫病、镰刀菌萎蔫病、黄萎病、疫霉根腐病和北方根结线虫具有高抗性;对丝囊霉根腐病、豌豆蚜和茎线虫有抗性;对蓝苜蓿蚜和苜蓿斑翅蚜的抗性未测试。适宜于美国中北部、中东部地区种植;已在威斯康星州、爱荷华州和南达科塔州通过测试。基础种永久由 Cal/West 种子公司生产和持有,审定种子于 2007 年上市。

39. Adrenalin

Adrenalin 是由 230 个亲本植株通过杂交而获得的综合品种,其亲本材料具有抗疫霉根腐病、丝囊霉根腐病、炭疽病、小叶数量较多等特性,亲本材料是从宾夕法尼亚州生长 5 年的产量试验田和伊利诺伊州、明尼苏达州与威斯康星州生长 3 年的测产试验田里选择出的多个种群,并运用表型轮回选择法和近红外反射光谱技术加以选择,以获得具有高饲用价值和对细菌性萎蔫病、镰刀菌萎蔫病、黄萎病、疫霉根腐病、丝囊霉根腐病、炭疽病和小光壳叶斑病的抗性。亲本种质来源:Alliant、GH 700、WinterGold 和 Cal/West 繁殖群体。该品种花色约 100% 为紫色夹杂少许杂色、白色、乳白色和黄色,属于中等秋眠类型,秋眠等级为 4 级;同 MF 苜蓿相似,小叶数量较多,具多叶性状。该品种对炭疽病、细菌性萎蔫病、镰刀菌萎蔫病、黄萎病、疫霉根腐病和丝囊霉根腐病具有高抗性;对豌豆蚜有抗性;对苜蓿斑翅蚜、蓝苜蓿蚜、茎线虫和根结线虫的抗性未测试。适宜于美国中北部、中东部地区种植;已在威斯康星州、爱荷华州、明尼苏达州和南达科塔州州通过测试。基础种永久由 Cal/West 种子公司生产和持有,审定种子于 2006 年上市。

40. CW 04028

CW 04028 是由 225 个亲本植株通过杂交而获得的综合品种。其亲本材料具有抗疫霉根腐病、丝囊霉根腐病、炭疽病、多叶型的特性,亲本材料是从爱荷华州生长 3 年的测产试验田和威斯康星州生长 4 年的测产试验田里选择出的多个种群,并运用表型轮回选择法和近红外反射光谱技术加以选择,以获得抗寒、高产并具有高饲用价值(用 Milk2000 测其每英亩的产奶量和瘤胃非降解蛋白质 RUP)和对细菌性萎蔫病、镰刀菌萎蔫病、黄萎病、疫霉根腐病、丝囊霉根腐病、炭疽病、小光壳叶斑病的抗性。亲本种质来源:8930MF(2%)、9429(5%)、A4230(5%)、Abound(1%)、Alliant(1%)、DK 142(1%)、Foremost(5%)、GH 700(10%)、Perfect(1%)、Pointer(1%)、Radiant(3%)、Sprint(1%)、Ultralac(1%)、WinterGold(3%)和 Cal/West 种子公司提供的不同的繁殖群体(60%)。该品种花色 98% 为紫色,2% 为杂色,属于中等秋眠类型,秋眠等级为4级,为多叶型品种。该品种对炭疽病、细菌性萎蔫病、镰刀菌萎蔫病、黄萎病、疫霉根腐病、丝囊霉根腐病、北方根结线虫具有高抗性;对豌豆蚜和蓝苜蓿蚜有抗性;对茎线虫和苜蓿斑翅蚜的抗性未测试。适宜于美国中北部、中东部和大平原种植;已在威斯康星州、爱荷华州、明尼苏达州、宾夕法尼亚州、堪萨斯州和俄亥俄州通过测试。基础种永久由Cal/West种子公司生产和持有,审定种子于2008年上市。

41. CW 04029

CW 04029是由200个亲本植株通过杂交而获得的综合品种。其亲本材料具有抗疫霉根腐病、丝囊霉根腐病、炭疽病、多叶型的特性,其亲本材料是从明尼苏达州生长3年的测产试验田、宾夕法尼亚州和威斯康星州生长5年的测产试验田、威斯康星州生长3年的病害试验田里选择出的多个种群,并运用表型轮回选择法加以选择,以获得对细菌性萎蔫病、镰刀菌萎蔫病、黄萎病、疫霉根腐病、丝囊霉根腐病、炭疽病、小光壳叶斑病的抗性。亲本种质来源:512(5%)、8930MF(2%)、9429(2%)、A4230(2%)、Big Horn(5%)、DK 142(3%)、Foremost(3%)、GH 700(4%)、Radiant(2%)、Sprint(2%)、WinterGold(2%)和Cal/West种子公司提供的不同的繁殖群体(70%)。该品种花色99%为紫色,1%为乳白色,少许为黄色和杂色,属于中等秋眠类型,秋眠等级为4级,为多叶型品种。该品种对炭疽病、细菌性萎蔫病、镰刀菌萎蔫病、黄萎病、疫霉根腐病、丝囊霉根腐病具有高抗性;对豌豆蚜、蓝苜蓿蚜、茎线虫和北方根结线虫有抗性;对苜蓿斑翅蚜有中等的抗性。适宜于美国中北部、中东部和大平原种植;已在威斯康星州、爱荷华州、明尼苏达州、印第安纳州、宾夕法尼亚州、俄亥俄州、内布拉斯加州通过测试。基础种永久由Cal/West种子公司生产和持有,审定种子于2008年上市。

42. PerForm

PerForm是由20个亲本植株通过杂交而获得的综合品种。其亲本材料是在抗病资源圃中,选择具有多叶性表达的、产量高、持久性好、饲草质量高等特性的不同种群进行自然开放授粉,并加强对细菌性萎蔫病、镰刀菌萎蔫病、疫霉根腐病、炭疽病、黄萎病和丝囊霉根腐病抗性的选择。该品种花色90%为紫色,10%为杂色夹杂乳白色、白色和黄色。属于中等秋眠类型,秋眠等级为4级。抗寒性类似于Vernal。该品种对细菌性萎蔫病、镰刀菌萎蔫病、疫霉根腐病、炭疽病、黄萎病、丝囊霉根腐病、北方根结线虫、茎线虫具有高抗性;对豌豆蚜和南方根结线虫有抗性;对蓝苜蓿蚜和苜蓿斑翅蚜的抗性未测试。适宜于美国中北部和中东部地区种植;已在伊利诺州、明尼苏达州、宾夕法尼亚州、纽约和威斯康星州通过测试。基础种永久由Dairyland研究中心生产和持有,审定种子于2007年上市。

43. Persist Ⅱ

Persist Ⅱ是由140个亲本植株通过杂交而获得的综合品种。其亲本材料是在产量试验田或抗病资源圃中,选择具有产量高、持久性好、饲草质量高等特性的不同种群,由蜜蜂、苜蓿切叶蜂、熊蜂传粉进行自然杂交,并加强对细菌性萎蔫病、镰刀菌萎蔫病、疫霉根腐病、炭疽病、黄萎病和丝囊霉根腐病抗性的选择。亲本种质来源:Dairyland试验。该品种花色90%为紫色,10%为杂色夹杂乳白色、白色和黄色,属于中等秋眠类型,秋眠等级为4级,抗寒性类似于Vernal。该品种对细菌性萎蔫病、镰刀菌萎蔫病、疫霉根腐病、炭疽病、黄萎病、丝囊霉根腐病、北方根结线虫、茎线虫和豌豆蚜具有高抗性;对蓝苜蓿蚜和苜蓿斑翅蚜的抗性未测试。适宜于美国中北部地区种植;已在威斯康星州通过测试。基础种永久由 Dairyland 研究中心生产和持有,审定种子于 2008 年上市。

44. 6431

6431 是由 28 个亲本植株通过杂交而获得的综合品种。其亲本材料是在产量试验田或抗病资源圃中,选择具有产量高、持久性好、饲草品质好等特性的不同种群,由蜜蜂、苜蓿切叶蜂、熊蜂传粉进行自然杂交,并加强对细菌性萎蔫病、镰刀菌萎蔫病、疫霉根腐病、炭疽病、黄萎病和丝囊霉根腐病抗性的选择。该品种花色 90% 为紫色,10% 为杂色夹杂乳白色、白色和黄色,属于中等秋眠类型,秋眠等级为 4 级,抗寒性类似于 Vernal。该品种对细菌性萎蔫病、镰刀菌萎蔫病、疫霉根腐病、炭疽病、黄萎病、丝囊霉根腐病、北方根结线虫、茎线虫具有高抗性;对豌豆蚜有抗性;对蓝苜蓿蚜和苜蓿斑翅蚜的抗性未测试。适宜于美国中北地区种植;已在威斯康星州通过测试。基础种永久由 Dairyland 研究中心生产和持有,审定种子于 2008 年上市。

45. DS655BR

DS655BR 是由 70 个亲本植株通过杂交而获得的综合品种。其亲本材料是在 Appleton, WI 附近的抗病圃中选择出来的,其中有一半的植株是选择具有分枝数量多的、抗疫霉根腐病和丝囊霉根腐病特性的多个种群,另外的一半植株是选择具有种子产量高的、幼苗活力强的并且高抗丝囊霉根腐病特性的多个种群;所有的植株采用人工授粉的方法进行杂交。亲本种质来自 Dairyland 试验优良材料。该品种花色 90% 为紫色,10% 为杂色夹杂乳白色、白色和黄色,属于中等秋眠类型,秋眠等级为 4 级,抗寒性类似于 Vernal。该品种对细菌性萎蔫病、镰刀菌萎蔫病、疫霉根腐病、炭疽病、黄萎病、丝囊霉根腐病、北方根结线虫、茎线虫具有高抗性;对豌豆蚜有抗性;对蓝苜蓿蚜和苜蓿斑翅蚜的抗性未测试。适宜于美国中北和中东地区种植;已在威斯康星州、宾夕法尼亚州和纽约州通过测试。基础种永久由 Dairyland 研究中心生产和持有,审定种子于 2008 年上市。

46. DS709-T

DS709-T 是由 12 个亲本植株通过杂交而获得的综合品种。其亲本材料是在加利福尼亚州附近的 Sloughhouse 产量试验田或抗病资源圃中,选择具有产量高、持久性好、饲草质量高等特性的不同种群,由蜜蜂、苜蓿切叶蜂、熊蜂传粉进行自然杂交,并加强对细菌性萎蔫病、镰刀菌萎蔫病、疫霉根腐病、炭疽病、黄萎病和丝囊霉根腐病抗性的选择。亲本种质来源:Dairyland 实验优良材料。该品种花色 90% 为紫色,10% 为杂色夹杂乳白色、白色和黄色。属于中等秋眠类型,秋眠等级为 4 级。抗寒性类似于 Vernal。该品种对细菌性萎蔫病、镰刀菌萎蔫病、疫霉根腐病、炭疽病、黄萎病、丝囊霉根腐病、北方根结线虫具有高抗性;对豌豆蚜和茎线虫有抗性;对蓝苜蓿蚜和苜蓿斑翅蚜的抗性未测试。适宜于美国中北地区种植;已在威斯康星州通过测试。基础种永久由 Dairyland 研究中心生产和持有,审定种子于 2008 年上市。

47. FSG 429SN

FSG 429SN 是由 93 个亲本植株通过杂交而获得的综合品种。其亲本材料运用表型轮回选择法和联合基因技术,对其产量性能、秋眠性、持久性加以选择,以获得对茎线虫和北方根结线虫的抗性。亲本种质来源:Select(25%)、MasterPiece(25%)、FG 4A125(25%)和 FG 4A130(25%)。该品种花色 93% 为紫色,6% 为杂色,1% 为白色夹杂少许乳白色和黄色。属于中等秋眠类型,秋眠等级为 4 级,抗寒性强,小叶数量较多,具多叶性状。该品种对炭疽病、细菌性萎蔫病、镰刀菌萎蔫病、黄萎病、疫霉根腐病、丝囊霉根腐病、豌豆蚜和茎线虫具有高度抗性;对北方根结线虫和苜蓿斑翅蚜有抗性。对蓝苜蓿蚜的抗性未测试。适宜于寒冷和中度寒冷的山区种植;已在爱达荷州、华盛顿州和科罗拉多州通过测试。基础种永久由 Forage Gentics 公司生产和持有,审定种子于 2008 年上市。

48. A 4440

A 4440 是一个耐连续放牧的品种,其亲本材料应用表型轮回选择方法加以选择,获得对细菌性萎蔫病、镰刀菌萎蔫病、黄萎病、疫霉根腐病、炭疽病、丝囊霉根腐病的抗性。该品种花色约 66% 为紫色,34% 为杂色夹杂少许黄色、白色和乳白色,属于中等秋眠类型,秋眠等级为 4 级,抗寒性同 Norseman 相似,耐牧性好。该品种对细菌性萎蔫病、镰刀菌萎蔫病、黄萎病、炭疽病、疫霉根腐病和丝囊霉根腐病具有高度抗性;对茎线虫具抗性;对豌豆蚜、苜蓿斑翅蚜、蓝苜蓿蚜和根结线虫的抗性未测试。适宜于美国中北部地区种植;已在威斯康星州、爱达荷州和伊利诺州伊通过测试。基础种永久由 ABI 生产和持有,审定种子于 2005 年上市。

49. AmeriStand 407TQ

AmeriStand 407TQ 是由 21 个亲本植株通过杂交而获得的综合品种。其亲本材料运用表型轮回选择法和联合基因技术,对其产量性能、饲草品质、持久性加以选择,以获得对细菌性萎蔫病、镰刀菌萎蔫病、黄萎病、炭疽病、疫霉根腐病、丝囊霉根腐病的抗性。亲本种质来源:4A421(30%)、DKA42-15(25%)、WL 357HQ(20%)、AmeriStand 403T(20%)和 Geneva(5%)。该品种花色 53% 为紫色、22% 为杂色、11% 为白色、10% 为黄色、4% 为乳白色。属于中等秋眠类型,秋眠等级为 4 级,抗寒性同 Vernal 相似,小叶数量较多,具多叶性状。该品种对炭疽病、细菌性萎蔫病、疫霉根腐病、黄萎病、镰刀菌萎蔫病、丝囊霉根腐病、茎线虫和豌豆蚜具有高度抗性;对北方根结线虫和苜蓿斑翅蚜有抗性;对蓝苜蓿蚜的抗性未测试。适宜于美国中北部和中东部地区种植;已在威斯康星州、纽约州、宾夕法尼亚州和爱达荷州通过测试。基础种永久由 Forage Genetics 公司生产和持有,审定种子于 2006 年上市。

50. Velocity

Velocity 是由 13 个亲本植株通过杂交而获得的综合品种。其亲本材料运用表型轮回选择法和联合基因技术,对其产量性能、饲草品质、持久性加以选择,以获得对细菌性萎蔫病、镰刀菌萎蔫病、黄萎病、炭疽病、疫霉根腐病、丝囊霉根腐病的抗性。亲本种质来源:Geneva(20%)、4A421(15%)、WL357HQ(10%)、5454(5%)和不同的 FGI(50%)试验种群。该品种花色 93% 为紫色,6% 为杂色、1% 为白色夹杂少许黄色和乳白,属于中等秋眠类型,秋眠等级为 4 级,抗寒性同 Vernal 相似,小叶数量较多,具多叶性状。该品种对炭疽病、细菌性萎蔫病、疫霉根腐病、黄萎病、镰刀菌萎蔫病、丝囊霉根腐病和豌豆蚜具有高度抗性;对北方根结线虫、苜蓿斑翅蚜和茎线虫有抗性;对蓝苜蓿蚜的抗性未测试。适宜于美国中北部和中东部地区种植;已在威斯康星州、纽约州、宾夕法尼亚州和爱达荷州通过测试。基础种永久由 Forage Gentics 公司生产和持有,审定种子于 2008 年上市。

51. **Desert Sun 8.10RR**

Desert Sun 8.10RR 是由 110 个亲本植株通过杂交而获得的综合品种。其亲本材料运用品系特异性标记的基因型选择方法,选择其抗农达(草甘膦)除草剂、产量高、饲草品质高、抗寒性强、持久性好的不同种群,以获得对镰刀菌萎蔫病、炭疽病、疫霉根腐病的抗性。亲本种质来自不同的 FGI 试验种群中成功转入抗农达基因的品系。该品种花色 100% 为紫色夹杂少许黄色、白色、乳白色和杂色,属于中等秋眠类型,秋眠等级为 4 级,具有抗农达除草剂的特性。该品种高抗疫霉根腐病、南方根结线虫和苜蓿斑翅蚜;该品种对炭疽病、细菌性萎蔫病有抗性;对镰刀菌萎蔫病和茎线虫具中度抗性;对豌豆蚜、蓝苜蓿蚜、丝囊霉根腐病和黄萎病的抗性未检测。适宜于美国西南部地区种植;已在加利福尼亚州和爱达荷州通过测试。基础种永久由 Forage Genetics 公司生产和持有。

52. **Denali 4.10RR**

Denali 4.10RR 是由 110 个亲本植株通过杂交而获得的综合品种。其亲本材料运用品系特异性标记的基因型选择方法,选择其抗农达(草甘膦)除草剂、产量高、饲草品质高、持久性好的不同种群,以获得对细菌性萎蔫病、镰刀菌萎蔫病、黄萎病、炭疽病、疫霉根腐病、丝囊霉根腐病的抗性。亲本种质来自不同的 FGI 试验种群中成功转入抗农达基因的抗农达品系。该品种花色 98% 为紫色,2% 为杂色夹杂少许黄色、乳白色和白色,属于中等秋眠类型,秋眠等级为 4 级,抗寒性类似于 Vernal。小叶数量较多,具多叶性状,具有抗农达除草剂的特性。该品种对炭疽病、细菌性萎蔫病、疫霉根腐病、黄萎病、镰刀菌萎蔫病、丝囊霉根腐病和茎线虫具有高抗性;对南方根结线虫有抗性;对蓝苜蓿蚜、苜蓿斑翅蚜和豌豆蚜的抗性未检测。适宜于美国中度寒冷和寒冷的山间地区;已在爱达荷州、华盛顿州和科罗拉多州通过测试。基础种永久由 Forage Genetics 公司生产和持有。

53. **6417**

6417 是由 110 个亲本植株通过杂交而获得的综合品种。其亲本材料运用表型轮回选择法,对其产量性能、饲草品质、持久性加以选择,以获得对细菌性萎蔫病、镰刀菌萎蔫病、黄萎病、炭疽病、疫霉根腐病、丝囊霉根腐病的抗性。亲本种质来自不同的 FGI 实验群体。该品种花色 95% 为紫色,4% 为杂色,1% 为黄色夹杂少许白色和乳白色。属于中等秋眠类型,秋眠等级为 4 级;抗寒性类似于 Vernal。小叶数量较多,具多叶性状。该品种高抗炭疽病、细菌性萎蔫病、疫霉根腐病、黄萎病、镰刀菌萎蔫病、丝囊霉根腐病和豌豆蚜;对茎线虫有抗性;对蓝苜蓿蚜、苜蓿斑翅蚜和北方根结线虫的抗性未检测。适宜于美国中北部和中东部地区种植;已在威斯康星州、印第安纳州和爱荷华州通过测试,基础种永久由 Forage Genetics 公司生产和持有,审定种子于 2007 年上市。

54. **Phabulous Ⅲ**

Phabulous Ⅲ是由 110 个亲本植株通过杂交而获得的综合品种。其亲本材料运用表型轮回选择法,对其产量性能、饲草品质、持久性加以选择,以获得对细菌性萎蔫病、镰刀菌萎蔫病、黄萎病、炭疽病、疫霉根腐病和丝囊霉根腐病的抗性。亲本种质来源:50%的 Phabulous Ⅱ 和 50%的不同的 FGI 试验群体。该品种花色93%为紫色,4%为杂色,2%为白色,此外还有1%为黄色夹杂少许乳白色。属于中等秋眠类型,秋眠等级为 4 级,抗寒性类似于 Vernal。小叶数量较多,具多叶性状。该品种高抗炭疽病、细菌性萎蔫病、疫霉根腐病、黄萎病、镰刀菌萎蔫病和丝囊霉根腐病;对豌豆蚜、北方根结线虫、苜蓿斑翅蚜和茎线虫有抗性;对蓝苜蓿蚜的抗性未检测。适宜于美国中北部和中东部地区种植;已在威斯康星州、印第安纳州、宾夕法尼亚州和爱荷华州通过测试。基础种永久由 Forage Genetics 公司生产和持有,审定种子于 2008 年上市。

55.04FQEXP1

04FQEXP1 是由 14 个亲本植株通过杂交而获得的综合品种。其亲本材料运用表型轮回选择法和基因型选择技术,对其产量性能、饲草品质、持久性加以选择,以获得对细菌性萎蔫病、镰刀菌萎蔫病、黄萎病、炭疽病、疫霉根腐病和丝囊霉根腐病的抗性。该品种花色76%为紫色,23%为杂色、1%为少许黄色和乳白色,属于中等秋眠类型,秋眠等级为 4 级,小叶数量较多,具多叶性状。该品种高抗炭疽病、细菌性萎蔫病、疫霉根腐病、黄萎病、镰刀菌萎蔫病和丝囊霉根腐病;对苜蓿斑翅蚜、豌豆蚜、北方根结线虫有抗性;对茎线虫有弱抗性;对蓝苜蓿蚜的抗性未检测。适宜于美国中北部、中东部和中度寒冷的山区种植;已在威斯康星州、华盛顿州、伊利诺斯州和爱达荷州通过测试。基础种永久由 Pioneer Hi-Bred International 生产和持有,审定种子于 2008 年上市。

56.msSunstra-504

msSunstra-504 是一个三系配套杂交苜蓿品种。其亲本材料是在产量试验田或抗病资源圃中,选择具有雄性不育、保持力和恢复力等特性的不同种群,同时对其产量性能、持久性、饲草品质、抗细菌性萎蔫病、镰刀菌萎蔫病、疫霉根腐病、炭疽病、黄萎病、丝囊霉根腐病等病害的抗性做了检测。雄性不育系来源于 DS 实验,保持系来源于 Thor 和 DS 实验,恢复系来源于 Extend、6410 和 WL342,由蜜蜂、苜蓿切叶蜂、熊蜂在其中间传粉进行自然杂交。该品种花色90%为紫色,9%为杂色,1%为白色、黄色和乳白色,属于中等秋眠类型,秋眠等级为 4 级。该品种高抗细菌性萎蔫病、镰刀菌萎蔫病、疫霉根腐病、炭疽病、黄萎病、北方根结线虫、茎线虫,对丝囊霉根腐病和南方根结线虫有抗性;对豌豆蚜、蓝苜蓿蚜和苜蓿斑翅蚜的抗性未测试。适宜于美国中北部地区种植。已在威斯康星州、明尼苏达州和爱荷华州通过测试。基础种永久由 Dairyland 研究中心生产和持有,审定种子于 2008 年上市。

57.54Q32

54Q32 是由 14 个亲本植株通过杂交而获得的综合品种。亲本材料的选择标准是为了改良这个品种的牧草产量、牧草质量和持久性,并且获得对细菌性萎蔫病、镰刀菌萎蔫病、黄萎病、炭疽病、疫霉根腐病和丝囊霉根腐病的抗性。该品种花色76%为紫色、23%杂色、1%乳白色,略带黄色和白色,属于中等秋眠类型,秋眠等级 4 级。该品种对炭疽病、细菌性萎蔫病、疫霉根腐病、黄萎病和镰刀菌萎蔫病具有高抗性;对苜蓿斑翅蚜、豌豆蚜和北方根结线虫具有抗性;对丝囊霉根腐病具有中度抗性;对茎线虫抗性较低;对蓝苜蓿蚜的抗性未测试。该品种适宜于美国中北部、中东部和中等寒冷的山区种植;已在威斯康星州、华盛顿州、伊利诺伊州和爱荷华州通过测试。基础种永久由 Pioneer Hi-Bred International 生产和持有,审定种子于2008 年上市。

58. FG 45M322

FG 45M322 是由 15 个亲本植株通过杂交而获得的综合品种。其亲本材料选择具有牧草产量高、牧草质量好和持久性好等特性的多个种群,并运用基因型和表型轮回选择相结合的方法加以选择,以获得具有对细菌性萎蔫病、镰刀菌萎蔫病、黄萎病、炭疽病、疫霉根腐病、茎线虫、北方根结线虫和丝囊霉根腐病的抗性。该品种花色 96％紫色、4％杂色,略带乳白、黄色和白色。属于中等秋眠类型,秋眠等级为 4 级,抗寒性类似于 Norseman,小叶数量多,为多叶型品种。该品种对炭疽病、细菌性萎蔫病、镰刀菌萎蔫病、黄萎病、疫霉根腐病和丝囊霉根腐病具有高抗性;对豌豆蚜和茎线虫有抗性;对蓝苜蓿蚜、苜蓿斑翅蚜和北方根结线虫的抗性未测试。该品种适宜于美国中北部、中东部地区种植;已在内布拉斯加州、威斯康星州和纽约州通过测试。基础种永久由 Forage Genetics 公司生产和持有,审定种子于 2009 年上市。

59. WL 353LH

WL 353LH 是由 14 个亲本植株通过杂交而获得的综合品种。其亲本材料选择具有牧草产量高、牧草质量好和持久性好等特性的多个种群,并运用基因型和表型轮回选择相结合的方法加以选择,以获得具有对马铃薯叶蝉、细菌性萎蔫病、镰刀菌萎蔫病、黄萎病、炭疽病、疫霉根腐病、茎线虫、北方根结线虫和丝囊霉根腐病的抗性。该品种花色 50％为紫色、24％为杂色、10％为黄色、10％为白色和 6％乳白色。属于中等秋眠类型,秋眠等级为 4 级,抗寒性类似于Vernal。该品种对马铃薯叶蝉、炭疽病、细菌性萎蔫病、镰刀菌萎蔫病、黄萎病、疫霉根腐病和丝囊霉根腐病具有高抗性;对茎线虫有抗性;对蓝苜蓿蚜、豌豆蚜、苜蓿斑翅蚜和北方根结线虫的抗性未测试。该品种适宜于美国中北部、中东部地区种植;已在印第安纳州、宾夕法尼亚州和爱荷华州通过测试。基础种永久由 Forage Genetics 公司生产和持有,审定种子于 2009 年上市。

60. Phenomenal

Phenomenal 是由 12 个亲本植株通过杂交而获得的综合品种。其亲本材料选择具有牧草产量高、牧草质量好和持久性好等特性的多个种群,并运用基因型和表型轮回选择相结合的方法加以选择,以获得具有对细菌性萎蔫病、镰刀菌萎蔫病、黄萎病、炭疽病、疫霉根腐病和丝囊霉根腐病的抗性。该品种花色 90％为紫色、6％为杂色、2％为黄色、2％乳白色、还有白色。属于中等秋眠类型,秋眠等级为 4 级,小叶数量多,为多叶型品种。该品种对炭疽病、细菌性萎蔫病、镰刀菌萎蔫病、黄萎病、疫霉根腐病、丝囊霉根腐病和北方根结线虫具有高抗性;对豌豆蚜有抗性;对茎线虫抗性适中;对蓝苜蓿蚜和苜蓿斑翅蚜的抗性未测试。该品种适宜于美国中北部和中东部地区种植;已在印第安纳州、威斯康星州和爱荷华州通过测试。基础种永久由Forage Genetics 公司生产和持有,审定种子于 2009 年上市。

61. DKA43-13

DKA43-13 是由 15 个亲本植株通过杂交而获得的综合品种。其亲本材料选择具有牧草产量高、牧草质量好和持久性好等特性的多个种群,并运用基因型和表型轮回选择相结合的方法加以选择,以获得具有对细菌性萎蔫病、镰刀菌萎蔫病、黄萎病、炭疽病、疫霉根腐病、丝囊霉根腐病、茎线虫和北方根结线虫的抗性。该品种花色 93% 为紫色、4% 为杂色、2% 为黄色、1% 为白色和乳白色,属于中等秋眠类型,秋眠等级为 4 级,抗寒性类似于 Norseman,小叶数量多,为多叶型品种。该品种对炭疽病、细菌性萎蔫病、镰刀菌萎蔫病、黄萎病、疫霉根腐病和丝囊霉根腐病具有高抗性;对北方根结线虫、豌豆蚜和茎线虫有抗性;对蓝苜蓿蚜和苜蓿斑翅蚜的抗性未测试。该品种适宜于美国中北部地区种植;已在内布拉斯加州、威斯康星州和爱荷华州通过测试。基础种永久由 Forage Genetics 公司生产和持有,审定种子于 2009 年上市。

62. FG 44H372

FG 44H372 是由 13 个亲本植株通过杂交而获得的综合品种。其亲本材料选择具有牧草产量高、牧草质量好和持久性好等特性的多个种群,并运用基因型和表型轮回选择相结合的方法加以选择,以获得具有对马铃薯叶蝉、细菌性萎蔫病、镰刀菌萎蔫病、黄萎病、炭疽病、疫霉根腐病、丝囊霉根腐病、茎线虫和北方根结线虫的抗性。该品种花色 48% 为紫色、23% 为杂色、17% 为黄色、6% 为白色和 6% 乳白色,属于中等秋眠类型,秋眠等级为 4 级,抗寒性类似于 Vernal。小叶数量较少,低表达多叶型品种。该品种对炭疽病、细菌性萎蔫病、镰刀菌萎蔫病、黄萎病、疫霉根腐病、马铃薯叶蝉和丝囊霉根腐病具有高抗性;对茎线虫有抗性;对北方根结线虫、蓝苜蓿蚜和苜蓿斑翅蚜的抗性未测试。该品种适宜于美国中北部和中东部地区种植;已在印第安纳州、宾夕法尼亚州和爱荷华州通过测试。基础种永久由 Forage Genetics 公司生产和持有,审定种子于 2009 年上市。

63. FG 45M116

FG 45M116 是由 15 个亲本植株通过杂交而获得的综合品种。其亲本材料选择具有牧草产量高、牧草质量好和持久性好等特性的多个种群,并运用基因型和表型轮回选择相结合的方法加以选择,以获得具有对细菌性萎蔫病、镰刀菌萎蔫病、黄萎病、炭疽病、疫霉根腐病、丝囊霉根腐病、茎线虫和北方根结线虫的抗性。该品种花色 93% 为紫色、6% 为杂色、1% 为黄色,略带白色和乳白色,属于中等秋眠类型,秋眠等级为 4 级,抗寒性类似于 Norseman。小叶数量较多,为多叶型品种。该品种对炭疽病、细菌性萎蔫病、镰刀菌萎蔫病、黄萎病、疫霉根腐病和丝囊霉根腐病具有高抗性;对茎线虫有抗性;对苜蓿斑翅蚜、北方根结线虫、豌豆蚜和蓝苜蓿蚜的抗性未测试。该品种适宜于美国中北部地区种植;已在内布拉斯加州、威斯康星州和爱荷华州通过测试。基础种永久由 Forage Genetics 公司生产和持有,审定种子于 2009 年上市。

64. FG 45M323

FG 45M323 是由 15 个亲本植株通过杂交而获得的综合品种。其亲本材料选择具有牧草产量高、牧草质量好和持久性好等特性的多个种群,并运用基因型和表型轮回选择相结合的方法加以选择,以获得具有对细菌性萎蔫病、镰刀菌萎蔫病、黄萎病、炭疽病、疫霉根腐病、丝囊霉根腐病、茎线虫和北方根结线虫的抗性。该品种花色75%为紫色、23%为杂色、2%为白色,略带黄色和乳白色,属于中等秋眠类型,秋眠等级为4级,抗寒性类似于Norseman。小叶数量较多,为多叶型品种。该品种对炭疽病、细菌性萎蔫病、镰刀菌萎蔫病、黄萎病、疫霉根腐病和丝囊霉根腐病具有高抗性;对茎线虫和豌豆蚜有抗性;对苜蓿斑翅蚜、北方根结线虫和蓝苜蓿蚜的抗性未测试。该品种适宜于美国中北部和中东部地区种植;已在内布拉斯加州、威斯康星州和纽约州通过测试。基础种永久由Forage Genetics公司生产和持有,审定种子于2009年上市。

65. Lightning Ⅳ

Lightning Ⅳ是由15个亲本植株通过杂交而获得的综合品种。其亲本材料选择具有牧草产量高、牧草质量好和持久性好等特性的多个种群,并运用基因型和表型轮回选择相结合的方法加以选择,以获得具有对细菌性萎蔫病、镰刀菌萎蔫病、黄萎病、炭疽病、疫霉根腐病、丝囊霉根腐病、茎线虫和北方根结线虫的抗性。该品种花色93%为紫色、5%为杂色、2%为黄色,略带白色和乳白色,属于中等秋眠类型,秋眠等级为4级,抗寒性类似于Norseman。小叶数量较多,为多叶型品种。该品种对炭疽病、细菌性萎蔫病、镰刀菌萎蔫病、黄萎病、疫霉根腐病和丝囊霉根腐病具有高抗性;对苜蓿斑翅蚜、北方根结线虫、茎线虫、豌豆蚜和蓝苜蓿蚜的抗性未测试。该品种适宜于美国中北部地区种植;已在内布拉斯加州、威斯康星州和爱荷华州通过测试。基础种永久由Forage Genetics公司生产和持有,审定种子于2009年上市。

66. Caliber

Caliber是由65个亲本植株通过杂交而获得的综合品种。其亲本材料是从威斯康星州和宾夕法尼亚州的生长五年的产量试验田;明尼苏达州、宾夕法尼亚州和威斯康星州的生长3年的产量试验田;威斯康星州生长3年的苗圃里选择出的具有抗寒性好、牧草产量高、相对饲用价值高和多叶型表达等特性的多个种群,并运用表型轮回选择法和近红外反射光谱法加以选择,以获得具有高饲用价值和对细菌性萎蔫病、镰刀菌萎蔫病、黄萎病、疫霉根腐病、丝囊霉根腐病、炭疽病和小光壳叶斑病的抗性。其亲本种质来源:Radiant(2%)、Foremost(2%)、A4230(2%)、Harmony(2%)、FQ 315(3%)、9429(3%)、GH 700(3%)、WinterGold(6%)、Alliant(10%)和混杂的Cal/West育种种群(67%)。该品种花色99%为紫色、1%为杂色。属于中等秋眠类型,秋眠等级为4级。该品种对炭疽病、细菌性萎蔫病、镰刀菌萎蔫病、黄萎病、疫霉根腐病、丝囊霉根腐病、豌豆蚜、蓝苜蓿蚜和根结线虫具有高抗性;对豇豆蚜虫抗性较低;对苜蓿斑翅蚜、茎线虫的抗性未测试。该品种适宜于美国中北部、中东部地区种植;已在威斯康星州、爱荷华州和南达科塔州通过测试。基础种永久由Cal/west种子公司生产和持有,审定种子于2007年上市。

67. CW 054033

CW 054033是由225个亲本植株通过杂交而获得的综合品种。其亲本材料具有抗疫霉根腐病、丝囊霉根腐病和炭疽病的特性,亲本材料是在威斯康星州生长3年的苗圃里选择出的饲草产量高、再生快、持久性好、抗倒伏、高NDFD且较低的ADL(用近红外反射光谱测定)等特性的多个种群,并运用表型轮回选择法及近红外反射光谱法技术对抗寒性、抗叶病性、高叶茎比、再生快、持久性好、高 NDFD 且较低的 ADL、亩产奶量高（用 Milk2000 标准）、牧草干物质产量高等性状加以选择，以获得对细菌性萎蔫病、镰刀菌萎蔫病、黄萎病、疫霉根腐病、丝囊霉根腐病、炭疽病和小光壳叶斑病的抗性。亲本种质来源：PGI 437（55％）、RADAR（5％）、Europe（2％）、Mercedes（1％）、CW 05-211（7％）、CW 05-213（20％）和 CW 05-214（10％）。该品种花色 95％为紫色、5％为杂色，属于中等秋眠类型，秋眠等级 4 级，与 7 级对照品种相似，该品种不表现为多叶特征。该品种对炭疽病、细菌性萎蔫病、镰刀菌萎蔫病、疫霉根腐病和黄萎病具有高抗性；对丝囊霉根腐病、蓝苜蓿蚜和豌豆蚜有抗性；对豇豆蚜虫抗性适中；对苜蓿斑翅蚜、茎线虫和根结线虫的抗性未测试。该品种适宜于美国的中北部、中东部地区种植；已在爱荷华州、明尼苏达州、俄亥俄州、宾夕法尼亚州和威斯康星州等州通过测试。基础种永久由 Cal/West 种子公司生产和持有，审定种子于 2009 年上市。

68. LS 502

LS 502 是由 101 个亲本植株通过杂交而获得的综合品种。其亲本材料于 2005 年春季，从威斯康星州埃文斯维尔附近苜蓿田中选择具有牧草产量高、牧草质量好、抗寒性好，没有根颈和根系病害的多个种群。该品种花色 97％为紫色、3％为杂色，略带黄色、白色和乳白色，属于中等秋眠类型，秋眠等级为 4 级。该品种对炭疽病、细菌性萎蔫病、镰刀菌萎蔫病、黄萎病、丝囊霉根腐病和疫霉根腐病具有高抗性；对苜蓿斑翅蚜、豌豆蚜、蓝苜蓿蚜、根结线虫和茎线虫的抗性未测试。该品种适宜于美国中北部地区种植；已在威斯康星州通过测试。基础种永久由 Legacy Seeds 生产和持有，审定种子于 2009 年上市。

69. Venus 4 PLUS T

Venus 4 PLUS T 是由 200 个亲本植株通过杂交而获得的综合品种。其亲本材料具有耐放牧、耐践踏的特性，亲本材料是在爱达荷州、伊利诺伊州和威斯康星州等地的实验群体或选种田里选择出的根系及根颈全部健康的多个种群；并运用表型轮回选择法加以选择，以获得对细菌性萎蔫病、镰刀菌萎蔫病、疫霉根腐病、丝囊霉根腐病和茎线虫的抗性。亲本种质主要来自一些耐放牧和耐践踏的品种。该品种花色 72％为紫色、28％为杂色，略带乳白色、黄色和白色，属于中等秋眠类型，秋眠等级 4 级。该品种对炭疽病、细菌性萎蔫病、镰刀菌萎蔫病、丝囊霉根腐病、疫霉根腐病和黄萎病具有高抗性；对豌豆蚜有抗性，对茎线虫抗性适中；对蓝苜蓿蚜、苜蓿斑翅蚜和根结线虫的抗性未测试。该品种适宜于美国的中北部和寒冷的山区种植；已在爱达荷州和内布拉斯加州通过测试。基础种永久由 Cal/West 种子公司生产和持有，审定种子于 2009 年上市。

70. Rebel

Rebel 是由 25 个亲本植株通过杂交而获得的综合品种。亲本材料是在爱荷华州 Nampa 附近、威斯康星州的利文斯顿和马什菲尔德生长 2 年或 3 年的选种苗圃里选择出的产量高、抗寒性好、抗叶蝉黄化、叶病少、秋眠反应和茎秆蛋白质含量高等特性的多个种群，并运用表型轮回选择法加以选择，以获得对疫霉根腐病、丝囊霉根腐病、炭疽病、细菌性萎蔫病、镰刀菌萎蔫病和黄萎病的抗性。该品种花色 72％为紫色、28％为杂色，略带乳白色、黄色和白色，属于中等秋眠类型，秋眠等级 4 级，种子发芽期间具有耐盐性。该品种对细菌性萎蔫病、黄萎病、镰刀菌萎蔫病、炭疽病、疫霉根腐病、豌豆蚜和丝囊霉根腐病具有高抗性;对蓝苜蓿蚜抗性适中;对苜蓿斑翅蚜、茎线虫和根结线虫的抗性未测试。该品种适宜于美国中北部、中东部和大平原地区种植;已在爱荷华州、伊利诺伊州、印第安纳州、威斯康星州、宾夕法尼亚州和堪萨斯州通过测试。基础种永久由 Cal/West 种子公司生产和持有,审定种子于 2002 年上市。

71. **LS 401**

LS 401 是由 109 个亲本植株通过杂交而获得的综合品种。其亲本材料于 2004 年春季,从威斯康星州埃文斯维尔附近苜蓿田中选择具有牧草产量高、牧草质量好、抗寒性好、根颈和根系没有病害的多个种群。该品种花色 91% 为紫色、9% 为杂色,略带白色、黄色和乳白色,属于中等秋眠类型,秋眠等级为 4 级。该品种对炭疽病、细菌性萎蔫病、镰刀菌萎蔫病、黄萎病、丝囊霉根腐病和疫霉根腐病具有高抗性;对豌豆蚜、苜蓿斑翅蚜、蓝苜蓿蚜、茎线虫和根结线虫的抗性未测试。该品种适宜于美国中北部地区种植;已在威斯康星州通过测试。基础种永久由 Legacy Seeds 生产和持有,审定种子于 2009 年上市。

72. **LS 501**

LS 501 是由 105 个亲本植株通过杂交而获得的综合品种。其亲本材料于 2005 年春季,从威斯康星州埃文斯维尔附近苜蓿田中选择具有牧草产量高、牧草质量好、抗寒性好、根颈和根系没有病害的多个种群。该品种花色 94% 为紫色、6% 为杂色,略带白色、黄色和乳白色,属于中等秋眠类型,秋眠等级为 4 级。该品种对炭疽病、细菌性萎蔫病、镰刀菌萎蔫病、黄萎病、丝囊霉根腐病和疫霉根腐病具有高抗性;对豌豆蚜、苜蓿斑翅蚜、蓝苜蓿蚜、茎线虫和根结线虫的抗性未测试。该品种适宜于美国中北部地区种植;已在威斯康星州通过测试。基础种永久由 Legacy Seeds 生产和持有,审定种子于 2009 年上市。

73. **Magnum Ⅵ-Wet**

Magnum Ⅵ-Wet 是由 103 个亲本植株通过杂交而获得的综合品种。其中一半亲本材料是在威斯康星州 Appleton 附近的病害苗圃田里选择出的具有多侧根表达、抗疫霉根腐病和丝囊霉根腐病等特性的种群,其后代经测定高抗丝囊霉根腐病;另外一半亲本材料是选择具有抗丝囊霉根腐病、种子产量高和植株活力强等农艺性状的种群。亲本种质来源:Dairyland 试验优良材料。该品种花色 90% 为紫色、10% 杂色,略带乳白、黄色和白色,属于中等秋眠类型,秋眠等级 4 级,抗寒性类似于 Vernal。该品种对细菌性萎蔫病、镰刀菌萎蔫病、疫霉根腐病、炭疽病、黄萎病、丝囊霉根腐病、北方根结线虫和茎线虫具有高抗性;对丝囊霉根腐病、苜蓿斑翅蚜和豌豆蚜有抗性;对苜蓿蓝蚜的抗性未测试。该品种适宜于美国的中北部和中东部地区种植;已在威斯康星州和纽约州通过测试。基础种永久由 Dairyland 研究中心生产和持有,审定种子于 2008 年上市。

74. **Olympian**

Olympian 是由 200 个亲本植株通过杂交而获得的综合品种。其亲本材料具有抗疫霉根腐病、丝囊霉根腐病、炭疽病和多叶型表达的特性,亲本材料是从明尼苏达州生长 3 年、宾夕法尼亚州生长 5 年、威斯康星州生长 3 年或 5 年的测产试验田以及威斯康星州生长 3 年的苗圃里选择出的多个种群;并运用表型轮回选择法和近红外反射光谱技术加以选择,以获得具有高饲用价值和对细菌性萎蔫病、镰刀菌萎蔫病、黄萎病、疫霉根腐病、丝囊霉根腐病、炭疽病和小光壳叶斑病的抗性。亲本种质来源:512(5%)、8930MF(2%)、9429(2%)、A4230(2%)、Big Horn(5%)、DK 142(3%)、Foremost(3%)、GH 700(4%)、Radiant(2%)、Sprint(2%)、WinterGold(2%)和混杂的 Cal/West 种子库育种家种群(70%)。该品种花色99%为紫色、1%为杂色,属于中等秋眠类型,秋眠等级4级。该品种对炭疽病、丝囊霉根腐病、疫霉根腐病、细菌性萎蔫病、镰刀菌萎蔫病和黄萎病具有高抗性;对豌豆蚜、蓝首蓿蚜、北方根结线虫和茎线虫有抗性;对首蓿斑翅蚜有中度抗性。该品种适宜于美国的中北部、中东部和大平原地区种植;已在爱荷华州、明尼苏达州、印第安纳州、宾夕法尼亚州、俄亥俄州和内布拉斯加州通过测试。基础种永久由 Cal/West 种子公司生产和持有,审定种子于2007年上市。

75. **Profuse BR**

Profuse BR 是由84个亲本植株通过杂交而获得的综合品种。其中亲本材料是在威斯康星州 Marshfield 附近的病害苗圃田里选择出的具有多侧根表达、多小叶表达、抗疫霉根腐病和丝囊霉根腐病等特性的多个种群,经测定其后代高抗丝囊霉根腐病。亲本种质来源:Dairyland 的多个试验。该品种花色90%为紫色、10%杂色,略带乳白、黄色和白色,属于中等秋眠类型,秋眠等级4级,抗寒性类似于 Vernal。该品种对细菌性萎蔫病、镰刀菌萎蔫病、疫霉根腐病、炭疽病、黄萎病、丝囊霉根腐病、北方根结线虫和茎线虫具有高抗性;对丝囊霉根腐病和南方根结线虫有抗性;对首蓿斑翅蚜、豌豆蚜和首蓿蓝蚜的抗性未测试。该品种适宜于美国的中北部地区种植;已在威斯康星州和明尼苏达州通过测试。基础种永久由 Dairyland 研究中心生产和持有,审定种子于2010年上市。

76. **CW 054038**

CW 054038 是由104个亲本植株通过杂交而获得的综合品种。亲本材料在温室中从种子发芽、幼苗生长到植株成熟及其再生,用 100m mol/L NaCl 的盐水,经过多次灌溉,然后从这些耐盐植株中选择抗寒性好、牧草干物质产量高的多个种群。并运用表型轮回选择法和近红外反射光谱技术加以选择,以获得具有高饲用价值和对细菌性萎蔫病、镰刀菌萎蔫病、黄萎病、疫霉根腐病、丝囊霉根腐病、炭疽病和小光壳叶斑病的抗性。亲本种质来源:PGI 427(54%)、Stealth SF(3%)、CW 04-047(5%)、CW 04-061(4%)、CW 04-070(6%)和 CW 05-061(28%)。该品种花色98%为紫色、2%为杂色,略带白色,属于中等秋眠类型,秋眠等级4级,复叶表达频率较低,类似于对照品种 Low MF,在盐胁迫下仍可生长,耐盐性与耐盐对照品种相似。该品种对炭疽病、丝囊霉根腐病、细菌性萎蔫病、镰刀菌萎蔫病、疫霉病、黄萎病和豌豆蚜具有高抗性;对蓝首蓿蚜有抗性;对豇豆蚜虫抗性较低;对首蓿斑翅蚜、茎线虫和根结线虫的抗性未测试。该品种适宜于美国中北部、中东部和大平原地区种植;已在爱荷华州、堪萨斯州、明尼苏达州、俄亥俄州、宾夕法尼亚州和威斯康星州通过测试。基础种永久由 Cal/West 种子公司生产和持有,审定种子于2009年上市。

77. **Baralfa X42**

Baralfa X42 是一个三系配套杂交率为75%～95%的杂交首蓿品种。其亲本材料具有雄性不育性、保持性、恢复性的特性,亲本材料是在测产试验田或疾病苗圃里选择出来其后代具有牧草产量高、牧草质量好和持久性好等特性的多个种群,并且获得对细菌性萎蔫病、镰刀菌萎蔫病、疫霉根腐病、炭疽病、丝囊霉根腐病、黄萎病的抗性。亲本种质来源:母系来自于 DS实验,保持系来自于 Thor 和 DS 实验,恢复系来自于 DS 实验。母系种子(DS-1006)是在田间隔离条件下,以蜜蜂、切叶蜂和大黄蜂来授粉,通过保持系与细胞质雄性不育的母系杂交得到的,母系植株收获种子即为母系育种家种子。该品种花色 92%紫色、7%为杂色,不足 1%为白色,略带乳白色和黄色,属于中等秋眠类型,秋眠等级 4 级,抗寒性类似于 Vernal。该品种对细菌性萎蔫病、镰刀菌萎蔫病、疫霉根腐病、炭疽病、黄萎病、丝囊霉根腐病、北方根结线虫和茎线虫病具有高抗性;对南方根结线虫和豌豆蚜有抗性;对苜蓿斑翅蚜和蓝苜蓿蚜的抗性未测试。该品种适宜于美国中北部和大平原地区种植;已在爱荷华州、明尼苏达州、堪萨斯州和威斯康星州通过测试。基础种永久由 Dairyland 研究中心生产和持有,审定种子于 2009 年上市。

78. Hybri+Jade

Hybri+Jade 是一个三系配套杂交率为 75%~95%的杂交苜蓿品种。其亲本材料具有雄性不育性、保持性、恢复性的特性,亲本材料是在测产试验田或疾病苗圃里选择出来其后代具有牧草产量高、牧草质量好和持久性好等特性的多个种群,并且获得对细菌性萎蔫病、镰刀菌萎蔫病、疫霉根腐病、炭疽病、丝囊霉根腐病、黄萎病的抗性。亲本种质来源:母系来自于 DS实验,保持系来自于 Thor 和 DS 实验,其中 Jade 来源大于 50%;恢复系来自于 Extend、6410和 WL342。母系种子(DS-1006)是在田间隔离条件下,以蜜蜂、切叶蜂和大黄蜂来授粉,通过保持系与细胞质雄性不育的母系杂交得到的,母系植株收获种子即为母系育种家种子。该品种花色 90%紫色、9%为杂色,不足 1%为白色,略带乳白色和黄色,属于中等秋眠类型,秋眠等级 4 级,抗寒性类似于 Vernal。该品种对细菌性萎蔫病、镰刀菌萎蔫病、疫霉根腐病、炭疽病、黄萎病和茎线虫病具有高抗性;对丝囊霉根腐病、北方根结线虫和南方根结线虫有抗性;对苜蓿斑翅蚜、豌豆蚜和蓝苜蓿蚜的抗性未测试。该品种适宜于美国中北部和中东部地区种植;已在爱荷华州、明尼苏达州、宾夕法尼亚州、密歇根州和威斯康星州通过测试。基础种永久由Dairyland 研究中心生产和持有,审定种子于 2009 年上市。

79. Alfaleaf Ⅱ(Amended)

Alfaleaf Ⅱ是由 200 个亲本植株通过杂交而获得的综合品种。其亲本材料具有抗疫霉根腐病、丝囊霉根腐病、多叶型的特性,亲本材料是从威斯康星州生长 3 年的产量试验田里选择出的多个种群;并运用表型轮回选择法和近红外反射光谱技术进行选择,以获得具有高的饲用价值和对细菌性萎蔫病、丝囊霉根腐病、疫霉根腐病、炭疽病、黄萎病、小光壳叶斑病和苜蓿斑翅蚜的抗性。亲本种质来源:9323、Precedent 和 Encore。种质资源贡献率大约为:黄花苜蓿占 8%、拉达克苜蓿占 6%、杂花苜蓿占 25%、土耳其斯坦苜蓿占 5%、佛兰德斯苜蓿占 46%、智利苜蓿占 10%。该品种花色 95%紫色、1%杂色、2%乳白色、1%白色、1%黄色,属于中等秋眠类型,秋眠等级为 4 级,同 Multiking Ⅰ苜蓿相似,小叶数量较多,为多叶型品种。对镰刀菌萎蔫病、炭疽病、疫霉根腐病、豌豆蚜具有高抗性;对细菌性萎蔫病、黄萎病、丝囊霉根腐病、茎线虫和苜蓿斑翅蚜有抗性;对根结线虫和蓝苜蓿蚜的抗性未测试。适宜于美国中北部地区种植;已在威斯康星州、明尼苏达州通过测试。基础种永久由 Cal/West 种子公司生产和持有,审定种子于 1995 年上市。

80. BigHorn(Amended)

BigHorn 是由 145 个亲本植株通过杂交而获得的综合品种。其亲本材料具有抗疫霉根腐病、丝囊霉根腐病和多叶型的特性,亲本材料是从威斯康星州生长三年的产量试验田里选择出的多个种群;并运用表型轮回选择法和近红外反射光谱技术进行选择,以获得具有高的饲用价值和对细菌性萎蔫病、丝囊霉根腐病、疫霉根腐病、炭疽病、黄萎病、小光壳叶斑病和苜蓿斑翅蚜的抗性。亲本种质来源:Encore、Alfaleaf、DK133、9323、Prism、Benchmark、Achieve、Pacesetter 和 DK122。种质资源贡献率大约为:黄花苜蓿占 9%、拉达克苜蓿占 6%、杂花苜蓿占 25%、土耳其斯坦苜蓿占 4%、佛兰德斯苜蓿占 47%、智利苜蓿占 9%。该品种花色 99% 紫色、1% 杂色带有少许乳白色、白色和黄色,属于中等秋眠类型,秋眠等级为 4 级,同 Multiking Ⅰ苜蓿相似,小叶数量较多,为多叶型品种。对细菌性萎蔫病、镰刀菌萎蔫病、炭疽病、疫霉根腐病、丝囊霉根腐病和蓝苜蓿蚜具有高抗性;对黄萎病、豌豆蚜、茎线虫和苜蓿斑翅蚜有抗性;对根结线虫的抗性未测试。适宜于美国中北部地区种植;已在威斯康星州、明尼苏达州通过测试。基础种永久由 Cal/West 种子公司生产和持有,审定种子于 1995 年上市。

81. Hunter

Hunter 是由 163 个亲本植株通过杂交而获得的综合品种。其亲本材料选择具有抗疫霉根腐病、丝囊霉根腐病、多叶型特性的多个种群,并运用表型轮回选择法和近红外反射光谱技术加以选择,以获得高饲用价值和对细菌性萎蔫病、丝囊霉根腐病、疫霉根腐病、炭疽病、黄萎病、小光壳叶斑病和苜蓿斑翅蚜的抗性。亲本种质来源:MultiQueen、CW 1404、CW 1434、Jewel、Precedent、Encore、2833、WL 320 和 Prism.。种质资源贡献率大约为:黄花苜蓿占 8%、拉达克苜蓿占 6%、杂花苜蓿占 26%、土耳其斯坦苜蓿占 4%、佛兰德斯苜蓿占 46%、智利苜蓿占 10%。该品种花色 99% 为紫色、1% 为杂色带有少许乳白色、白色和黄色,属于中等秋眠类型,秋眠等级为 4 级,同 Multiking Ⅰ苜蓿相似,小叶数量较多,为多叶型品种。对细菌性萎蔫病、镰刀菌萎蔫病、炭疽病、疫霉根腐病和苜蓿斑翅蚜具有高抗性;对黄萎病、丝囊霉根腐病、茎线虫有抗性;对根结线虫、豌豆蚜虫和蓝苜蓿蚜的抗性未测试。适宜于美国中北部地区种植;已在威斯康星州、明尼苏达州通过测试。基础种永久由 Cal/West 种子公司生产和持有,审定种子于 1994 年上市。

82. Laser

Laser 是由 17 个亲本植株通过杂交而获得的综合品种。其亲本材料是在测产试验田和病害试验田里,选择出牧草产量高、牧草品质好、持久性好的多个种群,并运用表型轮回选择法加以选择,以获得对细菌性萎蔫病、镰刀菌萎蔫病、疫霉根腐病、炭疽病、黄萎病、丝囊霉根腐病和苜蓿斑翅蚜的抗性。亲本种质来源:Tempo、Thor、Answer、Apollo、MNP-D1、MNP-B1(syn2)、NCMP-2、Teweles Multistrain 和来源于 Vernal、Ranger、Iroquois 的 Dairyland 试验材料。种质资源贡献率大约为:土耳其斯坦苜蓿占 30%、佛兰德斯苜蓿占 60%、智利苜蓿占 10%。该品种花色 85% 为紫色、15% 杂色中带有少许白色、乳白色和黄色,属于中等秋眠类型,秋眠等级为 4 级。对细菌性萎蔫病、镰刀菌萎蔫病、疫霉根腐病具有高抗性;对炭疽病、黄萎病有抗性;对丝囊霉根腐病、苜蓿斑翅蚜、蓝苜蓿蚜、茎线虫、豌豆蚜和北方根结线虫有中度抗性。适宜于美国中北部和大平原地区种植;已在威斯康星州、爱荷华州、堪萨斯州和明尼苏达州通过测试。基础种永久由 Dairyland 研究中心生产和持有,审定种子于 1995 年上市。

83. Gold Plus

Gold Plus 是由 165 个亲本植株通过杂交而获得的综合品种。其亲本材料选择标准包括多叶性、抗病疫霉根腐病、丝囊霉根腐病等特性,亲本材料是从威斯康星州的生长三年的产量试验田里选择出的多个种群。亲本种质来源:MultiQueen、VS-9034、AlfaStar 和 DK 122。种质资源贡献率大约为:黄花苜蓿占 8%、拉达克苜蓿占 6%、杂花苜蓿占 25%、土耳其斯坦苜蓿占 4%、佛兰德斯苜蓿占 47%、智利苜蓿占 10%。该品种花色 99% 为紫色、1% 杂色中带有少许白色、乳白色和黄色,属于中等秋眠类型,秋眠等级为 4 级,牧草品质类似 WL322HQ,小叶数量比 Multiking Ⅰ苜蓿还多,为多叶型品种。对细菌性萎蔫病、镰刀菌萎蔫病、疫霉根腐病、炭疽病、豌豆蚜、苜蓿斑翅蚜、茎线虫病具有高抗性;对黄萎病和丝囊霉根腐病有抗性;对根结线虫和蓝苜蓿蚜的抗性未测试。适宜于美国中北部地区种植;已在威斯康星州、明尼苏达州和爱荷华州通过测试。基础种永久由 Cal/West 中心生产和持有,审定种子于 1996 年上市。

84. Magnum Ⅴ

Magnum Ⅴ是由 12 个亲本植株通过杂交而获得的综合品种。其亲本材料是在测产试验田和病害试验田里,根据其牧草产量、持久性、牧草品质选择出的多个种群,并运用表型轮回选择法加以选择,以获得对细菌性萎蔫病、镰刀菌萎蔫病、疫霉根腐病、炭疽病、黄萎病、丝囊霉根腐病和苜蓿斑翅蚜的抗性。亲本种质来源:Apollo、Tempo、Thor、Answer、Teweles Multistrai 和来源于 Vernal、Ranger、Iroquois 的 Dairyland 试验材料。种质资源贡献率大约为:黄花苜蓿占 8%、拉达克苜蓿占 8%、杂花苜蓿占 10%、土耳其斯坦苜蓿占 20%、佛兰德斯苜蓿占 30%、智利苜蓿占 24%。该品种花色 92% 为紫色、8% 杂色中带有一些白色、乳白色和黄色,属于中等秋眠类型,秋眠等级为 4 级,牧草品质与高品质的对照类似。对疫霉根腐病、细菌性萎蔫病、镰刀菌萎蔫病具有高抗性;对炭疽病、黄萎病、豌豆蚜、苜蓿斑翅蚜和茎线虫有抗性;对丝囊霉根腐病、蓝苜蓿蚜、北方根结线虫有中度抗性。适宜于美国中北部、中东部和大平原地区种植;已在威斯康星州、明尼苏达州、爱荷华州、密歇根州和堪萨斯州通过测试。基础种永久由 Dairyland 研究中心生产和持有,审定种子于 1997 年上市。

85. Jade Ⅱ

Jade Ⅱ是由 16 个亲本植株通过杂交而获得的综合品种。其亲本材料是在测产试验田和病害试验田里,根据其牧草产量、持久性、饲料品质选择出的多个种群,并运用表型轮回选择法加以选择,以获得对细菌性萎蔫病、镰刀菌萎蔫病、疫霉根腐病、炭疽病、黄萎病、丝囊霉根腐病和苜蓿斑翅蚜的抗性。亲本种质来源:Jade、Apollo Supreme、Answer、WL312、Teweles Multistrain 和 Vernal、Ranger、Iroquois 的 Dairyland 试验材料。种质资源贡献率大约为:杂花苜蓿占 15%、土耳其斯坦苜蓿占 25%、佛兰德斯苜蓿占 35%、智利苜蓿占 25%。该品种花色 89% 为紫色、11% 杂色中带有一些白色、乳白色和黄色,属于中等秋眠类型,秋眠等级为 4 级,牧草品质与高品质的对照类似。对疫霉根腐病、细菌性萎蔫病、镰刀菌萎蔫病具有高抗性;对炭疽病、黄萎病、豌豆蚜、首蓿斑翅蚜和茎线虫有抗性;对丝囊霉根腐病、蓝首蓿蚜、北方根结线虫有中度抗性。适宜于美国中北部和大平原地区种植;已在威斯康星州、明尼苏达州、爱荷华州、内布拉斯加州和堪萨斯州通过测试。基础种永久由 Dairyland 研究中心生产和持有,审定种子于 1996 年上市。

86. CW3449

CW3449 是由 182 个亲本植株通过杂交而获得的综合品种,其亲本材料具有抗疫霉根腐病、丝囊霉根腐病、小叶数量较多等特性,亲本材料是从宾夕法尼亚州生长 3 年的测产试验田里选择出的多个种群,并运用表型轮回选择法和近红外反射光谱技术加以选择,以获得高质量的饲用价值和对细菌性萎蔫病、黄萎病、疫霉根腐病、丝囊霉根腐病、炭疽病和小光壳叶斑病等病虫害的抗性。亲本种质来源:AlfaStar、Class、Award、MultiQueen、DK133、Bolt ML 和 Benchmark。种质资源贡献率大约为:黄花首蓿占 8%、拉达克首蓿占 6%、杂花首蓿占 25%、土耳其斯坦首蓿占 5%、佛兰德斯首蓿占 46%、智利首蓿占 10%。该品种花色约 93% 为紫色、7% 为杂色,略带乳白色、白色和黄色,属于中等秋眠类型,秋眠等级为 4 级。对炭疽病、细菌性萎蔫病、镰刀菌萎蔫病、黄萎病、疫霉根腐病和豌豆蚜具有高抗性;对茎线虫、丝囊霉根腐病和首蓿斑翅蚜具有抗性;对蓝首蓿蚜和根结线虫的抗性尚未充分测试。适宜于美国的中北、中东和大平原地区种植;已经在威斯康星州、明尼苏达州、爱荷华州和宾夕法尼亚州通过测试。基础种由 Cal/West 生产,和持有审定种子于 1997 年上市。

87. DK142

DK142 是由 186 个亲本植株经过杂交而获得的综合品种,其亲本材料是从威斯康星州生长三年的产量试验田里选择出的具有多叶型、抗疫霉根腐病和丝囊霉根腐病等特性的多个多父本杂交种群。亲本种质来源:DK 133、Bolt ML、Benchmark 和 Class,种质资源贡献率大约为:黄花首蓿占 7%、拉达克首蓿占 6%、杂花首蓿占 24%、土耳其斯坦首蓿占 3%、佛兰德斯首蓿占 49%、智利首蓿占 11%。该品种花色约 99% 为紫色、1% 为杂色,略带乳白、白色和黄色,属于中等秋眠类型,秋眠等级为 4 级,多叶特性比 MultiKing L 首蓿更加突出。对细菌性萎蔫病、镰刀菌萎蔫病、疫霉根腐病、丝囊霉根腐病和豌豆蚜具有高抗性;对黄萎病、炭疽病、首蓿斑翅蚜、茎线虫具有抗性;对蓝首蓿蚜和根结线虫的抗性尚未充分测试。适宜于美国中北部地区种植。已经在威斯康星州、明尼苏达州和爱荷华州经过测试。基础种由 Cal/West 生产和持有,审定种子于 1997 年上市。

88. ABT405

ABT405 是由 409 个亲本植株合成,其中 Allegro 首蓿占 81%,TMF 首蓿占 19%。试验地位于华伦斯堡地区 Allegro 和 TMF 首蓿采样地。从 1991 年 3 月开始进行放牧实验,其中在 1991 年经过 70 d 的不间断放牧,1992 年、1993 年都经过 155 d 不间断放牧。到 1993 年 10 月份,当其生物量下降至 10% 的时候,采样地已被根颈大而均匀的最健康的植株占据。种质资源贡献率大约为:黄花首蓿占 8%、拉达克首蓿占 8%、杂花首蓿占 20%、土耳其斯坦首蓿占 15%、佛兰德斯首蓿占 32%、智利首蓿占 8%、秘鲁首蓿占 4%、未知品种占 5%。该品种花色 72% 为紫色,27% 为杂色,略带乳白色、白色和黄色;属于中等秋眠类型,秋眠等级为 4 级,耐牧

114

强度类似于 Alafagraze。对细菌性萎蔫病、镰刀菌萎蔫病、黄萎病和疫霉根腐病具有高抗性；对炭疽病、丝囊霉根腐病和豌豆蚜具有抗性；对茎线虫、苜蓿斑翅蚜、蓝苜蓿蚜和根结线虫的抗性尚未测试。适宜于美国的中北地区种植，基础种永久由 ABI 生产和持有，审定种子于 1997 年上市。

89. Amerigraze 401 ＋Z

Amerigraze 401 ＋Z 是由 369 个亲本植株组成，其亲本全部可追溯到 Allegro。从 1991 年 3 月开始在华伦斯堡经过反复放牧实验，Allegro 苜蓿采样地在 1991 年经过 70 d 的不间断放牧，1992 年和 1993 年都经过 155 d 不间断放牧。1993 年 10 月当生物量下降至 10％的时候，样地已被根颈大而均匀的最健康亲本植株占据。其种质资源贡献率大约为：黄花苜蓿占 8％、拉达克苜蓿占 2％、杂花苜蓿占 21％、土耳其斯坦苜蓿占 16％、佛兰德斯苜蓿占 30％、智利苜蓿占 8％、秘鲁苜蓿占 4％、未知品种占 5％。该品种花色 71％为紫色，28％为杂色，略带乳白色、白色和黄色；属于中等秋眠类型，秋眠等级为 4 级，类似于 Saranac；耐牧强度类似于 Alafagraze。对细菌性萎蔫病、镰刀菌萎蔫病、黄萎病、炭疽病和疫霉根腐病具有高抗性；对丝囊霉根腐病、豌豆蚜和茎线虫具有抗性；对苜蓿斑翅蚜、蓝苜蓿蚜和根结线虫的抗性尚未测试。适宜于美国的中北地区种植，基础种永久由 ABI 生产和持有，审定种子于 1997 年上市。

90. Forecast3000

Forecast3000 是由 67 个亲本植株通过杂交而获得的综合品种。其亲本材料的一半来自产量试验田或者抗病苗圃。这些亲本的后代经过牧草产量、牧草质量、存活率、晚熟性等性状测试，并且获得对细菌性萎蔫病、疫霉根腐病、炭疽病、丝囊霉根腐病、黄萎病和苜蓿斑翅蚜的抗性。另一半亲本材料来自选种苗圃，并对其耐寒性、生长活力、牧草产量和晚熟性加强选择。亲本种质来源：Apollo、MNB1、Teweles Multistrain、Magnum、MultiKing 1、Trident Ⅱ、WAPH-1、Thor、Tempo、MagnumⅢ-Wet、MND1（Syn. 2）、G2815、5432、5444、Magnum Ⅲ、5373、Imapct、WL312、Tachiwakaba 以及 Dairyland 实验材料 Ranger 和 Iroquois。种质资源贡献率大约为：土耳其斯坦苜蓿占 38％、佛兰德斯苜蓿占 26％、未知品种占 36％。该品种花色约 90％为紫色，10％为杂色，略带乳白色、白色和黄色；属于中等秋眠类型，秋眠等级为 4 级。该品种与 MagnumⅣ、WL322HQ 和 Vernal 相比为晚熟苜蓿。对细菌性萎蔫病、镰刀菌萎蔫病具有高抗性；对炭疽病、黄萎病、疫霉根腐病、茎线虫、北方根结线虫、豌豆蚜和蓝苜蓿蚜具有抗性；对苜蓿斑翅蚜和丝囊霉根腐病具有中度抗性。适宜于美国中北地区种植；已经在威斯康星州、明尼苏达州和密歇根州经过测试，基础种永久由 Dairyland 种子公司生产和持有，审定种子于 1996 年上市。

91. HaymakerⅡ

HaymakerⅡ是由 147 个亲本植株经过杂交而获得的综合品种，其亲本材料是从威斯康星州的生长三年的苗圃里选择出的具有多叶型特性、抗疫霉根腐病和丝囊霉根腐病等特性的多个种群，并运用表型轮回选择法和近红外反射光谱法加以选择，以获得具有高饲用价值和对细菌性萎蔫病、镰刀菌萎蔫病、黄萎病、疫霉根腐病、丝囊霉根腐病、炭疽病和小光壳叶斑病等病虫害的抗性。亲本种质来源：Jewel、2333、WL 320、Precedent、VS-775、Achieva、Encore 和

Prism。种质资源贡献率大约为:黄花苜蓿占 8%、拉达克苜蓿占 6%、杂花苜蓿占 27%、土耳其斯坦苜蓿占 5%、佛兰德斯苜蓿占 45%、智利苜蓿占 9%。该品种花色约 99% 为紫色,1% 为杂色,略带乳白色、白色和黄色;属于中等秋眠类型,秋眠等级类似于 Saranac,为 4 级。对炭疽病、细菌性萎蔫病、镰刀菌萎蔫病、疫霉根腐病和茎线虫具有高抗性;对黄萎病、丝囊霉根腐病和苜蓿斑翅蚜具有抗性;对豌豆蚜、蓝苜蓿蚜和根结线虫的抗性尚未充分测试。适宜于美国中北、中东和大平原地区;已经在威斯康星州、明尼苏达州、爱荷华州、密歇根州、内布拉斯加州和宾夕法尼亚州经过测试。基础种由 Cal/West 生产,审定种子于 1997 年上市。

92. SPUR

SPUR 是由 10 个亲本植株通过杂交而获得的综合品种,其亲本材料的后代经过测试并选择具有牧草产量高、牧草质量好、持久性好、多小叶特性、抗虫害、秋眠反应等特性的多个种群,并综合运用基因型选择和表型轮回选择法加以选择,以获得对细菌性萎蔫病、镰刀菌萎蔫病、黄萎病、炭疽病、疫霉根腐病、丝囊霉菌根腐病、苜蓿斑翅蚜的抗性。亲本种质来源:Encore20%、Prism 20%、Alfaleaf 20%、DK 133 15%、Achieva 15%、Pacesetter 10% 等 6 个种群。种质资源贡献率大约为:黄花苜蓿占 5%、拉达克苜蓿占 5%、杂花苜蓿占 27%、土耳其斯坦苜蓿占 3%、佛兰德斯苜蓿占 57%、智利苜蓿占 3%。该品种花色 82% 为紫色,18% 为杂色,略带乳白色、白色和黄色;属于中等秋眠类型,秋眠等级为 4 级,抗寒性较强,小叶数量较多,具有多叶性状。对细菌性萎蔫病、炭疽病、疫霉根腐病、豌豆蚜和镰刀菌萎蔫病具有高抗性;对丝囊霉根腐病、黄萎病和苜蓿斑翅蚜具有抗性;对北方根结线虫和茎线虫具有中等的抗性;对蓝苜蓿蚜的抗性尚未测试。适宜于美国中北和中东地区种植;已经在威斯康星州、明尼苏达州、爱荷华州和宾夕法尼亚州经过测试。基础种永久由 Forage Genetics 公司生产和持有,审定种子于 1996 年上市。

93. Cimarron3i

Cimmaron3i 是一个综合品种,其亲本通过表型轮回选择以获得对细菌性萎蔫病、黄萎病、疫霉根腐病、豌豆蚜和苜蓿斑翅蚜等病虫害的抗性和高的植株活力。亲本材料来自 Cimarron VR。种质资源贡献率大约为:黄花苜蓿占 2%、拉达克苜蓿占 2%、杂花苜蓿占 20%、土耳其斯坦苜蓿占 10%、佛兰德斯苜蓿占 26%、智利苜蓿占 40%。该品种花色 81% 为紫色,19% 为杂色。属于中等秋眠类型,秋眠等级为 4 级。该品种对炭疽病、细菌性萎蔫病、镰刀菌萎蔫病具有高抗性;对黄萎病、疫霉根腐病、蹄坏疽病、茎线虫、豌豆蚜、苜蓿斑翅蚜和南方根结线虫具有抗性;对丝囊霉根腐病具有中等的抗性。该品种适宜于美国中东部、西南部、寒冷山区、中度寒冷山区和平原地区种植;已在宾夕法尼亚州、怀俄明州和北卡罗来纳州通过测试。基础种永久由 Great Plains 研究公司生产和持有,审定种子于 1998 年上市。

94. C106

C106 是由 234 个亲本植株通过杂交而获得的综合品种。其亲本材料选自具有抗核盘菌茎腐病的 2 个种群,并运用表型轮回选择法和近红外反射光谱技术加以选择,以获得对疫霉根腐病和核盘菌茎腐病的抗性。亲本种质来源:Premier 和 Promise。种质资源贡献率大约为:黄花苜蓿占 5%、拉达克苜蓿占 14%、杂花苜蓿占 28%、土耳其斯坦苜蓿占 13%、佛兰德斯苜蓿占34％和智利苜蓿占6％。该品种花色100％为紫色,略带有杂色、白色、乳白色和黄色。属于中等秋眠类型,秋眠等级为4级。该品种对炭疽病、细菌性萎蔫病、镰刀菌萎蔫病、黄萎病、疫霉根腐病具有高抗性;对核盘菌茎腐病、豌豆蚜和苜蓿斑翅蚜具有抗性;低抗丝囊霉根腐病;对蓝苜蓿蚜、茎线虫和根结线虫的抗性未做测试。该品种适宜于美国的中北部、中东部种植;已在宾夕法尼亚州、俄亥俄河州和威斯康星州通过测试。基础种永久由W-L研究公司生产和持有,审定种子于1998年上市。

95. Columbia 2000

Columbia 2000是一个通过品系杂交育成的综合品种。利用来自Vernal苜蓿品种中筛选出的至少500个单株的花粉与商业品种的250个植株,通过人工授粉的方式进行授粉,再从其后代材料中选择出根系、根茎健康和持久性好的单株。亲本种质来源:Arrow、G2815、Commander、Oneida VR和WL 316。种质资源贡献率大约为:黄花苜蓿占8％、杂花苜蓿占5％、拉达克苜蓿占62％、佛兰德斯苜蓿占25％。该品种花色85％为紫色,15％杂色,略带乳白色和黄色;属于中等秋眠类型,秋眠等级接近Saranac为4级。无雄性不育,基本上都可产生花粉。对细菌性萎蔫病、镰刀菌萎蔫病、黄萎病和豌豆蚜具有高抗性;中度抗茎线虫;低抗炭疽病、北方根结线虫、疫霉根腐病和苜蓿斑翅蚜。适宜于美国中北部地区种植;已在威斯康星州、明尼苏达州、密歇根州、爱荷华州、伊利诺伊州和俄亥俄州通过测试。基础种永久由Crop Improvement Association生产和持有,审定种子于1998年上市。

96. DK 140

DK 140是由18个亲本植株通过杂交而获得的综合品种。其亲本材料是根据牧草产量、质量、秋眠性、持久性、多叶型等特性选择出的多个种群;并综合运用基因型选择和表型轮回选择法加以选择,以获得对细菌性萎蔫病、镰刀菌萎蔫病、疫霉根腐病、丝囊霉根腐病、炭疽病和苜蓿斑翅蚜的抗性。亲本种质来源:Sterling、Excalibur Ⅱ、330、Rushmore、LegenDairy。种质资源贡献率大约为:黄花苜蓿占3％、拉达克苜蓿占4％、杂花苜蓿占25％、土耳其斯坦苜蓿占5％、佛兰德斯苜蓿占59％、智利苜蓿占4％。该品种花色91％为紫色,9％杂色,略带白色、乳白色和黄色,秋眠等级4级,抗寒性类似于Vernal。该品种对细菌性萎蔫病、镰刀菌萎蔫病、苜蓿斑翅蚜、丝囊霉根腐病、疫霉根腐病具有高抗性;对黄萎病、豌豆蚜有抗性;中度抗茎线虫;对蓝苜蓿蚜和根结线虫的抗性未测试。该品种适宜于美国中北部地区种植;已在威斯康星州、明尼苏达州和爱荷华州通过测试。基础种永久由Forage Genetics公司生产和持有,审定种子于1997年上市。

97. CW 5426

CW 5426是由173个亲本植株通过杂交而获得的综合品种。其亲本材料具有抗疫霉根腐病、丝囊霉根腐病、多叶型的特性,亲本材料是从明尼苏达州和威斯康星州生长三年的产量试验田的杂交后代中选择出的多个种群;并运用表型轮回选择法加以选择,以获得高质量的饲用价值和对细菌性萎蔫病、黄萎病、疫霉根腐病、丝囊霉根腐病、炭疽病和小光壳叶斑病的抗性。亲本种质来源:Bighorn、Award、AlfaStar、MultiQueen和Cal/West育种群体。种质资源贡献率大约为:黄花苜蓿占8％、拉达克苜蓿占6％、杂花苜蓿占25％、土耳其斯坦苜蓿占4％、佛兰德斯苜蓿占 47％、智利苜蓿占 10％。该品种花色 93％为紫色、7％杂色中带有少许白色、乳白色和黄色,属于中等秋眠类型,秋眠等级接近 Saranac。该品种对炭疽病、镰刀菌萎蔫病、疫霉根腐病和丝囊霉根腐病具有高抗性;对细菌性萎蔫病、黄萎病、豌豆蚜和苜蓿斑翅蚜有抗性;对蓝苜蓿蚜、茎线虫和根结线虫的抗性未测试。该品种适宜于美国中北部、中东部地区种植;已在威斯康星州、明尼苏达州、密歇根州、内布拉斯加州通过测试。基础种永久由 Cal/West 种子公司生产和持有,审定种子于 1998 年上市。

98. CW 5440

CW 5440 是由 230 个亲本植株通过杂交而获得的综合品种。其亲本材料具有抗疫霉根腐病、丝囊霉根腐病、多叶型的特性,亲本材料是从宾夕法尼亚州生长三年的产量试验田和植物苗圃里选择出的多个种群;并运用表型轮回选择法加以选择,以获得高质量的饲用价值和对细菌性萎蔫病、黄萎病、疫霉根腐病、丝囊霉根腐病、炭疽病和小光壳叶斑病的抗性。亲本种质来源:BigHorn、AlfaStar、Award、MultiQueen 和 Cal/West 育种群体。种质资源贡献率大约为:黄花苜蓿占 9％、拉达克苜蓿占 6％、杂花苜蓿占 25％、土耳其斯坦苜蓿占 4％、佛兰德斯苜蓿占 47％、智利苜蓿占 9％。该品种花色 94％为紫色、6％杂色中带有少许白色、乳白色和黄色,属于中等秋眠类型,秋眠等级接近 Saranac。该品种对炭疽病、细菌性萎蔫病、镰刀菌萎蔫病、黄萎病和丝囊霉根腐病具有高抗性;对疫霉根腐病、豌豆蚜和苜蓿斑翅蚜有抗性;对蓝苜蓿蚜、茎线虫和根结线虫的抗性未测试。该品种适宜于美国中北部、中东部地区种植;已在威斯康星州、明尼苏达州、密歇根州、内布拉斯加州通过测试。基础种永久由 Cal/West 种子公司生产和持有,审定种子于 1998 年上市。

99. DK 141(Amended)

DK 141 是由 135 个亲本植株通过杂交而获得的综合品种。其亲本材料运用表型轮回选择法进行选择,以获得对丝囊霉根腐病的抗性。亲本种质来源:Ovation、Paramount、Pro Cut Ⅱ和 Trident Ⅱ。种质资源贡献率大约为:黄花苜蓿占 8％、拉达克苜蓿占 17％、杂花苜蓿占 29％、土耳其斯坦苜蓿占 5％、佛兰德斯苜蓿占 38％、智利苜蓿占 3％。该品种花色 100％为紫色、带有一丝杂色、白色、乳白色和黄色,秋眠等级接近 Legend 为 4 级,越冬率接近 Dart。该品种对炭疽病、细菌性萎蔫病、镰刀菌萎蔫病、黄萎病、疫霉根腐病和丝囊霉根腐病具有高抗性;对豌豆蚜和苜蓿斑翅蚜有抗性;对茎线虫和核盘菌颈腐病有中度抗性;对蓝苜蓿蚜和根结线虫的抗性未测试。该品种适宜于美国中北部、中东部地区种植;已在伊利诺伊州、宾夕法尼亚州和威斯康星州通过测试。基础种永久由 W-L 公司生产和持有,审定种子于 1997 年上市。

100. FG 3L2l

FG 3L21 是由 110 个亲本植株通过杂交而获得的综合品种。其亲本材料是根据牧草产量、牧草品质、秋眠性、持久性、抗虫性和小叶数量等特性选择出的多个种群,并综合运用基因型选择和表型轮回选择法进行选择,以获得对细菌性萎蔫病、镰刀菌萎蔫病、疫霉根腐病、丝囊霉根腐病、炭疽病和苜蓿斑翅蚜的抗性。亲本种质来源:Excalibur 1(19％)、Sterling (17％)、DK127 (13％)、330 (12％)、LegenDairy (12％)、MP2000 (8％)、Lightning (7％)、Accord (7％)和 5454(5％)。种质资源贡献率大约为:黄花苜蓿占 3％、拉达克苜蓿占 4％、杂花苜蓿

占 25％、土耳其斯坦苜蓿占 5％、佛兰德斯苜蓿占 59％、智利苜蓿占 4％。该品种花色近 82％
为紫色,18％杂色,带有少许白色、乳白色和黄色。秋眠等级接近 4 级,越冬率接近 Vernal。
小叶数量较多,为多叶型品种。该品种对炭疽病、细菌性萎蔫病、镰刀菌萎蔫病、疫霉根腐病具
有高抗性;对黄萎病、丝囊霉根腐病、豌豆蚜和苜蓿斑翅蚜有抗性;中度抗茎线虫;对蓝苜蓿蚜
和根结线虫的抗性未测试。该品种适宜于美国的中北部种植;已在威斯康星州、明尼苏达州和
爱荷华州通过测试,计划推广到美国北部和加拿大东部地区利用。基础种永久由 Forage Ge-
netics 公司生产和持有,审定种子于 1998 年上市。

101. **FG 3L104**

FG 3L104 是由 74 个亲本植株通过杂交而获得的综合品种。其亲本材料具有抗茎线虫、
黄萎病、疫霉根腐病和多叶型的特性。亲本种质来源:FG 3B60（31.5％）、MultiKing（31％）、
Dividend（12.5％）、LegenDairy（12.5％）和 Achieva（12.5％）。种质资源贡献率大约为:黄
花苜蓿占 3％、拉达克苜蓿占 6％、杂花苜蓿占 27％、土耳其斯坦苜蓿占 3％、佛兰德斯苜蓿占
57％、智利苜蓿占 4％。该品种花色 99％为紫色,1％白色中带有少许杂色、乳白色和黄色。秋
眠等级为 4 级,越冬率接近 Ranger,小叶数量较多,为多叶型品种。该品种对炭疽病、细菌性
萎蔫病、镰刀菌萎蔫病、疫霉根腐病和茎线虫具有高抗性;对黄萎病、豌豆蚜和苜蓿斑翅蚜有抗
性;中度抗根结线虫;对蓝苜蓿蚜和丝囊霉根腐病的抗性未测试。该品种适宜于美国寒冷山区
种植;已在爱达荷州、科罗拉多州和俄勒冈州通过测试。基础种永久由 Forage Genetics 种子
公司生产和持有,审定种子于 1998 年上市。

102. **6410**

6410 是由 12 个亲本植株通过杂交而获得的综合品种。其亲本材料是在育种评价圃中,
通过评价产量、持久性、饲草品质、再生性、多叶型等性状,经过 2～3 年的实验筛选出的;并运
用表型轮回选择法加以选择,以获得对细菌性萎蔫病、镰刀菌萎蔫病、疫霉根腐病、丝囊霉根腐
病、黄萎病、炭疽病、豌豆蚜和苜蓿斑翅蚜的抗性。亲本种质来源:DK 127（25％）、Lightning
（20％）、LegenDairy 2.0（15％）、Rushmore（10％）、Excalibur Ⅱ（10％）、5262（10％）、
Magnum Ⅲ（5％）和 G2852（5％）。种质资源贡献率大约为:黄花苜蓿占 6％、拉达克苜蓿占
4％、杂花苜蓿占 32％、土耳其斯坦苜蓿占 3％、佛兰德斯苜蓿占 52％、智利苜蓿占 3％。花色
79％为紫色,21％为杂色中带有一些乳白色、白色和黄色。秋眠等级为 4 级,抗寒性接近
Norseman,大多表现为多叶型的特性。该品种对炭疽病、细菌性萎蔫病、镰刀菌萎蔫病、黄萎
病、丝囊霉根腐病和疫霉根腐病具有高度抗性;对马铃薯叶蝉、茎线虫、豌豆蚜有抗性;对蓝苜
蓿蚜、苜蓿斑翅蚜和根结线虫的抗性未测试。该品种适宜生长在美国中北部;已在威斯康星
州、爱荷华州和明尼苏达州通过测试。基础种永久由 Forage Genetics 种子公司生产和持有,
审定种子于 1999 年上市。

103. **6420**

6420 是一个通过品系杂交育成的综合品种。亲本材料是从测产地和抗病评价圃里选择
的。亲本材料选择标准包括牧草产量、牧草品质、持久性,以及对细菌性萎蔫病、镰刀菌萎蔫
病、疫霉根腐病、炭疽病、黄萎病、丝囊霉根腐病和苜蓿斑翅蚜的抗性。亲本种质来源:Thor 和

Answer。种质资源贡献率大约为：土耳其斯坦首蓿占50％、佛兰德斯首蓿占50％。该品种花色90％为紫色，10％杂色中带有少许白色、乳白色和黄色。属于中等秋眠类型，秋眠等级为4级。该品种对疫霉根腐病、细菌性萎蔫病、镰刀菌萎蔫病、北方根结线虫具有高抗性；对丝囊霉根腐病、黄萎病、豌豆蚜、首蓿斑翅蚜、茎线虫有抗性；对蓝首蓿蚜和炭疽病的抗性未测试。该品种适宜于美国中北部和中东部种植，计划推广到美国中部和北部利用；已在威斯康星州、明尼苏达州和密歇根州通过测试。基础种永久由Dairyland研究中心生产和持有，审定种子于1999年上市。

104. **ABT 400 SCL**

ABT 400 SCL是由150个亲本植株通过杂交而获得的综合品种，运用表型轮回选择法加以选择，以获得对核盘菌颈腐病的抗性。亲本种质来源：Chief、GH755、Promise和WL 323。种质资源贡献率大约为：黄花首蓿占7％、拉达克首蓿占19％、杂花首蓿占22％、土耳其斯坦首蓿占10％、佛兰德斯首蓿占34％、智利首蓿占8％。该品种花色100％为紫色，略带少量乳白色和杂色。秋眠等级同Legend（等级为4级）。该品种对炭疽病、细菌性萎蔫病、镰刀菌萎蔫病、黄萎病、疫霉根腐病、丝囊霉根腐病和豌豆蚜具有高抗性；对首蓿斑翅蚜有抗性；中度抗茎线虫和北方根结线虫；对蓝首蓿蚜和镰刀菌萎蔫病的抗性未测试。该品种适宜于美国中北部、中东部和中度寒冷山间地区种植；已在宾夕法尼亚州、华盛顿州、威斯康星州通过测试。基础种永久由W-L公司生产和持有，审定种子于1999年上市。

105. **Accord**

Accord是由111个亲本植株育成的综合品种。亲本植株来自两个FG育种材料的杂交种，根据其多叶型性状表现、对丝囊霉根腐病和疫霉根腐病抗性，并运用表型轮回选择法加以选择。一份亲本材料从威斯康星州生长4年的产量试验田Encore中选择的；另一份亲本材料是从抗寒、多叶型的群体中，根据生长势、持久性、饲草品质和对细菌性萎蔫病、镰刀菌萎蔫病、炭疽病疫霉根腐病和丝囊霉根腐病的抗性进行选择。亲本种质来源：Encore（60％）、LegenDairy（20％）、Pacesetter（5％）、Prism（5％）、Alfaleaf（5％）和DK133（5％）。种质资源贡献率大约为：黄花首蓿占5％、拉达克首蓿占6％、杂花首蓿占29％、土耳其斯坦首蓿占3％、佛兰德斯首蓿占53％、智利首蓿占4％。该品种花色68％为紫色、32％为杂色，些许为白色、乳白色和黄色。秋眠等级同Saranac，抗寒等级同Vernal。Accord比MultikingⅠ的多叶型性状更显著。该品种对炭疽病、细菌性萎蔫病、镰刀菌萎蔫病、疫霉根腐病和豌豆蚜具有高抗性；对黄萎病和丝囊霉根腐病有抗性；中度抗北方根结线虫和茎线虫；对蓝首蓿蚜和首蓿斑翅蚜的抗性未测试。该品种适宜于美国中北部、中东部地区种植，计划推广到美国北部和中部利用；已在威斯康星州、明尼苏达州、爱荷华州和宾夕法尼亚州通过测试。基础种永久由Forage Genetics公司生产和持有，审定种子于1995年上市。

106. **54Q53**

54Q53是由225个亲本植株于1994年经隔离杂交而获得的综合品种。根据其抗寒性、产量以及对细菌性萎蔫病、黄萎病、疫霉根腐病、茎线虫、北方根结线虫和首蓿斑翅蚜的抗性，并运用表型轮回选择法加以选择，并在华盛顿州Connell附近的选择圃中根据抗寒性、农艺学性状和饲草品质进行最后的选择。种质资源贡献率大约为：黄花苜蓿占 3%、拉达克苜蓿占 5%、杂花苜蓿占 14%、土耳其斯坦苜蓿占 3%、佛兰德斯苜蓿占 23%、智利苜蓿占 4%、非洲苜蓿占 1%、印第安苜蓿<1%、秘鲁苜蓿<1% 和未知苜蓿占 46%。该品种花色 93% 为紫色、7% 杂色中带有少许白色、乳白色和黄色，属于中等秋眠类型，秋眠性同 Legend 相似，抗寒抗性同 Ranger 相似，饲草品质好。该品种对细菌性萎蔫病、黄萎病、疫霉根腐病、茎线虫和北方根结线虫具有高抗性；对炭疽病和镰刀菌萎蔫病有抗性；中度抗丝囊霉根腐病、豌豆蚜和苜蓿斑翅蚜；对蓝苜蓿蚜的抗性未测试。该品种适宜于美国大平原、中东、寒冷山区和中度寒冷的山区种植；已在爱荷华州、明尼苏达州、威斯康星州、俄勒冈州和华盛顿州通过测试。基础种由 Pioneer Hi-Bred International 公司生产和持有，审定种子于 1998 年上市。

107. C232

C232 是由 180 个亲本植株通过杂交而获得的综合品种。其亲本是运用表型轮回选择法加以选择，以获得具有较高饲用价值的亲本材料。亲本种质来源：ALPHA 2001，Multi-plier，WL 252 HQ 和 WL 325 HQ 群体。种质资源贡献率大约为：黄花苜蓿占 11%、拉达克苜蓿占 17%、杂花苜蓿占 22%、土耳其斯坦苜蓿占 16%、佛兰德斯苜蓿占 34%。该品种花色 100% 为紫色，略带有一些杂色和白色。秋眠等级为 4 级，与 Legend 相同。该品种对炭疽病、细菌性萎蔫病、镰刀菌萎蔫病、黄萎病、疫霉根腐病和丝囊霉根腐病具有高抗性；对茎线虫和豌豆蚜有抗性；对蓝苜蓿蚜、苜蓿斑翅蚜和根结线虫的抗性未测试。该品种适宜于美国中北部和中东部地区种植；已在宾夕法尼亚州、威斯康星州通过测试。基础种永久由 W-L 种子公司生产和持有，审定种子于 1999 年上市。

108. C304

C304 是由 200 个亲本植株通过杂交而获得的综合品种。其亲本是运用表型轮回选择法加以选择，以获得具有较高产量的亲本材料。亲本种质来源：ABT350、Rushmore、WL 232 HQ 和 WL 252 HQ 群体。种质资源贡献率大约为：黄花苜蓿占 16%、拉达克苜蓿占 14%、杂花苜蓿占 21%、土耳其斯坦苜蓿占 13%、佛兰德斯苜蓿占 36%。该品种花色 100% 为紫色，略带有一些杂色和白色。秋眠等级为 4 级，与 Legend 相同。该品种对炭疽病、细菌性萎蔫病、镰刀菌萎蔫病和丝囊霉根腐病具有高抗性；对黄萎病、茎线虫和苜蓿斑翅蚜有抗性；对豌豆蚜、蓝苜蓿蚜、疫霉根腐病和根结线虫的抗性未测试。该品种适宜于美国中北部和中东部地区种植，计划推广到中北部、中东部和大平原地区利用；已在伊利诺伊州、宾夕法尼亚州和威斯康星州通过测试。基础种永久由 W-L 种子公司生产和持有，审定种子于 1999 年上市。

109. Cimarron SR

Cimarron SR 其亲本材料是运用表型轮回选择法加以选择，以获得具有较高产量和对炭疽病、细菌性萎蔫病、黄萎病、疫霉根腐病、豌豆蚜和苜蓿斑翅蚜的抗性。亲本种质来自于 Cimarron VR（50%）和 Cimarron（50%）。种质资源贡献率大约为：黄花苜蓿占 2%、拉达克苜蓿占 2%、杂花苜蓿占 20%、土耳其斯坦苜蓿占 10%、佛兰德斯苜蓿占 26% 和智利苜蓿占 40%。该品种花色 72% 为紫色，28% 杂色中略带有一些杂色和白色，秋眠等级与 Saranac 相同。该品种对炭疽病、细菌性萎蔫病、镰刀菌萎蔫病、黄萎病、疫霉根腐病和豌豆蚜具有高抗性;对苜蓿斑翅蚜、茎线虫和南方根结线虫有抗性;中度抗丝囊霉根腐病。该品种适宜于美国中东部和大平原地区种植;已在俄克拉荷马州和北卡罗莱纳州通过测试。基础种永久由Great Plains Research Company 生产和持有,审定种子于 1999 年上市。

110. **CW 5428**

CW 5428 是由 168 个亲本植株通过杂交而获得的综合品种。其亲本材料具有抗疫霉根腐病、丝囊霉根腐病、多叶型的特性,亲本材料是从威斯康星州生长 3 年的产量试验田里选择出的多个种群;并运用表型轮回选择法和近红外反射光谱法技术对饲用价值加以选择,以获得对细菌性萎蔫病、黄萎病、疫霉根腐病、丝囊霉根腐病、炭疽病和马铃薯叶蝉的抗性。亲本种质来源:BigHorn、Hunter、WinterKing 和 Cal/West Seeds 育种群体。种质资源贡献率大约为:黄花苜蓿占 8%、拉达克苜蓿占 6%、杂花苜蓿 25%、土耳其斯坦苜蓿占 4%、佛兰德斯苜蓿占47%、智利苜蓿占 10%。该品种花色 86% 为紫色、13% 为杂色、1% 为白色,略带少量乳白色和黄色。属于中等秋眠类型,秋眠等级同 Legend。该品种对炭疽病、细菌性萎蔫病、镰刀菌萎蔫病、疫霉根腐病和丝囊霉根腐病具有高抗性;对黄萎病、苜蓿斑翅蚜、豌豆蚜、蓝苜蓿蚜和茎线虫有抗性;对根结线虫的抗性未测试。该品种适宜于美国中北部地区种植,计划推广到中东部利用;已在威斯康星州、明尼苏达州、爱荷华州通过测试。基础种永久由 Cal/West 种子公司生产和持有,审定种子于 1999 年上市。

111. **CW 4403**

CW 4403 是由 220 个亲本植株通过杂交而获得的综合品种。其亲本材料具有抗疫霉根腐病、丝囊霉根腐病、多叶型的特性,亲本材料是从纽约州和威斯康星州生长 3 年的产量试验田里选择出的多个种群;并运用表型轮回选择法和近红外反射光谱法技术对饲用价值加以选择,获得对细菌性萎蔫病、黄萎病、疫霉根腐病、丝囊霉根腐病、炭疽病和马铃薯叶蝉的抗性。亲本种质来源:Award、Tartan、Ultraleaf 87、Abbey、AlfaStar、Haymaker Ⅱ 和多种 Cal/West Seeds 育种群体。种质资源贡献率大约为:黄花苜蓿占 8%、拉达克苜蓿占 6%、杂花苜蓿25%、土耳其斯坦苜蓿占 4%、佛兰德斯苜蓿占 47%、智利苜蓿占 10%。该品种花色 97% 为紫色、3% 杂色中带有少许白色、乳白色和黄色,属于中等秋眠类型,秋眠等级同 Legend。该品种对炭疽病、细菌性萎蔫病、镰刀菌萎蔫病、黄萎病、疫霉根腐病、丝囊霉根腐病、蓝苜蓿蚜和豌豆蚜具有高抗性;对茎线虫有抗性;对苜蓿斑翅蚜和根结线虫的抗性未测试。该品种适宜于美国中北部、中东部和大平原地区种植;已在威斯康星州、明尼苏达州、爱荷华州、密歇根州、宾夕法尼亚州和内布拉斯加州通过测试。基础种永久由 Cal/West 种子公司生产和持有,审定种子于 1999 年上市。

112. **CW 4409**

CW 4409 是由 180 个亲本植株通过杂交而获得的综合品种。其亲本材料具有抗疫霉根腐病、丝囊霉根腐病、多叶型的特性,亲本材料是从威斯康星州和密苏里州生长 3 年的试验田里选择出的多个种群;并运用表型轮回选择法和近红外反射光谱法技术对饲用价值加以选择,获得对细菌性萎蔫病、黄萎病、疫霉根腐病、丝囊霉根腐病、炭疽病和马铃薯叶蝉的抗性。亲本种质来源:DK 133、Hunter、Ultraleaf 87、Award、Alfaleaf Ⅱ、GH 787 和 Cal/West Seeds 育种

122

群体。种质资源贡献率大约为：黄花苜蓿占8%、拉达克苜蓿占5%、杂花苜蓿占26%、土耳其斯坦苜蓿占5%、佛兰德斯苜蓿占46%、智利苜蓿占10%。该品种花色99%为紫色、1%杂色中带有少许白色、乳白色和黄色,属于中等秋眠类型,秋眠等级同Legend。该品种对炭疽病、细菌性萎蔫病、镰刀菌萎蔫病、黄萎病、疫霉根腐病和丝囊霉根腐病具有高抗性;对苜蓿斑翅蚜和茎线虫有抗性;对豌豆蚜、蓝苜蓿蚜和根结线虫的抗性未测试。该品种适宜于美国中北部、中东部和大平原地区种植;已在威斯康星州、明尼苏达州、爱荷华州、密歇根州、宾夕法尼亚州和内布拉斯加州通过测试。基础种永久由Cal/West种子公司生产和持有,审定种子于1999年上市。

113. DS908

DS908是由16个亲本植株通过杂交而获得的综合品种。亲本材料是从产量试验田和抗病评价圃中选择出的;选择标准为具有牧草产量高、品质好、持久性好等特性,并且获得对细菌性萎蔫病、镰刀菌萎蔫病、疫霉根腐病、炭疽病、黄萎病、丝囊霉根腐病和苜蓿斑翅蚜的抗性。亲本种质来源:Tempo、Apollo、Thor、Answer、Teweles Multistrain、Vernal、Ranger 和 Iroquois。种质资源贡献率大约为:杂花苜蓿占15%、土耳其斯坦苜蓿占30%、佛兰德斯苜蓿占28%和未知苜蓿占27%。该品种花色90%为紫色、10%杂色,略带有少许白色、乳白色和黄色,属于中等秋眠类型,秋眠等级为4级。该品种对疫霉根腐病、镰刀菌萎蔫病、豌豆蚜、北方根结线虫具有高抗性;对细菌性萎蔫病、黄萎病、茎线虫、苜蓿斑翅蚜有抗性;中度抗丝囊霉根腐病;对蓝苜蓿蚜和炭疽病的抗性未测试。该品种适宜于美国中北部、中东部地区种植,计划推广到美国中部和北部利用;已在威斯康星州、明尼苏达州、爱荷华州和密歇根州通过测试。基础种永久由Dairyland公司生产和持有,审定种子于1999年上市。

114. DS9410

DS9410是由多个亲本通过杂交而获得的综合品种。亲本材料是从产量试验田和抗病评价圃中选择出的。选择标准为具有牧草产量高、品质好、持久性好等特性,并且获得对细菌性萎蔫病、镰刀菌萎蔫病、疫霉根腐病、炭疽病、黄萎病、丝囊霉根腐病和苜蓿斑翅蚜的抗性。亲本种质来源:Thor 和 Teweles Multistrain。种质资源贡献率大约为:土耳其斯坦苜蓿占50%、佛兰德斯苜蓿占50%。该品种花色94%为紫色、6%杂色,夹杂白色、乳白色和黄色。属于中等秋眠类型,秋眠等级为4级。该品种对疫霉根腐病、细菌性萎蔫病、镰刀菌萎蔫病、北方根结线虫具有高抗性;对炭疽病、丝囊霉根腐病、豌豆蚜和苜蓿斑翅蚜、茎线虫有抗性;中度抗黄萎病和蓝苜蓿蚜。该品种适宜于美国中北部和中东部地区种植,计划推广到美国中部和北部利用;已在威斯康星州和伊利诺伊州通过测试。基础种永久由Dairyland研究公司生产和持有,审定种子于1997年上市。

115. FG 3G56

FG 3G56是由13个亲本植株通过杂交而获得的综合品种。其亲本材料是从威斯康星州生长2～3年的苗圃中,根据其产量、持久性、饲草品质、再生性和多叶型特性等选择出的,并运用表型轮回选择法加以选择,以获得对细菌性萎蔫病、镰刀菌萎蔫病、疫霉根腐病、丝囊霉根腐病、黄萎病、炭疽病、马铃薯叶蝉、豌豆蚜和苜蓿斑翅蚜的抗性。亲本种质来源:DK 127

（25%）、Lightning（20%）、LegenDairy 2.0（15%）、Rushmore（10%）、Excalibur Ⅱ（10%）、5262（10%）、Magnum Ⅲ（5%）和 G2852（5%）。种质资源贡献率大约为：黄花苜蓿占 6%、拉达克苜蓿占 4%、杂花苜蓿占 32%、土耳其斯坦苜蓿占 3%、佛兰德斯苜蓿占 52% 和智利苜蓿占 3%。该品种花色 72% 为紫色，28% 为杂色中，略带一些乳白色、白色和黄色。秋眠等级为 4 级，抗寒性类似 Norseman，为多叶型品种。该品种对炭疽病、细菌性萎蔫病、镰刀菌萎蔫病和疫霉根腐病具有高抗性；对黄萎病、豌豆蚜、苜蓿斑翅蚜和丝囊霉根腐病有抗性；中度抗茎线虫；对蓝苜蓿蚜和根结线虫的抗性未测试。该品种适宜于美国中北部地区种植；已在威斯康星州、爱荷华州和明尼苏达州通过测试。基础种永久由 Forage Genetics 公司生产和持有，审定种子于 1999 年上市。

116. FG 3L115

FG 3L115 是由 110 个亲本植株通过杂交而获得的综合品种。亲本材料选择标准为具有多叶型特性的多个种群，并且获得对茎线虫、黄萎病和疫霉根腐病的抗性。亲本种质来源：LegenDairy（25%）、MultiKing 1（25%）、Excalibur Ⅱ（12.5%）、Prism Ⅱ（12.5%）、Dividend（12.5%）和 Acheiva（12.5%）。种质资源贡献率大约为：黄花苜蓿占 3%、拉达克苜蓿占 6%、杂花苜蓿占 27%、土耳其斯坦苜蓿占 3%、佛兰德斯苜蓿占 57% 和智利苜蓿占 2%。该品种花色 89% 为紫色、9% 为杂色，2% 白色，略带一些乳白色和黄色。秋眠等级为 4 级，抗寒性类似 Ranger，小叶数量较多，为多叶型品种。该品种对细菌性萎蔫病、镰刀菌萎蔫病、炭疽病、疫霉根腐病、茎线虫和苜蓿斑翅蚜具有高抗性；对黄萎病、豌豆蚜和北方根结线虫有抗性；对蓝苜蓿蚜和丝囊霉根腐病的抗性未测试。该品种适宜于美国寒冷山区种植；已在爱达荷州和俄勒冈州通过测试。基础种永久由 Forage Genetics 公司生产和持有，审定种子于 1998 年上市。

117. FG 4G65

FG 4G65 是由 11 个亲本植株通过杂交而获得的综合品种。其亲本材料是从威斯康星州生长 2～3 年的苗圃中，根据其产量、持久性、饲草品质、再生性和多叶型特性等选择出的，并运用表型轮回选择法加以选择，以获得对细菌性萎蔫病、镰刀菌萎蔫病、疫霉根腐病、丝囊霉根腐病、黄萎病、炭疽病、马铃薯叶蝉性、豌豆蚜和苜蓿斑翅蚜的抗性。亲本种质来源：DK 127（25%）、Lightning（20%）、LegenDairy 2.0（15%）、Rushmore（10%）、Excalibur Ⅱ（10%）、5262（10%）、Magnum Ⅲ（5%）和 G2852（5%）。种质资源贡献率大约为：黄花苜蓿占 6%、拉达克苜蓿占 4%、杂花苜蓿占 32%、土耳其斯坦苜蓿占 3%、佛兰德斯苜蓿占 52% 和智利苜蓿占 3%。该品种花色 75% 为紫色，25% 为杂色中，略带一些乳白色、白色和黄色。秋眠等级为 4 级，抗寒性类似 Norseman，为多叶型品种。该品种对炭疽病、细菌性萎蔫病、镰刀菌萎蔫病、苜蓿斑翅蚜、疫霉根腐病和丝囊霉根腐病具有高抗性，对黄萎病有抗性；中度抗茎线虫和豌豆蚜，对蓝苜蓿蚜和根结线虫的抗性未测试。该品种适宜于美国中北部地区种植；已在威斯康星州、爱荷华州和明尼苏达州通过测试。基础种永久由 Forage Genetics 公司生产和持有，审定种子于 1999 年上市。

118. FG 4G109

FG 4G109 是由 120 个亲本植株通过杂交而获得的综合品种。亲本材料选择标准为具有多叶型特性的多个种群,并且获得对茎线虫、黄萎病和疫霉根腐病的抗性。亲本种质来源:LegenDairy (25%)、Excalibur Ⅱ (25%)、Dividend (25%) 和 Acheiva (25%)。种质资源贡献率大约为:黄花苜蓿占 3%、拉达克苜蓿占 7%、杂花苜蓿占 28%、土耳其斯坦苜蓿占 5%、佛兰德斯苜蓿占 55% 和智利苜蓿占 2%。该品种花色 89% 为紫色、8% 为杂色、1% 为白色、2% 为黄色,些许为乳白色。秋眠等级为 4 级,抗寒性类似 Ranger,为多叶型品种。该品种对细菌性萎蔫病、镰刀菌萎蔫病、炭疽病、疫霉根腐病、豌豆蚜和茎线虫具有高抗性;对黄萎病、丝囊霉根腐病、苜蓿斑翅蚜有抗性;中度抗蓝苜蓿蚜和北方根结线虫。该品种适宜于美国寒冷山区种植;已在爱达荷州和俄勒冈州通过测试。基础种永久由 Forage Genetics 公司生产和持有,审定种子于 1998 年上市。

119. Geneva

Geneva 是由 11 个亲本植株通过杂交而获得的综合品种。其亲本材料是在威斯康星州生长 2~3 年的苗圃中,根据其产量、持久性、再生性、多叶型特性等选择出的,并运用表型轮回选择法加以选择,以获得对细菌性萎蔫病、镰刀菌萎蔫病、疫霉根腐病、丝囊霉根腐病、黄萎病、炭疽病、马铃薯叶蝉性、豌豆蚜和苜蓿斑翅蚜的抗性。亲本种质来源:DK 127 (25%)、Lightning (20%)、LegenDairy 2.0 (15%)、Rushmore (10%)、Excalibur Ⅱ (10%)、5262 (10%)、Magnum Ⅲ (5%) 和 G2852 (5%)。种质资源贡献率大约为:黄花苜蓿占 6%、拉达克苜蓿占 4%、杂花苜蓿占 32%、土耳其斯坦苜蓿占 3%、佛兰德斯苜蓿占 52% 和智利苜蓿占 3%。该品种花色 96% 为紫色、2% 为杂色,1% 为黄色,1% 为白色,略带乳白色。秋眠等级为 4 级。抗寒性类似 Vernal,为多叶型品种。该品种对细菌性萎蔫病、镰刀菌萎蔫病、炭疽病、疫霉根腐病、黄萎病、丝囊霉根腐病和豌豆蚜具有高抗性;对苜蓿斑翅蚜和茎线虫有抗性;对蓝苜蓿蚜抗性低;对根结线虫的抗性未测试。该品种适宜于美国中北部地区种植,计划推广到美国中北部、中东部、适度寒冷山区和大平原地区;已在威斯康星州、明尼苏达州和爱荷华州通过测试。基础种永久由 Forage Genetics 公司生产和持有,审定种子于 1998 年上市。

120. Emperor

Emperor 是由 53 个亲本植株通过杂交而获得的综合品种。其亲本材料是在威斯康星州利文斯顿地区、马什菲尔德地区和爱荷华州纳皮尔地区生长两年的苗圃中,根据其产量、耐寒性、对黄色叶蝉和叶部病害的抗性、秋眠性、茎的蛋白含量和消化率等选择出的 39 个种群,并运用表型轮回选择法加以选择,以获得对细菌性萎蔫病、镰刀菌萎蔫病、黄萎病、疫霉根腐病、炭疽病和丝囊霉根腐病的抗性。亲本种质来源:Innovator ＋Z (9%)、90MYCVW、ABI 9021、Green Field、A-395、620、Synergy、Winterstar、ABI 9230、Demand、Wintergreen (每份占 6%) 以及 Arrow、ABI 8929、Imperial、Defiant、2444、TMF Generation、GH 797(每份占 3%)和 4% 其他种质资源。种质资源贡献率大约为:黄花苜蓿占 5%、拉达克苜蓿占 5%、杂花苜蓿占 23%、土耳其斯坦苜蓿占 17%、佛兰德斯苜蓿占 39%、智利苜蓿占 6%、秘鲁苜蓿占 4% 和未知苜蓿占 1%。该品种花色 76% 为紫色、23% 杂色中带有一些乳白色、白色和黄色,秋眠等级同

Saranac。该品种对细菌性萎蔫病、镰刀菌萎蔫病、黄萎病、炭疽病、疫霉根腐病和丝囊霉根腐病具有高抗性；对豌豆蚜有抗性；中度抗苜蓿斑翅蚜；对蓝苜蓿蚜、茎线虫和根结线虫的抗性未测试。该品种适宜于美国中北部地区种植；已在爱荷华州、威斯康星州、伊利诺伊州和密歇根州通过测试。基础种永久由 ABI 公司生产和持有，审定种子于 1998 年上市。

121. **Extend**

Extend 是由 10 个亲本植株通过杂交而获得的综合品种。其亲本材料选择标准包括产量、饲草品质、秋眠性、持久性、抗病虫害能力和多叶型特性；并运用表型轮回选择法加以选择，以获得对细菌性萎蔫病、镰刀菌萎蔫病、黄萎病、炭疽病、疫霉根腐病、丝囊霉根腐病和马铃薯叶蝉的抗性。亲本种质来源：Encore（20％）、Prism（20％）、Alfaleaf（20％）、DK133（15％）、Achieva（15％）和 Pacesetter（10％）。种质资源贡献率大约为：黄花苜蓿占 5％、拉达克苜蓿占 5％、杂花苜蓿占 27％、土耳其斯坦苜蓿占 3％、佛兰德斯苜蓿占 57％和智利苜蓿占 3％。该品种花色 73％为紫色、27％杂色，略带黄色、白色和乳白色。秋眠等级同 Saranac，抗寒性同 Vernal。该品种对细菌性萎蔫病、炭疽病、疫霉根腐病和豌豆蚜具有高抗性；对丝囊霉根腐病、镰刀菌萎蔫病、黄萎病、北方根结线虫和茎线虫有抗性；对蓝苜蓿蚜和苜蓿斑翅蚜的抗性未测试。该品种适宜于美国中北部和中东部地区种植，计划推广到美国北部和中部利用；已在威斯康星州、明尼苏达州和宾夕法尼亚州通过测试。基础种永久由 Forage Genetics 公司生产和持有，审定种子于 1995 年上市。

122. **GH757**

GH757 是由 182 个亲本植株通过杂交而获得的综合品种。其亲本材料具有抗丝囊霉根腐病、疫霉根腐病、耐寒的特性；运用表型轮回选择法加以选择，以获得对丝囊霉根腐病的抗性。亲本种质来源：Ovation、Paramount、Trident Ⅱ、WL 226 和 WL 323。种质资源贡献率大约为：黄花苜蓿占 9％、拉达克苜蓿占 14％、杂花苜蓿占 26％、佛兰德斯苜蓿占 37％、智利苜蓿占 7％。该品种花色近 100％为紫色、略带有少许乳白色和杂色，秋眠等级为 4 级，同 Legend 相似，抗寒性同 Dart 相似。该品种对炭疽病、细菌性萎蔫病、镰刀菌萎蔫病、黄萎病、疫霉根腐病和丝囊霉根腐病具有高抗性；对豌豆蚜和苜蓿斑翅蚜有抗性；中度抗茎线虫和北方根结线虫；对蓝苜蓿蚜的抗性未测试。该品种适宜于美国中北部、中东部地区种植；已在伊利诺伊州、宾夕法尼亚州和威斯康星州通过测试。基础种永久由 W-L 公司生产和持有，审定种子于 1998 年上市。

123. **Platinum**

Platinum 是由 220 个亲本植株通过杂交而获得的综合品种。运用表型轮回选择法和近红外反射光谱法技术加以选择，以获得牧草产量高、粗蛋白含量高、酸性和中性洗涤纤维含量低的亲本。亲本种质来源：Multi-plier、ALPHA 2001、WL 252 HQ 和 WL 322 HQ。种质资源贡献率大约为：黄花苜蓿占 15％、拉达克苜蓿占 10％、杂花苜蓿占 25％、土耳其斯坦苜蓿占 21％、佛兰德斯苜蓿占 26％、智利苜蓿占 3％。该品种花色 100％为紫色、略带有少许杂色和乳白色，秋眠等级与 Legend 类似为 4 级，抗寒性类似 Ranger。该品种对炭疽病、细菌性萎蔫病、镰刀菌萎蔫病、黄萎病、豌豆蚜、丝囊霉根腐病和丝囊霉根腐病有高抗性；对茎线虫有抗性；

对苜蓿斑翅蚜、蓝苜蓿蚜、疫霉根腐病和根结线虫的抗性未测试。该品种适宜于美国中北部、中东部和适度寒冷山区地区种植,计划推广到美国北部和中部;已在宾夕法尼亚州、华盛顿州和威斯康星州通过测试。基础种永久由 W-L 种子公司生产和持有,审定种子于 1999 年上市。

124. Pinnacle

Pinnacle 是由 100 个亲本植株通过杂交而获得的综合品种。其亲本材料具有抗茎线虫、黄萎病和疫霉根腐病和多叶型的特性。亲本种质来源:LegenDairy(25%)、MultiKing 1(25%)、Excalibur Ⅱ(12.5%)、Prism Ⅱ(12.5%)、Dividend(12.5%)和 Acheiva(12.5%)。种质资源贡献率大约为:黄花苜蓿占 3%、拉达克苜蓿占 6%、杂花苜蓿占 27%、土耳其斯坦苜蓿占 3%、佛兰德斯苜蓿占 57%、智利苜蓿占 4%。该品种花色 90% 为紫色,9% 杂色,1% 白色带有一丝黄色和乳白色。秋眠等级 4 级,抗寒性类似 Ranger,为多叶型品种。该品种对细菌性萎蔫病、镰刀菌萎蔫病、炭疽病、疫霉根腐病、茎线虫和苜蓿斑翅蚜具有高抗性;对黄萎病、豌豆蚜和北方根结线虫有抗性;对蓝苜蓿蚜和丝囊霉根腐病的抗性未测试。该品种适宜于美国寒冷山区地区种植;已在爱达荷州和俄勒冈州通过测试。基础种永久由 Forage Genetics 种子公司生产和持有,审定种子于 1998 年上市。

125. Reno

Reno 是由 74 个亲本植株通过杂交而获得的综合品种。其亲本材料具有抗茎线虫、黄萎病和疫霉根腐病和多叶型的特性。亲本种质来源:FG 3B60(31.5%)、MultiKing(31%)、Dividend(12.5%)、LegenDairy(12.5%)和 Acheiva(12.5%)。种质资源贡献率大约为:黄花苜蓿占 3%、拉达克苜蓿占 6%、杂花苜蓿占 27%、土耳其斯坦苜蓿占 3%、佛兰德斯苜蓿占 57%、智利苜蓿占 4%。该品种花色 99% 为紫色,1% 白色,略带有杂色、黄色和乳白色;秋眠等级 4 级,抗寒性类似 Ranger,为多叶型品种。该品种对细菌性萎蔫病、镰刀菌萎蔫病、炭疽病、疫霉根腐病和茎线虫具有高抗性;对黄萎病、豌豆蚜、丝囊霉根腐病、苜蓿斑翅蚜有抗性;中度抗北方根结线虫;对蓝苜蓿蚜的抗性未测试。该品种适宜于美国寒冷山区地区种植;已在爱达荷州、科罗拉多州和俄勒冈州通过测试。基础种永久由 Forage Genetics 种子公司生产和持有,审定种子于 1998 年上市。

126. Ripin

Ripin 是由 20 个亲本植株通过杂交而获得的综合品种。其亲本材料的一半是从威斯康星州马什菲尔德地区试验田中选择出具有侧根性状和地上部分生长好的材料,亲本材料的另一半是从威斯康星州克林顿地区选择根颈性状好的材料,亲本种质来源:5373、5472、5364、Magnum Ⅲ-Wet、Answer 和 Dairyland 实验材料。种质资源贡献率大约为:拉达克苜蓿占 2%、杂花苜蓿占 14%、土耳其斯坦苜蓿占 20%、佛兰德斯苜蓿占 40% 和未知苜蓿占 24%。该品种花色 95% 为紫色、5% 杂色中带有少许白色、乳白色和黄色,属于中等秋眠类型,秋眠等级为 4 级。该品种对细菌性萎蔫病、镰刀菌萎蔫病、疫霉根腐病具有高抗性;对黄萎病、豌豆蚜、丝囊霉根腐病、北方根结线虫、茎线虫和炭疽病有抗性;对根结线虫有中度抗性;对苜蓿斑翅蚜、蓝苜蓿蚜的抗性未测试。该品种适宜于美国中北部和中东部地区种植;已在威斯康星州通过测试。基础种永久由 Dairyland 研究中心生产和持有,审定种子于 1998 年上市。

127. Select

Select 是由 120 个亲本植株通过杂交而获得的综合品种。其亲本材料具有抗茎线虫、根结线虫、黄萎病和疫霉根腐病和多叶型的特性。亲本种质来源：Leafmaster（25%）、Stamina（25%）、DK 140（12.5%）、Millennium（12.5%）、Dividend（12.5%）和 Acheiva（12.5%）。种质资源贡献率大约为：黄花苜蓿占 3%、拉达克苜蓿占 7%、杂花苜蓿占 28%、土耳其斯坦苜蓿占 5%、佛兰德斯苜蓿占 55% 和智利苜蓿占 2%。该品种花色 89% 为紫色、7% 杂色、2% 为白色、2% 为黄色，略带乳白色，秋眠等级为 4 级，抗寒性类似 Ranger，为多叶型品种。该品种对细菌性萎蔫病、镰刀菌萎蔫病、炭疽病、疫霉根腐病和茎线虫具有高抗性；对黄萎病、丝囊霉根腐病、苜蓿斑翅蚜、豌豆蚜和北方根结线虫有抗性；对蓝苜蓿蚜有中度抗性。该品种适宜于美国寒冷山区种植；已在爱达荷州和俄勒冈州通过测试。基础种永久由 Forage Genetics 种子公司生产和持有，审定种子于 1998 年上市。

128. Pristine

Pristine 是由 16 个亲本植株通过杂交而获得的综合品种。其亲本材料是根据产量、饲草品质、秋眠性、持久性、多叶型特性等选择出的，并运用表型轮回选择法加以选择，以获得对细菌性萎蔫病、镰刀菌萎蔫病、炭疽病、疫霉根腐病、丝囊霉根腐病和苜蓿斑翅蚜的抗性。亲本种质来源：5454、DK127、Sterling、Excalibur Ⅱ、330、Rushmore 和 LegenDairy。种质资源贡献率大约为：黄花苜蓿占 3%、拉达克苜蓿占 4%、杂花苜蓿占 25%、土耳其斯坦苜蓿占 5%、佛兰德斯苜蓿占 59%、智利苜蓿占 4%。该品种花色 89% 为紫色、11% 杂色中带有少许白色、乳白色和黄色，秋眠等级为 4 级，抗寒性类似 Vernal，为多叶型品种。该品种对细菌性萎蔫病、镰刀菌萎蔫病、炭疽病和疫霉根腐病具有高抗性；对黄萎病、豌豆蚜、丝囊霉根腐病和苜蓿斑翅蚜有抗性；中度抗茎线虫；对蓝苜蓿蚜和根结线虫的抗性未测试。该品种适宜于美国中北部地区种植，计划推广到美国北部利用；已在威斯康星州、明尼苏达州、爱荷华州通过测试。基础种永久由 Forage Genetics 公司生产和持有，审定种子于 1997 年上市。

129. Rebound

Rebound 是由 17 个亲本植株通过杂交而获得的综合品种。其亲本材料具有多叶型的特性，亲本材料是从威斯康星州生长 2～3 年的苗圃里选择出的多个种群；并运用表型轮回选择法进行选择，以获得对细菌性萎蔫病、镰刀菌萎蔫病、疫霉根腐病、丝囊霉根腐病、黄萎病、炭疽病、马铃薯叶蝉、豌豆蚜和苜蓿斑翅蚜的抗性。亲本种质来源：DK 127（25%）、Lightning（20%）、LegenDairy 2.0（15%）、Rushmore（10%）、Excalibur Ⅱ（10%）、5262（10%）、Magnum Ⅲ（5%）和 G2852（5%）。种质资源贡献率大约为：黄花苜蓿占 6%、拉达克苜蓿占 4%、杂花苜蓿占 32%、土耳其斯坦苜蓿占 3%、佛兰德斯苜蓿占 52%、智利苜蓿占 3%。该品种花色 68% 为紫色、32% 杂色中带有少许白色、乳白色和黄色，秋眠等级为 4 级，抗寒性类似 norseman，为多叶型品种。该品种对炭疽病、细菌性萎蔫病、镰刀菌萎蔫病、黄萎病、疫霉根腐病和丝囊霉根腐病具有高抗性；对豌豆蚜和苜蓿斑翅蚜有抗性；中度抗茎线虫；对蓝苜蓿蚜和根结线虫的抗性未测试。该品种适宜于美国中北部地区种植；已在威斯康星州、爱荷华州、明尼苏达州通过测试。基础种永久由 Forage Genetics 公司生产和持有，审定种子于 1999 年上市。

130. Tristar（H-172）

Tristar 是由 876 个亲本植株通过杂交而获得的综合品种。其亲本材料是从加利福尼亚州霍利斯特地区的抗病圃和抗茎线虫评价田里选择出的。亲本种质来源：Duke 品种，种质资源贡献率大约为：黄花苜蓿占 5%、拉达克苜蓿占 6%、杂花苜蓿占 20%、土耳其斯坦苜蓿占 10%、佛兰德斯苜蓿占 22%、智利苜蓿占 29%、秘鲁苜蓿占 1%、印第安苜蓿占 0%、非洲苜蓿占 0% 和未知苜蓿占 7%。该品种花色 84% 为紫色，16% 杂色中带有少许白色、乳白色和黄色，属于中等秋眠类型，秋眠等级同 Saranac。该品种对细菌性萎蔫病、镰刀菌萎蔫病、疫霉根腐病、豌豆蚜和茎线虫具有高抗性；中度抗炭疽病、苜蓿斑翅蚜和南方根结线虫；对丝囊霉根腐病、黄萎病、蓝苜蓿蚜和北方根结线虫的抗性未测试。该品种适宜于美国西部地区种植，计划推广到加州北部、俄勒冈州南部和内华达州西部适于中等秋眠品种生长的地区利用。基础种永久由 Lohse Mills 公司生产和持有，审定种子于 1999 年上市。

131. Val Verde

Val Verde 是由 16 个亲本植株通过杂交而获得的综合品种。其亲本材料是从产量试验田和抗病圃评价田中选择出的，选择标准包括产量、持久性、饲草品质、成熟期和对细菌性萎蔫病、镰刀菌萎蔫病、疫霉根腐病、丝囊霉根腐病、炭疽病、黄萎病和苜蓿斑翅蚜的抗性；亲本种质来源：Tempo、Apollo Supreme、Thor、WL312、Answer、Teweles Multistrain、Ranger 和 Iroquois。种质资源贡献率大约为：土耳其斯坦苜蓿占 32%、佛兰德斯苜蓿占 40%、智利苜蓿占 28%。该品种花 90% 为紫色、10% 杂色，略带有少许乳白色、黄色和白色。属于中等秋眠类型，秋眠等级为 4 级。该品种对疫霉根腐病、细菌性萎蔫病、镰刀菌萎蔫病、北方根结线虫具有高抗性；对黄萎病有抗性；中度抗茎线虫和丝囊霉根腐病；对豌豆蚜、苜蓿斑翅蚜、蓝苜蓿蚜和炭疽病的抗性未测试。该品种适宜于美国中北部和大平原地区种植，计划推广到美国的北部和中部地区利用；已在威斯康星州、内布拉斯加州、堪萨斯州、俄克拉荷马州通过测试。基础种永久由 Dairyland 研究中心生产和持有，审定种子于 1999 年上市。

132. SMA9482

SMA9482 是由 62 个亲本植株通过杂交而获得的综合品种。其亲本材料选择标准包括持久性、春季生长势、产量等特性，并运用轮回选择法加以选择，以获得早熟性和对细菌性萎蔫病、镰刀菌萎蔫病、疫霉根腐病、丝囊霉根腐病和黄萎病的抗性。亲本种质来源：Magnum Ⅲ-Wet、5432、Magnum Ⅲ、5373、Impact 和 Dairyland 实验材料。种质资源贡献率大约为：拉达克苜蓿占 3%、杂花苜蓿占 8%、土耳其斯坦苜蓿占 23%、佛兰德斯苜蓿占 32% 和未知苜蓿占 34%。该品种花色 89% 为紫色、11% 杂色中带有少许白色、乳白色和黄色，属于中等秋眠类型，秋眠等级为 4 级。该品种对细菌性萎蔫病、镰刀菌萎蔫病具有高抗性；对炭疽病、疫霉根腐病、黄萎病有抗性；对丝囊霉根腐病有中度抗性；对豌豆蚜、苜蓿斑翅蚜、蓝苜蓿蚜、北方根结线虫和茎线虫的抗性未测试。该品种适宜于美国中北部地区种植，计划推广到美国北部和中部利用；已在美国的威斯康星州和加拿大的安大略省通过测试。基础种永久由 Dairyland 研究中心生产和持有，审定种子于 2000 年上市。

133. SMA 9561

SMA 9561 是由 21 个亲本植株通过杂交而获得的综合品种。其亲本材料选择标准包括持久性、春季生长势、产量等特性，并运用轮回选择法加以选择，以获得早熟性和对细菌性萎蔫病、镰刀菌萎蔫病、疫霉根腐病、丝囊霉根腐病和黄萎病的抗性。亲本种质来源：Impact 和 Dairyland 实验材料。种质资源贡献率大约为：拉达克苜蓿占 3%、杂花苜蓿占 10%、土耳其斯坦苜蓿占 32%、佛兰德斯苜蓿占 47% 和智利苜蓿占 8%。该品种花色 88% 为紫色、12% 杂色中带有少许白色、乳白色和黄色，属于中等秋眠类型，秋眠等级为 4 级。该品种对疫霉根腐病、细菌性萎蔫病、镰刀菌萎蔫病具有高抗性；对炭疽病、黄萎病、丝囊霉根腐病有抗性；对豌豆蚜、苜蓿斑翅蚜、蓝苜蓿蚜、北方根结线虫和茎线虫的抗性未测试。该品种适宜于美国中北部地区种植；已在美国威斯康星州和加拿大安大略省通过测试。基础种永久由 Dairyland 研究中心生产和持有，审定种子于 2000 年上市。

134. TMF 4464

TMF 4464 是由 116 个亲本植株通过杂交而获得的综合品种。其亲本材料是在威斯康星州马什菲尔德地区和利文斯顿地区的植物苗圃中，根据其生长势、耐寒性、秋眠性以及对黄色叶蝉和叶部病害的抗性等选择出的 19 个种群，并运用表型轮回选择法加以选择，以获得对细菌性萎蔫病、镰刀菌萎蔫病、黄萎病、疫霉根腐病、炭疽病和丝囊霉根腐病的抗性。亲本种质来源：Dominator（16%）、AP 892W（13%）、Cutter（11%）、Northstar（8%）、AP 9836X（8%）、Trident Ⅱ（6%）、Stine 9227（6%）、Aggressor（6%）、Garst 645（6%）、Genesis（5%）、Venture（4%）、AP 8935W（6%）、AP 8929（3%）、AP 8939（2%）、Dawn（1%）和 1% 其他种质资源。种质资源贡献率大约为：黄花苜蓿占 7%、拉达克苜蓿占 7%、杂花苜蓿占 19%、土耳其斯坦苜蓿占 15%、佛兰德斯苜蓿占 37%、智利苜蓿占 9%、秘鲁苜蓿占 6%。该品种花色 77% 为紫色、23% 杂色中带有一些乳白色、白色和黄色，秋眠等级同 Saranac 为 4 级。该品种对细菌性萎蔫病、黄萎病、镰刀菌萎蔫病、炭疽病和疫霉根腐病具有高抗性；对丝囊霉根腐病和豌豆蚜有抗性；中度抗茎线虫；对苜蓿斑翅蚜、蓝苜蓿蚜和根结线虫的抗性未测试。该品种适宜于美国中北部地区种植；已在爱荷华州、伊利诺伊州和威斯康星州通过测试。基础种永久由 ABI 公司生产和持有，审定种子于 1996 年上市。

135. ZC 9544

ZC 9544 是由 173 个亲本植株通过杂交而获得的综合品种。其亲本材料是在爱荷华州纳皮尔地区和威斯康星州马什菲尔德地区、利文斯顿地区的植物苗圃中，根据其产量、耐寒性、对黄色叶蝉和叶部病害的抗性和秋眠性等选择出的 76 个种群，并运用表型轮回选择法加以选择，以获得对细菌性萎蔫病、镰刀菌萎蔫病、黄萎病、疫霉根腐病、炭疽病和丝囊霉根腐病的抗性。亲本种质来源：ABI 9042、AP 8939、GH 755、2444、Avalanche、TMF Generation、AP 8630、AP 8835、ABI 9134、Prism、AP 8931、Rustler Ⅱ、ABI 9131、ABI 9135、ABI 9129、ABI 9133、ABI 9142、Accolade、Class、Encore、Jewel、Achieva 和多种其他种质。种质资源贡献率大约为：黄花苜蓿占 4%、拉达克苜蓿占 5%、杂花苜蓿占 20%、土耳其斯坦苜蓿占 14%、佛兰德斯苜蓿占 44%、智利苜蓿占 6% 和秘鲁苜蓿占 7%。该品种花色 74% 为紫色、26% 杂色中带有一些乳白色、白色和黄色,秋眠等级同 Saranac。该品种对细菌性萎蔫病、黄萎病、镰刀菌萎蔫病、炭疽病和疫霉根腐病具有高抗性;对丝囊霉根腐病有抗性;中度抗豌豆蚜和蓝苜蓿蚜;对苜蓿斑翅蚜抗性弱;对茎线虫和根结线虫的抗性未测试。该品种适宜于美国中北部和东中部地区种植;已在爱荷华州、威斯康星州和伊利诺伊州通过测试。基础种永久由 ABI 公司生产和持有,审定种子于 1999 年上市。

136. ZG 9641

ZG 9641 是由 305 个亲本植株通过杂交而获得的综合品种。其亲本材料 1992 年播种于密苏里州沃伦斯堡地区的试验田中,经过连续进行家畜放牧试验后,选择出能保持健康根颈的多个种群。亲本种质来源:TMF 4464 (185 个) 和 ABI 9142 (120 个)。种质资源贡献率大约为:黄花苜蓿占 7%、拉达克苜蓿占 7%、杂花苜蓿占 19%、土耳其斯坦苜蓿占 15%、佛兰德斯苜蓿占 37%、智利苜蓿占 9%、秘鲁苜蓿占 6%。该品种花色 70% 为紫色、30% 杂色中带有少许白色、乳白色和黄色,秋眠等级同 Saranac,耐牧性同 Alfagraze。该品种对细菌性萎蔫病、黄萎病、炭疽病、疫霉根腐病、丝囊霉根腐病具有高抗性;对豌豆蚜有抗性;对蓝苜蓿蚜、苜蓿斑翅蚜、茎线虫、根结线虫和镰刀菌萎蔫病的抗性未测试。该品种适宜于美国中北部和中东部地区种植;已在爱荷华州、威斯康星州、伊利诺伊州、堪萨斯州和宾夕法尼亚通过测试。基础种永久由 ABI 种子公司生产和持有,审定种子于 1999 年上市。

137. 54H69

54H69 亲本选择标准包括田间表现、产量、秋眠性以及对炭疽病、细菌性萎蔫病、镰刀菌萎蔫病、黄萎病、疫霉根腐病、丝囊霉根腐病、苜蓿斑翅蚜、春季黑茎病和马铃薯叶蝉的抗性。该品种花色有近 37% 为紫色、52% 为杂色、10% 为黄色、1% 为乳白色,略带白色。属于中等秋眠类型,秋眠等级为 4 级。该品种对炭疽病、细菌性萎蔫病、镰刀菌萎蔫病、疫霉根腐病具有高抗性;对黄萎病、丝囊霉根腐病、豌豆蚜、马铃薯叶蝉、茎线虫具抗性;对苜蓿斑翅蚜有中度抗性;对根结线虫、蓝苜蓿蚜的抗性未测试。该品种适合在美国中北部、中东部等地区种植;已在爱荷华州、伊利诺伊州、威斯康星州和加拿大安大略省等地区通过测试。基础种永久由 Pioneer Hi-Bred International 公司生产和持有,审定种子于 2000 年上市。

138. 9429

9429 是由 273 个亲本植株通过杂交而获得的综合品种。其亲本材料是从威斯康星州和明尼苏达州生长 3 年的产量试验田里选择出的多个种群;并运用表型轮回选择和近红外反射光谱技术对饲用价值加以选择,并获得对细菌性萎蔫病、黄萎病、疫霉根腐病、丝囊霉根腐病、炭疽病、小光壳叶斑病的抗性。亲本种质来源:BigHorn、AlfaStar、Award、MultiQueen 和 Cal/West 育种群体。种质资源贡献率大约为:黄花苜蓿占 8%、拉达克苜蓿占 6%、杂花苜蓿占 25%、土耳其斯坦苜蓿占 4%、佛兰德斯苜蓿占 47%、智利苜蓿占 10%。该品种花色有近 93% 为紫色、7% 为杂色、略带黄色、乳白色和白色,属于中等秋眠类型,秋眠性与 Saranac 相似。对炭疽病、细菌性萎蔫病、镰刀菌萎蔫病、疫霉根腐病、丝囊霉根腐病和蓝苜蓿蚜具有高抗性;对黄萎病、茎线虫、豌豆蚜、苜蓿斑翅蚜有抗性;对根结线虫的抗性未测试。该品种适合在美国中北部、中东部等地区种植;已在威斯康星州、明尼苏达州、密歇根州和内布拉斯加州等地通过测试。基础种永久由 Cal/ West 生产和持有，审定种子于 1998 年上市。

139. **A4230**

A4230 是由 217 个亲本植株通过杂交而获得的综合品种。其亲本材料具有多叶型的特性，是从威斯康星州生长 3 年的产量试验田里选择出的多个种群；并运用表型轮回选择和近红外反射光谱技术对饲用价值加以选择，并获得对细菌性萎蔫病、黄萎病、疫霉根腐病、丝囊霉根腐病、炭疽病、小光壳叶斑病的抗性。亲本种质来源：BigHorn、Hunter、MaximumⅠ、WinterKing 和 Cal/West 育种群体。种质资源贡献率大约为：黄花苜蓿占 8%、拉达克苜蓿占 5%、杂花苜蓿占 26%、土耳其斯坦苜蓿占 4%、佛兰德斯苜蓿占 48%、智利苜蓿占 9%。该品种花色有近 99% 为紫色，1% 为杂色，略带黄色、乳白色和白色的，属于中等秋眠类型，秋眠等级为 4 级。对炭疽病、细菌性萎蔫病、镰刀菌萎蔫病、黄萎病、疫霉根腐病、丝囊霉根腐病具有高抗性；对苜蓿斑翅蚜、豌豆蚜、茎线虫有抗性；对蓝苜蓿蚜和根结线虫的抗性未测试。该品种适合在美国中北部、中东部和大平原等地区种植；已在威斯康星州、明尼苏达州、爱荷华州、密歇根州、宾夕法尼亚州和内布拉斯加州通过测试。基础种永久由 Cal/ West 生产和持有，审定种子于 1999 年上市。

140. **Abundance**

Abundance 是多个亲本植株通过杂交而获得的综合品种，其亲本材料是从产量测试小区和抗病苗圃中选择出来的，选择标准包括产量、持久性、品质以及对细菌性萎蔫病、镰刀菌萎蔫病、疫霉根腐病、炭疽病、黄萎病、丝囊霉根腐病和苜蓿斑翅蚜的抗性。亲本种质来源：Thor 和 Teweles Multistrain。种质资源贡献率大约为：土耳其斯坦苜蓿占 50% 和佛兰德斯苜蓿占 50%。该品种花色近 94% 为紫色，6% 为杂色，略带黄色、乳白和白色。属于中等秋眠类型，秋眠等级为 4 级。对疫霉根腐病、细菌性萎蔫病、镰刀菌萎蔫病、北方根结线虫具有高抗性；对炭疽病、丝囊霉根腐病、豌豆蚜、苜蓿斑翅蚜、茎线虫有抗性；中抗黄萎病和蓝苜蓿蚜。该品种适合在美国中北部、中东部等地区种植，已在威斯康星州和伊利诺伊州等地通过测试。基础种永久由 Dairyland 研究中心生产和持有，审定种子于 1997 年春上市。

141. **Alliant**

Alliant 是由 168 个亲本植株通过杂交而获得的综合品种。其亲本材料具有多叶型的特性，是从威斯康星州生长 3 年的产量试验田里选择出的多个种群；并运用表型轮回选择和近红外反射光谱技术对饲用价值加以选择，并获得对细菌性萎蔫病、黄萎病、疫霉根腐病、丝囊霉根腐病、炭疽病、小光壳叶斑病的抗性。亲本种质来源：BigHorn、Hunter、WinterKing 和 Cal/West 育种群体。种质资源贡献率大约为：黄花苜蓿占 8%、拉达克苜蓿占 6%、杂花苜蓿占 25%、土耳其斯坦苜蓿占 4%、佛兰德斯苜蓿占 47%、智利苜蓿占 10%。该品种花色近 86% 为紫色，13% 为杂色，1% 为黄色，略带乳白色和白色，属于中等秋眠类型，秋眠性与 Legend 相似。对炭疽病、细菌性萎蔫病、镰刀菌萎蔫病、疫霉根腐病、丝囊霉根腐病具有高抗性；对黄萎病、苜蓿斑翅蚜、豌豆蚜、蓝苜蓿蚜和茎线虫有抗性；对根结线虫的抗性未测试。该品种适合在美国中北部地区种植；已在威斯康星州，明尼苏达州和爱荷华州等地通过测试。基础种永久由 Cal/ West 生产和持有，审定种子于 1999 年上市。

142. **BPR376**

BPR376 是多个亲本植株通过杂交而获得的综合品种,其亲本材料是从产量测试小区和抗病苗圃中选择出来的,选择标准包括产量、持久性、品质以及对细菌性萎蔫病、镰刀菌萎蔫病、疫霉根腐病、炭疽病、黄萎病、丝囊霉根腐病和苜蓿斑翅蚜的抗性。种质资源贡献率大约为:杂花苜蓿占 8％、土耳其斯坦苜蓿占 25％ 和佛兰德斯苜蓿占 35％、智利苜蓿占 12％ 和未知苜蓿占 20％。该品种花色有近 88％ 为紫色,12％ 为杂色略带黄色、乳白和白色,属于中等秋眠类型,秋眠等级为 4 级。对疫霉根腐病、细菌性萎蔫病、镰刀菌萎蔫病、北方根结线虫具有高抗性;对丝囊霉根腐病、黄萎病、炭疽病、茎线虫有抗性;中抗豌豆蚜;对蓝苜蓿蚜、苜蓿斑翅蚜的抗性未检测。该品种适合在美国美国中北部、大平原、中东部等地区种植;已在威斯康星州、明尼苏达州、爱荷华州和内布拉斯加州通过测试。基础种永久由 Dairyland 研究中心生产和持有,审定种子于 2000 年春季上市。

143. **C316**

C316 是由 198 个亲本通过杂交育成的综合品种,其亲本材料经过表型轮回选择以获得对疫霉根腐病的抗性。亲本种质来源:ABT 350 和 Paramount。种质资源贡献率大约为:黄花苜蓿占 14％、杂花苜蓿占 27％、拉达克苜蓿占 23％、土耳其斯坦苜蓿占 5％、佛兰德斯苜蓿占 31％。该品种花色有近 100％ 为紫色,略带杂色,秋眠等级为 4 级。对炭疽病、细菌性萎蔫病、镰刀菌萎蔫病、黄萎病、丝囊霉根腐病具有高抗性;对疫霉根腐病、豌豆蚜有抗性;对茎线虫、蓝苜蓿蚜、苜蓿斑翅蚜、根结线虫的抗性未检测。该品种适合在美国中北部、中东部等地区种植;已在伊利诺伊州、宾夕法尼亚州和威斯康星州通过测试。基础种永久由 W-L Research 生产和持有,审定种子于 2000 年上市。

144. **CW 64008**

CW 64008 是由 255 个亲本植株通过杂交而获得的综合品种。其亲本材料具有抗疫霉根腐病、丝囊霉根腐病、多叶型的特性。一部分亲本材料是从威斯康星州、明尼苏达州和爱荷华州生长 3 年的产量试验田选择出的多个种群;另一部分亲本材料是从威斯康星州生长 3 年的苗圃中选择出的,运用表型轮回选择法和近红外反射光谱技术加以选择,以获得高质量的饲用价值和对细菌性萎蔫病、黄萎病、疫霉根腐病、丝囊霉根腐病、炭疽病和小光壳叶斑病等病虫害的抗性。亲本种质来源:WinterKing、MaximumⅠ、9326、BigHorn、Hunter 和 Cal/West 育种群体。种质资源贡献率大约为:黄花苜蓿占 8％、拉达克苜蓿占 5％、杂花苜蓿占 26％、土耳其斯坦苜蓿占 4％、佛兰德斯苜蓿占 48％、智利苜蓿占 9％。该品种花色近 99％ 为紫色,1％ 为杂色,略带黄色、乳白色和白色。属于中等秋眠类型,秋眠等级为 4 级。对炭疽病、细菌性萎蔫病、镰刀菌萎蔫病、黄萎病、疫霉根腐病、丝囊霉根腐病具有高抗性;对苜蓿斑翅蚜、豌豆蚜、茎线虫有抗性;对根结线虫、蓝苜蓿蚜的抗性未测试。该品种适合在美国中北部地区种植;已在威斯康星州、明尼苏达州和爱荷华州等地通过测试。基础种永久由 Cal/ West 生产和持有,审定种子于 1999 年上市。

145. **CW 64010**

CW 64010 是由 250 个亲本植株通过杂交而获得的综合品种。其亲本材料具有抗疫霉根腐病、丝囊霉根腐病、多叶型的特性,亲本材料是从威斯康星州、明尼苏达州和爱荷华州生长 3 年的产量试验田里选择出的多个种群,运用表型轮回选择法和近红外反射光谱技术加以选择,以获得高质量的饲用价值和对细菌性萎蔫病、黄萎病、疫霉根腐病、丝囊霉根腐病、炭疽病和小光壳叶斑病的抗性。亲本种质来源:BigHorn、Hunter、MaximumⅠ和 Cal/West 育种群体。种质资源贡献率大约为:黄花苜蓿占 8%、拉达克苜蓿占 5%、杂花苜蓿占 26%、土耳其斯坦苜蓿占 4%、佛兰德斯苜蓿占 48%、智利苜蓿占 9%。该品种花色有近 99% 为紫色,1% 为杂色,略带黄色、乳白色和白色,属于中等秋眠类型,秋眠等级为 4 级。该品种对炭疽病、细菌性萎蔫病、镰刀菌萎蔫病、黄萎病、疫霉根腐病、茎线虫具有高抗性;对丝囊霉根腐病、苜蓿斑翅蚜、豌豆蚜有抗性;对蓝苜蓿蚜、根结线虫的抗性未测试。该品种适合在美国中北部、中东部、大平原等地区种植;已在威斯康星州、明尼苏达州、爱荷华州、密歇根州、宾夕法尼亚州和内布拉斯加州通过测试。基础种永久由 Cal/West 生产和持有,审定种子于 1999 年上市。

146. **C416**

C416 是由 166 个亲本植株通过杂交而获得的综合品种,经过表型轮回选择以获得对核盘菌颈腐病的抗性。亲本种质来源:ABT 400 SCL、Ovation 和 WL 332 SR。种质资源贡献率大约为:黄花苜蓿占 6%、拉达克苜蓿占 19%、杂花苜蓿占 24%、土耳其斯坦苜蓿占 11%、佛兰德斯苜蓿占 39%、智利苜蓿占 1%。该品种花色近 100% 为紫色,略带杂色和乳白色,秋眠等级为 4 级。该品种对炭疽病、细菌性萎蔫病、镰刀菌萎蔫病、疫霉根腐病、丝囊霉根腐病、蓝苜蓿蚜具有高抗性;对黄萎病、核盘菌颈腐病、豌豆蚜有抗性;对苜蓿斑翅蚜、茎线虫、根结线虫的抗性未测试。该品种适合在美国中北部、中东部等地区种植;已在伊利诺伊州、俄亥俄州、宾夕法尼亚州和威斯康星州通过测试。基础种永久由 W-L Research 生产和持有,审定种子于 2000 年上市。

147. **CW 54006**

CW 54006 是由 225 个亲本植株通过杂交而获得的综合品种。其亲本材料具有抗疫霉根腐病、丝囊霉根腐病、小叶数量较多等特性。亲本材料是从威斯康星州无性繁殖苗圃中选择出的多个种群,并运用表型轮回选择法和近红外反射光谱技术加以选择,以获得高质量的饲用价值和对细菌性萎蔫病、黄萎病、疫霉根腐病、丝囊霉根腐病、炭疽病和小光壳叶斑病的抗性。亲本种质来源:BigHorn、Award、DK 142、Gold Plus 和 Cal/West 育种群体。种质资源贡献率大约为:黄花苜蓿占 8%、拉达克苜蓿占 6%、杂花苜蓿占 25%、土耳其斯坦苜蓿占 4%、佛兰德斯苜蓿占 48%、智利苜蓿占 9%。该品种花色有近 95% 为紫色,5% 为杂色,略带黄色、乳白色和白色,属于中等秋眠类型,秋眠等级为 4 级。对炭疽病、细菌性萎蔫病、镰刀菌萎蔫病、黄萎病、疫霉根腐病、丝囊霉根腐病、苜蓿斑翅蚜、豌豆蚜、蓝苜蓿蚜具有高抗性;对茎线虫有抗性;对根结线虫的抗性未测试。该品种适合在美国中北部、中东部、大平原等地区种植;已在威斯康星州、明尼苏达州、堪萨斯州、密歇根州、宾夕法尼亚州和内布拉斯加州通过测试。基础种永久由 Cal/West 生产和持有,审定种子于 1999 年上市。

148. **FG 3G61**

FG 3G61 亲本材料选择标准为具有牧草产量高、牧草品质好、持久性好等特性的多个种群,并且获得对细菌性萎蔫病、黄萎病、镰刀菌萎蔫病、炭疽病、疫霉根腐病、丝囊霉根腐病的抗性。该品种花色有近 99％为紫色,1％为白色,略带黄色、杂色和乳白色,属于中等秋眠类型,秋眠等级为 4 级,耐寒性极好。对炭疽病、细菌性萎蔫病、镰刀菌萎蔫病、黄萎病、疫霉根腐病、豌豆蚜、苜蓿斑翅蚜、丝囊霉根腐病具有高抗性;对苜蓿茎线虫有抗性;对蓝苜蓿蚜、根结线虫的抗性未检测。该品种适合在美国中北部、中东部地区种植;已在威斯康星州、明尼苏达州和爱荷华州通过测试。基础种永久由 Forage Genetics 生产和持有,审定种子于 2000 年上市。

149. **FG 3RI39**

FG 3RI39 亲本材料具有抗黄萎病、苜蓿茎线虫和多叶型的特性。该品种花色有近 89％为紫色,6％为杂色,3％为白色,2％黄色,略带乳白色,属于中等秋眠类型,秋眠等级为 4 级,多叶型性状表现中等。对细菌性萎蔫病、镰刀菌萎蔫病、炭疽病、疫霉根腐病、苜蓿茎线虫具有高抗性;对黄萎病、丝囊霉根腐病、苜蓿斑翅蚜、蓝苜蓿蚜、北方根结线虫有抗性;对豌豆蚜的抗性未检测。该品种适合在美国寒冷的山区种植;已在爱达荷州、科罗拉多州和华盛顿州等地区通过测试。基础种永久由 Forage Genetics 公司生产和持有,审定种子于 2000 年上市。

150. **FG 4R75**

FG 4R75 亲本材料选择标准为具有牧草产量高、品质好、持久性好等特性的多个种群,并且获得对细菌性萎蔫病、黄萎病、镰刀菌萎蔫病、炭疽病、疫霉根腐病和丝囊霉根腐病的抗性。该品种花色有近 93％为紫色,5％为杂色,1％为白色,1％为黄色,略带乳白色,属于中等秋眠类型,秋眠等级为 4 级,抗寒性类似 Vernal。对炭疽病、细菌性萎蔫病、镰刀菌萎蔫病、黄萎病、疫霉根腐病、丝囊霉根腐病具有高抗性;对苜蓿茎线虫、苜蓿斑翅蚜具有中等的抗性;对豌豆蚜、蓝苜蓿蚜、根结线虫的抗性未测试。该品种适合在美国中北部、中东部等地区种植;已在威斯康星州和伊利诺伊州等地通过测试。基础种永久由 Forage Genetics 公司生产和持有,审定种子于 2000 年上市。

151. **CW 64025**

CW 64025 是由 250 个亲本植株通过杂交而获得的综合品种。其亲本材料具有抗疫霉根腐病、丝囊霉根腐病、多叶型的特性。其一部分亲本材料是从 1995 份育种家种子材料的杂交后代中选择出的;另一部分材料是从威斯康星州生长 3 年的苗圃里选择出的多个种群,并运用表型轮回选择和近红外反射光谱技术加以选择,以获得高质量的饲用价值和对细菌性萎蔫病、黄萎病、疫霉根腐病、丝囊霉根腐病、炭疽病、小光壳叶斑病的抗性。亲本种质来源:WinterGold、9429、Alliant、BigHorn、Hunter 和 Cal/West 育种群体。种质资源贡献率大约为:黄花苜蓿占 8％、拉达克苜蓿占 6％、杂花苜蓿占 27％、土耳其斯坦苜蓿占 4％、佛兰德斯苜蓿占 47％、智利苜蓿占 8％。该品种花色有近 99％为紫色,1％为杂色,略带黄色、乳白色和白色,属于中等秋眠类型,秋眠等级为 4 级。对炭疽病、细菌性萎蔫病、镰刀菌萎蔫病、黄萎病、疫霉根腐病、丝囊霉根腐病和豌豆蚜具有高抗性;对苜蓿斑翅蚜、茎线虫有抗性;对蓝苜蓿蚜、根结线虫的抗性未测试。该品种适合在美国中北部等地区种植;已在威斯康星州和明尼苏达州等地通过测试。基础种永久由 Cal/ West 生产和持有,审定种子于 1999 年上市。

152. DSS5106

DSS5106 是 16 个亲本植株通过杂交而获得的综合品种。其亲本材料是从产量试验田或抗病苗圃里选择出的多个种群,选择标准包括产量、持久性、品质以及对细菌性萎蔫病、镰刀菌萎蔫病、疫霉根腐病、炭疽病、黄萎病、丝囊霉根腐病和苜蓿斑翅蚜抗性。亲本种质来源:Tempo、Apollo Supreme、Thor、WL312、Answer、Teweles Multistrain 和来源于 Ranger 和 Iroquois 的 Dairyland 实验材料。种质资源贡献率大约为:土耳其斯坦苜蓿占 32%、佛兰德斯苜蓿占 40%、智利苜蓿占 28%。该品种花色有近 90% 为紫色,10% 杂色中带有少许白色、乳白色和黄色,属于中等秋眠类型,秋眠等级为 4 级。该品种对疫霉根腐病、细菌性萎蔫病、镰刀菌萎蔫病、北方根结线虫具有高抗性;对黄萎病、豌豆蚜、炭疽病有抗性;中抗茎线虫、丝囊霉根腐病;对苜蓿斑翅蚜、蓝苜蓿蚜抗性未测试。该品种适合在美国中北部、大平原等地区种植;已在威斯康星州、内布拉斯加州、堪萨斯州和俄克拉荷马州等地通过测试。基础种永久由 Dairyland 研究中心生产和持有,审定种子在 1999 年上市。

153. FORECAST 1001

FORECAST 1001 是由 16 个亲本植株通过杂交而获得的综合品种。其亲本材料是从无性系苗圃中通过 3 个轮回选择,选择出具有早熟性状的植株;并且对其持久性、春季活力、产量以及对细菌性萎蔫病、镰刀菌萎蔫病、疫霉根腐病、丝囊霉根腐病、黄萎病的抗性进行了评估。亲本种质来源:Sutter 品种。种质资源贡献率大约为:土耳其斯坦苜蓿占 25%、佛兰德斯苜蓿占 40% 和未知苜蓿占 35%。该品种花色有近 85% 为紫色,15% 为杂色,带有少许乳白色、黄色和白色,属于中等秋眠类型,秋眠等级为 4 级。该品种对疫霉根腐病、细菌性萎蔫病、北方根结线虫具有高抗性;对炭疽病、镰刀菌萎蔫病、黄萎病、丝囊霉根腐病、豌豆蚜、茎线虫有抗性;对苜蓿斑翅蚜、蓝苜蓿蚜的抗性未测试。该品种适合在美国中北部地区种植;已在美国的威斯康星州和加拿大安大略省通过测试。基础种永久由 Dairyland 研究中心生产和持有,审定种子在 2000 年上市。

154. GH750

GH750 是由 180 个亲本植株通过杂交而获得的综合品种。亲本材料运用表型轮回选择法加以选择,以获得对丝囊菌根腐病的抗性。亲本种质来源:GH755、Multiplier 和 WL 252 HQ。种质资源贡献率大约为:黄花苜蓿占 14%、拉达克苜蓿占 15%、杂花苜蓿占 24%、土耳其斯坦苜蓿占 23%、佛兰德斯苜蓿占 18%、智利苜蓿占 6%。该品种花色有近 100% 为紫色,略带黄色、乳白色和白色,秋眠等级为 4 级。该品种对炭疽病、细菌性萎蔫病、镰刀菌萎蔫病、黄萎病、疫霉根腐病、丝囊霉根腐病具有高抗性;对蓝苜蓿蚜、豌豆蚜、苜蓿斑翅蚜有抗性;中抗茎线虫;对根结线虫的抗性未测试。该品种适合在美国中北部、中东部等地区种植;已在宾夕法尼亚州和威斯康星州等地通过测试。基础种永久由 W-L Research 生产和持有,审定种子在 1999 年上市。

155. **MILLENNIUM**

MILLENNIUM 是由 110 个亲本植株通过杂交而获得的综合品种。其亲本材料是根据亲本和后代材料的产量、品质、秋眠性、持久性、多叶型、抗虫害等特性选择出的多个种群,并综合运用基因型选择和表型轮回选择法加以选择,以获得对细菌性萎蔫病、镰刀菌萎蔫病、炭疽病、疫霉根腐病、丝囊霉菌根腐病、苜蓿斑翅蚜的抗性。亲本种质来源:Excalibur Ⅱ (19%)、Sterling (17%)、DK127 (13%)、330 (12%)、LegenDairy (12%)、MP2000 (8%)、Lightning (7%)、Accord (7%)和 5454 (5%)。种质资源贡献率大约为:黄花苜蓿占 3%、拉达克苜蓿占 4%、杂花苜蓿占 25%、土耳其斯坦苜蓿占 5%、佛兰德斯苜蓿占 59%、智利苜蓿占 4%。该品种花色 82% 为紫色,18% 为杂色,略带乳白色、白色、黄色,秋眠等级为 4 级,抗寒性类似 Vernal,小叶数量较多。该品种对细菌性萎蔫病、镰刀菌萎蔫病、炭疽病、疫霉根腐病具有高抗性;对丝囊霉根腐病、黄萎病、苜蓿斑翅蚜、豌豆蚜有抗性;对茎线虫抗性中等;对蓝苜蓿蚜、根结线虫抗性未测试。该品种适合在美国中北部地区种植;已在威斯康星州、明尼苏达州和爱荷华州等地通过测试。基础种永久由 Forage Genetics 公司生产和持有,审定种子于 1998 年上市。

156. **Monument Ⅱ**

Monument Ⅱ 亲本材料选择标准包括对疫霉菌根腐病、镰刀菌萎蔫病的抗性和侧根生长特性。该品种花色 85% 为紫色,15% 为杂色,略带乳白色、白色、黄色,属于中等秋眠类型,秋眠等级为 4 级。该品种对镰刀菌萎蔫病具有高抗性;对草地损伤线虫、细菌性萎蔫病、疫霉根腐病和豌豆蚜有抗性;对黄萎病抗性低;对炭疽病敏感,对丝囊霉根腐病、苜蓿斑翅蚜、蓝苜蓿蚜、茎线虫和北方根结线虫的抗性未测试。该品种适合在美国中北部地区种植;已在威斯康星州、明尼苏达州通过测试。基础种永久由 Green Genes 公司生产和持有,审定种子于 2000 年上市。

157. **Mountaineer**

Mountaineer 是由 100 个亲本植株通过杂交而获得的综合品种。其亲本材料具有抗茎线虫、黄萎病、疫霉菌根腐和多叶型的特性。亲本种质来源:LegenDairy(25%)、MultiKing Ⅰ (25%)、Excalibur Ⅱ(12.5%)、Prism H(12.5%)、Dividend(12.5%)和 Acheiva(12.5%)。种质资源贡献率大约为:黄花苜蓿占 3%、拉达克苜蓿占 6%、杂花苜蓿占 27%、土耳其斯坦苜蓿占 3%、佛兰德斯苜蓿占 57%、智利苜蓿占 4%。该品种有近 89% 都为紫色,9% 为杂色,2% 为白色,略带乳白色和黄色,秋眠等级为 4 级,抗寒性类似于 Ranger。该品种对细菌性萎蔫病、镰刀菌萎蔫病、炭疽病、疫霉根腐病、茎线虫、苜蓿斑翅蚜具有高抗性;对黄萎病、豌豆蚜、北方根结线虫有抗性;对蓝苜蓿蚜、丝囊霉根腐病的抗性未测试。适合在美国寒冷的山区生长;已在爱达荷州和俄勒冈州进行测试。基础种永久由 Forage Genetics 公司生产和持有,审定种子于 1998 年上市。

158. **Multi5301**

Multi5301 亲本材料选择标准为具有多叶型、植株活力强、种子产量高并且抗丝囊霉根腐病、疫霉菌根腐病、黄萎病和豌豆蚜等特性的多个种群。该品种花色 85% 为紫色,15% 为杂色,略有黄色、乳白色和白色,属于中等秋眠类型,秋眠等级为 4 级。多叶性比对照品种 MF 首蓿更加突出,为多叶型品种,牧草品质与对照品种相似。该品种对细菌性萎蔫病、镰刀菌萎蔫病具有高抗性;对疫霉菌根腐病、黄萎病、炭疽病、丝囊霉根腐病、豌豆蚜有抗性;对茎线虫、首蓿斑翅蚜、蓝首蓿蚜、根结线虫的抗性未测试。适宜于美国北部、中东部等地种植;已在宾夕法尼亚州、威斯康星州和明尼苏达州进行测试。审定种子于 2000 年上市。

159. Phabulous

Phabulous 亲本材料选择标准为具有牧草产量高、牧草品质好、持久性好等特性的多个种群,并且获得对细菌性萎蔫病、黄萎病、镰刀菌萎蔫病、炭疽病、疫霉菌根腐病、丝囊霉根腐病的抗性。该品种花色 90% 为紫色、8% 杂色、1% 为黄色、1% 为白色,略带乳白色,属于中等秋眠类型,秋眠等级为 4 级,耐寒性类似于 Vernal。小叶数量较多,为多叶型品种。该品种对炭疽病、细菌性萎蔫病、镰刀菌萎蔫病、丝囊霉根腐病、黄萎病、疫霉菌根腐病具有高抗性;对首蓿斑翅蚜有抗性;对首蓿茎线虫具有中度抗性;对豌豆蚜、蓝首蓿蚜和根结线虫的抗性未测试。该品种适宜于美国中北部、中东部地区种植;已在威斯康星州和伊利诺伊州通过测试。基础种永久由 Forage Genetics 公司生产和持有,审定种子于 2000 年上市。

160. Lightning Ⅱ

Lightning Ⅱ 是由 11 个亲本植株通过杂交而获得的综合品种。其亲本材料是在威斯康星州生长 3 年的植物苗圃中,根据其产量、持久性、品质、再生性、多叶型等特性选择出的,并运用表型轮回选择法加以选择,以获得对细菌性萎蔫病、镰刀菌萎蔫病、疫霉菌根腐病、丝囊霉根腐病、黄萎病、炭疽病、小光壳叶斑病、豌豆蚜和首蓿斑翅蚜的抗性。亲本种质来源:DK 127(25%)、Lightning(20%)、LegenDairy 2.0(15%)、Rushmore(10%)、Excalibur Ⅱ(10%)、5262(10%)、Magnum Ⅲ(5%)和 G2852(5%)。种质资源贡献率大约为:黄花首蓿占 6%、拉达克首蓿占 4%、杂花首蓿占 32%、土耳其斯坦首蓿占 3%、佛兰德斯首蓿占 52%、智利首蓿占 3%。该品种花色 75% 为紫色、25% 杂色中带有少许白色、乳白色和黄色,秋眠等级为 4 级,抗寒等级与 Norseman 品种相似,小叶型性状突出。该品种对炭疽病、细菌性萎蔫病、镰刀菌萎蔫病、首蓿斑翅蚜、疫霉菌根腐病、丝囊霉根腐病具有高抗性;对黄萎病有抗性;对茎线虫和豌豆蚜具有中度抗性;对根结线虫和蓝首蓿蚜的抗性未测试。适宜于美国中北部地区种植;已在威斯康星、爱荷华州和明尼苏达州通过测试。基础种永久由 Forage Genetics 公司生产和持有,审定种子于 1999 年上市。

161. Rebound 4.2

Rebound 4.2 是由 17 个亲本植株通过杂交而获得的综合品种。亲本材料是在威斯康星州生长 2～3 年的育种苗圃中,根据牧草产量、持久性、牧草品质、再生性、多叶型等特性选择出的,并运用表型轮回选择法加以选择,以获得对细菌性萎蔫病、镰刀菌萎蔫病、疫霉菌根腐病、丝囊霉根腐病、黄萎病、炭疽病、小光壳叶斑病、豌豆蚜和首蓿斑翅蚜的抗性。亲本种质来源:DK 127(25%)、Lightning(20%)、LegenDairy 2.0(15%)、Rushmore(10%)、Excalibur Ⅱ(10%)、5262(10%)、Magnum Ⅲ(5%)和 G2852(5%)。种质资源贡献率大约为:黄花首蓿占 6%、拉达克首蓿占 4%、杂花首蓿占 32%、土耳其斯坦首蓿占 3%、佛兰德斯首蓿占 52%、智利苜蓿占 3%。该品种花色近 68% 都为紫色,32% 为杂色,略带黄色、乳白色和白色,秋眠等级为 4 级,抗寒性与 Norseman 相似。小叶型性状突出。对炭疽病、细菌性萎蔫病、镰刀菌萎蔫病、黄萎病、疫霉根腐病、囊霉根腐病具有高抗性;对豌豆蚜、苜蓿斑翅蚜有抗性;对茎线虫抗性中等;对蓝苜蓿蚜、根结线虫的抗性未测试。适宜于美国中北部地区种植;已在威斯康星州、爱荷华州和明尼苏达州通过测试。基础种永久由 Forage Genetics 公司生产和持有,审定种子于 1999 年上市。

162. ROCKET

ROCKET 亲本材料选择标准为具有牧草产量高、牧草品质好和持久性好等特性的多个种群,并且获得对细菌性萎蔫病、黄萎病、镰刀菌萎蔫病、炭疽病、疫霉根腐病和丝囊霉根腐病的抗性。该品种花色 94% 为紫色、3% 白色、2% 黄色、1% 杂色、略带乳白色,属于中等秋眠类型,秋眠等级为 4 级,抗寒性类似 Vernal。小叶数量较多,为多叶型品种。该品种对炭疽病、细菌性萎蔫病、镰刀菌萎蔫病、丝囊霉根腐病和疫霉菌根腐病具有高抗性;对黄萎病和苜蓿斑翅蚜有抗性;中度抗苜蓿茎线虫;对豌豆蚜、蓝苜蓿蚜和根结线虫的抗性未测试。该品种适宜于美国中北部、中东部地区种植;已在威斯康星州、明尼苏达和爱荷华州通过测试。基础种永久由 Forage Genetics 公司生产和持有,审定种子于 2000 年上市。

163. PLUMAS

PLUMAS 是由 114 个亲本植株通过杂交而获得的综合品种。其亲本材料具有多叶型的特性,运用表型轮回选择法加以选择,以获得对黄萎病、茎线虫、根结线虫和疫霉菌根腐病的抗性。亲本种质来源:FG 3B60 和 Extend。种质资源贡献率大约为:黄花苜蓿占 4%、拉达克苜蓿占 4%、杂花苜蓿占 27%、土耳其斯坦苜蓿占 3%、佛兰德斯苜蓿占 58%、智利苜蓿占 4%。该品种花色 88% 为紫色,12% 为杂色,略带黄色、乳白色和白色,秋眠等级为 4 级。抗寒性极强,抗寒性与 Vernal 相似,小叶数量较多,为多叶型品种。对细菌性萎蔫病、镰刀菌萎蔫病、炭疽病、疫霉菌根腐病、茎线虫具有高抗性;对黄萎病、丝囊霉根腐病、豌豆蚜、苜蓿斑翅蚜有抗性;对根结线虫具有中等的抗性;对蓝苜蓿蚜的抗性未测试。适宜于美国寒冷的山区生长;已经在爱达荷州、科罗拉多州和蒙大拿州通过测试。基础种永久由 Forage Genetics 公司生产和持有,审定种子于 1997 年上市。

164. RADIANT

RADIANT 是由 250 个亲本植株通过杂交而获得的综合品种。其亲本材料具有抗疫霉根腐病、丝囊霉根腐病、多叶型的特性,选自两个杂交群体。其中一部分亲本是从威斯康星州生长三年的单株苗圃杂交后代中选择出,另一部分亲本是由威斯康星州、明尼苏达州和爱荷华州产量试验田中根颈健康、持久性好的多个种群杂交后代中选择的,并运用表型轮回选择法和近红外反射光谱法技术加以选择,以获得高质量的饲用价值和对细菌性萎蔫病、黄萎病、疫霉菌根腐病、丝囊霉根腐病、炭疽病、小光壳叶斑病的抗性。亲本种质来源:9236、WinterKing、Maximum Ⅰ、Hunter 和 Cal/West 育种群体。种质资源贡献率大约为:黄花苜蓿占 8%、拉达克苜蓿占 6%、杂花苜蓿占 25%、土耳其斯坦苜蓿占 4%、佛兰德斯苜蓿占 48%、智利苜蓿占 9%。该品种花色 99% 为紫色、1% 杂色中带有少许白色、乳白色和黄色,属于中等秋眠类型,秋眠等级为 4 级。该品种对炭疽病,细菌性萎蔫病,镰刀菌萎蔫病,黄萎病,疫霉根腐病,丝囊霉根腐病具有高抗性;对苜蓿斑翅蚜,豌豆蚜,茎线虫有抗性;对根结线虫和蓝苜蓿蚜的抗性未测试。该品种适宜于美国中北部、中东部、大平原地区种植;已在威斯康星州、明尼苏达州、爱荷华州、密歇根州、宾夕法尼亚州和内布拉斯加州通过测试。基础种永久由 Cal/West 种子公司生产和持有,合格种于 1999 年上市。

165. **Webfoot Supreme**

Webfoot Supreme 是由 90 个亲本植株通过杂交而获得的综合品种。其中,69 个亲本材料是在密歇根州饱和土条件下根据持久性和侧根性从 90 个植株(包括 31 个来自 Webfoot MPR 的亲本、20 个来自 Dart 的亲本、18 个来自 Big 10 的亲本)中选择出;另外的 21 个亲本材料是从明尼苏达州 Grand Rapids 附近生长 2 年的 Webfoot 品种中选择出侧根发达的植株。亲本种质来源:Webfoot MPR(50%)、Dart(18%)、Big 10(17%)和实验材料 GH 89 Nema(15%)。种质资源贡献率大约为:黄花苜蓿占 20%、拉达克苜蓿占 10%、杂花苜蓿占 50%、土耳其斯坦苜蓿占 5%、佛兰德斯苜蓿占 15%。该品种花色近 78% 为紫色,22% 为杂色,带有少许黄色、乳白色和白色,秋眠等级为 4 级。该品种对细菌性萎蔫病、镰刀菌萎蔫病、炭疽病、疫霉菌根腐病、黄萎病有抗性;对丝囊霉根腐病抗性较低;对豌豆蚜、蓝苜蓿蚜、苜蓿斑翅蚜、茎线虫和根结线虫的抗性未测试。该品种适宜于美国中北部、中东部地区种植;已在威斯康星州、爱荷华州、印第安纳州和密歇根州通过测试。基础种永久由 Cal/West 种子公司生产和持有,合格种于 2001 年上市。

166. **Trialfalon**

Trialfalon 是由 220 个亲本植株通过杂交而获得的综合品种。其亲本材料具有抗疫霉根腐病、丝囊霉根腐病、多叶型的特性,是从威斯康星州无性繁殖材料的杂交后代中选择出的多个种群;并运用表型轮回选择法和近红外反射光谱法技术加以选择,以获得对细菌性萎蔫病、黄萎病、疫霉菌根腐病、丝囊霉根腐病、炭疽病和小光壳叶斑病的抗性。亲本种质来源:Big-Horn、AlfaStar、DK 142、Gold Plus 和 Cal/West 育种群体。种质资源贡献率大约为:黄花苜蓿占 8%、拉达克苜蓿占 6%、杂花苜蓿占 25%、土耳其斯坦苜蓿占 4%、佛兰德斯苜蓿占 48%、智利苜蓿占 9%。该品种花色 93% 为紫色、7% 杂色中带有少许白色、乳白色和黄色,属于中等秋眠类型,秋眠等级为 4 级。该品种对炭疽病、细菌性萎蔫病、镰刀菌萎蔫病、黄萎病、疫霉根腐病具有高抗性;对丝囊霉根腐病、苜蓿斑翅蚜、豌豆蚜、茎线虫有抗性;对根结线虫和蓝苜蓿蚜的抗性未测试。该品种适宜于美国中北部、中东部地区种植;已在威斯康星州、明尼苏达州、密歇根州、宾夕法尼亚州通过测试。基础种永久由 Cal/West 种子公司生产和持有,合格种于 1999 年上市。

167. **W201**

W201 是由 96 个亲本植株通过杂交而获得的综合品种。亲本材料运用表型轮回选择法加以选择,以获得高品质的牧草。亲本种质来源:Dart 和 Promise。种质资源贡献率大约为:黄花苜蓿占 9%、拉达克苜蓿占 19%、杂花苜蓿占 24%、土耳其斯坦苜蓿占 14%、佛兰德斯苜蓿占 34%。该品种花色 100% 为紫色,带有一丝杂色、白色。秋眠等级为 4 级。该品种对细菌性萎蔫病、镰刀菌萎蔫病、黄萎病、疫霉根腐病、丝囊霉根腐病、豌豆蚜具有高抗性；对炭疽病有抗性；对蓝苜蓿蚜、苜蓿斑翅蚜、茎线虫、根结线虫的抗性未测试。该品种适宜于美国中北部、中东部地区种植；已在宾夕法尼亚州和威斯康星州通过测试。基础种永久由 W-L 公司生产和持有，合格种于 2000 年上市。

168. W326

W326 是由 144 个亲本植株通过杂交而获得的综合品种，通过表型轮回选择法改良新品种的持久性。亲本种质来源：Paramount、GH788 和 WL 232 HQ。种质资源贡献率大约为：黄花苜蓿占 8%、拉达克苜蓿占 11%、杂花苜蓿占 17%、土耳其斯坦苜蓿占 17%、佛兰德斯苜蓿占 33% 和智利苜蓿占 14%。该品种花色 100% 为紫色，略带杂色和白色，秋眠等级为 4 级。对炭疽病、细菌性萎蔫病、黄萎病、疫霉菌根腐病、丝囊霉根腐病和豌豆蚜具有高抗性；对镰刀菌萎蔫病有抗性；对蓝苜蓿蚜、苜蓿斑翅蚜、茎线虫和根结线虫的抗性未检测。该品种适合在美国中北部，中东部地区种植；已在伊利诺伊州、宾夕法尼亚州和威斯康星州通过测试。基础种永久由 W-L 公司生产和持有，审定种子于 2000 年上市。

169. ZC 9640A

ZC 9640A 亲本材料选择标准是为了改良这个品种对细菌性萎蔫病、镰刀菌萎蔫病、黄萎病、疫霉菌根腐病、炭疽病、茎线虫、根腐线虫和丝霉根腐病的抗性。运用表型轮回选择法进行选择。最后一轮选择是根据越冬率、秋眠性以及对黄色叶蝉和叶部病害的抗性进行的。该品种花色 72% 为紫色、28% 杂色、略带黄色、乳白色和白色。秋眠等级为 4 级。该品种对细菌性萎蔫病、黄萎病、镰刀菌萎蔫病、炭疽病、疫霉菌根腐病具有高抗性；对丝囊霉根腐病、豌豆蚜、根腐线虫有抗性；对苜蓿斑翅蚜、蓝苜蓿蚜的抗性较低，对根结线虫的抗性未测试。适宜于美国中北部、中东部和大平原地区种植；已在堪萨斯州、爱荷华州、伊利诺伊州、爱达荷州和宾夕法尼亚州通过测试。基础种永久由 ABI 公司生产和持有，审定种子于 2000 年上市。

170. ZN 9646

ZN 9646 亲本材料选择标准是为了改良这个品种对细菌性萎蔫病、镰刀菌萎蔫病、黄萎病、疫霉菌根腐病、炭疽病和丝霉根腐病的抗性。运用表型轮回选择法进行选择。最后一轮选择是从爱荷华州纳皮尔地区、威斯康星州 Livingston 和 Marshfield 地区生长 2 年的选择圃中，根据产量、越冬率、对黄色叶蝉和叶部病害的抗性、秋眠性和茎蛋白含量等特性进行选择。该品种花色 72% 为紫色、28% 杂色中带有少许白色、乳白色和黄色，属于中等秋眠类型，秋眠等级为 4 级。该品种对细菌性萎蔫病、黄萎病、镰刀菌萎蔫病、炭疽病、疫霉菌根腐病、豌豆蚜、丝囊霉根腐病具有高抗性；对蓝苜蓿蚜有中等的抗性；对苜蓿斑翅蚜、茎线虫、根结线虫的抗性未测试。该品种适宜于美国中北部、中东部和大平原地区种植；已在爱荷华州、伊利诺伊州、印第安纳州、威斯康星州、宾夕法尼亚州和堪萨斯州通过测试。基础种永久由 ABI 种子公司生产和持有，合格种子于 2000 年上市。

171. WinterGold

WinterGold 是由 230 个亲本植株通过杂交而获得的综合品种。其亲本材料具有抗疫霉根腐病、丝囊霉根腐病、多叶型的特性,亲本材料是从宾夕法尼亚州生长 3 年的产量试验田里选择出的多个种群;并运用表型轮回选择法和近红外反射光谱法技术加以选择,以获得高质量的饲用价值和对细菌性萎蔫病、黄萎病、疫霉菌根腐病、丝囊霉根腐病、炭疽病和小光壳叶斑病的抗性。亲本种质来源:BigHorn、AlfaStar、Award、MultiQueen 和 Cal/West 育种群体。种质资源贡献率大约为:黄花苜蓿占 9%、拉达克苜蓿占 6%、杂花苜蓿占 25%、土耳其斯坦苜蓿占 4%、佛兰德斯苜蓿占 47%、智利苜蓿占 9%。该品种花色 94% 为紫色、6% 杂色中带有少许白色、乳白色和黄色,属于中等秋眠类型,秋眠等级跟 Saranac 相似。该品种对炭疽病、细菌性萎蔫病、黄萎病、镰刀菌萎蔫病、疫霉菌根腐病、丝囊霉根腐病和蓝苜蓿蚜具有高抗性;对茎线虫、豌豆蚜、苜蓿斑翅蚜有抗性;对根结线虫的抗性未测试。该品种适宜于美国中北部、中东部地区种植;已在威斯康星州、明尼苏达州、密歇根州、内布拉斯加州通过测试。基础种永久由 Cal/West 种子公司生产和持有,合格种子于 1998 年上市。

172. **WL 327**

WL 327 是由 200 个亲本植株通过杂交而获得的综合品种。亲本材料运用表型轮回选择法加以选择,以获得高品质的牧草。亲本种质来源:ABT 350、Rushmore、WL 232 HQ 和 WL 252 HQ。种质资源贡献率大约为:黄花苜蓿占 16%、拉达克苜蓿占 14%、杂花苜蓿占 21%、土耳其斯坦苜蓿占 13%、佛兰德斯苜蓿占 36%。该品种花色 100% 为紫色、带有一丝杂色、白色。秋眠等级为 4 级。该品种对炭疽病、细菌性萎蔫病、镰刀菌萎蔫病、疫霉菌根腐病和蓝苜蓿蚜具有高抗性;对黄萎病、茎线虫、豌豆蚜、苜蓿斑翅蚜有抗性;对根结线虫的抗性未测试。该品种适宜于美国中北部、中东部地区种植。适宜于美国中北部,中东部等地区种植;已经在伊利诺伊州、宾夕法尼亚州和威斯康星州通过测试。基础种永久由 W-L Research 生产和持有,审定种子在 1999 年上市。

173. **Harvestar 812HY**

Harvestar 812HY 是由 12 个亲本植株通过杂交而获得的综合品种。其亲本材料是在产量试验田和抗病害苗圃里选择出的多个种群。评价标准包括牧草产量、持久性、牧草品质以及对细菌性萎蔫病、镰刀菌萎蔫病、疫霉根腐病、炭疽病、黄萎病和丝囊霉根腐病的抗性。种质资源贡献率大约为:拉达克苜蓿占 10%、杂花苜蓿占 18%、土耳其斯坦苜蓿占 16%、佛兰德斯苜蓿占 35%、智利苜蓿占 10% 和未知苜蓿占 11%。该品种花色 92% 为紫色、8% 杂色中带有少许乳白色、白色和黄色,属于中等秋眠类型,秋眠等级为 4 级。该品种对细菌性萎蔫病、镰刀菌萎蔫病、疫霉根腐病具有高抗性;对丝囊霉根腐病、茎线虫、黄萎病、炭疽病、豌豆蚜、斑翅蚜、蓝苜蓿蚜有抗性,对根结线虫的抗性未测试。该品种适宜于美国中北部、大平原、中东部地区种植;已在明尼苏达州、爱荷华州、宾夕法尼亚州、内布拉斯加州、威斯康星州通过测试。基础种永久由 Dairyland 研究中心生产和持有,审定种子于 2000 年上市。

174. **GH 700**

GH 700 是由 250 个亲本植株通过杂交而获得的综合品种。亲本材料具有多叶型、抗疫霉根腐病和丝囊霉根腐病的特性。亲本材料是在威斯康星州生长 3 年的苗圃田里选择出的多个种群,并运用表型轮回选择法和近红外反射光谱法技术对饲用价值加以选择,以获得对细菌性萎蔫病、黄萎病、疫霉根腐病、丝囊霉根腐病、炭疽病和小光壳叶斑病的抗性。亲本种质来源：WinterGold、9429、Alliant、BigHorn、Hunter 和 Cal/West 育种群体。种质资源贡献率大约为：黄花苜蓿占 8％、拉达克苜蓿占 6％、杂花苜蓿占 27％、土耳其斯坦苜蓿占 4％、佛兰德斯苜蓿占 47％、智利苜蓿占 8％。该品种花色 99％为紫色，1％杂色中带有少许白色、乳白色和黄色。属于中等秋眠类型，秋眠等级为 4 级。该品种对炭疽病、细菌性萎蔫病、镰刀菌萎蔫病、黄萎病、疫霉根腐病、丝囊霉根腐病、豌豆蚜具有高抗性；对斑翅蚜、茎线虫有抗性；对蓝苜蓿蚜、根结线虫的抗性未测试。该品种适宜于美国中北部、中东部地区、大平原种植；已在威斯康星州、明尼苏达州通过测试。基础种永久由 Cal/West 种子公司生产和持有，审定种子于 1999 年上市。

175. FG 4M25

FG 4M25 亲本材料选择标准包括高产、品质好、持久性好、秋眠晚，对马铃薯叶蝉、细菌性萎蔫病、黄萎病、镰刀菌萎蔫病、炭疽病、疫霉根腐病和丝囊霉根腐病有抗性。该品种花色 37％为杂色，24％为紫色，20％为黄色，14％为白色，5％为乳白色，属于中等秋眠类型，秋眠等级为 4 级，抗寒性类似于 Ranger。该品种对炭疽病、细菌性萎蔫病、镰刀菌萎蔫病、疫霉根腐病具有高抗性；对黄萎病、丝囊霉根腐病、斑翅蚜具有抗性；中抗茎线虫，对蓝苜蓿蚜、豌豆蚜和根结线虫的抗性未测试。该品种适宜于美国中北部和中东部地区种植；已在印第安纳州、爱达荷州、威斯康星州通过测试。基础种永久由 Forage Genetics 公司生产和持有，审定种子于 2001 年上市。

176. FG 4A75

FG 4A75 亲本材料选择标准为多叶型特性、高产、品质好、持久性好，对细菌性萎蔫病、黄萎病、镰刀菌萎蔫病、炭疽病、疫霉根腐病和丝囊霉根腐病有抗性。该品种花色 93％为紫色，6％为杂色，1％为乳白色，略带极少量黄色和白色，属于中等秋眠类型，秋眠等级为 4 级，抗寒性类似于 Norseman。具有多叶型特性。该品种对细菌性萎蔫病、镰刀菌萎蔫病、黄萎病、丝囊霉根腐病、疫霉根腐病和炭疽病具有高抗性，对茎线虫和斑翅蚜有抗性，对豌豆蚜、蓝苜蓿蚜和根结线虫的抗性未测试。该品种适宜于美国中北部和大平原地区种植；已在明尼苏达州、内布拉斯加州和威斯康星州通过测试。基础种永久由 Forage Genetics 公司生产和持有，审定种子于 2001 年上市。

177. FG 3R123

FG 3R123 亲本材料选择标准为多叶型特性、高产、品质好、持久性好，对茎线虫、根结线虫、镰刀菌萎蔫病和黄萎病有抗性。该品种花色 77％为紫色，17％为杂色，4％为黄色，2％为白色，极少量为乳白色。属于中等秋眠类型，秋眠等级为 4 级。具有多叶型特性。该品种对镰刀菌萎蔫病、炭疽病、疫霉根腐病、豌豆蚜、斑翅蚜和茎线虫有高抗性，对黄萎病、根结线虫、细菌性萎蔫病和丝囊霉根腐病有抗性；中度抗蓝苜蓿蚜。该品种适宜于寒冷山区种植；已在爱达荷州、科罗拉多州和华盛顿州通过测试。基础种永久由 Forage Genetics 公司生产和持有，审定种子于 2001 年上市。

178. **Value Plus 1**

Value Plus 1 是由 13 个亲本植株通过杂交而获得的综合品种。亲本材料是在威斯康星州附近生长 2～3 年的苗圃里选择出的产量高、持久性好、品质好、刈割后再生快、多叶型的多个种群；并运用表型轮回选择法加以选择，以获得多叶型表达，对细菌性萎蔫病、镰刀菌萎蔫病、疫霉根腐病、丝囊霉根腐病、黄萎病、炭疽病、小光壳叶斑病、豌豆蚜、斑翅蚜的抗性。亲本种质来源：DK 127（25%）、Lightning（20%）、LegenDairy 2.0（15%）、Rushmore（10%）、Excalibur Ⅱ（10%）、5262（10%）、Magnum Ⅲ（5%）和 G2852（5%）。种质资源贡献率大约为：黄花苜蓿占 6%、拉达克苜蓿占 4%、杂花苜蓿占 32%、土耳其斯坦苜蓿占 36%、佛兰德斯苜蓿占 52%、智利苜蓿占 3%。该品种花色 72% 为紫色、28% 为杂色，极少量为乳白色、白色和黄色。属于中等秋眠类型，秋眠等级为 4 级，抗寒性类似于 Norseman，为多叶型品种。该品种对炭疽病、细菌性萎蔫病、镰刀菌萎蔫病、疫霉根腐病具有高抗性，对黄萎病、豌豆蚜、斑翅蚜、丝囊霉根腐病有抗性；中度抗茎线虫；对蓝苜蓿蚜、根结线虫的抗性未测试。该品种适宜于美国中北部种植；已在威斯康星州、爱荷华州、明尼苏达州通过测试。基础种永久由 Forage Genetics 公司生产和持有，审定种子于 1999 年上市。

179. **WL 342**

WL 342 亲本材料选择标准为高产、品质好、持久性好、抗细菌性萎蔫病、黄萎病、镰刀菌萎蔫病、炭疽病、疫霉根腐病和丝囊霉根腐病。该品种花色 87% 为紫色、9% 杂色、2% 白色、1% 黄色、1% 乳白色，属于中等秋眠类型，秋眠等级为 4 级，抗寒性类似于 Norseman，属于多叶型品种。该品种对细菌性萎蔫病、镰刀菌萎蔫病、丝囊霉根腐病、疫霉根腐病、苜蓿斑翅蚜、豌豆蚜、黄萎病、炭疽病具有高抗性；对茎线虫有抗性；对蓝苜蓿蚜和根结线虫的抗性未测试。该品种适宜生长在中北部和大平原地区；已在明尼苏达州、内布拉斯加州和威斯康星州能过测试。基础种永久由 Forage Genetics 种子公司生产和持有，审定种子于 2001 年上市。

180. **YieldMax**

YieldMax 亲本材料通过连续放牧的实验，选择出根颈和根系保持大而健康的植株，并运用表型轮回选择法加以选择，以获得耐牧性。该品种花色约 71% 为紫色，29% 为杂色，极少量为乳白色、白色、黄色。属于中等秋眠类型，秋眠等级为 4 级，耐强放牧性类似于 Alfagraze。该品种对细菌性萎蔫病、黄萎病、镰刀菌萎蔫病、炭疽病、疫霉根腐病、丝囊霉根腐病具有高抗性；对豌豆蚜有抗性，对蓝苜蓿蚜、苜蓿斑翅蚜、茎线虫和根结线虫的抗性未测试。该品种适宜生长在美国中北部和中东部地区。基础种永久由 ABI 种子公司生产和持有，审定种子于 2001 年上市。

181. **Baralfa 42 IQ**

Baralfa 42 IQ 由 305 个亲本植株通过杂交而获得的综合品种。亲本材料于 1992 年 9 月播种在密苏里州 Warrensburg 地区附近的放牧实验田里（设置 6 个重复）。试验田于 1993 年、1994 年、1995 年连续放牧 145 d。到 1995 年 9 月，选择出根颈大而匀称的最健康的植株，同时将样地旋耕。亲本种质来源：TMF 4464（185 个）和 ABI 9142（120 个）。该品种花色约 70%

为紫色、30%为杂色,极少为乳白色、白色和黄色,秋眠等级类似于 Saranac 为 4 级,耐放牧程度大于 Alfagraze。该品种对细菌性萎蔫病、镰刀菌萎蔫病、黄萎病、炭疽病、疫霉根腐病和丝囊霉根腐病具有高抗性;对豌豆蚜有抗性;对蓝苜蓿蚜、斑翅蚜、茎线虫和根结线虫的抗性未测试。该品种适宜于美国中北部和中东部种植;已在爱荷华州、威斯康星州、伊利诺伊州、堪萨斯州、宾夕法尼亚州通过测试。基础种永久由 ABI 公司生产和持有,审定种子于 1999 年上市。

182. AV3420

AV3420 亲本材料选择标准为具有牧草产量高、牧草品质好、持久性好等特性的多个种群,并且获得对细菌性萎蔫病、黄萎病、镰刀菌萎蔫病、炭疽病、疫霉根腐病和丝囊霉根腐病的抗性。该品种花色 90%为紫色、10%杂色,极少量为黄色、白色、乳白色,属于中等秋眠类型,秋眠等级为 4 级,抗寒性类似于 Vernal,为多叶型品种。该品种对细菌性萎蔫病、镰刀菌萎蔫病、丝囊霉根腐病、疫霉根腐病、炭疽病具有高抗性;对黄萎病、苜蓿斑翅蚜和茎线虫有抗性;对豌豆蚜、蓝苜蓿蚜和根结线虫的抗性未测试。该品种适宜于美国中北部地区种植;已在爱荷华州、明尼苏达州、威斯康星州通过测试。基础种永久由 Forage Genetics 公司生产和持有,审定种子于 2001 年上市。

183. Atomic

Atomic 是由 18 个亲本植株通过杂交而获得的综合品种。亲本材料是从产量试验田和抗病圃里选择出的多个种群,并运用表型轮回选择法加以选择,以获得产量高、持久性好以及对细菌性萎蔫病、镰刀菌萎蔫病、疫霉根腐病、炭疽病、黄萎病和丝囊霉根腐病的抗性。种质资源贡献率大约为:杂花苜蓿占 22%、土耳其斯坦苜蓿占 12%、佛兰德斯苜蓿占 31%、智利苜蓿占 15%、未知苜蓿占 20%。该品种花色 91%为紫色,9%为杂色中带有少许乳白色、白色和黄色;属于中等秋眠类型,秋眠等级为 4 级。该品种对细菌性萎蔫病、镰刀菌萎蔫病、疫霉根腐病具有高抗性,对黄萎病、炭疽病、茎线虫、北方根结线虫和豌豆蚜有抗性;中度抗丝囊霉根腐病。对苜蓿斑翅蚜和蓝苜蓿蚜的抗性未测试。该品种适宜于美国中北部、加拿大西部地区种植;已在美国的威斯康星州和加拿大的阿尔伯塔省、萨斯喀彻温省和马尼托巴省通过测试。基础种永久由 Dairyland 研究中心生产和持有,审定种子于 2001 年秋季上市。

184. AmeriStand 403T

AmeriStand 403T 亲本材料选择标准为耐连续放牧(经过 2 轮表型轮回选择),同时保持具有大而健康的根颈和根系。该品种花色 69%为紫色,31%为杂色,极少量为白色、乳白色和黄色;秋眠等级为 4 级;抗寒性与 Vernal 相似;耐连续放牧性优于 Alfagraze。该品种对细菌性萎蔫病、镰刀菌萎蔫病、黄萎病、疫霉根腐病、丝囊霉根腐病和炭疽病具有高抗性,对豌豆蚜具有抗性;中度抗苜蓿斑翅蚜和茎线虫;对蓝苜蓿蚜和根结线虫的抗性未测试。该品种适宜于美国中北部和中东部地区种植;已在爱荷华州、威斯康星州、伊利诺伊州通过测试。基础种永久由 ABI 公司生产和持有,审定种子于 2001 年上市。

185. ZN 9746

ZN 9746 是由 26 个亲本植株通过杂交而获得的综合品种。其亲本材料是在爱荷华州和威斯康星州的植物苗圃中生长 2 年或 3 年并根据其秋眠性、植株茎秆品质、越冬率等选择出的 23 个种群,且运用表型轮回选择法加以选择,以获得对细菌性萎蔫病、镰刀菌萎蔫病、黄萎病、疫霉根腐病、丝囊霉根腐病、炭疽病和黄色叶蝉的抗性。该品种花色 73% 为紫色,27% 为杂色中带有一些乳白色、白色和黄色;属于中等秋眠类型,秋眠等级为 4 级。该品种对镰刀菌萎蔫病、细菌性萎蔫病、疫霉根腐病、丝囊霉根腐病、炭疽病、黄萎病和豌豆蚜具有高抗性,对蓝苜蓿蚜、苜蓿斑翅蚜、茎线虫和根结线虫的抗性未测试。该品种适宜于美国中北部和东中部地区种植;已在爱荷华州、明尼苏达州、伊利诺伊州通过测试。基础种永久由 ABI 公司生产和持有,审定种子于 2002 年上市。

186. FG 4S9O

FG 4S9O 亲本材料选择标准是为了改良这个品种的牧草产量、持久性、秋眠性等特性,并且获得对马铃薯叶蝉、细菌性萎蔫病、镰刀菌萎蔫病、黄萎病、炭疽病、疫霉根腐病和丝囊霉根腐病的抗性。该品种花色 91% 为紫色,8% 为杂色,1% 为乳白色带有极少量黄色、白色;属于中等秋眠类型,秋眠等级为 4 级;抗寒性类似于 Ranger。该品种对炭疽病、细菌性萎蔫病、镰刀菌萎蔫病、黄萎病、疫霉根腐病、马铃薯叶蝉和丝囊霉根腐病具有高抗性,对茎线虫、苜蓿斑翅蚜和豌豆蚜有抗性,对蓝苜蓿蚜和根结线虫的抗性未测试。该品种适宜于美国中北部和中东部种植;已在威斯康星州和印第安纳州通过测试。基础种永久由 Forage Genetics 公司生产和持有,审定种子于 2002 年上市。

187. Maximizer

Maximizer 亲本材料选择标准是为了改良这个品种的牧草产量、牧草品质、持久性、多叶型等特性,并且获得对细菌性萎蔫病、镰刀菌萎蔫病、黄萎病、炭疽病、疫霉根腐病和丝囊霉根腐病的抗性。该品种花色 93% 为紫色,6% 为杂色,1% 白色带有极少量黄色、乳白色;属于中等秋眠类型,秋眠等级为 4 级;抗寒性类似于 Norseman;小叶数量很多,为多叶型品种。该品种对丝囊霉根腐病、细菌性萎蔫病、镰刀菌萎蔫病、黄萎病、疫霉根腐病和炭疽病具有高抗性,对茎线虫和苜蓿斑翅蚜有抗性,对豌豆蚜、蓝苜蓿蚜和根结线虫的抗性未测试。该品种适宜于美国中北部和大平原地区种植;已在明尼苏达州、内布拉斯加州和威斯康星州已通过测试。基础种永久由 Forage Genetics 公司生产和持有,审定种子于 2001 年上市。

188. FG 4M69

FG 4M69 亲本材料选择标准是为了改良这个品种的牧草产量、牧草品质、持久性等特性,并且获得对细菌性萎蔫病、镰刀菌萎蔫病、黄萎病、炭疽病、疫霉根腐病和丝囊霉根腐病的抗性。该品种花色 88% 为紫色,7% 为杂色,2% 为黄色,1% 为乳白色、2% 为白色;属于中等秋眠类型,秋眠等级为 4 级;抗寒性类似于 Norseman;小叶数量较多,为多叶型品种。该品种对炭疽病、细菌性萎蔫病、镰刀菌萎蔫病、黄萎病、疫霉根腐病、丝囊霉根腐病具有高抗性,对茎线虫、根结线虫和豌豆蚜有抗性,对苜蓿斑翅蚜和蓝苜蓿蚜的抗性未测试。该品种适宜于美国中部地区种植;已在威斯康星州和爱荷华州通过测试。基础种永久由 Forage Genetics 公司生产和持有,审定种子于 2002 年上市。

189. Supreme

Supreme 是由 225 个亲本植株通过杂交而获得的综合品种。其亲本材料具有抗疫霉根腐病、丝囊霉根腐病、多叶型的特性;亲本材料是从明尼苏达州、爱荷华州和威斯康星州生长 3 年的产量试验田里选择出的多个种群;并运用表型轮回选择法和近红外反射光谱技术对牧草产量、饲用价值加以选择,以获得对细菌性萎蔫病、镰刀菌萎蔫病、黄萎病、疫霉根腐病、丝囊霉根腐病、小光壳叶斑病和炭疽病的抗性。亲本种质来源:9326、Maximum Ⅰ WinterKing 和 Cal/West 育种群体。种质资源贡献率大约为:黄花苜蓿占 8%、拉达克苜蓿占 6%、杂花苜蓿占 25%、土耳其斯坦苜蓿占 4%、佛兰德斯苜蓿占 48%、智利苜蓿占 9%。该品种花色 98% 为紫色,2% 为杂色中带有少量白色、乳白色和黄色,属于中等秋眠类型,秋眠等级为 4 级。对炭疽病、细菌性萎蔫病、镰刀菌萎蔫病、黄萎病、疫霉根腐病、丝囊霉根腐病具有高抗性,对豌豆蚜和茎线虫有抗性,对苜蓿斑翅蚜、根结线虫和蓝苜蓿蚜的抗性未测试。该品种适宜于美国中北部、中东部地区种植,已在威斯康星州、明尼苏达州、爱荷华州和宾夕法尼亚州通过测试。基础种永久由 Cal/West 种子公司生产和持有,审定种子于 2002 年上市。

190. 4375LH

4375LH 亲本材料选择标准是为了改良这个品种的牧草产量、持久性,并且获得对马铃薯叶蝉、细菌性萎蔫病、镰刀菌萎蔫病、黄萎病、炭疽病、疫霉根腐病和丝囊霉根腐病的抗性。该品种花色 90% 为紫色,9% 为杂色,1% 为黄色、乳白色及白色;属于中等秋眠类型,秋眠等级为 4 级;抗寒性类似于 Ranger。该品种对炭疽病、细菌性萎蔫病、镰刀菌萎蔫病、黄萎病、疫霉根腐病、苜蓿斑翅蚜、马铃薯叶蝉和丝囊霉根腐病具有高抗性,对茎线虫和豌豆蚜有抗性,对根结线虫和蓝苜蓿蚜的抗性未测试。该品种适宜于美国中北部和中东部地区种植;已在威斯康星州和肯塔基州通过测试。基础种永久由 Forage Genetics 公司生产和持有,审定种子于 2002 年上市。

191. Masterpiece

Masterpiece 亲本材料选择标准是为了改良这个品种的多叶表达性,并且获得对黄萎病和苜蓿茎线虫的抗性。该品种花色 89% 为紫色,6% 为杂色,3% 为白色,2% 为黄色;属于中等秋眠类型,秋眠等级为 4 级;小叶数量较多,为多叶型品种。该品种对细菌性萎蔫病、镰刀菌萎蔫病、炭疽病、疫霉根腐病和茎线虫具有高抗性,对黄萎病、丝囊霉根腐病、苜蓿斑翅蚜、蓝苜蓿蚜和北方根结线虫有抗性,对豌豆蚜的抗性未测试。该品种适宜于美国适度寒冷地区种植;已在爱达荷州、科罗拉多州和华盛顿州通过测试。基础种永久由 Forage Genetics 公司生产和持有,审定种子于 2000 年上市。

192. Trophy

Trophy 亲本材料选择标准是为了改良这个品种的种子产量,并且获得对炭疽病、丝囊霉根腐病、疫霉根腐病、黄萎病和黄色叶蝉的抗性。该品种花色 88% 为紫色,12% 为杂色并带有白色、乳白色和黄色;属于中等秋眠类型,秋眠等级为 4 级。该品种对镰刀菌萎蔫病、疫霉根腐病和豌豆蚜具有高抗性,对细菌性萎蔫病、黄萎病、炭疽病和丝囊霉根腐病有抗性,对茎线虫、苜蓿斑翅蚜、蓝苜蓿蚜和根结线虫的抗性未测试。该品种适宜于美国中北部和中东部地区种植。已在纽约州、宾夕法尼亚州、密歇根州、内布拉斯加州、伊利诺伊州、爱荷华州、威斯康星州和明尼苏达州通过测试。基础种永久由 Green Genes 公司生产和持有，审定种子于 2002 年上市。

193. 54Q25

54Q25 是由 219 个亲本植株通过杂交而获得的综合品种。亲本材料是在温室里选择出的多个种群，其中有 28 个亲本是高产、耐寒和抗病虫的种群，并运用表型轮回选择法加以选择，以获得对茎线虫、北方根结线虫、哥伦比亚盆地根结线虫和疫霉根腐病的抗性。该品种花色 88% 为紫色，12% 为杂色略带有少量黄色、白色和乳白色；属于中等秋眠类型，秋眠等级 4 级；牧草品质高。该品种对炭疽病、细菌性萎蔫病、镰刀菌萎蔫病、黄萎病、疫霉根腐病、茎线虫、北方根结线虫具有高抗性，对丝囊霉根腐病、豌豆蚜、苜蓿斑翅蚜有抗性，对蓝苜蓿蚜的抗性未测试。该品种适宜于美国中北部和寒冷的山区种植；已在爱荷华州、威斯康星州、俄勒冈州和华盛顿州通过测试。审定种子于 2002 年上市。

194. DAKOTA

DAKOTA 亲本材料选择标准是为了改良这个品种在水淹的条件下，抗根腐病、牧草产量、牧草品质、持久性、低秋眠级、抗寒性等性状，并且获得对豌豆蚜、炭疽病、细菌性萎蔫病的抗性。该品种花色 82% 为紫色，18% 为杂色；属于中等秋眠类型，秋眠等级 4 级。该品种对疫霉根腐病具有高抗性，对细菌性萎蔫病、镰刀菌萎蔫病和豌豆蚜有抗性，对炭疽病、黄萎病、茎线虫、北方根结线虫和南方根结线虫有中度抗性，对蓝苜蓿蚜的抗性未测试。该品种适宜于美国中北部、中东部和寒冷山区种植。基础种永久由 Great Plains Research Company 生产和持有，审定种子于 2002 年上市。

195. 54H91

54H91 是由 25 个亲本植株通过杂交而获得的综合品种。亲本材料选择具有春天生长旺盛、田间表型好和秋眠级高等特性的多个种群，并运用表型轮回选择法加以选择，以获得对马铃薯叶蝉、炭疽病、疫霉根腐病、丝囊霉根腐病、细菌性萎蔫病、镰刀菌萎蔫病、黄萎病和苜蓿斑翅蚜的抗性。该品种花色 8% 为紫色，85% 为杂色，5% 为黄色，2% 为乳白色带有白色；属于中等秋眠类型，秋眠等级 4 级。该品种对细菌性萎蔫病、炭疽病、疫霉根腐病、黄萎病、苜蓿斑翅蚜和马铃薯叶蝉具有高抗性，对镰刀菌萎蔫病、豌豆蚜和丝囊霉根腐病有抗性，对茎线虫和北方根结线虫有中度抗性，对蓝苜蓿蚜的抗性未测试。该品种适宜于美国中北部、中东部和加拿大安大略省地区种植。基础种永久由 Pioneer Hi-Bred International 公司生产和持有，审定种子于 2002 年上市。

196. 4Traffic

4Traffic 亲本材料选择标准为耐家畜连续放牧（经过 2 个表型轮回选择），而且保持大而健康的根颈及根系的多个种群。该品种花色 66% 为紫色，34% 为杂色中含有白色、乳白色和黄色；属于中等秋眠类型，秋眠等级 4 级；抗寒性类似于 Vernal；耐牧性较好，类似于 Alfagraze。该品种对疫霉根腐病、细菌性萎蔫病、黄萎病、镰刀菌萎蔫病、炭疽病和丝囊霉根腐病具有高抗性,对豌豆蚜有抗性,对茎线虫、蓝苜蓿蚜、苜蓿斑翅蚜和根结线虫的抗性未测试。该品种适宜于美国中北部、中东部地区种植;已在爱荷华州、威斯康星州和伊利诺伊州通过测试。基础种永久由 ABI 公司生产和持有,审定种子于 2003 年上市。

197. **4500**

4500 亲本材料选择标准是为了改良这个品种的牧草产量潜在性、牧草品质潜在性和持久性,并且获得对细菌性萎蔫病、镰刀菌萎蔫病、黄萎病、炭疽病、疫霉根腐病和丝囊霉根腐病的抗性。该品种花色 93％为紫色,5％为杂色,1％为白色,1％为带有黄色;属于中等秋眠类型,秋眠等级为 4 级;抗寒性类似于 Vernal;小叶数量较多,为多叶型品种。该品种对炭疽病、细菌性萎蔫病、镰刀菌萎蔫病、黄萎病、疫霉根腐病和丝囊霉根腐病具有高抗性,中度抗茎线虫和苜蓿斑翅蚜,对蓝苜蓿蚜、豌豆蚜和根结线虫的抗性未测试。该品种适宜于美国中北部、中东部地区种植;已在威斯康星州和伊利诺伊州通过测试。基础种永久由 Forage Genetics 公司生产和持有,审定种子于 2000 年上市。

198. **6400 HT**

6400 HT 亲本材料选择标准为耐家畜连续放牧(经过 2 个表型轮回选择)且保持大而健康的根颈及根系的多个种群。该品种花色 76％为紫色,33％为杂色中含有白色、乳白色和黄色;属于中等秋眠类型,秋眠等级 4 级;抗寒性类似于 Vernal。该品种对疫霉根腐病、细菌性萎蔫病、黄萎病、镰刀菌萎蔫病、豌豆蚜、炭疽病和丝囊霉根腐病具有高抗性,对茎线虫、蓝苜蓿蚜、苜蓿斑翅蚜和根结线虫的抗性未测试。该品种适宜于美国中北部、中东部地区种植;已在爱荷华州、威斯康星州和伊利诺伊州通过测试。基础种永久由 ABI 公司生产和持有,审定种子于 2003 年上市。

199. **717**

717 是由 225 个亲本植株通过杂交而获得的综合品种。其亲本材料具有抗疫霉根腐病、多叶型的特性;亲本材料是在明尼苏达州、威斯康星州生长 3 年的产量试验田和威斯康星州生长 3 年的单株选择苗圃里选择出的多个种群,并运用表型轮回选择法及近红外反射光谱法技术加以选择,以获得相对较高的饲用价值和对细菌性萎蔫病、镰刀菌萎蔫病、黄萎病、疫霉根腐病、丝囊霉根腐病、炭疽病和小光壳叶斑病的抗性。亲本种质来源:Pointer、DK 142、512、Sprint、Gold Plus、Abound、Cyclone 和 Cal/West 种子育种种群。种质资源贡献率大约为:黄花苜蓿占 8％,拉达克苜蓿占 5％,杂花苜蓿占 24％,土耳其斯坦苜蓿占 3％,佛兰德斯苜蓿占 51％,智利苜蓿占 9％。该品种花色 96％为紫色,1％为杂色,1％为白色中带有少量乳白色和黄色;属于中等秋眠类型,秋眠等级 4 级。该品种对细菌性萎蔫病、镰刀菌萎蔫病、疫霉根腐病具有高抗性,对炭疽病、豌豆蚜、苜蓿斑翅蚜和北方根结线虫有抗性,对黄萎病、茎线虫和丝囊霉根腐病有中度抗性,对蓝苜蓿蚜的抗性未测试。该品种适宜于美国的中北部、中东部和平原地带地区种植;已在威斯康星州、宾夕法尼亚州和内布拉斯加州通过测试。基础种永久由 Cal/West 种子公司生产和持有,审定种子于 2003 年上市。

200. **Bullseye**

Bullseye 是由 500 个亲本植株通过杂交而获得的综合品种。亲本材料是在爱达荷州的 Nampa 地区生长 2～3 年的单株选择苗圃里选择出抗线虫、根颈和根系都健康的多个种群;并运用表型轮回选择法加以选择,以获得对细菌性萎蔫病、黄萎病、疫霉根腐病、炭疽病、苜蓿斑翅蚜、北方根结线虫和茎线虫的抗性。亲本种质来源:Archer (100%)。该品种花色 89% 为紫色,11% 为杂色混有乳白色、黄色和白色;属于中等秋眠类型,秋眠等级 4 级。该品种对疫霉根腐病、细菌性萎蔫病、黄萎病、镰刀菌萎蔫病、炭疽病和北方根结线虫具有高抗性;对茎线虫有抗性;对蓝苜蓿蚜、苜蓿斑翅蚜、丝囊霉根腐病有中度抗性;对豌豆蚜抗性低;不易感染哥伦比亚根结线虫。该品种适宜于美国中度寒冷和寒冷山区种植;已在爱达荷州和加利福尼亚州通过测试。基础种永久由 ABI 种子公司生产和持有,审定种子于 2003 年上市。

201. **CW 83021**

CW 83021 是由 225 个亲本植株通过杂交而获得的综合品种。其亲本材料具有抗疫霉根腐病、多叶型的特性;亲本材料是在明尼苏达州、威斯康星州生长 3 年的产量试验田和威斯康星州生长 3 年的单株选择苗圃里选择出的多个种群,并运用表型轮回选择法及近红外反射光谱法技术加以选择,以获得相对较高的饲用价值和对细菌性萎蔫病、镰刀菌萎蔫病、黄萎病、疫霉根腐病、丝囊霉根腐病、炭疽病和小光壳叶斑病的抗性。亲本种质来源:Abound、Sprint、512、Cyclone、Gold Plus、DK 142、Legend Gold、Nemesis、Pointer、UltraLac 和 Cal/West 种子育种种群。种质资源贡献率大约为:黄花苜蓿占 8%,拉达克苜蓿占 5%,杂花苜蓿占 24%,土耳其斯坦苜蓿占 3%,佛兰德斯苜蓿占 51%,智利苜蓿占 9%。该品种花色 100% 为紫色,带有少许乳白色、白色和黄色;属于中等秋眠类型,秋眠等级 4 级。该品种对镰刀菌萎蔫病具有高抗性;对细菌性萎蔫病、黄萎病、疫霉根腐病、丝囊霉根腐病、豌豆蚜、茎线虫和北方根结线虫有抗性;中度抗炭疽病;对蓝苜蓿蚜的抗性未测试。该品种适宜于美国的中北部、中东部和平原地带地区种植;已在威斯康星州、宾夕法尼亚州和内布拉斯加州通过测试。基础种永久由 Cal/West 种子公司生产和持有,审定种子于 2003 年上市。

202. **Endurance**

Endurance 是由 225 个亲本植株通过杂交而获得的综合品种。其亲本材料具有抗疫霉根腐病和丝囊霉根腐病、多叶型的特性;亲本材料是在威斯康星州的无性系单株苗圃里选择出的多个种群,并运用表型轮回选择法及近红外反射光谱法技术加以选择,以获得相对较高的饲用价值和对细菌性萎蔫病、黄萎病、疫霉根腐病、丝囊霉根腐病、炭疽病和小光壳叶斑病的抗性。亲本种质来源:BigHorn、Award、DK 142、Gold Plus 和 Cal/West 种子育种种群。种质资源贡献率大约为:黄花苜蓿占 8%、拉达克苜蓿占 6%、杂花苜蓿占 25%、土耳其斯坦苜蓿占 4%、佛兰德斯苜蓿占 48%、智利苜蓿占 9%。该品种花色 95% 为紫色,5% 为杂色带有白色、乳白色和黄色;属于中等秋眠类型,秋眠等级 4 级。该品种对炭疽病、细菌性萎蔫病、镰刀菌萎蔫病、黄萎病、疫霉根腐病、丝囊霉根腐病、豌豆蚜、苜蓿斑翅蚜和蓝苜蓿蚜具有高抗性;对茎线虫和北方根结线虫有抗性。该品种适宜于美国的中北部、中东部和平原地带地区种植;已在威斯康星州、明尼苏达州、堪萨斯州、密歇根州、宾夕法尼亚州和内布拉斯加州通过测试。基础种永久由

Cal/West 种子公司生产和持有,审定种子于 2003 年上市。

203. FG 4M72

FG 4M72 亲本材料选择标准是为了改良这个品种的牧草产量和持久性并且获得对细菌性萎蔫病、镰刀菌萎蔫病、黄萎病、炭疽病、疫霉根腐病和丝囊霉根腐病的抗性。该品种花色95％为紫色,3％为杂色,1％为黄色,1％为白色并混有乳白色;属于中等秋眠类型,秋眠等级为4级;抗寒性接近 Vernal。该品种对炭疽病、细菌性萎蔫病、镰刀菌萎蔫病、黄萎病、疫霉根腐病和丝囊霉根腐病具有高抗性;对苜蓿斑翅蚜、茎线虫和根结线虫有抗性;对蓝苜蓿蚜的抗性未测试。该品种适宜于美国中北部、中东部和平原地区种植。已在威斯康星州、内布拉斯加州和印第安纳州通过测试。基础种永久由 Forage Genetics 公司生产和持有,审定种子于 2002年上市。

204. FG 4M74

FG 4M74 亲本材料选择标准是为了改良这个品种的牧草产量和持久性并且获得对细菌性萎蔫病、镰刀菌萎蔫病、黄萎病、炭疽病、疫霉根腐病和丝囊霉根腐病的抗性。该品种花色98％为紫色,2％为杂色,混有黄色、白色和乳白色;属于中等秋眠类型,秋眠等级为4级;抗寒性接近 Vernal。该品种对炭疽病、细菌性萎蔫病、镰刀菌萎蔫病、黄萎病、疫霉根腐病和丝囊霉根腐病具有高抗性;对苜蓿斑翅蚜、豌豆蚜和根结线虫有抗性;对蓝苜蓿蚜和茎线虫的抗性未测试。该品种适宜于美国中北部、中东部和平原地区种植;已在威斯康星州、内布拉斯加州和印第安纳州通过测试。基础种永久由 Forage Genetics 公司生产和持有,审定种子于 2003年上市。

205. FSG 300LH

FSG 300LH 亲本材料选择标准是为了改良这个品种的牧草产量和持久性并且获得对马铃薯叶蝉、细菌性萎蔫病、镰刀菌萎蔫病、黄萎病、炭疽病、疫霉根腐病和丝囊霉根腐病的抗性。该品种花色38％为紫色,37％为杂色,10％为黄色,10％为白色,5％为乳白色;属于中等秋眠类型,秋眠等级为4级;抗寒性接近 Ranger。该品种对炭疽病、细菌性萎蔫病、镰刀菌萎蔫病、黄萎病、马铃薯叶蝉和疫霉根腐病具有高抗性;对豌豆蚜和丝囊霉根腐病有抗性;对苜蓿斑翅蚜、蓝苜蓿蚜、根结线虫和茎线虫的抗性未测试。该品种适宜于美国中北部、中东部地区种植;已在威斯康星州、印第安纳州和爱荷华州通过测试。基础种永久由 Forage Genetics 公司生产和持有,审定种子于 2003 年上市。

206. FG 4S42

FG 4S42 亲本材料选择标准是为了改良这个品种的牧草产量、牧草质量和持久性并且获得对细菌性萎蔫病、镰刀菌萎蔫病、黄萎病、炭疽病、疫霉根腐病和丝囊霉根腐病的抗性。该品种花色92％为紫色,8％为杂色带有黄色、白色和乳白色,属于中等秋眠类型,秋眠等级为4级;抗寒性接近 Vernal。该品种对炭疽病、细菌性萎蔫病、镰刀菌萎蔫病、黄萎病、疫霉根腐病、苜蓿斑翅蚜、豌豆蚜和丝囊霉根腐病具有高抗性,对根结线虫有中度抗性,对蓝苜蓿蚜和茎线虫的抗性未测试。该品种适宜于美国中北部、中东部地区种植;已在威斯康星州、密歇根州和肯塔基州通过测试。基础种永久由 Forage Genetics 公司生产和持有,审定种子于 2003 年上市。

207. **FG 4S86**

FG 4S86 亲本材料选择标准是为了改良这个品种的牧草产量和持久性并且获得对马铃薯叶蝉、细菌性萎蔫病、镰刀菌萎蔫病、黄萎病、炭疽病、疫霉根腐病和丝囊霉根腐病的抗性。该品种花色 80% 为紫色,15% 为杂色,1% 为黄色,2% 为白色,2% 为乳白色;属于中等秋眠类型,秋眠等级为 4 级;抗寒性接近 Ranger。该品种对炭疽病、细菌性萎蔫病、镰刀菌萎蔫病、黄萎病、疫霉根腐病、豌豆蚜、马铃薯叶蝉和丝囊霉根腐病具有高抗性;对苜蓿斑翅蚜、蓝苜蓿蚜、茎线虫和根结线虫的抗性未测试。该品种适宜于美国中北部地区种植;已在威斯康星州和爱荷华州通过测试。基础种永久由 Forage Genetics 公司生产和持有,审定种子于 2003 年上市。

208. **FG 40M153**

FG 40M153 亲本材料选择标准是为了改良这个品种的牧草产量和持久性并且获得对细菌性萎蔫病、镰刀菌萎蔫病、黄萎病、炭疽病、疫霉根腐病和丝囊霉根腐病的抗性。该品种花色 90% 为紫色,10% 为杂色带有黄色、白色和乳白色;属于中等秋眠类型,秋眠等级为 4 级;抗寒性接近 Vernal。该品种对丝囊霉根腐病、细菌性萎蔫病、镰刀菌萎蔫病、疫霉根腐病、黄萎病和炭疽病具有高抗性;对豌豆蚜有抗性;中度抗茎线虫;对苜蓿斑翅蚜、蓝苜蓿蚜和根结线虫的抗性未测试。该品种适宜于美国中北部和中东部地区种植;已在威斯康星州、宾夕法尼亚州和爱荷华州通过测试。基础种永久由 Forage Genetics 公司生产和持有,审定种子于 2003 年上市。

209. **FG 40M157**

FG 40M157 亲本材料选择标准是为了改良这个品种的牧草产量、牧草质量和持久性并且获得对细菌性萎蔫病、镰刀菌萎蔫病、黄萎病、炭疽病、疫霉根腐病和丝囊霉根腐病的抗性。该品种花色 92% 为紫色,8% 为杂色并带有黄色、白色和乳白色;属于中等秋眠类型,秋眠等级为 4 级,抗寒性接近 Norseman。该品种对炭疽病、细菌性萎蔫病、疫霉根腐病、黄萎病、镰刀菌萎蔫病和丝囊霉根腐病具有高抗性;对豌豆蚜和茎线虫有抗性;对苜蓿斑翅蚜、蓝苜蓿蚜和根结线虫的抗性未测试。该品种适宜于美国中北部、中东部地区和寒冷山区种植;已在威斯康星州、宾夕法尼亚州和爱荷华州通过测试。基础种永久由 Forage Genetics 公司生产和持有,审定种子于 2003 年上市。

210. **DKA37-20**

DKA37-20 亲本材料选择标准是为了改良这个品种的牧草产量、牧草质量、持久性、抗马铃薯叶蝉和秋眠晚等特性并且获得对马铃薯叶蝉、细菌性萎蔫病、镰刀菌萎蔫病、黄萎病、炭疽病、疫霉根腐病和丝囊霉根腐病的抗性。该品种花色 29% 为紫色,41% 为杂色,17% 为黄色,7% 为白色,6% 为乳白色;属于中等秋眠类型,秋眠等级为 4 级;抗寒性接近 Vernal。该品种对细菌性萎蔫病、镰刀菌萎蔫病、黄萎病、疫霉根腐病、炭疽病具有高抗性,对丝囊霉根腐病和苜蓿斑翅蚜有抗性,中度抗茎线虫,对蓝苜蓿蚜、豌豆蚜和根结线虫的抗性未测试。该品种适宜于美国中北部、中东部地区种植;已在印第安纳州、爱荷华州和威斯康星州通过测试。基础种永久由 Forage Genetics 公司生产和持有,审定种子于 2001 年上市。

211. DKA42-15

DKA42-15 亲本材料选择标准是为了改良这个品种的牧草产量、牧草品质和持久性并且获得对细菌性萎蔫病、镰刀菌萎蔫病、黄萎病、炭疽病、疫霉根腐病和丝囊霉根腐病的抗性。该品种花色 92% 为紫色,3% 为杂色并带有黄色、白色和乳白色;属于中等秋眠类型,秋眠等级为 4 级,抗寒性接近 Norseman,小叶数量较多,为多叶型品种。该品种对丝囊霉根腐病、细菌性萎蔫病、镰刀菌萎蔫病、疫霉根腐病、豌豆蚜、黄萎病和炭疽病具有高抗性,对苜蓿斑翅蚜和茎线虫有抗性,对蓝苜蓿蚜和根结线虫的抗性未测试。该品种适宜于美国中北部地区种植;已在明尼苏达州和威斯康星州通过测试。基础种永久由 Forage Genetics 公司生产和持有,审定种子于 2001 年上市

212. DS013

DS013 是通过杂交而获得的综合品种。其亲本材料具有牧草产量高、牧草质量好、持久性好的特性;亲本材料是在测产试验田和抗病害苗圃里选择出的多个种群,并运用表型轮回选择法及品系杂交技术加以选择,以获得对细菌性萎蔫病、镰刀菌萎蔫病、黄萎病、疫霉根腐病、炭疽病、丝囊霉根腐病和茎线虫的抗性。该品种花色 90% 为紫色,7% 为杂色,1% 为乳白色,1% 为白色,1% 为黄色,属于中等秋眠类型,秋眠等级 4 级。该品种对疫霉根腐病、细菌性萎蔫病、镰刀菌萎蔫病、炭疽病和北方根结线虫具有高抗性,对丝囊霉根腐病、黄萎病、豌豆蚜、蓝苜蓿蚜、苜蓿斑翅蚜和茎线虫有抗性。该品种适宜于美国中北部、中东地区以及中度寒冷山区和平原地区种植;已在爱荷华州、明尼苏达州、内布拉斯加州、宾夕法尼亚州、华盛顿州和威斯康星州通过测试。基础种永久由 Dairyland 公司生产和持有,审定种子于 2003 年上市。

213. Dura-Green

Dura-Green 亲本材料选择标准为耐家畜连续放牧(经过 2 个表型轮回选择)而且保持大而健康的根颈及根系的多个种群。该品种花色 66% 为紫色,34% 为杂色并含有白色、乳白色和黄色;属于中等秋眠类型,秋眠等级 4 级;抗寒性类似于 Vernal;耐牧性较好,耐受力优于 Alfagraze。该品种对细菌性萎蔫病、镰刀菌萎蔫病、黄萎病、疫霉根腐病、丝囊霉根腐病和炭疽病具有高抗性;对豌豆蚜有抗性;对茎线虫、蓝苜蓿蚜、苜蓿斑翅蚜和根结线虫的抗性未测试。该品种适宜于美国中北部、中东部地区种植;已在爱荷华州、威斯康星州和伊利诺伊州通过测试。基础种永久由 ABI 公司生产和持有,审定种子于 2003 年上市。

214. FK 421

FK 421 亲本材料选择标准为耐家畜连续放牧(经过 2 个表型轮回选择)而且保持大而健康的根颈及根系的多个种群。该品种花色 68% 为紫色,32% 为杂色中含有白色、乳白色和黄色,属于中等秋眠类型,秋眠等级 4 级,抗寒性类似于 Vernal;耐牧性较好,耐受力优于 Alfagraze。该品种对细菌性萎蔫病、镰刀菌萎蔫病、黄萎病、疫霉根腐病、丝囊霉根腐病和炭疽病具有高抗性;对豌豆蚜有抗性;对茎线虫、蓝苜蓿蚜、苜蓿斑翅蚜和根结线虫的抗性未测试。该

品种适宜于美国中北部、中东部地区种植;已在爱荷华州、威斯康星州和伊利诺伊州通过测试,基础种永久由 ABI 公司生产和持有,审定种子于 2003 年上市。

215. **Foremost**

Foremost 是由 250 个亲本植株通过杂交而获得的综合品种。其亲本材料具有抗疫霉根腐病和丝囊霉根腐病、多叶型的特性;亲本材料是在威斯康星州、爱荷华州和明尼苏达州生长 3 年的测产试验田里选择出的多个种群,并运用表型轮回选择法及近红外反射光谱法技术加以选择,以获得相对较高的饲用价值和对细菌性萎蔫病、黄萎病、疫霉根腐病、丝囊霉根腐病、炭疽病和小光壳叶斑病的抗性。亲本种质来源:BigHorn、Hunter、Maximum Ⅰ 和 Cal/West 种子育种种群。种质资源贡献率大约为:黄花苜蓿占 8%、拉达克苜蓿占 5%、杂花苜蓿占 26%、土耳其斯坦苜蓿占 4%、佛兰德斯苜蓿占 48%、智利苜蓿占 9%。该品种花色 99% 为紫色,1% 为杂色带有白色、乳白色和黄色;属于中等秋眠类型,秋眠等级 4 级。该品种对炭疽病、细菌性萎蔫病、镰刀菌萎蔫病、黄萎病、疫霉根腐病和茎线虫具有高抗性,对丝囊霉根腐病、豌豆蚜、苜蓿斑翅蚜和北方根结线虫有抗性,对蓝苜蓿蚜的抗性未测试。该品种适宜于美国的中北部、中东部和平原地区种植;已在威斯康星州、明尼苏达州、堪萨斯州、密歇根州、宾夕法尼亚州和内布拉斯加州通过测试。基础种永久由 Cal/West 种子公司生产和持有,审定种子于 2002 年上市。

216. **Pegasus**

Pegasus 亲本材料选择标准是为了改良这个品种的牧草产量、牧草质量、持久性、抗马铃薯叶蝉和秋眠晚等特性并且获得对马铃薯叶蝉、细菌性萎蔫病、镰刀菌萎蔫病、黄萎病、炭疽病、疫霉根腐病和丝囊霉根腐病的抗性。该品种花色 27% 为紫色,33% 为杂色,20% 为黄色,12% 为白色,8% 为乳白色,属于中等秋眠类型,秋眠等级为 4 级,抗寒性接近 Ranger。该品种对炭疽病、细菌性萎蔫病、镰刀菌萎蔫病、黄萎病和疫霉根腐病具有高抗性;对丝囊霉根腐病、苜蓿斑翅蚜和茎线虫有抗性;对蓝苜蓿蚜、豌豆蚜和根结线虫的抗性未测试。该品种适宜于美国中北部、中东部地区种植;已在印第安纳州、爱荷华州和威斯康星州通过测试。基础种永久由 Forage Genetics 公司生产和持有,审定种子于 2001 年上市。

217. **GH744**

GH744 亲本材料选择标准为具有牧草产量高、质量好等特性的多个种群并且获得对细菌性萎蔫病、镰刀菌萎蔫病、黄萎病、炭疽病、疫霉根腐病和丝囊霉根腐病的抗性。该品种花色 90% 为紫色,9% 为杂色,1% 为白色混有黄色、乳白色;属于中等秋眠类型,秋眠等级为 4 级,抗寒性类似于 Vernal。该品种对炭疽病、细菌性萎蔫病、镰刀菌萎蔫病、黄萎病、疫霉根腐病、苜蓿斑翅蚜和丝囊霉根腐病具有高抗性;对豌豆蚜有抗性;对茎线虫、马铃薯叶蝉有中度抗性;对蓝苜蓿蚜和根结线虫的抗性未测试。该品种适宜于美国中北部地区种植;已在爱荷华州 和威斯康星州通过测试。基础种永久由 Forage Genetics 公司生产和持有,审定种子于 2003 年上市。

218. **Hi-Guard**

Hi-Guard 亲本材料选择标准是为了改良这个品种的牧草产量、持久性和秋眠晚等特性并且获得对马铃薯叶蝉、细菌性萎蔫病、镰刀菌萎蔫病、黄萎病、炭疽病、疫霉根腐病和丝囊霉根腐病的抗性。该品种花色 91% 为紫色,8% 为杂色,1% 为乳白色混有黄色、白色;属于中等秋眠类型,秋眠等级为 4 级,抗寒性接近 Ranger;该品种对炭疽病、细菌性萎蔫病、镰刀菌萎蔫病、黄萎病、疫霉根腐病、马铃薯叶蝉和丝囊霉根腐病具有高抗性;对茎线虫、苜蓿斑翅蚜和豌豆蚜有抗性;对蓝苜蓿蚜和根结线虫的抗性未测试;该品种适宜于美国中北部、中东部地区种植;已在印第安纳州和威斯康星州通过测试。基础种永久由 Forage Genetics 公司生产和持有,审定种子于 2002 年上市。

219. **Tribute**

Tribute 是由 225 个亲本植株通过杂交而获得的综合品种。其亲本材料具有抗疫霉根腐病和丝囊霉根腐病、多叶型的特性;亲本材料是在威斯康星州和明尼苏达州生长 3 年的测产试验田里选择出的多个种群,并运用表型轮回选择法及近红外反射光谱法技术加以选择,以获得相对较高的饲用价值和对细菌性萎蔫病、镰刀菌萎蔫病、黄萎病、疫霉根腐病、丝囊霉根腐病、炭疽病和小光壳叶斑病的抗性。亲本种质来源:512、DK 142、Gold Plus、Cyclone 和 Cal/West 种子育种种群。种质资源贡献率大约为:黄花苜蓿占 8%,拉达克苜蓿占 6%,杂花苜蓿占 25%,土耳其斯坦苜蓿占 3%,佛兰德斯苜蓿占 49%,智利苜蓿占 9%。该品种花色 100% 为紫色,略带杂色、白色、乳白色和黄色,属于中等秋眠类型,秋眠等级 4 级。该品种对炭疽病、细菌性萎蔫病、镰刀菌萎蔫病、疫霉根腐病、丝囊霉根腐病和茎线虫具有高抗性;对黄萎病、丝囊霉根腐病、豌豆蚜、苜蓿斑翅蚜和北方根结线虫有抗性;对蓝苜蓿蚜的抗性未测试。该品种适宜于美国的中北部、中东部和平原地区种植;已在威斯康星州、明尼苏达州、伊利诺伊州、密歇根州和宾夕法尼亚州通过测试。基础种永久由 Cal/West 种子公司生产和持有,审定种子于 2003 年上市。

220. **WL 346LH**

WL 346LH 亲本材料选择标准是为了改良这个品种的牧草产量、持久性并且获得对马铃薯叶蝉、细菌性萎蔫病、镰刀菌萎蔫病、黄萎病、炭疽病、疫霉根腐病和丝囊霉根腐病的抗性。该品种花色为 84% 紫色,14% 为杂色,1% 为黄色,1% 为白色和乳白色,属于中等秋眠类型,秋眠等级为 4 级,抗寒性接近 Ranger。该品种对炭疽病、细菌性萎蔫病、镰刀菌萎蔫病、马铃薯叶蝉、黄萎病和疫霉根腐病具有高抗性;对丝囊霉根腐病有抗性;中度抗茎线虫和豌豆蚜;对蓝苜蓿蚜、苜蓿斑翅蚜和根结线虫的抗性未测试。该品种适宜于美国中北部、中东部地区种植;已在威斯康星州、印第安纳州和宾夕法尼亚州通过测试。基础种永久由 Forage Genetics 公司生产和持有,审定种子于 2003 年上市。

221. **XTRA-3**

XTRA-3 亲本材料选择标准是为了改良这个品种的多叶型特性、持久性并且获得对茎线虫、根结线虫、疫霉根腐病和镰刀菌萎蔫病的抗性。该品种花色为 90% 为紫色,6% 为杂色,

2％为白色,2％为黄色混有乳白色,属于中等秋眠类型,秋眠等级为4级,小叶数量较多,为多叶型品种。该品种对细菌性萎蔫病、炭疽病、镰刀菌萎蔫病、疫霉根腐病、豌豆蚜和茎线虫具有高抗性;对黄萎病、丝囊霉根腐病、苜蓿斑翅蚜和蓝苜蓿蚜有抗性;对根结线虫的抗性未测试。该品种适宜于美国寒冷地区和中度寒冷地区种植;已在爱达荷州和华盛顿州通过测试。基础种永久由 Forage Genetics 公司生产和持有,审定种子于2003年上市。

222. **54V46**

54V46是由186个亲本植株通过杂交而获得的综合品种。其亲本材料具有抗疫霉根腐病和丝囊霉根腐病的特性;亲本材料包括12个半同胞后代的多个种群,并运用表型轮回选择法根据田间表现加以选择,以获得较高的牧草产量和对丝囊霉根腐病、疫霉根腐病、细菌性萎蔫病、镰刀菌萎蔫病、黄萎病和苜蓿斑翅蚜的抗性。该品种花色85％为紫色,14％为杂色,1％为乳白色混有黄色和白色,属于中等秋眠类型,秋眠等级4级。该品种对炭疽病、北方根结线虫、镰刀菌萎蔫病、黄萎病、疫霉根腐病和丝囊霉根腐病具有高抗性;对苜蓿斑翅蚜和细菌性萎蔫病有抗性;中度抗豌豆蚜和茎线虫;低抗蓝苜蓿蚜。该品种适宜于美国和加拿大中北部、中东部、平原地区和中度寒冷山区种植。基础种永久由 Pioneer Hi-Bred International 公司生产和持有,审定种子于2003年上市。

223. **Robust T&N**

Robust T&N是由200个亲本植株通过杂交而获得的综合品种。其亲本材料具有耐连续放牧的特性;亲本材料是在爱达荷州 Nampa 地区附近生长2～3年的苗圃里选择出的根颈和根系全部健康的多个种群,并运用表型轮回选择法加以选择,以获得对细菌性萎蔫病、镰刀菌萎蔫病、豌豆蚜、北方根结线虫、黄萎病、疫霉根腐病、炭疽病、苜蓿斑翅蚜、蓝苜蓿蚜和茎线虫的抗性。亲本种质来源:Archer(100％)。该品种花色89％为紫色,11％为杂色并略带白色、乳白色和黄色;属于中等秋眠类型,秋眠等级4级。该品种对炭疽病、镰刀菌萎蔫病、黄萎病、疫霉根腐病、茎线虫和豌豆蚜具有高抗性,对细菌性萎蔫病、苜蓿斑翅蚜和北方根结线虫有抗性,中度抗丝囊霉根腐病和蓝苜蓿蚜。该品种适宜于美国中度寒冷和寒冷地区种植;已在爱达荷州、华盛顿州和加利福尼亚州通过测试。基础种永久由 ABI 公司生产和持有,审定种子于2003年上市。

224. **Oneida Ultra**

Oneida Ultra是由34个亲本植株通过杂交而获得的综合品种。亲本材料是在苜蓿大田里选择出的多个种群,运用表型轮回选择法对植株活力、病害程度、抗倒伏能力、低中性洗涤纤维含量等特性加以选择,并获得对多种病虫害的抗性。亲本种质来源:Oneida VR(75％)。种质资源贡献率大约为:佛兰德斯苜蓿占46％,杂花苜蓿占43％,黄花苜蓿占8％,拉达克苜蓿占2％,土耳其斯坦苜蓿占比小于1％,智利苜蓿占比小于1％。该品种花色100％为紫色,并混有白色、乳白色和黄色;属于中等秋眠类型,秋眠等级4级。该品种对细菌性萎蔫病、镰刀菌萎蔫病和黄萎病具有高抗性;对炭疽病和疫霉根腐病有抗性;易感丝囊霉根腐病。该品种适宜于美国北部、中东部和加拿大南部种植;已在纽约州、宾夕法尼亚州和安大略湖地区通过测试。基础种永久由康奈尔大学植物育种中心生产和持有,审定种子于1999年上市。

225.**53V52**

53V52 是由 134 个亲本植株通过杂交而获得的综合品种。其亲本材料在温室中选择具有抗丝囊霉根腐病和疫霉根腐病等特性的种群,运用表型轮回选择法对其抗寒性能、综合性状加强选择,以获得对细菌性萎蔫病、黄萎病、疫霉根腐病、丝囊霉根腐病、镰刀菌萎蔫病和苜蓿斑翅蚜的抗性。该品种花色 73％为紫色,27％为杂色并夹杂少量白色、乳白色和黄色,属于中等秋眠类型,秋眠等级为 4 级。该品种对疫霉根腐病、丝囊霉根腐病、黄萎病、细菌性萎蔫病和苜蓿斑翅蚜具有高抗性;对炭疽病、镰刀菌萎蔫病和豌豆蚜虫有抗性;对茎线虫抗性较低;对蓝苜蓿蚜和根结线虫的抗性未测试。该品种适宜于美国中北部、中北部、大平原地区和中度寒冷地区以及加拿大种植。基础种永久由 Pioneer Hi-Bred International 公司生产和持有,审定种子于 2005 年上市。

226.**420**

420 是由 102 个亲本植株通过杂交而获得的综合品种。其亲本材料选择标准是为了改良这个品种的植株生存活力、秋季再生性和抗根颈病等特性。该品种花色 95％为是紫色,5％为杂色、黄色、乳白色和白色;属于中等秋眠类型,秋眠等级为 4 级。该品种对炭疽病、细菌性萎蔫病、黄萎病、疫霉根腐病、丝囊霉根腐病具有高抗性;对豌豆蚜抗性适中;对镰刀菌萎蔫病、苜蓿斑翅蚜、蓝苜蓿蚜、茎线虫和根结线虫的抗性未测试。该品种适宜于美国中北部、东部地区种植;已在爱荷华州和威斯康星州通过测试。基础种永久由 Legacy 种子公司生产和持有,审定种子于 2004 年上市。

227.**CW 83019**

CW 83019 是由 225 个亲本植株通过杂交而获得的综合品种。其亲本材料是从明尼苏达州和威斯康星州的生长 3 年的测产试验田里、威斯康星州的生长 3 年的病害试验田里选择出的具有多叶型特性、抗疫霉根腐病和炭疽病等特性的多个种群,并运用近红外反射光谱法加以选择,以获得具有高饲用价值和对细菌性萎蔫病、镰刀菌萎蔫病、黄萎病、疫霉根腐病、丝囊霉根腐病、炭疽病和小光壳叶斑病的抗性。亲本种质来源:Abound、Sprint、Legend Gold、Pointer、512、Gold Plus、DK 142、FQ 315、Nemesis、UltraLac 和 Cal/West 育种群体。种质资源贡献率大约为:黄花苜蓿占 9％,拉达克苜蓿占 4％,杂花苜蓿占 27％,土耳其斯坦苜蓿占 4％,佛兰德斯苜蓿占 47％,智利苜蓿占 9％。该品种花色 99％为紫色,少量为杂色、白色、乳白色和黄色;属于中等秋眠类型,秋眠等级为 4 级。该品种对炭疽病、镰刀菌萎蔫病、疫霉根腐病、丝囊霉根腐病具有高抗性;对细菌性萎蔫病、豌豆蚜虫和苜蓿斑翅蚜有抗性;对黄萎病、蓝苜蓿蚜虫、茎线虫和北方根结线虫的抗性未测试。该品种适宜于美国中北部和中东部地区种植;已在威斯康星州、明尼苏达州、内布拉斯加州、宾夕法尼亚州和纽约州通过测试。基础种永久由 Cal/West 种子公司生产和持有,审定种子于 2003 年上市。

228.**CW 94008**

CW 94008 是由 200 个亲本植株通过杂交而获得的综合品种。其亲本材料是从宾夕法尼亚州的生长 5 年的测产试验田里、威斯康星州的生长 3 年的产量试验田里选择出的具有多叶型特性、抗寒性能好、根冠大等特性的多个种群,运用表型轮回选择法和品系杂交技术加以选择,以获得具有高饲用价值(近红外反射光谱法)和对细菌性萎蔫病、镰刀菌萎蔫病、黄萎病、疫霉根腐病、丝囊霉根腐病、炭疽病和小光壳叶斑病的抗性。亲本种质来源:BigHorn、Hunter、DK 133、WinterGold、9429、Alliant、HayMaker Ⅱ、Trialfalon、Stallion、Cyclone 和 Cal/West 育种群体。种质资源贡献率大约为:黄花苜蓿占 6%,拉达克苜蓿占 5%,杂花苜蓿占 27%,土耳其斯坦苜蓿占 5%,佛兰德斯苜蓿占 50%,和智利苜蓿占 7%。该品种花色超过 99% 为紫色,还有少量的杂色、白色、乳白色和黄色;属于中等秋眠类型,秋眠等级为 4 级。该品种对炭疽病、细菌性萎蔫病、镰刀菌萎蔫病、疫霉根腐病和茎线虫具有高抗性;对豌豆蚜、丝囊霉根腐病和北方根结线虫有抗性;对黄萎病、苜蓿斑翅蚜和蓝苜蓿蚜虫的抗性未测试。该品种适宜于美国中北部、中东部和大平原地区种植;已在威斯康星州、爱荷华州、明尼苏达州、内布拉斯加州、南达科塔州、宾夕法尼亚州和纽约州通过测试。基础种永久由 Cal/West 种子公司生产和持有,审定种子于 2003 年上市。

229. Ever Green 2

Ever Green 2 的选育标准是为了改良这个品种的牧草产量和持久性并且获得对马铃薯叶蝉、细菌性萎蔫病、镰刀菌萎蔫病、黄萎病、炭疽病、疫霉根腐病和丝囊霉根腐病的抗性。该品种花色 80% 为紫色,15% 为杂色,2% 为白色,2% 为带有乳白色,1% 为黄色,属于中等秋眠类型,秋眠等级为 4 级,抗寒性接近 Ranger。该品种对炭疽病、细菌性萎蔫病、镰刀菌萎蔫病、黄萎病、疫霉根腐病、豌豆蚜、马铃薯叶蝉和丝囊霉根腐病具有高抗性,对苜蓿斑翅蚜、蓝苜蓿蚜、根结线虫和茎线虫的抗性未测试。该品种适宜于美国中北部地区种植;已在威斯康星州和爱荷华州通过测试。基础种永久由 Forage Genetics 公司生产和持有,审定种子于 2003 年上市。

230. Everlast

Everlast 是由 103 个亲本植株通过杂交而获得的综合品种。其亲本材料选择标准是为了改良这个品种的植株生存活力、秋季再生性和抗根颈病等特性。该品种花色 96% 为紫色,4% 为杂色、黄色、乳白色和白色;属于中等秋眠类型,秋眠等级为 4 级。该品种对炭疽病、细菌性萎蔫病、黄萎病和疫霉根腐病具有高抗性;对丝囊霉根腐病和茎线虫有抗性;对豌豆蚜抗性适中;对镰刀菌萎蔫病、苜蓿斑翅蚜和根结线虫的抗性未测试。该品种适宜于美国中北部,东部地区种植;已在爱荷华州和威斯康星州通过测试。基础种永久由 Legacy 种子公司生产和持有,审定种子于 2004 年上市。

231. FG 4S41

FG 4S41 的选育标准是为了改良这个品种的牧草产量、牧草品质和持久性等特性并且获得对细菌性萎蔫病、镰刀菌萎蔫病、黄萎病、炭疽病、疫霉根腐病和丝囊霉根腐病的抗性。该品种花色 97% 为紫色,3% 为乳白色、黄色和白色;属于中等秋眠类型,秋眠等级为 4 级;抗寒性接近 Vernal。该品种对炭疽病、细菌性萎蔫病、镰刀菌萎蔫病、黄萎病、疫霉根腐病、豌豆蚜、苜蓿斑翅蚜和丝囊霉根腐病具有高抗性;对茎线虫和北方根结线虫抗性适中;对蓝苜蓿蚜的抗性未测试。该品种适宜于美国中北部、中东部地区种植;已在明尼苏达州、威斯康星州、密歇根州和肯塔基州通过测试。基础种永久由 Forage Genetics 公司生产和持有,审定种子于 2004

年上市。

232. **FG 40M162**

FG 40M162 的选育标准是为了改良这个品种的牧草产量、牧草品质和持久性等特性并且获得对细菌性萎蔫病、镰刀菌萎蔫病、黄萎病、炭疽病、疫霉根腐病和丝囊霉根腐病的抗性。该品种花色 97％为紫色，3％为乳白色、黄色和白色；属于中等秋眠类型，秋眠等级为 4 级；抗寒性接近 Vernal。该品种对炭疽病、细菌性萎蔫病、镰刀菌萎蔫病、黄萎病、疫霉根腐病、豌豆蚜和丝囊霉根腐病具有高抗性；对北方根结线虫有抗性；对茎线虫抗性适中；对苜蓿斑翅蚜、蓝苜蓿蚜的抗性未测试。该品种适宜于美国中北部、中东部地区种植；已在明尼苏达州、威斯康星州、纽约州和宾夕法尼亚州通过测试。基础种永久由 Forage Genetics 公司生产和持有，审定种子于 2004 年上市。

233. **FG 40M180**

FG 40M180 的选育标准是为了改良这个品种的牧草产量和持久性等特性并且获得对细菌性萎蔫病、镰刀菌萎蔫病、黄萎病、炭疽病、疫霉根腐病和丝囊霉根腐病的抗性。该品种花色 97％为紫色，3％为乳白色、黄色和白色，属于中等秋眠类型，秋眠等级为 4 级，抗寒性接近 Vernal。该品种对炭疽病、细菌性萎蔫病、镰刀菌萎蔫病、黄萎病、疫霉根腐病和丝囊霉根腐病具有高抗性；对豌豆蚜和苜蓿斑翅蚜有抗性；对茎线虫抗性适中；对蓝苜蓿蚜虫和北方根结线虫的抗性未测试。该品种适宜于美国中北部、中东部地区种植；已在爱荷华州、纽约州、威斯康星州和宾夕法尼亚州通过测试。基础种永久由 Forage Genetics 公司生产和持有，审定种子于 2004 年上市。

234. **GH707**

GH707 的选育标准是为了改良这个品种的牧草产量和持久性等特性并且获得对细菌性萎蔫病、镰刀菌萎蔫病、黄萎病、炭疽病、疫霉根腐病和丝囊霉根腐病的抗性。该品种花色 95％为紫色，5％为乳白色、黄色和白色，属于中等秋眠类型，秋眠等级为 4 级，抗寒性类似于 Vernal，小叶数量较多，为多叶型品种。该品种对炭疽病、细菌性萎蔫病、镰刀菌萎蔫病、黄萎病、疫霉根腐病和丝囊霉根腐病具有高抗性；对茎线虫、豌豆蚜和苜蓿斑翅蚜有抗性；对蓝苜蓿蚜和北方根结线虫的抗性未测试。该品种适宜于美国中北部、中东部地区种植；已在爱荷华州、印第安纳州、明尼苏达州和威斯康星州通过测试。基础种永久由 Forage Genetics 公司生产和持有，审定种子于 2004 年上市。

235. **Integrity**

Integrity 的选育标准是为了改良这个品种的耐刈割性，并运用表型轮回选择方法进行选择，以获得对细菌性萎蔫病、镰刀菌萎蔫病、黄萎病、炭疽病、疫霉根腐病和丝囊霉根腐病的抗性。该品种花色 64％为紫色，36％为乳白色、黄色和白色，属于中等秋眠类型，秋眠等级为 4 级。该品种对细菌性萎蔫病、镰刀菌萎蔫病、黄萎病、炭疽病、疫霉根腐病和丝囊霉根腐病具有高抗性；对豌豆蚜、苜蓿斑翅蚜、蓝苜蓿蚜、茎线虫和根结线虫的抗性未测试。该品种适宜于美国中北部地区种植；已在威斯康星州、爱荷华州和伊利诺伊州通过测试。基础种永久由 ABI

公司生产和持有,审定种子于 2004 年上市。

236. **Lightning Extra**

Lightning Extra 的选育标准是为了改良这个品种的牧草产量、牧草品质和持久性等特性并且获得对细菌性萎蔫病、镰刀菌萎蔫病、黄萎病、炭疽病、疫霉根腐病和丝囊霉根腐病的抗性。该品种花色 90％为紫色,10％为乳白色、黄色和白色;属于中等秋眠类型,秋眠等级为 4 级,抗寒性类似于 Vernal。小叶数量多,为多叶型苜蓿。该品种对炭疽病、细菌性萎蔫病、镰刀菌萎蔫病、黄萎病、疫霉根腐病、豌豆蚜、苜蓿斑翅蚜和丝囊霉根腐病具有高抗性;对北方根结线虫抗性适中;对茎线虫和蓝苜蓿蚜的抗性未测试。该品种适宜于美国中北部,中东部地区种植;已在爱荷华州,肯塔基州,密歇根州和威斯康星州通过测试。基础种永久由 Forage Genetics 公司生产和持有,审定种子于 2004 年上市。

237. **Nova**

Nova 的选育标准是为了改良这个品种在寒冷气候条件下的持久性、非秋眠性和抗寒性等特性。该品种花色 87％为紫色,13％为杂色花;属于中等秋眠类型,秋眠等级为 4 级。该品种对细菌性萎蔫病、镰刀菌萎蔫病、疫霉根腐病和豌豆蚜虫具有高抗性;对丝囊霉根腐病抗性适中;对蓝苜蓿蚜和根结线虫的抗性未测试。该品种适宜于美国中北部、中东部地区种植。基础种永久由 Great Plains Research Company 公司生产和持有,审定种子于 2004 年上市。

238. **Phabulous Ⅱ**

Phabulous Ⅱ 的选育标准是为了改良这个品种的牧草产量和持久性等特性并且获得对细菌性萎蔫病、镰刀菌萎蔫病、黄萎病、炭疽病、疫霉根腐病和丝囊霉根腐病的抗性。该品种花色 92％为紫色,10％为杂色,8％中掺杂白色、乳白色和黄色,属于中等秋眠类型,秋眠等级为 4 级,小叶数量多,为多叶型苜蓿。该品种对炭疽病、细菌性萎蔫病、镰刀菌萎蔫病、疫霉根腐病、黄萎病和丝囊霉根腐病具有高抗性;对苜蓿斑翅蚜和豌豆蚜有抗性;对茎线虫抗性适中;对蓝苜蓿蚜和根结线虫的抗性未测试。该品种适宜于美国中北部和中东部地区种植;已在威斯康星州、爱荷华州、纽约州和宾夕法尼亚州通过测试。基础种永久由 Forage Genetics 公司生产和持有,审定种子于 2004 年上市。

239. **WL 348AP**

WL 348AP 的选育标准是为了改良这个品种的牧草产量和持久性等特性并且获得对细菌性萎蔫病、镰刀菌萎蔫病、黄萎病、炭疽病、疫霉根腐病和丝囊霉根腐病的抗性。该品种花色 90％为紫色,10％为杂色中掺杂白色、乳白色和黄色,属于中等秋眠类型,秋眠等级为 4 级,抗寒性类似于 Vernal。该品种对炭疽病、细菌性萎蔫病、镰刀菌萎蔫病、黄萎病、疫霉根腐病和丝囊霉根腐病具有高抗性;对豌豆蚜有抗性;对茎线虫抗性适中;对北方根结线虫、苜蓿斑翅蚜和蓝苜蓿蚜的抗性未测试。该品种适宜于美国中北部和中东部地区种植;已在爱荷华州、宾夕法尼亚州和威斯康星州通过测试。基础种永久由 Forage Genetics 公司生产和持有,审定种子于 2003 年上市。

240. **WL 355HQ**

WL 355HQ 的选育标准是为了改良这个品种的牧草产量、牧草品质和持久性等特性并且获得对细菌性萎蔫病、镰刀菌萎蔫病、黄萎病、炭疽病、疫霉根腐病和丝囊霉根腐病的抗性。该品种花色 92％为紫色,8％为杂色、白色、乳白色和黄色,属于中等秋眠类型,秋眠等级为 4 级,抗寒性类似于 Norseman。该品种对炭疽病、细菌性萎蔫病、镰刀菌萎蔫病、黄萎病、疫霉根腐病、豌豆蚜虫和丝囊霉根腐病具有高抗性;对茎线虫和根结线虫抗性适中;对蓝苜蓿蚜的抗性未测试。该品种适宜于美国中北部和中东部地区种植;已在爱荷华州、威斯康星州、纽约州和宾夕法尼亚州通过测试。基础种永久由 Forage Genetics 公司生产和持有,审定种子于 2004 年上市。

241. **ZG 0146A**

ZG 0146A 的选育标准是耐连续放牧性,并运用表型轮回选择方法进行选择以获得对细菌性萎蔫病、镰刀菌萎蔫病、黄萎病、炭疽病和丝囊霉根腐病的抗性。该品种花色 72％为紫色,28％为杂色中带有少量白色、乳白色、黄色;属于中等秋眠类型,秋眠等级为 4 级,抗寒性类似于 Norseman。该品种对细菌性萎蔫病、镰刀菌萎蔫病、黄萎病、炭疽病、疫霉根腐病和丝囊霉根腐病具有高抗性;对豌豆蚜、苜蓿斑翅蚜、蓝苜蓿蚜、茎线虫和根结线虫的抗性未测试。该品种适宜于美国中北部地区种植;已在威斯康星州、爱荷华州和伊利诺伊州通过测试。基础种永久由 ABI 公司生产和持有,审定种子于 2004 年上市。

242. **Power 4. 2**

Power 4. 2 是由 200 个亲本植株通过杂交而获得的综合品种。其亲本材料是从位于明尼苏达州和威斯康星州的试验田里选择出的,具有多叶型特性、抗疫霉根腐病和丝囊霉根腐病等特性的多个种群,并运用表型轮回选择法和近红外反射光谱法加以选择,以获得具有高饲用价值和对细菌性萎蔫病、镰刀菌萎蔫病、黄萎病、疫霉根腐病、丝囊霉根腐病、炭疽病和小光壳叶斑病的抗性。亲本种质来源:Cyclone、Gold Plus、512、DK 142、Nemesis 和由 Cal/West 种子培育公司提供的混杂群体。种质资源贡献率大约为:黄花苜蓿占 8％,拉达克苜蓿占 6％,杂花苜蓿占 26％,土耳其斯坦苜蓿占 3％,佛兰德斯苜蓿占 49％,智利苜蓿占 8％。该品种花色 100％是紫色,少量为杂色、白色、乳白色和黄色,属于中等秋眠类型,秋眠等级为 4 级。该品种对细菌性萎蔫病、疫霉根腐病、镰刀菌萎蔫病、丝囊霉根腐病和茎线虫具有高抗性;对炭疽病、黄萎病、豌豆蚜虫、苜蓿斑翅蚜和北方根结线虫有抗性;对蓝苜蓿蚜的抗性未测试。该品种适宜于美国中北部和中东部区域种植;已在威斯康星州、明尼苏达州、伊利诺伊州、密歇根州和宾夕法尼亚州通过测试。基础种永久由 Cal/West 种子公司生产和持有,审定种子于 2003 年上市。

243. **SummerGold**

SummerGold 是由 200 个亲本植株通过杂交而获得的综合品种。其亲本材料是从位于明尼苏达州、威斯康星州的生长 3 年的测产试验田以及威斯康星州苗圃里生长 3 年的植株选择出的具有多叶型特性、抗疫霉根腐病和丝囊霉根腐病等特性的多个种群,并运用表型轮回选择法和近红外反射光谱法加以选择以获得具有高饲用价值和对细菌性萎蔫病、镰刀菌萎蔫病、黄萎病、疫霉根腐病、丝囊霉根腐病、炭疽病和小光壳叶斑病的抗性。亲本种质来源:WinterG-old、9429、Alliant、DK 142、FQ 315、Trialfalon、BigHorn、9326、Stallion、DK 133 和由 Cal/West 种子培育公司提供的混杂群体。种质资源贡献率大约为:黄花首蓿占 8%,拉达克首蓿占 5%,杂花首蓿占 24%,土耳其斯坦首蓿占 6%,佛兰德斯首蓿占 50%,智利首蓿占 7%。该品种花色 99% 是紫色,1% 为白色、乳白色和黄色,属于中等秋眠类型,秋眠等级为 4 级。该品种对炭疽病、细菌性萎蔫病、镰刀菌萎蔫病、疫霉根腐病、丝囊霉根腐病和茎线虫具有高抗性;对豌豆蚜和北方根结线虫有抗性;对黄萎病、首蓿斑翅蚜和蓝首蓿蚜的抗性未测试。该品种适宜于美国中北部区域种植;已在威斯康星州、明尼苏达州、爱荷华州通过测试,基础种永久由 Cal/west 种子公司生产和持有,审定种子于 2003 年上市。

244. CW 94022

CW 94022 是由 200 个亲本植株通过杂交而获得的综合品种。其亲本材料是从位于宾夕法尼亚州和威斯康星州的生长 3 年的测产试验田里选择出的具有多叶型特性、抗疫霉根腐病和丝囊霉根腐病等特性的多个种群,并运用表型轮回选择法和品系杂交技术加以选择以获得具有高饲用价值(用近红外反射光谱法)和对细菌性萎蔫病、镰刀菌萎蔫病、黄萎病、疫霉根腐病、丝囊霉根腐病、炭疽病和小光壳叶斑病的抗性。亲本种质来源:9429、Alliant、FQ 315 和由 Cal/West 种子培育公司提供的混杂群体。种质资源贡献率大约为:黄花首蓿占 6%,拉达克首蓿占 5%,杂花首蓿占 26%,土耳其斯坦首蓿占 5%,佛兰德斯首蓿占 50%,智利首蓿占 8%。该品种花色超过 99% 为紫色,其余的杂色、白色、乳白色和黄色,属于中等秋眠类型,秋眠等级为 4 级。该品种对炭疽病、细菌性萎蔫病、镰刀菌萎蔫病、疫霉根腐病和茎线虫具有高抗性;对豌豆蚜、丝囊霉根腐病和北方根结线虫有抗性;对黄萎病、首蓿斑翅蚜、蓝首蓿蚜的抗性未测试。该品种适宜于美国中北部和中东部地区种植;已在威斯康星州、爱荷华州和明尼苏达州通过测试。基础种永久由 Cal/West 种子公司生产和持有,审定种子于 2003 年上市。

245. Focus

Focus 是由 100 个亲本植株通过杂交而获得的综合品种。其亲本材料选择具有多叶型特性、抗茎线虫、黄萎病和疫霉根腐病等特性的多个种群。亲本种质来源:LegenDairy(25%)、MultiKing Ⅰ(25%)、Excalibur Ⅱ(12.5%)、Prism Ⅱ(12.5%)、Dividend(12.5%)和 Acheiva(12.5%)。种质资源贡献率大约为:黄花首蓿占 3%,拉达克首蓿占 6%,杂花首蓿占 27%,土耳其斯坦首蓿占 3%,佛兰德斯首蓿占 57%,智利首蓿占 4%。该品种花色 90% 为紫色,9% 为杂色,1% 为白色、黄色和乳白色;属于中等秋眠类型,秋眠等级为 4 级。该品种对丝囊霉根腐病、细菌性萎蔫病、疫霉根腐病、炭疽病、镰刀菌萎蔫病、茎线虫和首蓿斑翅蚜具有高抗性;对黄萎病、豌豆蚜和北方根结线虫有抗性;对蓝首蓿蚜的抗性未测试。该品种适宜于美国高寒山区种植;已在爱达荷州和俄勒冈州通过测试。基础种永久由 Forage Genetics 公司生产和持有,审定种子于 2003 年上市。

246. L-411HD

L-411HD 是由 98 个亲本植株通过杂交而获得的综合品种,其亲本材料选择具有生活力强、秋季再生性好和抗根颈及根腐病等特性的多个种群。该品种花色 96% 为紫色,4% 为杂色带有乳白色、黄色和白色,属于中等秋眠类型,秋眠等级为 4 级。对炭疽病、细菌性萎蔫病、黄萎病、疫霉根腐病和丝囊霉根腐病具有高抗性,对豌豆蚜虫和茎线虫的抗性适中,对镰刀菌萎蔫病、苜蓿斑翅蚜、蓝苜蓿蚜和根结线虫的抗性未测试。该品种适宜于美国中北部,中东部的地区种植;已在爱荷华州和威斯康星州通过测试,基础种永久由 Legacy 种子公司生产和持有,审定种子于 2004 年上市。

247. Viking357

Viking357 是由 110 个亲本植株通过杂交而获得的综合品种。亲本材料选择标准包括牧草产量、再生性、越冬率以及对根部和根颈病害的抗性。该品种花色 94% 为紫色,6% 为杂色并略带白色、乳白色和黄色,属于中等秋眠类型,秋眠等级 4 级。该品种对炭疽病、细菌性萎蔫病、镰刀菌萎蔫病、黄萎病和疫霉根腐病具有高抗性;对丝囊霉根腐病有抗性,对豌豆蚜、斑翅蚜、蓝苜蓿蚜、茎线虫和根结线虫的抗性未测试。该品种适宜于美国中北部地区种植;已在威斯康星州通过测试。基础种永久由 Legacy Seeds 公司生产和持有,审定种子于 2005 年上市。

248. FG 42H169

FG 42H169 亲本材料选择标准包括牧草产量、质量、持久性和对细菌性萎蔫病、镰刀菌萎蔫病、黄萎病、炭疽病、疫霉根腐病、丝囊霉根腐病和马铃薯叶蝉的抗性。该品种花色 88% 为紫色,12% 为杂色并略带乳白色、白色和黄色,属于中等秋眠类型,秋眠等级 4 级;抗寒性类似于 Vernal。该品种对炭疽病、细菌性萎蔫病、疫霉根腐病、黄萎病、镰刀菌萎蔫病、丝囊霉根腐病、豌豆蚜和马铃薯叶蝉具有高抗性;对茎线虫有抗性;中度抗根结线虫,对蓝苜蓿蚜和苜蓿斑翅蚜的抗性未测试。该品种适宜于美国中北部、中东部地区种植;已在印第安纳州、宾夕法尼亚州、俄亥俄州和爱荷华州通过测试。基础种永久由 Forage Genetics 公司生产和持有,审定种子于 2005 年上市。

249. WL 345LH

WL 345LH 亲本材料选择标准包括牧草产量、质量、持久性和对细菌性萎蔫病、镰刀菌萎蔫病、黄萎病、炭疽病、疫霉根腐病、丝囊霉根腐病和马铃薯叶蝉的抗性。该品种花色 87% 为紫色,13% 为杂色并略带乳白色、白色和黄色,属于中等秋眠类型,秋眠等级 4 级;抗寒性类似于 Vernal。该品种对炭疽病、细菌性萎蔫病、镰刀菌萎蔫病、疫霉根腐病、黄萎病、丝囊霉根腐病和马铃薯叶蝉具有高抗性,对豌豆蚜和根结线虫有抗性;中度抗茎线虫;对蓝苜蓿蚜和苜蓿斑翅蚜的抗性未测试。该品种适宜于美国中北部、中东部地区种植;已在印第安纳州、宾夕法尼亚州、俄亥俄州和爱荷华州通过测试。基础种永久由 Forage Genetics 公司生产和持有,审定种子于 2005 年上市。

250. WL 347LH

WL 347LH 亲本材料选择标准包括牧草产量、质量、持久性和对细菌性萎蔫病、镰刀菌萎蔫病、黄萎病、炭疽病、疫霉根腐病、丝囊霉根腐病和马铃薯叶蝉的抗性。该品种花色 87% 为紫色,13% 为杂色并略带乳白色、白色和黄色,属于中等秋眠类型,秋眠等级 4 级;抗寒性类似于 Vernal。该品种对炭疽病、细菌性萎蔫病、疫霉根腐病、黄萎病、镰刀菌萎蔫病、丝囊霉根腐病、豌豆蚜和马铃薯叶蝉具有高抗性；对茎线虫有抗性；中度抗根结线虫；对蓝苜蓿蚜和苜蓿斑翅蚜的抗性未测试。该品种适宜于美国中北部、中东部地区种植；已在印第安纳州、宾夕法尼亚州、俄亥俄州和爱荷华州通过测试。基础种永久由 Forage Genetics 公司生产和持有，审定种子于 2005 年上市。

251. **FG 42A114**

FG 42A114 亲本材料选择标准包括牧草产量、持久性和对细菌性萎蔫病、镰刀菌萎蔫病、黄萎病、炭疽病、疫霉根腐病和丝囊霉根腐病的抗性。该品种花色 95％为紫色，5％为杂色并略带乳白色、白色和黄色；属于中等秋眠类型，秋眠等级 4 级；抗寒性类似于 Vernal；多小叶性状，表达水平高。该品种对炭疽病、细菌性萎蔫病、疫霉根腐病、黄萎病、镰刀菌萎蔫病、豌豆蚜、丝囊霉根腐病具有高抗性；对蓝苜蓿蚜、苜蓿斑翅蚜、根结线虫和茎线虫的抗性未测试。该品种适宜于美国中北部、中东部地区种植；已在威斯康星州、印第安纳州、俄亥俄州和爱荷华州通过测试。基础种永久由 Forage Genetics 公司生产和持有，审定种子于 2005 年上市。

252. **FG 41W206**

FG 41W206 亲本材料选择标准包括牧草产量、秋眠性、持久性和对细菌性萎蔫病、镰刀菌萎蔫病、黄萎病、茎线虫和疫霉根腐病的抗性。该品种花色 92％为紫色，4％为杂色，2％为白色，1％为黄色，1％为乳白色；属于中等秋眠类型，秋眠等级 4 级；多小叶性状，表达水平中等。该品种对炭疽病、细菌性萎蔫病、镰刀菌萎蔫病、黄萎病、疫霉根腐病、苜蓿斑翅蚜、茎线虫和根结线虫具有高抗性；对豌豆蚜、丝囊霉根腐病有抗性；对蓝苜蓿蚜的抗性未测试。该品种适宜于美国中度寒冷山区种植；已在爱达荷州和科罗拉多州通过测试。基础种永久由 Forage Genetics 公司生产和持有，审定种子于 2005 年上市。

253. **Rebound 5.0**

Rebound 5.0 亲本材料选择标准包括牧草产量、品质、持久性和对细菌性萎蔫病、镰刀菌萎蔫病、黄萎病、炭疽病、疫霉根腐病和丝囊霉根腐病的抗性。该品种花色 94％为紫色，6％为杂色并略带白色、黄色和乳白色，属于中等秋眠类型，秋眠等级 4 级，抗寒性类似于 Vernal；多小叶性状表达水平高。该品种对炭疽病、细菌性萎蔫病、疫霉根腐病、黄萎病、镰刀菌萎蔫病、豌豆蚜和丝囊霉根腐病具有高抗性；对苜蓿斑翅蚜、根结线虫和茎线虫有抗性；对蓝苜蓿蚜的抗性未测试。该品种适宜于美国中北部、中东部和大平原地区种植；已在威斯康星州、纽约州、明尼苏达州和内布拉斯加州通过测试。基础种永久由 Forage Genetics 公司生产和持有，审定种子于 2005 年上市。

254. **Marvel**

Marvel 亲本材料选择标准包括牧草产量、品质、持久性和对细菌性萎蔫病、镰刀菌萎蔫病、黄萎病、炭疽病、疫霉根腐病和丝囊霉根腐病的抗性。该品种花色 91％为紫色，9％为杂色并略带白色、黄色和乳白色，属于中等秋眠类型，秋眠等级 4 级，抗寒性类似于 Vernal；多小叶性状表达水平高。该品种对炭疽病、细菌性萎蔫病、疫霉根腐病、黄萎病、镰刀菌萎蔫病、豌豆蚜和丝囊霉根腐病具有高抗性；对苜蓿斑翅蚜和茎线虫有抗性；中度抗根结线虫；对蓝苜蓿蚜的抗性未测试。该品种适宜于美国中北部、中东部和大平原地区种植;已在威斯康星州、纽约州、明尼苏达州和内布拉斯加州通过测试。基础种永久由 Forage Genetics 公司生产和持有,审定种子于 2005 年上市。

255. FG 41H160

FG 41H160 亲本材料选择标准包括牧草产量、品质、持久性和对细菌性萎蔫病、镰刀菌萎蔫病、黄萎病、炭疽病、疫霉根腐病、丝囊霉根腐病和马铃薯叶蝉的抗性。该品种花色 85％为紫色,15％为杂色并略带白色、黄色和乳白色,属于中等秋眠类型,秋眠等级 4 级,抗寒性类似于 Vernal。该品种对炭疽病、细菌性萎蔫病、疫霉根腐病、黄萎病、镰刀菌萎蔫病、丝囊霉根腐病和马铃薯叶蝉具有高抗性;对豌豆蚜有抗性;中度抗茎线虫和根结线虫;对蓝苜蓿蚜和苜蓿斑翅蚜的抗性未测试。该品种适宜于美国中北部、中东部地区种植;已在威斯康星州、宾夕法尼亚州、印第安纳州和爱荷华州通过测试。基础种永久由 Forage Genetics 公司生产和持有,审定种子于 2005 年上市。

256. FSG 400LH

FSG 400LH 亲本材料选择标准包括牧草产量、品质、持久性和对细菌性萎蔫病、镰刀菌萎蔫病、黄萎病、炭疽病、疫霉根腐病、丝囊霉根腐病和马铃薯叶蝉的抗性。该品种花色 85％为紫色,14％为杂色,1％为黄色并略带白色和乳白色;属于中等秋眠类型,秋眠等级 4 级;抗寒性类似于 Vernal。该品种对炭疽病、细菌性萎蔫病、疫霉根腐病、黄萎病、镰刀菌萎蔫病、丝囊霉根腐病和马铃薯叶蝉具有高抗性;对豌豆蚜和茎线虫有抗性;中度抗苜蓿斑翅蚜和根结线虫;对蓝苜蓿蚜的抗性未测试。该品种适宜于美国中北部、中东部地区种植;已在威斯康星州、宾夕法尼亚州、印第安纳州和爱荷华州通过测试。基础种永久由 Forage Genetics 公司生产和持有,审定种子于 2005 年上市。

257. Enforcer

Enforcer 亲本材料选择标准包括牧草产量、品质、持久性和对细菌性萎蔫病、镰刀菌萎蔫病、黄萎病、炭疽病、疫霉根腐病、丝囊霉根腐病和马铃薯叶蝉的抗性。该品种花色 87％为紫色,13％为杂色并略带黄色、白色和乳白色,属于中等秋眠类型,秋眠等级 4 级;抗寒性类似于 Vernal。该品种对炭疽病、细菌性萎蔫病、疫霉根腐病、黄萎病、镰刀菌萎蔫病、丝囊霉根腐病和马铃薯叶蝉具有高抗性;对豌豆蚜、茎线虫和根结线虫有抗性;中度抗苜蓿斑翅蚜;对蓝苜蓿蚜的抗性未测试。该品种适宜于美国中北部、中东部地区种植;已在威斯康星州、宾夕法尼亚州、印第安纳州和爱荷华州通过测试。基础种永久由 Forage Genetics 公司生产和持有,审定种子于 2005 年上市。

258. Ameristand 404LH

Ameristand 404LH 亲本材料选择标准包括牧草产量、品质、持久性和对细菌性萎蔫病、镰刀菌萎蔫病、黄萎病、炭疽病、疫霉根腐病、丝囊霉根腐病和马铃薯叶蝉的抗性。该品种花色 84％为紫色,16％为杂色并略带黄色、白色和乳白色;属于中等秋眠类型,秋眠等级 4 级;抗寒性类似于 Vernal。该品种对炭疽病、细菌性萎蔫病、疫霉根腐病、黄萎病、镰刀菌萎蔫病、丝囊霉根腐病和马铃薯叶蝉具有高抗性；对豌豆蚜有抗性；中度抗苜蓿斑翅蚜、茎线虫和根结线虫，对蓝苜蓿蚜的抗性未测试。该品种适宜于美国中北部、中东部地区种植；已在威斯康星州、宾夕法尼亚州、印第安纳州和爱荷华州通过测试。基础种永久由 Forage Genetics 公司生产和持有，审定种子于 2005 年上市。

259. **FG 40W203**

FG 40W203 亲本材料选择标准包括牧草产量、秋眠性、持久性和对细菌性萎蔫病、镰刀菌萎蔫病、黄萎病、茎线虫和疫霉根腐病的抗性。该品种花色 90% 为紫色，6% 为杂色，2% 为乳白色，1% 为黄色，1% 为白色；属于中等秋眠类型，秋眠等级 4 级，抗寒性类似于 Ranger。该品种对炭疽病、细菌性萎蔫病、镰刀菌萎蔫病、黄萎病、疫霉根腐病、茎线虫、豌豆蚜和根结线虫具有高抗性；对苜蓿斑翅蚜有抗性；对蓝苜蓿蚜和丝囊霉根腐病的抗性未测试。该品种适宜于美国寒冷山区种植，已在爱达荷州和科罗拉多州通过测试。基础种永久由 Forage Genetics 公司生产和持有，审定种子于 2005 年上市。

260. **FG 40W201**

FG 40W201 亲本材料选择标准包括牧草产量、秋眠性、持久性和对细菌性萎蔫病、镰刀菌萎蔫病、黄萎病、疫霉根腐病和茎线虫的抗性。该品种花色 89% 为紫色，9% 为杂色，2% 为乳白色，略带黄色和白色，属于中等秋眠类型，秋眠等级 4 级，抗寒性类似于 Ranger。该品种对炭疽病、细菌性萎蔫病、镰刀菌萎蔫病、黄萎病、疫霉根腐病、茎线虫和豌豆蚜具有高抗性；对苜蓿斑翅蚜和根结线虫有抗性；对蓝苜蓿蚜和丝囊霉根腐病的抗性未测试。该品种适宜于美国寒冷山区种植，已在爱达荷州和科罗拉多州通过测试。基础种永久由 Forage Genetics 公司生产和持有，审定种子于 2005 年上市。

261. **4R429**

4R429 亲本材料选择标准包括牧草产量、持久性和对细菌性萎蔫病、镰刀菌萎蔫病、黄萎病、炭疽病、疫霉根腐病和丝囊霉根腐病的抗性。该品种花色 92% 为紫色，8% 为杂色并略带乳白色、黄色和白色，属于中等秋眠类型，秋眠等级为 4 级，抗寒性类似于 Vernal；多小叶性状表达水平高。该品种对炭疽病、细菌性萎蔫病、镰刀菌萎蔫病、黄萎病、疫霉根腐病和丝囊霉根腐病具有高抗性，对豌豆蚜和苜蓿斑翅蚜有抗性，中度抗茎线虫，对蓝苜蓿蚜和根结线虫的抗性未测试。该品种适宜于美国中北部、中东部地区种植；已在爱荷华州、纽约州、威斯康星州和宾夕法尼亚州通过测试。基础种永久由 Forage Genetics 公司生产和持有，审定种子于 2004 年上市。

262. **Reward Ⅱ**

Reward Ⅱ 是由 18 个亲本植株通过杂交而获得的综合品种。其亲本材料是从产量试验田和抗病苗圃田里选择出的多个种群，选择标准包括产量、持久性、品质以及对细菌性萎蔫病、镰刀菌萎蔫病、疫霉根腐病、炭疽病、黄萎病和丝囊霉根腐病的抗性。种质资源贡献率大约为：杂花苜蓿占 15%，土耳其斯坦苜蓿占 15%，佛兰德斯苜蓿占 40%，未知苜蓿占 30%。该品种花色 85% 为紫色，15% 为杂色中带有少许白色、乳白色和黄色；属于中等秋眠类型，秋眠等级为 4

级。抗寒性类似于 Vernal。该品种对细菌性萎蔫病、镰刀菌萎蔫病、疫霉根腐病和北方根结线虫具有高抗性;对丝囊霉根腐病、茎线虫、黄萎病、炭疽病、豌豆蚜、苜蓿斑翅蚜和蓝苜蓿蚜有抗性。该品种适宜于美国中北部、中东部和大平原地区种植;已在美国的密歇根州、堪萨斯州、内布拉斯加州、爱荷华州和威斯康星州通过测试。基础种永久由 Dairyland 研究中心生产和持有,审定种子于 2000 年上市。

263. **Good as Gold Ⅱ**

Good as Gold Ⅱ是由 16 个亲本植株通过杂交而获得的综合品种。其亲本材料是从产量试验田和抗病苗圃田里选择出的多个种群,选择标准包括产量、持久性、品质、成熟期以及对细菌性萎蔫病、镰刀菌萎蔫病、疫霉根腐病、炭疽病、黄萎病、丝囊霉根腐病和苜蓿斑翅蚜的抗性。亲本种质来源:Tempo、Apollo Supreme、Thor、WL 312、Answer、Teweles Multistrain 和 Dairy 试验材料。种质资源贡献率大约:为土耳其斯坦苜蓿占 32%,佛兰德斯苜蓿占 40%,智利苜蓿占 28%。该品种花色 90% 为紫色,10% 为杂色中带有少许白色、乳白色和黄色;属于中等秋眠类型,秋眠等级为 4 级;抗寒性类似于 Vernal。该品种对疫霉根腐病、细菌性萎蔫病、镰刀菌萎蔫病和北方根结线虫具有高抗性;对黄萎病、豌豆蚜、炭疽病有抗性,中度抗茎线虫和丝囊霉根腐病;对苜蓿斑翅蚜蓝苜蓿蚜的抗性未测试。该品种适宜于美国中北部、大平原地区种植;已在美国的威斯康星州、内布拉斯加州、堪萨斯州和俄克拉荷马州通过测试。基础种永久由 Dairyland 研究中心生产和持有,审定种子于 1999 年上市。

264. **631**

631 是由 12 个亲本植株通过杂交而获得的综合品种。其亲本材料是从产量试验田和抗病苗圃田里选择出的多个种群,选择标准包括产量、持久性、品质以及对细菌性萎蔫病、镰刀菌萎蔫病、疫霉根腐病、炭疽病、黄萎病、丝囊霉根腐病、苜蓿斑翅蚜和豌豆蚜的抗性。亲本种质来源:Tempo、Apollo、Iroquois、Answer、WL312、P-B1(Syn. 2)、P-D1、MSB-CW5AN3、MSB、Vernal、Lahontan 和 Ranger。种质资源贡献率大约为:黄花苜蓿占 11%,拉达克苜蓿占 12%,杂花苜蓿占 2%,土耳其斯坦苜蓿占 15%,佛兰德斯苜蓿占 40%,智利苜蓿占 20%。该品种花色 85% 为紫色,15% 为杂色中带有少许白色、乳白色和黄色;属于中等秋眠类型,秋眠等级类似于 Saranac;抗寒性类似于 Vernal。该品种对细菌性萎蔫病、镰刀菌萎蔫病、疫霉根腐病、豌豆蚜具有高抗性,对炭疽病、黄萎病、苜蓿斑翅蚜和茎线虫有抗性;中度抗蓝苜蓿蚜和丝囊霉根腐病;对根结线虫的抗性未测试。该品种适宜于美国中北部地区种植;已在美国的威斯康星州、明尼苏达州、爱荷华州和密歇根州通过测试。基础种永久由 Dairyland 研究中心生产和持有,审定种子于 1993 年上市。

265. **Enhancer**

Enhancer 是由 22 个亲本植株通过杂交而获得的综合品种。其亲本材料是从产量试验田和抗病苗圃田里选择出的多个种群,选择标准包括产量、持久性、品质以及对细菌性萎蔫病、镰刀菌萎蔫病、疫霉根腐病、炭疽病、黄萎病、丝囊霉根腐病和苜蓿斑翅蚜的抗性。亲本种质来源:Tempo、Thor、Answer、Apollo、MNP-D1、MNP-B1(Syn. 2)、NCMP-2、Teweles Multistrain、Vernal、Ranger 和 Iroquis。种质资源贡献率大约为:杂花苜蓿占 15%,土耳其斯坦苜蓿占25%,佛兰德斯苜蓿占40%,智利苜蓿占20%。该品种花色91%为紫色,9%为杂色中带有少许白色、乳白色和黄色;秋眠等级与品种Saranac类似;抗寒性类似于Vernal。该品种对细菌性萎蔫病、镰刀菌萎蔫病、疫霉根腐病具有高抗性;对炭疽病、黄萎病、苜蓿斑翅蚜有抗性;中度抗丝囊霉根腐病;对茎线虫、北方根结线虫、豌豆蚜和蓝苜蓿蚜的抗性未测试。该品种适宜于美国中北部、中东部和大平原地区种植;已在美国的威斯康星州、爱荷华州、内布拉斯加州、堪萨斯州和纽约州通过测试。基础种永久由Dairyland研究中心生产和持有,审定种子于1995年上市。

266. Magnum Ⅲ

Magnum Ⅲ亲本材料是从威斯康星州克林顿地区产量试验田和抗病苗圃田里选择出的多个种群。其亲本材料选择标准包括产量、持久性、抗寒性、种子产量和对细菌性萎蔫病、疫霉根腐病、镰刀菌萎蔫病、炭疽病和黄萎病的抗性。亲本种质来源:Iroquois(9%)、MSB-CW5AN3(8%)、Cherokee(2%)、Lahontan(2%)、PI206452(2%)、Glory(1%)、Thor(1%)、vernal(1%)、Everest(1%)、MNB1(4%)、MNP-D1(4%)、MNP42(6%)、California品系(M. falcate,E. H. Stanford)(4%)和Teweles Multi-strain(8%)。种质资源贡献率大约为:黄花苜蓿占5%,拉达克苜蓿占4%,杂花苜蓿占27%,土耳其斯坦苜蓿占31%,佛兰德斯苜蓿占26%,智利苜蓿占7%。该品种花色82%为紫色,17%为杂色,不足1%为黄色、乳白色和白色;属于中等秋眠类型,秋眠等级类似于Saranac,抗寒性类似于Vernal。该品种对细菌性萎蔫病、疫霉根腐病、镰刀菌萎蔫病、豌豆蚜具有高抗性;对炭疽病、黄萎病、茎线虫、蓝苜蓿蚜和苜蓿斑翅蚜有中等抗性;低抗丝囊霉根腐病;该品种已在美国的威斯康星州、爱荷华州、明尼苏达州和南达科塔州通过测试。基础种永久由Dairyland研究中心生产和持有,审定种子于1988年上市。

267. DS221Hyb

DS221Hyb是杂交率为75%～95%的杂交苜蓿品种。其亲本材料是从产量试验田和抗病苗圃田里选择出的多个种群,选择标准包括雄性不育、保持和恢复的能力,并对后代材料的牧草产量、持久性、质量以及对细菌性萎蔫病、镰刀菌萎蔫病、疫霉根腐病、炭疽病、黄萎病和丝囊霉根腐病的抗性进行了评估。该品种花色85%为紫色,15%为杂色并略带黄色、乳白色和白色,属于中等秋眠类型,秋眠等级为4级,抗寒性类似于Vernal。该品种对细菌性萎蔫病、镰刀菌萎蔫病、疫霉根腐病、炭疽病、黄萎病、北方根结线虫和豌豆蚜具有高抗性;对茎线虫和丝囊霉根腐病有抗性;对蓝苜蓿蚜和苜蓿斑翅蚜的抗性未测试。该品种适宜于美国中北部地区种植;已在爱荷华州、明尼苏达州和威斯康星州通过测试。基础种永久由Dairyland研究中心生产和持有,审定种子于2006年上市。

268. 4S419

4S419是杂交率为75%～95%的杂交苜蓿品种。其亲本材料是从产量试验田和抗病苗圃田里选择出的多个种群,选择标准包括雄性不育、保持和恢复的能力,并对后代材料的牧草产量、持久性、质量以及对细菌性萎蔫病、镰刀菌萎蔫病、疫霉根腐病、炭疽病、黄萎病和丝囊霉根腐病的抗性进行了评估。该品种花色90%为紫色,10%为杂色并略带黄色、乳白色和白色,属于中等秋眠类型,秋眠等级为 4 级。抗寒性类似于 Vernal。该品种对细菌性萎蔫病、镰刀菌萎蔫病、疫霉根腐病、炭疽病、黄萎病和北方根结线虫具有高抗性;对苜蓿斑翅蚜、豌豆蚜、茎线虫和丝囊霉根腐病有抗性;对蓝苜蓿蚜的抗性未测试。该品种适宜于美国中北部地区种植;已在爱荷华州、明尼苏达州和威斯康星州通过测试。基础种永久由 Dairyland 研究中心生产和持有,审定种子于 2006 年上市。

269. 361HY

361HY 是杂交率为 75%～95% 的杂交苜蓿品种。其亲本材料是从产量试验田和抗病苗圃田里选择出的多个种群,选择标准包括雄性不育、保持和恢复的能力,并对后代材料的牧草产量、持久性、质量以及对细菌性萎蔫病、镰刀菌萎蔫病、疫霉根腐病、炭疽病、黄萎病和丝囊霉根腐病的抗性进行了评估。该品种花色 90% 为紫色,10% 为杂色并略带黄色、乳白色和白色,属于中等秋眠类型,秋眠等级为 4 级,抗寒性类似于 Vernal。该品种对细菌性萎蔫病、镰刀菌萎蔫病、疫霉根腐病、北方根结线虫和豌豆蚜具有高抗性;对炭疽病、丝囊霉根腐病、黄萎病和茎线虫有抗性;对苜蓿斑翅蚜和蓝苜蓿蚜的抗性未测试。该品种适宜于美国中北部、中东部地区种植;已在爱荷华州、明尼苏达州、纽约州、宾夕法尼亚州和威斯康星州通过测试。基础种永久由 Dairyland 研究中心生产和持有,审定种子于 2004 年上市。

270. 362HY

362HY 是杂交率为 75%～95% 的杂交苜蓿品种。其亲本材料是从产量试验田和抗病苗圃田里选择出的多个种群,选择标准包括雄性不育、保持和恢复的能力,并对后代材料的牧草产量、持久性、质量以及对细菌性萎蔫病、镰刀菌萎蔫病、疫霉根腐病、炭疽病、黄萎病和丝囊霉根腐病的抗性进行了评估。该品种花色 90% 为紫色,10% 为杂色并略带黄色、乳白色和白色,属于中等秋眠类型,秋眠等级为 4 级,抗寒性类似于 Vernal。该品种对细菌性萎蔫病、镰刀菌萎蔫病、疫霉根腐病、北方根结线虫和豌豆蚜具有高抗性;对炭疽病、丝囊霉根腐病、黄萎病和茎线虫有抗性;对苜蓿斑翅蚜和蓝苜蓿蚜的抗性未测试。该品种适宜于美国中北部、中东部地区种植;已在爱荷华州、明尼苏达州、纽约州、宾夕法尼亚州和威斯康星州通过测试。基础种永久由 Dairyland 研究中心生产和持有,审定种子于 2004 年上市。

271. Hybri+421

Hybri+421 是杂交率为 75%～95% 的杂交苜蓿品种。其亲本材料是从产量试验田和抗病苗圃田里选择出的多个种群,选择标准包括雄性不育、保持和恢复的能力,并对后代材料的牧草产量、持久性、质量以及对细菌性萎蔫病、镰刀菌萎蔫病、疫霉根腐病、炭疽病、黄萎病和丝囊霉根腐病的抗性进行了评估。该品种花色 90% 为紫色,10% 为杂色并略带黄色、乳白色和白色;属于中等秋眠类型,秋眠等级为 4 级,抗寒性类似于 Vernal。该品种对细菌性萎蔫病、镰刀菌萎蔫病、疫霉根腐病、炭疽病和北方根结线虫具有高抗性;对黄萎病、苜蓿斑翅蚜、豌豆蚜、茎线虫和丝囊霉根腐病有抗性;对蓝苜蓿蚜的抗性未测试。该品种适宜于美国的中北部、中东部和大平原地区种植;已在爱荷华州、密歇根州、明尼苏达州、内布拉斯加州、宾夕法尼亚州和威斯康星州通过测试。基础种永久由 Dairyland 研究中心生产和持有,审定种子于 2004 年上市。

272. Jade Ⅲ

Jade Ⅲ是多个亲本材料杂交而获得的综合品种。其亲本材料是从产量试验田和抗病苗圃田里选择出的多个种群,并对其后代材料的牧草产量、持久性、品质以及对细菌性萎蔫病、镰刀菌萎蔫病、疫霉根腐病、炭疽病、黄萎病、丝囊霉根腐病和茎线虫的抗性进行了评估。该品种花色90%为紫色,7%为杂色,1%为黄色,1%为乳白色,1%为白色;属于中等秋眠类型,秋眠等级为4级。抗寒性类似于Vernal。该品种对疫霉根腐病、细菌性萎蔫病、镰刀菌萎蔫病、北方根结线虫和炭疽病具有高抗性;对丝囊霉根腐病、黄萎病、豌豆蚜、蓝苜蓿蚜、苜蓿斑翅蚜和茎线虫有抗性。该品种适宜于美国的中北部、中东部和大平原地区种植,已在明尼苏达州、内布拉斯加州、宾夕法尼亚州、华盛顿州和威斯康星州通过测试。基础种永久由Dairyland研究中心生产和持有,审定种子于2003年上市。

273. Persist

Persist是由12个亲本植株通过杂交而获得的综合品种。其亲本材料是从产量试验田和抗病苗圃田里选择出的多个种群,并对其后代材料的牧草产量、持久性、品质、种子产量以及对细菌性萎蔫病、镰刀菌萎蔫病、疫霉根腐病、炭疽病、黄萎病、丝囊霉根腐病、苜蓿斑翅蚜和豌豆蚜的抗性进行了评估。亲本种质来源:MNP-B1(Syn. 2)、Teweles Multistrain和Dairyland试验材料。种质资源贡献率大约为:黄花苜蓿占2%,拉达克苜蓿占18%,土耳其斯坦苜蓿占4%,佛兰德斯苜蓿占70%和智利苜蓿占6%。该品种花色80%为紫色,20%为杂色并略带黄色、乳白色和白色,属于中等秋眠类型,秋眠等级类似于Saranc,抗寒性类似于Vernal。该品种对细菌性萎蔫病、镰刀菌萎蔫病、疫霉根腐病具有高抗性;对炭疽病、黄萎病、苜蓿斑翅蚜、豌豆蚜有抗性;中度抗丝囊霉根腐病、茎线虫和蓝苜蓿蚜。适宜于美国的中北部地区种植;已在威斯康星州、明尼苏达州、爱荷华州和伊利诺伊州通过测试。基础种永久由Dairyland研究中心生产和持有,审定种子于1993年上市。

274. FSG 408DP

FSG 408DP是由40个亲本植株通过杂交而获得的综合品种。其亲本材料是从产量试验田和抗病苗圃田里选择出根颈入土较深的多个种群,并对其后代材料的牧草产量、持久性、质量以及对细菌性萎蔫病、镰刀菌萎蔫病、疫霉根腐病、炭疽病、黄萎病和丝囊霉根腐病的抗性进行了评估。种质资源贡献率大约为:杂花苜蓿占20%,土耳其斯坦苜蓿占10%,佛兰德斯苜蓿占36%,智利苜蓿占12%,未知苜蓿占22%。该品种花色90%为紫色,10%为杂色并略带黄色、乳白色和白色,属于中等秋眠类型,秋眠等级为4级,抗寒性类似于Vernal。该品种对细菌性萎蔫病、镰刀菌萎蔫病、疫霉根腐病、炭疽病和北方根结线虫具有高抗性,对丝囊霉根腐病、茎线虫、黄萎病和豌豆蚜具有抗性;对苜蓿斑翅蚜和蓝苜蓿蚜的抗性未测试。该品种适宜于美国的中北部、中东部和大平原地区种植;已在明尼苏达州、爱荷华州、宾夕法尼亚州、内布拉斯加州和威斯康星州通过测试。基础种永久由Dairyland研究中心生产和持有,审定种子于2001年上市。

275. Guardsman Ⅱ

Guardsman Ⅱ是由 29 个亲本植株通过杂交而获得的综合品种。亲本材料运用表型轮回选择法对植株生长势、抗病性、抗倒伏性、纤维素和半纤维素与木质素的比例加以选择,并获得对炭疽病、细菌性萎蔫病、镰刀菌萎蔫病、黄萎病、疫霉根腐病的抗性。亲本种质来源:Iroquois。该品种花色 97％ 为紫色,3％ 为杂色并略带黄色、乳白色和白色;属于中等秋眠类型,秋眠等级为 4 级。该品种对炭疽病、细菌性萎蔫病、镰刀菌萎蔫病、黄萎病和疫霉根腐病具有高抗性;对丝囊霉根腐病敏感,对线虫的抗性未测试。该品种适宜于美国的中北部、中东部地区种植;已在纽约州通过测试。基础种永久由康奈尔大学植物遗传育种中心生产和持有,审定种子于 2005 年上市。

276. Cimarron VL400

Cimarron VL400 亲本材料选择标准是为了改良这个品种的牧草产量、炭疽病和对 3 种蚜虫的抗性。该品种花色 72％ 为紫色、28％ 为杂色;属于中等秋眠类型,秋眠等级为 4 级。该品种对炭疽病、镰刀菌萎蔫病、疫霉根腐病、春季黑茎病、豌豆蚜和苜蓿斑翅蚜具有高抗性;对细菌性萎蔫病、黄萎病、丝囊霉根腐病、蓝苜蓿蚜和茎线虫具有抗性;对南方根结线虫敏感;对北方根结线虫的抗性未测试。该品种适宜于美国中东部和大平原地区种植。基础种由 Cimarron 公司生产和持有,审定种子于 2005 年上市。

277. CW 94023

CW 94023 是由 200 个亲本植株通过杂交而获得的综合品种。其亲本材料具有抗疫霉根腐病、丝囊霉根腐病和多叶型的特性;亲本材料是从明尼苏达州、威斯康星州生长 3 年的产量试验田材料和威斯康星州生长 3 年的苗圃材料的杂交后代中选出的,并运用表型轮回选择法和近红外反射光谱法技术加以选择,以获得高饲用价值和对细菌性萎蔫病、镰刀菌萎蔫病、黄萎病、疫霉根腐病、丝囊霉根腐病、炭疽病和小光壳叶斑病的抗性。亲本种质来源:WinterGold、9429、Alliant、DK 142、FQ 315、Trialfalon、BigHorn、9326、Stallion、DK 133 和 Cal/West 育种群体。种质资源贡献率大约为:黄花苜蓿占 8％,拉达克苜蓿占 5％,杂花苜蓿占 24％,土耳其斯坦苜蓿占 6％,佛兰德斯苜蓿占 50％,智利苜蓿占 7％。该品种花色 99％ 为紫色,其余为杂色并略带乳白色、白色和黄色;属于中等秋眠类型,秋眠等级为 4 级。该品种对炭疽病、细菌性萎蔫病、镰刀菌萎蔫病、疫霉根腐病、黄萎病、丝囊霉根腐病和茎线虫具有高抗性;对豌豆蚜、北方根结线虫具有抗性;对苜蓿斑翅蚜和蓝苜蓿蚜的抗性未测试。该品种适宜于美国中北部种植;已在威斯康星州、爱荷华州和明尼苏达州通过测试。基础种永久由 Cal/West 种子公司生产和持有,审定种子于 2003 年上市。

278. CW 83019(Harmony)

Harmony 是由 225 个亲本植株通过杂交而获得的综合品种。其亲本材料具有抗疫霉根腐病、丝囊霉根腐病和多叶型的特性;亲本材料是从明尼苏达州、威斯康星州生长 3 年的产量试验田材料和威斯康星州生长 3 年的苗圃材料的杂交后代中选出的,并运用表型轮回选择法和近红外反射光谱法技术加以选择,以获得高质量的饲用价值和对细菌性萎蔫病、镰刀菌萎蔫病、黄萎病、疫霉根腐病、丝囊霉根腐病、炭疽病和小光壳叶斑病的抗性。亲本种质来源：A-bound、Sprint、Legend Gold、Pointer、512、Gold Plus、DK 142、FQ 315、Nemesis、UltraLac 和 Cal/West 育种群体。种质资源贡献率大约为：黄花首蓿占 9%，拉达克首蓿占 4%，杂花首蓿占 27%，土耳其斯坦首蓿占 4%，佛兰德斯首蓿占 47%，智利首蓿占 9%。该品种花色 99% 为紫色，其余为杂色并略带乳白色、白色和黄色；属于中等秋眠类型，秋眠等级为 4 级。该品种对炭疽病、镰刀菌萎蔫病、疫霉根腐病和丝囊霉根腐病具有高抗性；对细菌性萎蔫病、豌豆蚜和首蓿斑翅蚜具有抗性；对黄萎病、蓝首蓿蚜、茎线虫和北方根结线虫的抗性未测试。该品种适宜于美国中北部和中东部地区种植；已在威斯康星州、伊利诺伊州、明尼苏达州、内布拉斯加州、宾夕法尼亚州和纽约州通过测试。基础种永久由 Cal/West 种子公司生产和持有，审定种子于 2003 年上市。

279. CW 74034（Bobwhite）

Bobwhite 是由 225 个亲本植株通过杂交而获得的综合品种。其亲本材料具有抗疫霉根腐病、丝囊霉根腐病和多叶型的特性；亲本材料是从明尼苏达州、威斯康星州生长 3 年的产量试验田材料和威斯康星州生长 3 年的苗圃材料的杂交后代中选出的，并运用表型轮回选择法和近红外反射光谱法技术加以选择，以获得抗寒、抗叶部病害、叶茎比例高、饲用价值高、产量高等特性以及对细菌性萎蔫病、镰刀菌萎蔫病、黄萎病、疫霉根腐病、丝囊霉根腐病、炭疽病和小光壳叶斑病的抗性。亲本种质来源：DK 142、Gold Plus、Stallion、Abound、Multiqueen 和 Cal/West 育种群体（占 66%）。种质资源贡献率大约为：黄花首蓿占 6%，拉达克首蓿占 5%，杂花首蓿占 27%，土耳其斯坦首蓿占 4%，佛兰德斯首蓿占 50%，智利首蓿占 8%。该品种花色 99% 为紫色、1% 杂色并略带乳白色、白色和黄色；属于中等秋眠类型，秋眠等级为 4 级。该品种对炭疽病、细菌性萎蔫病、镰刀菌萎蔫病、黄萎病、疫霉根腐病和丝囊霉根腐病具有高抗性；对豌豆蚜、首蓿斑翅蚜、茎线虫和北方根结线虫具有抗性；对蓝首蓿蚜的抗性未测试。该品种适宜于美国中北部、中东部和大平原地区种植；已在威斯康星州、爱荷华州、密歇根州、宾夕法尼亚州、堪萨斯州和内布拉斯加州通过测试。基础种永久由 Cal/West 种子公司生产和持有，审定种子于 2005 年上市。

280. CW 14032

CW 14032 是由 165 个亲本植株通过杂交而获得的综合品种。其亲本材料具有抗疫霉根腐病、丝囊霉根腐病的特性；亲本材料是从生长 2 年的植株苗圃中选择出的多个种群，并运用表型轮回选择法和近红外反射光谱法技术加以选择，以获得抗寒、抗叶部病害、叶茎比例高、持久性好、饲用价值高、产量高等特性以及对细菌性萎蔫病、镰刀菌萎蔫病、黄萎病、疫霉根腐病、丝囊霉根腐病、炭疽病和小光壳叶斑病的抗性。亲本种质来源：512、Gold Plus、CW 75046 和 Cal/West 育种群体。种质资源贡献率大约为：黄花首蓿占 4%，拉达克首蓿占 4%，杂花首蓿占 28%，土耳其斯坦首蓿占 4%，佛兰德斯首蓿占 52%，智利首蓿占 8%。该品种花色 99% 为紫色，其余为杂色并略带乳白色、白色和黄色；属于中等秋眠类型，秋眠等级为 4 级。该品种对炭疽病、镰刀菌萎蔫病具有高抗性；对细菌性萎蔫病、黄萎病、疫霉菌根腐病、丝囊霉根腐病具有抗性；中度抗豌豆蚜和首蓿斑翅蚜；对蓝首蓿蚜、茎线虫和根结线虫的抗性未测试。该品种适宜于美国中北部、中东部地区种植，计划推广到美国中北部、中东部和大平原地区利用；已在威斯康星州、明尼苏达州、南达科塔州、爱荷华州、印第安纳州、俄亥俄州和宾夕法尼亚州通过测试。基础种永久由 Cal/West 种子公司生产和持有，审定种子于 2005 年上市。

281. Ameristand 444NT

Ameristand 444NT 是由 300 个亲本植株通过杂交而获得的综合品种。亲本材料是在爱达荷州南帕地区附近生长 4～5 年的苗圃中选出的，选择在重牧和车轮碾压的条件下根部和根颈总体上健康的多个种群，并运用表型轮回选择法加以选择，以获得对疫霉菌根腐病、炭疽病、细菌性萎蔫病、黄萎病、镰刀菌萎蔫病、蓝苜蓿蚜、斑翅蚜、豌豆蚜、茎线虫和北方根结线虫的抗性。亲本种质来自 Archer 品种。种质资源贡献率大约为：黄花苜蓿占 6%，拉达克苜蓿占 6%，杂花苜蓿占 19%，土耳其斯坦苜蓿占 13%，佛兰德斯苜蓿占 30%，智利苜蓿占 9%，秘鲁苜蓿占 2%，印第安苜蓿占 2%，非洲苜蓿占 1%，未知苜蓿占 12%。该品种花色 90% 为紫色，9% 为杂色并夹杂乳白色、黄色和白色；秋眠等级为 4 级；类似于 Sarenac。该品种对炭疽病、细菌性萎蔫病、镰刀菌萎蔫病、疫霉菌根腐病和茎线虫具有高抗性；对黄萎病、豌豆蚜、苜蓿斑翅蚜和北方根结线虫有抗性；对丝囊霉根腐病和蓝苜蓿蚜有中度抗性。该品种适宜于美国寒冷山区种植；已在爱达荷州和科罗拉多州通过测试。基础种永久由 ABI 公司生产和持有，审定种子于 2005 年上市。

282. ZG 0246

ZG 0246 亲本材料选择标准是为了改良这个品种的耐牧性和对细菌性萎蔫病、镰刀菌萎蔫病、黄萎病、疫霉菌根腐病、炭疽病、丝囊霉根腐病的抗性，并运用表型轮回选择法加以选择。该品种花色 66% 为紫色，34% 为杂色并略带黄色、白色和乳白色；秋眠等级为 4 级；抗寒性类似于 Norseman；耐放牧性好。该品种对细菌性萎蔫病、镰刀菌萎蔫病、黄萎病、炭疽病、疫霉菌根腐病和丝囊霉根腐病具有高抗性；对茎线虫有抗性；对豌豆蚜、苜蓿斑翅蚜、蓝苜蓿蚜和根结线虫的抗性未测试。该品种适宜于美国中北部地区种植；已在威斯康星州、爱荷华州和伊利诺伊州通过测试。基础种永久由 ABI 公司生产和持有，审定种子于 2005 年上市。

283. ZG 0146

ZG 0146 亲本材料选择标准是为了改良这个品种的耐牧性和对细菌性萎蔫病、镰刀菌萎蔫病、黄萎病、疫霉菌根腐病、炭疽病、丝囊霉根腐病的抗性，运用表型轮回选择法加以选择。该品种花色 72% 为紫色，28% 为杂色并略带黄色、白色和乳白色；秋眠等级为 4 级；抗寒性类似于 Norseman；耐持续放牧。该品种对细菌性萎蔫病、镰刀菌萎蔫病、黄萎病、炭疽病、疫霉根腐病和丝囊霉根腐病具有高抗性；对豌豆蚜、苜蓿斑翅蚜、蓝苜蓿蚜、茎线虫和根结线虫的抗性未测试。该品种适宜于美国中北部地区种植；已在威斯康星州、爱荷华州和伊利诺伊州通过测试。基础种永久由 ABI 公司生产和持有，审定种子于 2004 年上市。

284. 4G418

4G418 亲本材料的选择标准是为了改良这个品种的牧草产量、牧草品质和持久性并且获得对细菌性萎蔫病、镰刀菌萎蔫病、黄萎病、炭疽病、疫霉根腐病和丝囊霉根腐病的抗性；亲本材料包含耐草甘膦除草剂 CP4-EPSPS 的基因，特别是美国农业部放松管制的草甘膦独特标识转入苜蓿的 J101 或 J163 基因。该品种花色 96％为紫色,2％为杂色,2％为乳白色并略带黄色和白色;属于中等秋眠类型,秋眠等级 4 级;抗寒性类似于 Vernal;小叶数量多,为多叶型品种;对农达除草剂有抗性。该品种对炭疽病、细菌性萎蔫病、疫霉根腐病、黄萎病、镰刀菌萎蔫病、丝囊霉根腐病和豌豆蚜具有高抗性;对北方根结线虫和茎线虫具有抗性;对苜蓿斑翅蚜具有中度抗性;对蓝苜蓿蚜的抗性未测试。该品种适宜于美国中北部和中东部地区种植;已在威斯康星州、印第安纳州、宾夕法尼亚州和爱荷华州通过测试。基础种永久由 Forage Genetics 公司生产和持有,审定种子于 2006 年上市。

285. 452RR

452RR 亲本材料的选择标准是为了改良这个品种的牧草产量、牧草品质和持久性并且获得对细菌性萎蔫病、镰刀菌萎蔫病、黄萎病、炭疽病、疫霉根腐病和丝囊霉根腐病的抗性。亲本材料包含耐草甘膦除草剂 CP4-EPSPS 的基因,特别是美国农业部放松管制的草甘膦独特标识转入苜蓿的 J101 或 J163 基因。该品种花色 92％为紫色,7％为杂色,1％黄色,有少许乳白色和白色;属于中等秋眠类型,秋眠等级 4 级;抗寒性类似于 Vernal;小叶数量多,为多叶型品种;对农达除草剂有抗性。该品种对炭疽病、细菌性萎蔫病、疫霉根腐病、黄萎病、镰刀菌萎蔫病、丝囊霉根腐病、茎线虫和豌豆蚜具有高抗性;对北方根结线虫和苜蓿斑翅蚜具有抗性;对蓝苜蓿蚜的抗性未测试。该品种适宜于美国中北部和中东部地区种植;已在威斯康星州、印第安纳州、宾夕法尼亚州和爱荷华州通过测试。基础种永久由 Forage Genetics 公司生产和持有,审定种子于 2006 年上市。

286. 6443RR

6443RR 亲本材料的选择标准是为了改良这个品种的牧草产量、牧草质量和持久性并且获得对细菌性萎蔫病、镰刀菌萎蔫病、黄萎病、炭疽病、疫霉根腐病和丝囊霉根腐病的抗性;亲本材料包含耐草甘膦除草剂 CP4-EPSPS 的基因,特别是美国农业部放松管制的草甘膦独特标识转入苜蓿的 J101 或 J163 基因。该品种花色 90％为紫色,7％为杂色,3％为乳白色,略带黄色和白色;属于中等秋眠类型,秋眠等级 4 级;抗寒性类似于 Vernal;小叶数量多,为多叶型品种;对农达除草剂有抗性。该品种对炭疽病、细菌性萎蔫病、疫霉根腐病、黄萎病、镰刀菌萎蔫病、丝囊霉根腐病和豌豆蚜具有高抗性;对北方根结线虫和茎线虫具有抗性,对苜蓿斑翅蚜具有中度抗性;对蓝苜蓿蚜的抗性未测试。该品种适宜于美国中北部和中东部地区种植,已在威斯康星州、印第安纳州、宾夕法尼亚州和爱荷华州通过测试。基础种永久由 Forage Genetics 公司生产和持有,审定种子于 2006 年上市。

287. Consistency 4.10 RR

Consistency 4.10 RR 亲本材料的选择标准是为了改良这个品种的牧草产量、牧草品质和持久性并且获得对细菌性萎蔫病、镰刀菌萎蔫病、黄萎病、炭疽病、疫霉根腐病和丝囊霉根腐病的抗性。亲本材料包含耐草甘膦除草剂 CP4-EPSPS 的基因,特别是美国农业部放松管制的草甘膦独特标识转入苜蓿的 J101 或 J163 基因。该品种花色 91％为紫色,7％为杂色,2％为乳白色,略带黄色和白色;属于中等秋眠类型,秋眠等级 4 级;抗寒性类似于 Vernal;小叶数量多,为多叶型品种;对农达除草剂有抗性。该品种对炭疽病、细菌性萎蔫病、疫霉根腐病、黄萎病、镰刀菌萎蔫病、丝囊霉根腐病、苜蓿斑翅蚜和豌豆蚜具有高抗性;对北方根结线虫和茎线虫具有抗性;对蓝苜蓿蚜的抗性未测试。该品种适宜于美国中北部和中东部地区种植;已在威斯康星州、印第安纳州、宾夕法尼亚州和爱荷华州通过测试。基础种永久由 Forage Genetics 公司生产和持有,审定种子于 2006 年上市。

288. Convoy

Convoy 亲本材料的选择标准是为了改良这个品种的牧草产量、牧草品质和持久性并且获得对细菌性萎蔫病、镰刀菌萎蔫病、黄萎病、炭疽病、疫霉根腐病和丝囊霉根腐病的抗性。该品种花色 97% 为紫色,3% 为杂色,略带黄色、白色和乳白色;属于中等秋眠类型,秋眠等级 4 级;抗寒性类似于 Vernal。该品种对炭疽病、细菌性萎蔫病、疫霉根腐病、黄萎病、镰刀菌萎蔫病、丝囊霉根腐病和豌豆蚜具有高抗性;对北方根结线虫具有抗性;对茎线虫具有中度抗性;对蓝苜蓿蚜和苜蓿斑翅蚜的抗性未测试。该品种适宜于美国中北部和中东部地区种植;已在明尼苏达州、威斯康星州、纽约和宾夕法尼亚州通过测试。基础种永久由 Forage Genetics 公司生产和持有,审定种子于 2004 年上市。

289. DKA 41-18RR

DKA 41-18RR 亲本材料的选择标准是为了改良这个品种的牧草产量、牧草品质和持久性并且获得对细菌性萎蔫病、镰刀菌萎蔫病、黄萎病、炭疽病、疫霉根腐病和丝囊霉根腐病的抗性;亲本材料包含耐草甘膦除草剂 CP4-EPSPS 的基因,特别是美国农业部放松管制的草甘膦独特标识转入苜蓿的 J101 或 J163 基因。该品种花色 88% 为紫色、10% 为杂色、1% 为白色、1% 为黄色,略带乳白色;属于中等秋眠类型,秋眠等级 4 级;抗寒性类似于 Vernal;小叶数量多,为多叶型品种;对农达除草剂有抗性;该品种对炭疽病、细菌性萎蔫病、疫霉根腐病、黄萎病、镰刀菌萎蔫病、丝囊霉根腐病、苜蓿斑翅蚜和豌豆蚜具有高抗性;对北方根结线虫和茎线虫具有抗性;对蓝苜蓿蚜的抗性未测试。该品种适宜于美国中北部和中东部地区种植;已在威斯康星州、印第安纳州、宾夕法尼亚州和爱荷华州通过测试。基础种永久由 Forage Genetics 公司生产和持有,审定种子于 2006 年上市。

290. FG 40W206

FG 40W206 亲本材料的选择标准是牧草产量、秋眠反应和持久性并且获得对细菌性萎蔫病、镰刀菌萎蔫病、黄萎病、疫霉根腐病和茎线虫的抗性。该品种花色 77% 为紫色,10% 为杂色,2% 为黄色,2% 为乳白色,9% 为白色;属于中等秋眠类型,秋眠等级 4 级;抗寒性类似于 Vernal;小叶数量多,为多叶型品种。该品种对炭疽病、细菌性萎蔫病、镰刀菌萎蔫病、疫霉根腐病、豌豆蚜、苜蓿斑翅蚜和茎线虫具有高抗性;对黄萎病和北方根结线虫具有抗性;对丝囊霉根腐病和蓝苜蓿蚜的抗性未测试。该品种适宜于美国寒冷的山区种植;已在爱达荷州和科罗拉多州通过测试。基础种永久由 Forage Genetics 公司生产和持有,审定种子于 2006 年上市。

291. FG 42H190

FG 42H190 亲本材料的选择标准是为了改良这个品种的牧草产量、牧草质量和持久性并且获得对细菌性萎蔫病、镰刀菌萎蔫病、黄萎病、炭疽病、疫霉根腐病、丝囊霉根腐病和马铃薯叶蝉的抗性。该品种花色 34％为紫色，47％为杂色，9％为白色，7％为黄色，3％为乳白色；属于中等秋眠类型，秋眠等级 4 级；抗寒性类似于 Vernal。该品种对炭疽病、细菌性萎蔫病、镰刀菌萎蔫病、疫霉根腐病、黄萎病、丝囊霉根腐病、豌豆蚜和马铃薯叶蝉具有高抗性；对茎线虫具有抗性；对北方根结线虫具有中度抗性；对蓝苜蓿蚜和苜蓿斑翅蚜的抗性未测试。该品种适宜于美国中北部和中东部地区种植；已在印第安纳州、宾夕法尼亚州、俄亥俄州和爱荷华州通过测试。基础种永久由 Forage Genetics 公司生产和持有，审定种子于 2006 年上市。

292. FG 42W205

FG 42W205 亲本材料的选择标准是牧草产量、秋眠反应和持久性并且获得对茎线虫和北方根结线虫的抗性。该品种花色 89％为紫色，5％为杂色，1％为黄色，3％为乳白色，2％为白色；属于中等秋眠类型，秋眠等级 4 级；小叶数量多，为多叶型品种。该品种对炭疽病、镰刀菌萎蔫病、疫霉根腐病、黄萎病、茎线虫、豌豆蚜、北方根结线虫和丝囊霉根腐病具有高抗性；对细菌性萎蔫病和苜蓿斑翅蚜具有抗性；对蓝苜蓿蚜的抗性未测试。该品种适宜于美国寒冷山区和中度寒冷山区种植；已在爱达荷州、华盛顿和科罗拉多州通过测试。基础种永久由 Forage Genetics 公司生产和持有，审定种子于 2006 年上市。

293. FG 43A131

FG 43A131 亲本材料的选择标准是为了改良这个品种的牧草产量、牧草质量和持久性并且获得对细菌性萎蔫病、镰刀菌萎蔫病、黄萎病、炭疽病、疫霉根腐病和丝囊霉根腐病的抗性。该品种花色 92％为紫色，5％为杂色，2％为白色，1％为黄色，略带乳白色；属于中等秋眠类型，秋眠等级 4 级；抗寒性类似于 Norseman；小叶数量多，为多叶型品种。该品种对炭疽病、细菌性萎蔫病、疫霉根腐病、镰刀菌萎蔫病、丝囊霉根腐病具有高抗性；对豌豆蚜和茎线虫具有抗性；对蓝苜蓿蚜、北方根结线虫和苜蓿斑翅蚜的抗性未测试。该品种适宜于美国中北部和中东部地区种植；已在威斯康星州、宾夕法尼亚州、印第安纳州和爱荷华州通过测试。基础种永久由 Forage Genetics 公司生产和持有，审定种子于 2006 年上市。

294. FG 43M120

FG 43M120 亲本材料的选择标准是为了改良这个品种的牧草产量、牧草品质和持久性并且获得对细菌性萎蔫病、镰刀菌萎蔫病、黄萎病、炭疽病、疫霉根腐病和丝囊霉根腐病的抗性。该品种花色 92％为紫色，8％为杂色，稀有白色、乳白色和黄色；属于中等秋眠类型，秋眠等级 4 级；抗寒性类似于 Norseman；小叶数量多，为多叶型品种。该品种对炭疽病、细菌性萎蔫病、疫霉根腐病、镰刀菌萎蔫病、黄萎病和丝囊霉根腐病具有高抗性；对豌豆蚜和茎线虫具有抗性；对蓝苜蓿蚜、北方根结线虫和苜蓿斑翅蚜的抗性未测试。该品种适宜于美国中北部和中东部地区种植；已在威斯康星州、宾夕法尼亚州、印第安纳州和爱荷华州通过测试。基础种永久由 Forage Genetics 公司生产和持有，审定种子于 2006 年上市。

295. FG R43M627

FG R43M627 亲本材料的选择标准是为了改良这个品种的牧草产量、牧草质量和持久性并且获得对细菌性萎蔫病、镰刀菌萎蔫病、黄萎病、炭疽病、疫霉根腐病和丝囊霉根腐病的抗性;亲本材料包含耐草甘膦除草剂 CP4-EPSPS 的基因,特别是美国农业部放松管制的草甘膦独特标识转入苜蓿的 J101 或 J163 基因。该品种花色 85% 为紫色,13% 为杂色,2% 为乳白色,略带黄色和白色;属于中等秋眠类型,秋眠等级 4 级;抗寒性类似于 Vernal,小叶数量多,为多叶型品种;对农达除草剂有抗性。该品种对炭疽病、细菌性萎蔫病、疫霉根腐病、黄萎病、镰刀菌萎蔫病、丝囊霉根腐病具有高抗性;对北方根结线虫、茎线虫和豌豆蚜具有抗性;对蓝苜蓿蚜和苜蓿斑翅蚜的抗性未测试。该品种适宜于美国中北部和中东部地区种植;已在威斯康星州、印第安纳州、宾夕法尼亚州和爱荷华州通过测试。基础种永久由 Forage Genetics 公司生产和持有,审定种子于 2006 年上市。

296. **FG R43M704**

FG R43M704 亲本材料的选择标准是为了改良这个品种的牧草产量、牧草质量和持久性并且获得对细菌性萎蔫病、镰刀菌萎蔫病、黄萎病、炭疽病、疫霉根腐病和丝囊霉根腐病的抗性;亲本材料包含耐草甘膦除草剂 CP4-EPSPS 的基因,特别是美国农业部放松管制的草甘膦独特标识转入苜蓿的 J101 或 J163 基因。该品种花色 92% 为紫色,4% 为杂色,2% 为乳白色,2% 为黄色,略带白色;属于中等秋眠类型,秋眠等级 4 级;抗寒性类似于 Vernal;小叶数量多,为多叶型品种;对转农达除草剂有抗性。该品种对炭疽病、细菌性萎蔫病、疫霉根腐病、黄萎病、镰刀菌萎蔫病、丝囊霉根腐病具有高抗性;对北方根结线虫、茎线虫和豌豆蚜具有抗性;对蓝苜蓿蚜和苜蓿斑翅蚜的抗性未测试。该品种适宜于美国中北部和中东部地区种植,已在威斯康星州、印第安纳州、宾夕法尼亚州和爱荷华州通过测试。基础种永久由 Forage Genetics 公司生产和持有,审定种子于 2006 年上市。

297. **FG R43M705**

FG R43M705 亲本材料的选择标准是为了改良这个品种的牧草产量、牧草质量和持久性,并且获得对细菌性萎蔫病、镰刀菌萎蔫病、黄萎病、炭疽病、疫霉根腐病和丝囊霉根腐病的抗性。亲本材料包含耐草甘膦除草剂 CP4-EPSPS 的基因,特别是美国农业部放松管制的草甘膦独特标识转入苜蓿的 J101 或 J163 基因。该品种花色 89% 为紫色,6% 为杂色,3% 为乳白色,2% 为黄色,略带白色;属于中等秋眠类型,秋眠等级 4 级;抗寒性类似于 Vernal;小叶数量多,为多叶型品种;对转农达除草剂有抗性。该品种对炭疽病、细菌性萎蔫病、疫霉根腐病、黄萎病、镰刀菌萎蔫病、丝囊霉根腐病具有高抗性;对北方根结线虫、茎线虫、豌豆蚜和苜蓿斑翅蚜具有抗性;对蓝苜蓿蚜的抗性未测试。该品种适宜于美国中北部和中东部地区种植;已在威斯康星州、印第安纳州、宾夕法尼亚州和爱荷华州通过测试。基础种永久由 Forage Genetics 公司生产和持有,审定种子于 2006 年上市。

298. **FG R43M712**

FG R43M712 亲本材料的选择标准是为了改良这个品种的牧草产量、牧草质量和持久性并且获得对细菌性萎蔫病、镰刀菌萎蔫病、黄萎病、炭疽病、疫霉根腐病和丝囊霉根腐病的抗性;亲本材料包含耐草甘膦除草剂 CP4-EPSPS 的基因,特别是美国农业部放松管制的草甘膦独特标识转入苜蓿的 J101 或 J163 基因。该品种花色 90% 为紫色,9% 为杂色,1% 为黄色,略带白色和乳白色;属于中等秋眠类型,秋眠等级 4 级;抗寒性类似于 Vernal;小叶数量多,为多叶型品种;对转农达除草剂有抗性。该品种对炭疽病、细菌性萎蔫病、疫霉根腐病、黄萎病、镰刀菌萎蔫病、丝囊霉根腐病和豌豆蚜具有高抗性;对北方根结线虫和茎线虫具有抗性;对蓝首蓿蚜和首蓿斑翅蚜的抗性未测试。该品种适宜于美国中北部和中东部地区种植;已在威斯康星州、印第安纳州、宾夕法尼亚州和爱荷华州通过测试。基础种永久由 Forage Genetics 公司生产和持有,审定种子于 2006 年上市。

299. **GH709RR**

GH709RR 亲本材料的选择标准是为了改良这个品种的牧草产量、牧草质量和持久性并且获得对细菌性萎蔫病、镰刀菌萎蔫病、黄萎病、炭疽病、疫霉根腐病和丝囊霉根腐病的抗性;亲本材料包含耐草甘膦除草剂 CP4-EPSPS 的基因,特别是美国农业部放松管制的草甘膦独特标识转入首蓿的 J101 或 J163 基因。该品种花色 90％为紫色,6％为杂色,2％为乳白色,2％为黄色,略带白色;属于中等秋眠类型,秋眠等级 4 级;抗寒性类似于 Vernal;小叶数量多,为多叶型品种;对转农达除草剂有抗性。该品种对炭疽病、细菌性萎蔫病、疫霉根腐病、黄萎病、镰刀菌萎蔫病、丝囊霉根腐病和豌豆蚜具有高抗性;对北方根结线虫、茎线虫和首蓿斑翅蚜具有抗性;对蓝首蓿蚜的抗性未测试。该品种适宜于美国中北部和中东部地区种植;已在威斯康星州、印第安纳州、宾夕法尼亚州和爱荷华州通过测试。基础种永久由 Forage Genetics 公司生产和持有,审定种子于 2006 年上市。

300. **GrandStand**

GrandStand 亲本材料的选择标准是牧草产量、牧草质量和持久性并且获得对细菌性萎蔫病、镰刀菌萎蔫病、黄萎病、炭疽病、疫霉根腐病和丝囊霉根腐病的抗性。该品种花色 95％为紫色,3％为杂色,1％为黄色,1％为白色;属于中等秋眠类型,秋眠等级 4 级;抗寒性类似于 Norseman;小叶数量较多,为多叶型品种。该品种对炭疽病、细菌性萎蔫病、疫霉根腐病、镰刀菌萎蔫病、黄萎病、丝囊霉根腐病和豌豆蚜具有高抗性;对北方根结线虫和首蓿斑翅蚜具有抗性;对茎线虫具有中度抗性;对蓝首蓿蚜的抗性未测试。该品种适宜于美国中北部、中东部和大平原地区种植;已在威斯康星州、纽约州、明尼苏达州和内布拉斯加州通过测试。基础种永久由 Forage Genetics 公司生产和持有,审定种子于 2006 年上市。

301. **HB 8400**

HB 8400 亲本材料的选择标准是牧草产量、牧草质量和持久性并且获得对细菌性萎蔫病、镰刀菌萎蔫病、黄萎病、炭疽病、疫霉根腐病和丝囊霉根腐病的抗性。该品种花色 89％为紫色,7％为杂色,1％为黄色,2％为乳白色,1％为白色;属于中等秋眠类型,秋眠等级 4 级;抗寒性类似于 Vernal。该品种对炭疽病、细菌性萎蔫病、疫霉根腐病、镰刀菌萎蔫病、黄萎病、丝囊霉根腐病和豌豆蚜具有高抗性;对北方根结线虫和茎线虫具有抗性;对蓝首蓿蚜和首蓿斑翅蚜首蓿斑翅蚜的抗性未测试。该品种适宜于美国中北部、中东部地区种植;已在威斯康星州、宾夕法尼亚、纽约州和爱荷华州通过测试。基础种永久由 Forage Genetics 公司生产和持有,审定种子于 2006 年上市。

302. **PGI 424**

PGI 424 品种花色99％为紫色,略带杂色、黄色、白色和乳白色;属于中等秋眠类型,秋眠等级4级。该品种对炭疽病、细菌性萎蔫病、镰刀菌萎蔫病、疫霉根腐病和茎线虫具有高抗性,对豌豆蚜和北方根结线虫具有抗性;对黄萎病、苜蓿斑翅蚜和蓝苜蓿蚜的抗性未测试。该品种适宜于美国中北部、中东部和大平原地区种植;已在威斯康星州、爱荷华州、明尼苏达州、南达科塔州、内布拉斯加州、宾夕法尼亚州和纽约州通过测试。基础种永久由 Cal/West 生产和持有,审定种子于2003年上市。

303. **PGI 437**

PGI 437 品种花色99％为紫色,略带杂色、黄色、白色和乳白色;属于中等秋眠类型,秋眠等级4级。该品种对炭疽病、镰刀菌萎蔫病具有高抗性,对细菌性萎蔫病、黄萎病、疫霉根腐病和丝囊霉根腐病具有抗性;对豌豆蚜和苜蓿斑翅蚜具有中度抗性;对蓝苜蓿蚜、茎线虫和根结线虫的抗性未测试。该品种适宜于美国中北部、中东部地区种植;已在威斯康星州、爱荷华州、明尼苏达州、南达科塔州、印第安纳州、俄亥俄州和宾夕法尼亚州通过测试。基础种永久由 Cal/West 生产和持有,审定种子于2005年上市。

304. **RRALF 4R100**

RRALF 4R100 亲本材料的选择标准是为了改良这个品种的牧草产量、牧草质量和持久性并且获得对细菌性萎蔫病、镰刀菌萎蔫病、黄萎病、炭疽病、疫霉根腐病和丝囊霉根腐病的抗性;亲本材料包含耐草甘膦除草剂 CP4-EPSPS 的基因,特别是美国农业部放松管制的草甘膦独特标识转入苜蓿的 J101 或 J163 基因。该品种花色95％为紫色,4％为杂色,1％为乳白色和极少量白色;属于中等秋眠类型,秋眠等级4级;抗寒性类似于 Vernal;小叶数量较多,为多叶型品种;对转农达除草剂有抗性。该品种对炭疽病、细菌性萎蔫病、疫霉根腐病、黄萎病、镰刀菌萎蔫病和丝囊霉根腐病具有高抗性;对北方根结线虫和豌豆蚜具有抗性;对茎线虫、苜蓿斑翅蚜和苜蓿斑翅蚜具有中度抗性;对蓝苜蓿蚜的抗性未测试。该品种适宜于美国中北部和中东部地区种植;已在威斯康星州、印第安纳州、宾夕法尼亚州和爱荷华州通过测试。基础种永久由 Forage Genetics 公司生产和持有,审定种子于2006年上市。

305. **V-45RR**

V-45RR 亲本材料的选择标准是为了改良这个品种的牧草产量、牧草质量和持久性并且获得对细菌性萎蔫病、镰刀菌萎蔫病、黄萎病、炭疽病、疫霉根腐病和丝囊霉根腐病的抗性;亲本材料包含耐草甘膦除草剂 CP4-EPSPS 的基因,特别是美国农业部放松管制的草甘膦独特标识转入苜蓿的 J101 或 J163 基因。该品种花色91％为紫色,7％为杂色,2％为乳白色,略带黄色和白色;属于中等秋眠类型,秋眠等级4级;抗寒性类似于 Vernal;小叶数量多,为多叶型品种;对转农达除草剂有抗性。该品种对炭疽病、细菌性萎蔫病、疫霉根腐病、黄萎病、镰刀菌萎蔫病、丝囊霉根腐病、豌豆蚜和苜蓿斑翅蚜具有高抗性;对北方根结线虫和茎线虫具有抗性;对蓝苜蓿蚜的抗性未测试。该品种适宜于美国中北部和中东部地区种植;已在威斯康星州、印第安纳州、宾夕法尼亚州和爱荷华州通过测试。基础种永久由 Forage Genetics 公司生产和持有,审定种子于 2006 年上市。

306. **Whitney**

Whitney 亲本材料的选择标准是牧草产量、秋眠反应和持久性并且获得对细菌性萎蔫病、镰刀菌萎蔫病、黄萎病、茎线虫和疫霉根腐病的抗性。该品种花色 90% 为紫色,6% 为杂色,1% 为黄色,1% 为白色,2% 为乳白色;属于中等秋眠类型,秋眠等级 4 级;抗寒性类似于 Ranger;小叶数量多,为多叶型品种。该品种对炭疽病、细菌性萎蔫病、镰刀菌萎蔫病、黄萎病、疫霉根腐病、茎线虫、豌豆蚜和根结线虫具有高抗性;对苜蓿斑翅蚜具有抗性;对丝囊霉根腐病和蓝苜蓿蚜的抗性未测试。该品种适宜于美国寒冷的山区种植;已在爱达荷州和科罗拉多州通过测试。基础种永久由 Forage Genetics 公司生产和持有,审定种子于 2006 年上市。

307. **Withstand**

Withstand 亲本材料的选择标准是牧草产量和持久性并且获得对细菌性萎蔫病、镰刀菌萎蔫病、黄萎病、炭疽病、疫霉根腐病和丝囊霉根腐病的抗性。该品种花色 95% 为紫色,5% 为杂色,略带黄色、白色和乳白色;属于中等秋眠类型,秋眠等级 4 级;抗寒性类似于 Vernal;小叶数量多,为多叶型品种。该品种对炭疽病、细菌性萎蔫病、镰刀菌萎蔫病、黄萎病、疫霉根腐病、丝囊霉根腐病和豌豆蚜具有高抗性;对蓝苜蓿蚜、苜蓿斑翅蚜、根结线虫和茎线虫的抗性未测试。该品种适宜于中北部和中东部地区种植;已在威斯康星州、印第安纳州、俄亥俄州和爱荷华州通过测试。基础种永久由 Forage Genetics 公司生产和持有,审定种子于 2005 年上市。

308. **WL 335HQ**

WL 335HQ 亲本材料的选择标准是牧草产量、牧草质量和持久性并且获得对细菌性萎蔫病、镰刀菌萎蔫病、黄萎病、炭疽病、疫霉根腐病和丝囊霉根腐病的抗性。该品种花色 92% 为紫色,8% 为杂色,略带白色、乳白色和黄色色;属于中等秋眠类型,秋眠等级 4 级;抗寒性类似于 Norseman;小叶数量多,为多叶型品种。该品种对炭疽病、细菌性萎蔫病、疫霉根腐病、镰刀菌萎蔫病、黄萎病、丝囊霉根腐病和豌豆蚜具有高抗性;对苜蓿斑翅蚜具有抗性;对北方根结线虫和茎线虫具有中度抗性;对蓝苜蓿蚜的抗性未测试。该品种适宜于美国中北部、中东部地区种植;已在威斯康星州、纽约州、宾夕法尼亚州和爱荷华州通过测试。基础种永久由 Forage Genetics 公司生产和持有,审定种子于 2004 年上市。

309. **WL 355RR**

WL 355RR 亲本材料的选择标准是为了改良这个品种的牧草产量、牧草质量和持久性并且获得对细菌性萎蔫病、镰刀菌萎蔫病、黄萎病、炭疽病、疫霉根腐病和丝囊霉根腐病的抗性。亲本材料包含耐草甘膦除草剂 CP4-EPSPS 的基因,特别是美国农业部放松管制的草甘膦独特标识转入苜蓿的 J101 或 J163 基因。该品种花色 88% 为紫色,10% 为杂色,2% 为乳白色,略带黄色和白色;属于中等秋眠类型,秋眠等级 4 级;抗寒性类似于 Vernal;小叶数量多,为多叶型品种;对农达除草剂有抗性。该品种对炭疽病、细菌性萎蔫病、疫霉根腐病、黄萎病、镰刀菌萎蔫病、丝囊霉根腐病和苜蓿斑翅蚜具有高抗性;对豌豆蚜和茎线虫具有抗性;对北方根结线虫具有中度抗性;对蓝苜蓿蚜的抗性未测试。该品种适宜于美国中北部和中东部地区种植;已在威斯康星州、印第安纳州、宾夕法尼亚州和爱荷华州通过测试。基础种永久由 Forage Genetics 公司生产和持有,审定种子于 2006 年上市。

310. YieldMaster RR

YieldMaster RR 亲本材料的选择标准是为了改良这个品种的牧草产量、牧草质量和持久性并且获得对细菌性萎蔫病、镰刀菌萎蔫病、黄萎病、炭疽病、疫霉根腐病和丝囊霉根腐病的抗性;亲本材料包含耐草甘膦除草剂 CP4-EPSPS 的基因,特别是美国农业部放松管制的草甘膦独特标识转入苜蓿的 J101 或 J163 基因。该品种花色 88% 为紫色,10% 为杂色,2% 为乳白色,略带黄色和白色;属于中等秋眠类型,秋眠等级 4 级;抗寒性类似于 Vernal;小叶数量多,为多叶型品种;对农达除草剂有抗性。该品种对炭疽病、细菌性萎蔫病、疫霉根腐病、黄萎病、镰刀菌萎蔫病、丝囊霉根腐病具有高抗性;对北方根结线虫、豌豆蚜和茎线虫具有抗性;对蓝苜蓿蚜和苜蓿斑翅蚜的抗性未测试。该品种适宜于美国中北部和中东部地区种植;已在威斯康星州、印第安纳州、宾夕法尼亚州和爱荷华州通过测试。基础种永久由 Forage Genetics 公司生产和持有,审定种子于 2006 年上市。

311. CW 13014

CW 13014 是由 225 个亲本植株通过杂交而获得的综合品种。其亲本材料是从位于威斯康星州生长 2~3 年的测产试验田里选出的具有多叶型表达及抗疫霉根腐病、丝囊霉根腐病、炭疽病等特性的多个种群,并运用表型轮回选择法和近红外反射光谱法对茎线虫的抗性加以选择,以获得具有高饲用价值和对细菌性萎蔫病、镰刀菌萎蔫病、黄萎病、疫霉根腐病、丝囊霉根腐病、炭疽病和小光壳叶斑病的抗性。亲本种质来源:WinterGold、Extreme、AlfaStar、Alliant、Chimo、Foremost、PrairieMax、Radiant 和由 Cal/West 种子培育公司提供的混杂群体。该品种花色 100% 为紫色,略带杂色、乳白、黄色和白色;属于中等秋眠类型,秋眠等级为 4 级。该品种对炭疽病、细菌性萎蔫病和疫霉根腐病具有高抗性;对镰刀菌萎蔫病、丝囊霉根腐病、苜蓿斑翅蚜和茎线虫有抗性;对北方根结线虫具有中度抗性;对豌豆蚜和蓝苜蓿蚜的抗性未测试。该品种适宜于美国中北部地区种植,已在威斯康星州和南达科塔州通过测试。基础种永久由 Cal/West 种子公司生产和持有,审定种子于 2006 年上市。

312. CW 24027

CW 24027 是由 230 个亲本植株通过杂交而获得的综合品种。其亲本材料是从宾夕法尼亚州生长 5 年、伊利诺伊州生长 3 年、明尼苏达州和威斯康星州生长 3 年的测产试验田里选择出的具有多叶型表达和抗疫霉根腐病、丝囊霉根腐病、炭疽病等特性的多个种群,并运用表型轮回选择法和近红外反射光谱法加以选择,以获得具有高饲用价值和对细菌性萎蔫病、镰刀菌萎蔫病、黄萎病、疫霉根腐病、丝囊霉根腐病、炭疽病和小光壳叶斑病的抗性。亲本种质来源:Alliant、GH700、WinterGold 和由 Cal/West 种子培育公司提供的混杂群体。该品种花色 100% 为紫色,略带杂色、乳白、黄色和白色;属于中等秋眠类型,秋眠等级为 4 级。该品种对炭疽病、细菌性萎蔫病、黄萎病、疫霉根腐病和丝囊霉根腐病具有高抗性;对豌豆蚜有抗性;对苜蓿斑翅蚜、蓝苜蓿蚜、茎线虫和根结线虫的抗性未测试。该品种适宜于美国中北部和中东部地区种植;已在威斯康星州、爱荷华州、明尼苏达州和南达科塔州通过测试。基础种永久由 Cal/

West 种子公司生产和持有,审定种子于 2006 年上市。

313. CW 24033

CW 24033 是由 240 个亲本植株通过杂交而获得的综合品种。其亲本材料是从威斯康星州生长 3 年的苗圃里选择出的具有牧草干物质产量高、每亩产奶量高(用 Milk2000 仪测得)、饲用价值高和蛋白质含量高等特性的多个种群,并运用表型轮回选择法和近红外反射光谱法对高抗寒性加以选择,以获得具有高饲用价值和对细菌性萎蔫病、镰刀菌萎蔫病、黄萎病、疫霉根腐病、丝囊霉根腐病、炭疽病和小光壳叶斑病的抗性。亲本种质来源:9429、Alliant、FQ 315、WinterGold 和由 Cal/West 种子培育公司提供的混杂群体。该品种花色 96% 为紫色,1% 为杂色,1% 为白色,1% 为乳白色,1% 为黄色;属于中等秋眠类型,秋眠等级为 4 级。该品种对炭疽病、细菌性萎蔫病、镰刀菌萎蔫病、黄萎病和疫霉根腐病具有高抗性;对丝囊霉根腐病有抗性;对豌豆蚜、苜蓿斑翅蚜、蓝苜蓿蚜、茎线虫和根结线虫和根结线虫的抗性未测试。该品种适宜于美国中北部和中东部地区种植;已在威斯康星州、爱荷华州和南达科塔州通过测试。基础种永久由 Cal/West 种子公司生产和持有,审定种子于 2006 年上市。

314. Double Eagle

Double Eagle 是由 200 个亲本植株通过杂交而获得的综合品种。其亲本材料是从宾夕法尼亚州生长 5 年、威斯康星州生长 3 年的产量试验田里选择出的具有抗寒性好、根颈部位深而大、多叶型表达高等特性的多个种群,并运用表型轮回选择法和近红外反射光谱法加以选择,以获得具有高饲用价值和对细菌性萎蔫病、镰刀菌萎蔫病、黄萎病、疫霉根腐病、丝囊霉根腐病、炭疽病、小光壳叶斑病的抗性。亲本种质来源:Cyclone、WinterKing、9326、DK 122、FQ315 和由 Cal/West 种子培育公司提供的混杂群体。该品种花色 100% 为紫色,略带杂色、乳白、黄色和白色;属于中等秋眠类型,秋眠等级为 4 级。该品种对炭疽病、细菌性萎蔫病、镰刀菌萎蔫病、黄萎病、疫霉根腐病、茎线虫具有高抗性;对丝囊菌根腐病、苜蓿斑翅蚜和北方根结线虫有抗性;对豌豆蚜具有中度抗性;对蓝苜蓿蚜的抗性未测试。该品种适宜于美国中北部、中东部地区种植;已在威斯康星州、爱荷华州、明尼苏达州、宾夕法尼亚州、纽约州和内布拉斯加州通过测试。基础种永久由 Cal/West 种子公司生产和持有,审定种子于 2006 年上市。

315. L447HD

L447HD 是由 82 个亲本植株通过杂交而获得的综合品种。亲本材料的选择标准是为了改良这个品种的牧草产量、牧草质量、收获后快速再生性、越冬率、根及根颈病害程度的抗性。该品种花色 98% 为紫色,2% 为杂色,略带乳白色、黄色和白色;属于中等秋眠类型,秋眠等级 4 级。该品种对炭疽病、细菌性萎蔫病、镰刀菌萎蔫病、疫霉根腐病和丝囊霉根腐病具有高抗性;对黄萎病具有抗性;对豌豆蚜、苜蓿斑翅蚜、蓝苜蓿蚜茎线虫和根结线虫的抗性未测试。该品种适宜于美国中北部和中东部地区种植;已在威斯康星州通过测试。基础种永久由 Legacy 种子公司生产和持有,审定种子于 2006 年上市。

316. Labrador

Labrador 是由 209 个亲本植株通过杂交而获得的综合品种。其亲本材料是从明尼苏达州和威斯康星州生长3年的产量试验田、威斯康星州生长3年的苗圃里选择出的具有抗寒性好、牧草产量高、相对饲用价值高和多叶型表达等特性的多个种群，并运用表型轮回选择法和近红外反射光谱法加以选择，以获得具有高饲用价值和对细菌性萎蔫病、镰刀菌萎蔫病、黄萎病、疫霉根腐病、丝囊霉根腐病、炭疽病、小光壳叶斑病的抗性。亲本种质来源：9429、Alliant、WinterGold、FQ 315、Big Horn、DK 133、DK 142、329、512、9326、Abound、Power 4.2、Stallion、TMF 421、Trialfalon、Tribute、WinterKing 和由 Cal/West 种子培育公司提供的混杂群体。该品种花色100%为紫色，略带杂色、乳白、黄色和白色；属于中等秋眠类型，秋眠等级为4级。该品种对炭疽病、细菌性萎蔫病、黄萎病、疫霉根腐病、丝囊霉根腐病和茎线虫具有高抗性；对豌豆蚜有抗性；对北方根结线虫具有中度抗性；对苜蓿斑翅蚜、茎线虫和蓝苜蓿蚜的抗性未测试。该品种适宜于美国中北部、中东部和大平原地区种植；已在威斯康星州、爱荷华州、明尼苏达州、宾夕法尼亚州、俄亥俄州和内布拉斯加州通过测试。基础种永久由 Cal/West 种子公司生产和持有，审定种子于2006年上市。

317. PGI 459

PGI 459 是由180个亲本植株通过杂交而获得的综合品种。其亲本材料是从生长2年的放牧选种试验田里选择出的具有抗寒性好、抗叶子疾病、叶茎比高、持久性好、牧草产量潜力大、相对饲用价值高等特性的多个种群，并运用表型轮回选择法和近红外反射光谱法加以选择，以获得对细菌性萎蔫病、镰刀菌萎蔫病、黄萎病、疫霉根腐病、丝囊霉根腐病、炭疽病和小光壳叶斑病的抗性。亲本种质来源：Ascend、GH 717、Tribute 和 CW 84028。该品种花色100%为紫色，略带杂色、乳白色、黄色和白色；属于中等秋眠类型，秋眠等级为4级。该品种对炭疽病、细菌性萎蔫病、镰刀菌萎蔫病和疫霉根腐病具有高抗性；对丝囊霉根腐病、豌豆蚜和苜蓿斑翅蚜有抗性；对蓝苜蓿蚜、茎线虫和根结线虫的抗性未测试。该品种适宜于美国中北部、中东部和大平原地区种植；已在威斯康星州、爱荷华州、明尼苏达州、宾夕法尼亚州、俄亥俄州、内布拉斯加州、印第安纳州和南达科塔州通过测试。基础种永久由 Cal/West 种子公司生产和持有，审定种子于2006年上市。

318. Radiant AM

Radiant AM 是由200个亲本植株通过杂交而获得的综合品种。其亲本材料是从威斯康星州生长3年的选种苗圃里选择出的具有多叶型表达和抗疫霉根腐病、丝囊霉根腐病、炭疽病等特性的多个种群，并运用表型轮回选择法和近红外反射光谱法加以选择，以获得具有高饲用价值和对细菌性萎蔫病、镰刀菌萎蔫病、黄萎病、疫霉根腐病、丝囊霉根腐病、炭疽病、小光壳叶斑病、茎线虫的抗性。亲本种质来源：512(11%)、9326(3%)、DK 142(6%)、Stallion(3%)、Winterking(3%)和由 Cal/West 公司提供的混杂群体(74%)。该品种花色100%为紫色，略带杂色、乳白、黄色和白色；属于中等秋眠类型，秋眠等级为4级。该品种对炭疽病、细菌性萎蔫病、镰刀菌萎蔫病、黄萎病、疫霉根腐病、丝囊霉根腐病和茎线虫具有高抗性；对豌豆蚜有抗性；对北方根结线虫具有中度抗性；对蓝苜蓿蚜、苜蓿斑翅蚜的抗性未测试。该品种适宜于美国中北部、中东部和大平原地区种植；已在威斯康星州、爱荷华州、明尼苏达州、宾夕法尼亚州、俄亥俄州、内布拉斯加州和印第安纳州通过测试。基础种永久由 Cal/West 种子公司生产和持有，审定种子于2006年上市。

319. **01N09PL2**

01N09PL2 是由 63 个亲本植株通过杂交而获得的综合品种。其亲本材料是从先锋公司育种品系杂交群体中根据其田间活力、田间表现和秋眠性等特性选择出来的多个种群,并运用表型轮回选择法加以选择,以获得对茎线虫、北方根结线虫、炭疽病、疫霉根腐病、丝囊霉根腐病、细菌性萎蔫病、镰刀菌萎蔫病、黄萎病和苜蓿斑翅蚜的抗性。该品种花色 92% 为紫色,8% 为杂色,略带黄色、白色以及乳白色;属于中等秋眠类型;秋眠等级 4 级。该品种对炭疽病、细菌性萎蔫病、黄萎病、疫霉根腐病、豌豆蚜、茎线虫、北方根结线虫具有高抗性;对镰刀菌萎蔫病、苜蓿斑翅蚜和丝囊霉根腐病有抗性;对蓝苜蓿蚜的抗性未测试。该品种可能适宜于美国的中北部、中东部和大平原地区以及中度寒冷的山区、加拿大的安大略省地区种植;已在爱荷华州、伊利诺伊州、明尼苏达州、威斯康星州以及加拿大的安大略省通过测试。基础种永久由 Pioneer Hi—Bred 国际公司生产和持有,审定种子于 2007 年上市。

320. **CW 15029**

CW 15029 是由 220 个亲本植株通过杂交而获得的综合品种。其亲本材料具有抗疫霉根腐病、丝囊霉根腐病、炭疽病和多叶型的特性;亲本材料是在威斯康星州生长 5 年、威斯康星州和爱荷华州生长 3 年的产量试验田里选择出的多个种群,并运用表型轮回选择法及近红外反射光谱法技术加以选择,以获得相对较高的饲用价值和对细菌性萎蔫病、镰刀菌萎蔫病、黄萎病、疫霉根腐病、丝囊霉根腐病、炭疽病、小光壳叶斑病的抗性。亲本种质来源:Alliant(1%)、WinterGold(2%)、Trialfalon(4%)、9429(5%)、512(32%)、Ascend(32%)和 Cal/West 多个育种种群(24%)。该品种花色 97% 为紫色,2% 为黄色,1% 为略带杂色的乳白色;属于中等秋眠类型,秋眠等级 5 级。该品种对炭疽病、细菌性萎蔫病、镰刀菌萎蔫病、黄萎病、疫霉根腐病、丝囊霉根腐病和北方根结线虫具有高抗性;对豌豆蚜和茎线虫有抗性;对蓝苜蓿蚜、苜蓿斑翅蚜的抗性未测试。该品种适宜于美国的中北部、中东部地区种植;已在威斯康星州、明尼苏达州、印第安纳州、俄亥俄州、宾夕法尼亚州、内布拉斯加州和南达科塔州通过测试。基础种永久由 Cal/West 种子公司生产和持有,审定种子于 2007 年上市。

321. **Escalade**

Escalade 品种花色 99% 为紫色,其余为杂色、白色、乳白色和黄色;属于中等秋眠类型,秋眠等级 5 级。该品种对细菌性萎蔫病、疫霉根腐病具有高抗性,对炭疽病、镰刀菌萎蔫病、黄萎病、丝囊霉根腐病和豌豆蚜有抗性,对苜蓿斑翅蚜有中等抗性,对蓝苜蓿蚜、根结线虫和茎线虫的抗性未测试。该品种适宜于美国的中北部、中东部地区种植;已在威斯康星州、明尼苏达州、南达科塔州、爱荷华州、印第安纳州、俄亥俄州和宾夕法尼亚州通过测试。基础种永久由 Cal/West 种子公司生产和持有,审定种子于 2005 年上市。

322. **Excelerator**

Excelerator 品种花色 99% 为紫色,其余为杂色、白色、乳白色和黄色;属于中等秋眠类型,秋眠等级 5 级。该品种对黄萎病、疫霉根腐病和豌豆蚜具有高抗性,对炭疽病、细菌性萎蔫病、镰刀菌萎蔫病、丝囊霉根腐病和苜蓿斑翅蚜有抗性;对蓝苜蓿蚜、根结线虫和茎线虫的抗性未测试。该品种适宜于美国的中北部、中东部地区种植;已在威斯康星州、南达科塔州、爱荷华州通过测试。基础种永久由 Cal/West 种子公司生产和持有,审定种子于 2005 年上市。

323. CW 25037

CW 25037 是由 240 个亲本植株通过杂交而获得的综合品种。亲本材料是从威斯康星州生长 3 年的苗圃里选择出的具有抗寒、牧草干物质产量高等特性的多个种群,并运用表型轮回选择法及近红外反射光谱法技术加以选择,以获得相对较高的饲用价值、产奶量高(用 Milk2000 测试)和瘤胃动物对非降解蛋白的吸收率高以及对细菌性萎蔫病、镰刀菌萎蔫病、黄萎病、疫霉根腐病、丝囊霉根腐病、炭疽病、小光壳叶斑病的抗性。亲本种质来源:9429(2％)、FQ 315(3％)、WinterGold(4％)、Alliant(5％)、CW 45098(7％)、CW 55058(7％)、Tribute(12％)和 Cal/West 多个育种种群(60％)。该品种花色 94％为紫色,3％为黄色,2％为乳白色,1％为白色;属于中等秋眠类型,秋眠等级 5 级。该品种对炭疽病、细菌性萎蔫病、镰刀菌萎蔫病、黄萎病、疫霉根腐病、丝囊霉根腐病和北方根结线虫具有高抗性;对豌豆蚜和茎线虫有抗性;对蓝苜蓿蚜、苜蓿斑翅蚜的抗性未测试。该品种适宜于美国的中北部、中东部地区种植,已在威斯康星州、爱荷华州和南达科塔州通过测试。基础种永久由 Cal/West 种子公司生产和持有,审定种子于 2007 年上市。

324. Charger

Charger 是由 38 个亲本植株通过杂交而获得的综合品种。亲本材料是在威斯康星州生长 3 年的苗圃里选择出的具有生长速度快、持久性好、多小叶表达性、抗寒性好、牧草干物质产量高等特性的多个种群,并运用表型轮回选择法及近红外反射光谱法技术加以选择,以获得相对较高的饲用价值、产奶量高(用 Milk2000 测试)和瘤胃动物对非降解蛋白的吸收率高以及对细菌性萎蔫病、镰刀菌萎蔫病、黄萎病、疫霉根腐病、丝囊霉根腐病、炭疽病、小光壳叶斑病的抗性。亲本种质来源:75046(26％)、75047(10％)、CW 500(59％)、95027(5％)。该品种花色 98％为紫色,2％为白色,极少数为乳白色;属于中等秋眠类型,秋眠等级 5 级。该品种对炭疽病、细菌性萎蔫病、镰刀菌萎蔫病、黄萎病、疫霉根腐病、丝囊霉根腐病具有高抗性;对豌豆蚜有中等抗性;对蓝苜蓿蚜、北方根结线虫、茎线虫和苜蓿斑翅蚜的抗性未测试。该品种适宜于美国的中北部、中东部和大平原地区种植;已在威斯康星州、爱荷华州和明尼苏达州通过测试。基础种永久由 Cal/West 种子公司生产和持有,审定种子于 2007 年上市。

325. CW 500

CW 500 品种花色 100％为紫色,含有极少数杂色、黄色、乳白色和白色;属于中等秋眠类型,秋眠等级 5 级。该品种对炭疽病、细菌性萎蔫病、镰刀菌萎蔫病、疫霉根腐病、丝囊霉根腐病和茎线虫具有高抗性,对黄萎病、豌豆蚜、苜蓿斑翅蚜和北方根结线虫有抗性,对蓝苜蓿蚜的抗性未测试。该品种适宜于美国中北部、西中部和大平原地区种植;已在威斯康星州、明尼苏达州、爱荷华州、宾夕法尼亚州和内布拉斯加州通过测试。基础种永久由 Cal/West 种子公司生产和持有,审定种子于 2003 年上市。

326. **A-1086**

A-1086 品种花色 100％为紫色,含有极少数杂色、黄色、乳白色和白色;属于中等秋眠类型,秋眠等级 5 级。该品种对镰刀菌萎蔫病、疫霉根腐病、茎线虫和苜蓿斑翅蚜具有高抗性;对炭疽病、黄萎病、蓝色苜蓿蚜有抗性;对丝囊霉根腐病、豌豆蚜和北方根结线虫的抗性未测试。该品种适宜于美国西南部、墨西哥和阿根廷种植;已在美国西南部、墨西哥和阿根廷通过测试。基础种永久由 Cal/West 种子公司生产和持有,审定种子于 2003 年上市。

327. **Archer Ⅲ**

Archer Ⅲ 亲本材料的选择标准是为了改良这个品种的牧草产量、牧草质量和持久性并且获得对细菌性萎蔫病、镰刀菌萎蔫病、黄萎病、炭疽病、疫霉根腐病、北方根结线虫、丝囊霉根腐病的抗性。该品种花色 50％为紫色,30％为杂色,7％为白色,2％为乳白色,11％为黄色;属于中等秋眠类型,秋眠等级 5 级;抗寒性类似于 Vernal;小叶数量多,为多叶型品种。该品种对炭疽病、细菌性萎蔫病、疫霉根腐病、黄萎病、镰刀菌萎蔫病、丝囊霉根腐病、茎线虫、北方根结线虫和豌豆蚜具有高抗性;对蓝苜蓿蚜和苜蓿斑翅蚜的抗性未测试。该品种适宜于美国中北部和中东部地区种植;已在威斯康星州、印第安纳州、宾夕法尼亚州和爱荷华州通过测试。基础种永久由 Forage Genetics 公司生产和持有,审定种子于 2007 年上市。

328. **FG 54A154**

FG 54A154 亲本材料的选择标准是为了改良这个品种的牧草产量、牧草质量和持久性并且获得对细菌性萎蔫病、镰刀菌萎蔫病、黄萎病、炭疽病、疫霉根腐病和丝囊霉根腐病的抗性。该品种花色 90％为紫色,9％为杂色,1％为乳白色,含有极少量的白色和黄色;属于中等秋眠类型,秋眠等级 5 级;抗寒性类似于 Vernal;小叶数量多,为多叶型品种。该品种对炭疽病、细菌性萎蔫病、疫霉根腐病、黄萎病、镰刀菌萎蔫病、丝囊霉根腐病具有高抗性;对茎线虫具有抗性;对蓝苜蓿蚜、北方根结线虫、豌豆蚜和苜蓿斑翅蚜的抗性未测试。该品种适宜于美国中北部和中东部地区种植;已在威斯康星州、印第安纳州和爱荷华州通过测试。基础种永久由 Forage Genetics 公司生产和持有,审定种子于 2007 年上市。

329. **FG 54A155**

FG 54A155 亲本材料的选择标准是为了改良这个品种的牧草产量、牧草质量和持久性并且获得对细菌性萎蔫病、镰刀菌萎蔫病、黄萎病、炭疽病、疫霉根腐病和丝囊霉根腐病的抗性。该品种花色 95％为紫色,4％为杂色,1％为黄色,含有极少量的白色和乳白色;属于中等秋眠类型,秋眠等级 5 级;抗寒性类似于 Vernal;小叶数量多,为多叶型品种。该品种对炭疽病、细菌性萎蔫病、疫霉根腐病、黄萎病、镰刀菌萎蔫病、丝囊霉根腐病具有高抗性;对茎线虫具有抗性;对蓝苜蓿蚜、北方根结线虫、豌豆蚜和苜蓿斑翅蚜的抗性未测试。该品种适宜于美国中北部和中东部地区种植;已在威斯康星州、印第安纳州和爱荷华州通过测试。基础种永久由 Forage Genetics 公司生产和持有,审定种子于 2007 年上市。

330. **WL 367RR/HQ**

WL 367RR/HQ 亲本材料的选择标准是为了改良这个品种对草甘膦除草剂的耐性、牧草产量、牧草质量和持久性并且获得对细菌性萎蔫病、镰刀菌萎蔫病、黄萎病、炭疽病、疫霉根腐病和丝囊霉根腐病的抗性；亲本材料包含耐草甘膦除草剂 CP4-EPSPS 的基因，特别是美国农业部放松管制的草甘膦独特标识转入苜蓿的 J101 或 J163 基因。该品种花色 99% 为紫色，1% 为杂色，含有极少量黄色、乳白色、白色；属于中等秋眠类型，秋眠等级 5 级；抗寒性类似于 Vernal；小叶数量较多，为多叶型品种；对转农达除草剂有抗性。该品种对炭疽病、细菌性萎蔫病、疫霉根腐病、黄萎病、镰刀菌萎蔫病和丝囊霉根腐病具有高抗性；对北方根结线虫和茎线虫具有抗性；对苜蓿斑翅蚜、蓝苜蓿蚜和豌豆蚜的抗性未测试。该品种适宜于美国中北部和中东部地区种植；已在威斯康星州、印第安纳州、宾夕法尼亚州和爱荷华州通过测试。基础种永久由 Forage Genetics 公司生产和持有，审定种子于 2007 年上市。

331. **Phoenix**

Phoenix 亲本材料的选择标准是为了改良这个品种的牧草产量和持久性并且获得对细菌性萎蔫病、镰刀菌萎蔫病、黄萎病、炭疽病、疫霉根腐病、丝囊霉根腐病和核盘菌颈腐病的抗性。该品种花色 97% 为紫色，3% 为杂色，有极少量乳白色、黄色、白色；属于中等秋眠类型，秋眠等级 5 级；抗寒性类似于 Saranac。该品种对细菌性萎蔫病、镰刀菌萎蔫病、黄萎病、炭疽病、疫霉根腐病和豌豆蚜具有高抗性；对丝囊霉根腐病和茎线虫具有抗性；中抗北方根结线虫，对蓝苜蓿蚜和苜蓿斑翅蚜的抗性未测试。该品种适宜于美国中东部地区和寒冷的山区种植；已在印第安纳州、田纳西州和爱达荷州通过测试。基础种永久由 Forage Genetics 公司生产和持有，审定种子于 2004 年上市。

332. **55V48**

55V48 亲本材料的选择标准是为了改良这个品种的牧草产量、秋眠性和持久性并且获得对细菌性萎蔫病、镰刀菌萎蔫病、黄萎病、丝囊霉根腐病、茎线虫和疫霉根腐病的抗性。该品种花色 92% 为紫色，4% 为杂色，2% 为白色，1% 为黄色，1% 为乳白色；属于中等秋眠类型，秋眠等级 5 级。该品种对炭疽病、细菌性萎蔫病、疫霉根腐病、丝囊霉根腐病、镰刀菌萎蔫病和豌豆蚜具有高抗性；对黄萎病、茎线虫、苜蓿斑翅蚜和北方根结线虫具有抗性；对蓝苜蓿蚜的抗性未测试。该品种适宜于美国中北部、中东部地区和中度寒冷的山区以及加拿大安大略湖地区种植；已在美国的爱荷华州、伊利诺伊州、华盛顿州、威斯康星州和加拿大的安大略省通过测试。基础种永久由 Pioneer 生产和持有，审定种子于 2007 年上市。

333. **Cimarron VL500**

Cimarron VL500 亲本材料的选择标准是为了改良这个品种的牧草产量、炭疽病和对 3 种蚜虫的抗性。该品种花色 76% 为紫色，24% 为杂色；属于中等秋眠类型，秋眠等级 5 级。该品种对炭疽病、疫霉根腐病、苜蓿斑翅蚜和豌豆蚜具有高抗性；对细菌性萎蔫病、黄萎病、镰刀菌萎蔫病、茎线虫和蓝苜蓿蚜具有抗性；对丝囊霉根腐病有中度的抗性。该品种已在美国中东部和大平原地区通过测试。基础种永久由 Cimarron USA 生产和持有，审定种子于 2008 年上市。

334. **A 5225**

A 5225 是由 39 个亲本植株通过杂交而获得的综合品种。其亲本材料具有抗寒、高产、高饲用价值、小叶数量多等特性。其中 9 个亲本是从威斯康星州生长 3 年的产量试验田里选出的,30 个亲本是从宾夕法尼亚州生长 5 年的测产试验田和伊利诺伊州、明尼苏达州、威斯康星州生长 3 年的测产试验里选出的高产、抗病的多个种群,并运用表型轮回选择法和近红外反射光谱法技术加以选择,以获得具有高饲用价值和对细菌性萎蔫病、镰刀菌萎蔫病、黄萎病、疫霉根腐病、丝囊霉根腐病、炭疽病、小光壳叶斑病的抗性。亲本种质来源:Tribute、Escalade、Royal Harvest、WinterGold 以及来自北美、欧洲地区不同的 Cal/West 繁殖群体。该品种花色 99% 为紫色,1% 为杂色夹杂少量白色、乳白色和黄色;属于中等秋眠类型,秋眠等级为 5 级;同 MF 苜蓿相似,小叶数量较多,具多叶性状。该品种对炭疽病、细菌性萎蔫病、镰刀菌萎蔫病、黄萎病、疫霉根腐病具有高抗性;对丝囊霉根腐病有抗性;对蓝苜蓿蚜、豌豆蚜、苜蓿斑翅蚜、茎线虫和根结线虫的抗性未测试。该品种适宜于美国中北部、中东部地区种植;已在威斯康星州、爱荷华州和南达科塔州通过测试。基础种永久由 Cal/West 种子公司生产和持有,审定种子于 2006 年上市。

335. **Attention Ⅱ**

Attention Ⅱ 是由 225 个亲本植株通过杂交而获得的综合品种。其亲本材料具有抗疫霉根腐病和炭疽病的特性;亲本材料是从威斯康星州生长 3 年的产量试验田里选出的产量高、抗倒伏性强的多个种群,并运用表型轮回选择法和近红外反射光谱法技术加以选择,以获得具有高 NDFD、低 ADL 值的饲用价值和对细菌性萎蔫病、镰刀菌萎蔫病、黄萎病、疫霉根腐病、丝囊霉根腐病、炭疽病、小光壳叶斑病的抗性。亲本种质来源:Alicia(4%)、Aubigny(4%)、Daisy(3%)、Diane(3%)、Europe(4%)、Marshal(3%)、Mercedes(4%)以及来自北美、欧洲地区不同的 Cal/West 繁殖群体(75%)。该品种花色 100% 为紫色夹杂少许杂色和白色;属于中等秋眠类型,秋眠等级为 5 级;同 MF 苜蓿相似,具多叶性状;抗倒伏能力同 7 级对照品种。该品种对炭疽病、细菌性萎蔫病、镰刀菌萎蔫病和黄萎病具有高抗性;对疫霉根腐病、丝囊霉根腐病、豌豆蚜有抗性;对苜蓿斑翅蚜、蓝苜蓿蚜、北方根结线虫和茎线虫的抗性未测试。该品种适宜于美国中北部、中东部和大平原地区种植;已在爱荷华州、堪萨斯州、明尼苏达州、俄亥俄州、宾夕法尼亚州和威斯康星州通过测试。基础种永久由 Cal/West 种子公司生产和持有,审定种子于 2008 年上市。

336. **FSG 528SF**

FSG 528SF 是由 194 个亲本植株通过杂交而获得的综合品种。其亲本材料具有抗疫霉根腐病和炭疽病的特性;亲本材料是从威斯康星州生长 3 年的产量试验田里选出的产量高、抗倒伏性较强的多个种群,并运用表型轮回选择法和近红外反射光谱法技术对其耐寒性、抗叶病虫害、茎叶比、再生性、持久性加以选择,以获得高产并具有高 NDFD、低 ADL 值的饲用价值和对细菌性萎蔫病、镰刀菌萎蔫病、黄萎病、疫霉根腐病、丝囊霉根腐病、炭疽病、小光壳叶斑病的抗性。亲本种质来源:Alicia(1%)、Aubigny(1%)、Daisy(1%)、Diane(1%)、Europe

（1%）、Mercedes（1%）以及来自北美和欧洲地区不同的 Cal/West 繁殖群体（94%）。该品种花色98%以上为紫色,2%为杂色夹杂少许白色;属于中等秋眠类型,秋眠等级为5级;同 MF 苜蓿相似,具多叶性状;抗倒伏能力同7级对照品种。该品种对炭疽病、细菌性萎蔫病、镰刀菌萎蔫病和黄萎病具有高抗性;对疫霉根腐病、丝囊霉根腐病、豌豆蚜、蓝苜蓿蚜有抗性;对苜蓿斑翅蚜、北方根结线虫和茎线虫的抗性未测试。该品种适宜于美国中北部、中东部和大平原地区种植;已在爱荷华州、堪萨斯州、明尼苏达州、俄亥俄州、宾夕法尼亚州和威斯康星州通过测试。基础种永久由 Cal/West 种子公司生产和持有,审定种子于2008年上市。

337. SpringGold

SpringGold 是由240个亲本植株通过杂交而获得的综合品种。其亲本材料是从威斯康星州生长3年的评价圃里选出的多个种群,并运用表型轮回选择法和近红外反射光谱法技术加以选择,以获得抗寒、高产并具有高饲用价值（用 Milk2000 测其每英亩的产奶量和瘤胃非降解蛋白质 RUP）和对细菌性萎蔫病、镰刀菌萎蔫病、黄萎病、疫霉根腐病、丝囊霉根腐病、炭疽病、小光壳叶斑病的抗性。亲本种质来源:9429（2%）、FQ 315（3%）、WinterGold（4%）、Alliant（5%）、CW 45098（7%）、CW 55058（7%）、Tribute（12%）和不同的 Cal/West 繁殖群体（60%）。该品种花色约94%为紫色,3%为黄色,2%为乳白色,1%为杂色略带有白色;属于中等秋眠类型,秋眠等级为5级;同 MF 相似,中度表达为多叶型。该品种对炭疽病、细菌性萎蔫病、镰刀菌萎蔫病、黄萎病、疫霉根腐病、丝囊霉根腐病和北方根结线虫具有高抗性;对豌豆蚜和茎线虫有抗性;对蓝苜蓿蚜和苜蓿斑翅蚜的抗性未测试。该品种适宜于美国中北部、中东部地区种植;已在威斯康星州、爱荷华州和南达科塔州通过测试。基础种永久由 Cal/West 种子公司生产和持有,审定种子于2008年上市。

338. CW 045036

CW 045036 是由220个亲本植株通过杂交而获得的综合品种。其亲本材料具有抗寒、高产、高饲用价值和多叶型表达的特性;亲本材料是选择具有抗倒伏性、快速再生性、持久性、高产等特性的多个种群,并运用表型轮回选择法和近红外反射光谱法技术加以选择,以获得高 NDFD、低 ADL 和对细菌性萎蔫病、镰刀菌萎蔫病、黄萎病、疫霉根腐病、丝囊霉根腐病、炭疽病、叶斑病的抗性。亲本种质来自北美和欧洲 Cal/West 种子公司提供的不同的繁殖群体（100%）。该品种花色99%为紫色,1%为杂色或少许为乳白色;属于中等秋眠类型,秋眠等级为5级;同 MF 相似为多叶型。该品种对炭疽病、细菌性萎蔫病、镰刀菌萎蔫病和黄萎病具有高抗性;对疫霉根腐病、丝囊霉根腐病和豌豆蚜有抗性;对苜蓿斑翅蚜、蓝苜蓿蚜、北方根结线虫和茎线虫的抗性未测试。该品种适宜于美国中北部、中东部和大平原地区种植;已在爱荷华州、堪萨斯州、明尼苏达州、俄亥俄州、宾夕法尼亚州和威斯康星州通过测试。基础种永久由 Cal/West 种子公司生产和持有,审定种子于2008年上市。

339. Magna 551

Magna 551 是由160个亲本植株通过杂交而获得的综合品种。其亲本材料是在加利福尼亚州附近的 Sloughhouse 产量试验田或抗病资源圃中选择具有晚秋长势好、根颈在土壤分布均匀等特性的不同种群,由蜜蜂、苜蓿切叶蜂、熊蜂传粉进行自然杂交,并加强对细菌性萎蔫病、镰刀菌萎蔫病、疫霉根腐病、丝囊霉根腐病抗性的选择。亲本种质来自 Dairyland 实验中心。该品种花色 90％为紫色，10％为杂色夹杂乳白色、白色和黄色；属于中等秋眠类型，秋眠等级为 5 级；抗寒性类似 Vernal。该品种对细菌性萎蔫病、镰刀菌萎蔫病、疫霉根腐病、黄萎病、丝囊霉根腐病、北方根结线虫具有高抗性；对炭疽病和茎线虫有抗性；对豌豆蚜、蓝苜蓿蚜和苜蓿斑翅蚜的抗性未测试。该品种适宜于美国中北部地区种植；已在威斯康星州通过测试。基础种永久由 Dairyland 研究中心生产和持有，审定种子于 2008 年上市。

340. **FG 44W204**

FG 44W204 是由 120 个亲本植株通过杂交而获得的综合品种。其亲本材料运用表型轮回选择法和基因型选择技术对其产量性能、秋眠性、持久性加以选择，以获得对细菌性萎蔫病、镰刀菌萎蔫病、黄萎病、茎线虫和疫霉根腐病的抗性。亲本种质来源：Whitney（33％）、Medalist（33％）和 Masterpiece（34％）。该品种花色 70％为紫色，2％为乳白色，9％为黄色，11％为杂色，8％为白色；属于中等秋眠类型，秋眠等级为 5 级；小叶数量较多，具多叶性状。该品种对炭疽病、细菌性萎蔫病、镰刀菌萎蔫病、黄萎病、疫霉根腐病、丝囊霉根腐病、豌豆蚜和茎线虫具有高度抗性；对北方根结线虫有抗性；对苜蓿斑翅蚜和蓝苜蓿蚜的抗性未测试。该品种适宜于美国寒冷和中度寒冷的山区种植；已在爱荷华州和华盛顿通过测试。基础种永久由 Forage Gentics 公司生产和持有，审定种子于 2008 年上市。

341. **Pawnee Ⅱ**

Pawnee Ⅱ 是由 15 个亲本植株通过杂交而获得的综合品种。其亲本材料运用表型轮回选择法和联合基因技术对其产量性能、饲草品质、持久性加以选择，以获得对细菌性萎蔫病、镰刀菌萎蔫病、黄萎病、炭疽病、疫霉根腐病、茎线虫、北方根结线虫、丝囊霉根腐病的抗性。亲本种质来源：Pawnee（50％）、WL357HQ（25％）和不同的 FGI（25％）试验种群。该品种花色 91％为紫色，7％为杂色，2％为乳白色夹杂少许黄色和白色；属于中等秋眠类型，秋眠等级为 5 级；抗寒性好；小叶数量较多，具多叶性状。该品种对炭疽病、细菌性萎蔫病、疫霉根腐病、黄萎病、镰刀菌萎蔫病、丝囊霉根腐病、豌豆蚜、北方根结线虫和茎线虫具有高度抗性；对蓝苜蓿蚜和苜蓿斑翅蚜的抗性未测试。该品种适宜于美国中北部和中东部地区种植，已在威斯康星州、印第安纳州、宾夕法尼亚州和爱达荷州通过测试。基础种永久由 Forage Genetics 公司生产和持有，审定种子于 2008 年上市。

342. **6552**

6552 是由 15 个亲本植株通过杂交而获得的综合品种。其亲本材料运用表型轮回选择法和联合基因技术对其产量性能、饲草品质、持久性加以选择，以获得对细菌性萎蔫病、镰刀菌萎蔫病、黄萎病、炭疽病、疫霉根腐病、茎线虫、北方根结线虫和丝囊霉根腐病的抗性。亲本种质来源：WL357HQ（25％）、Genoa（10％）、6415（10％）和不同的 FGI（55％）试验种群。该品种花色 94％为紫色，4％为杂色，1％为黄色，1％为乳白色；属于中等秋眠类型，秋眠等级为 5 级；抗寒性同 Vernal 相似；小叶数量较多，具多叶性状。该品种高抗炭疽病、细菌性萎蔫病、镰刀菌萎蔫病、黄萎病、疫霉根腐病和丝囊霉根腐病，对豌豆蚜和茎线虫有抗性；对蓝苜蓿蚜、北方根结线虫和苜蓿斑翅蚜的抗性未测试。该品种适宜于美国中北部和中东部地区种植；已在威斯康星州、印第安纳州、内布拉斯加州、加利福尼亚州和爱达荷州通过测试。基础种永久由 Forage Genetics 公司生产和持有,审定种子于 2008 年上市。

343. WL 363HQ

WL 363HQ 是由 17 个亲本植株通过杂交而获得的综合品种。其亲本材料运用表型和基因型选择相结合的方法对其产量性能、饲草品质、持久性加以选择,以获得对细菌性萎蔫病、镰刀菌萎蔫病、黄萎病、炭疽病、疫霉根腐病、茎线虫、北方根结线虫和丝囊霉根腐病的抗性。亲本种质来源:WL 357HQ(50%)、Masterpiece(10%)和不同的 FGI(40%)试验种群。该品种花色 92% 为紫色,7% 为杂色,1% 为少许黄色和乳白色;属于中等秋眠类型,秋眠等级为 5 级;小叶数量较多,具多叶性状。该品种高抗炭疽病、细菌性萎蔫病、疫霉根腐病、黄萎病、镰刀菌萎蔫病、丝囊霉根腐病、豌豆蚜、北方根结线虫和茎线虫;对蓝苜蓿蚜和苜蓿斑翅蚜的抗性未检测。该品种适宜于美国中北和中东地区种植;已在威斯康星州、印第安纳州、宾夕法尼亚州和爱达荷州通过测试。基础种永久由 Forage Genetics 公司生产和持有,审定种子于 2008 年上市。

344. 05W01PX

05W01PX 是由亲本植株通过杂交而获得的综合品种。其亲本材料是从 Pioneer 试验里选出的具有抗寒性好、牧草产量高、持久性好等特性的多个种群,并运用表型选择法加以选择,以获得具有对细菌性萎蔫病、镰刀菌萎蔫病、黄萎病、疫霉根腐病和丝囊霉根腐病的抗性。亲本种质来源:54V46(16%) 和 Pioneer experimentals(84%)。该品种花色 99% 为紫色,1% 为杂色略带乳白色、黄色和白色;属于中等秋眠类型,秋眠等级为 5 级。该品种对炭疽病、丝囊霉根腐病、黄萎病、茎线虫和疫霉根腐病具有高抗性;对豌豆蚜、苜蓿斑翅蚜、北方根结线虫有抗性;对豌豆蚜具有中度抗性;对蓝苜蓿蚜、细菌性萎蔫病、镰刀菌萎蔫病的抗性未测试。该品种适宜于美国中北部、中东部地区和中度寒冷山区以及加拿大地区种植;已在美国的伊利诺伊州、威斯康星州、爱荷华州、华盛顿州和加拿大通过测试。基础种永久由 Pioneer Hi-Bred International 生产和持有,审定种子于 2009 年上市。

345. 243

243 是由 213 个亲本植株通过杂交而获得的综合品种。其亲本材料具有抗疫霉根腐病、丝囊霉根腐病和炭疽病的特性;亲本材料是从宾夕法尼亚州和威斯康星州生长 3 年的测产试验田、威斯康星州生长 3 年的苗圃里选出的多个种群,并运用表型轮回选择法和近红外反射光谱法技术对其抗寒性、抗叶病性、高叶茎比、再生性好、持久性好、高 NDFD 且较低的 ADL(用近红外反射光谱)、亩产奶量高(用 Milk2000 标准)、牧草干物质产量高等特性加以选择,以获得对细菌性萎蔫病、镰刀菌萎蔫病、黄萎病、疫霉根腐病、丝囊霉根腐病、炭疽病和小光壳叶斑病的抗性。亲本种质来源:GH 717(38%)、Stealth SF(38%)、CW 04-105a(13%)和 CW 04-105b(11%)。该品种花色 100% 为紫色;属于中等秋眠类型,秋眠等级 5 级,小叶数量低于对照品种 MF。该品种对炭疽病、丝囊霉根腐病、细菌性萎蔫病、镰刀菌萎蔫病、疫霉根腐病病和黄萎病具有高抗性;对豌豆蚜有抗性;对蓝苜蓿蚜有中度抗性;对豇豆蚜虫抗性较低;对苜蓿斑翅蚜、茎线虫和根结线虫的抗性未测试。该品种适宜于美国的中北部、中东部地区种植;已在爱荷华州、明尼苏达州、俄亥俄州、宾夕法尼亚州和威斯康星州通过测试。基础种永久由 Cal/West 种子公司生产和持有,审定种子于 2009 年上市。

346. MasterPiece Ⅱ

MasterPiece Ⅱ 是由 120 个亲本植株通过杂交而获得的综合品种。其亲本材料选择具有牧草产量高、秋眠性和抗虫性强、持久性好等特性的多个种群,并运用基因型和表型轮回选择相结合的方法加以选择,以获得具有对细菌性萎蔫病、镰刀菌萎蔫病、黄萎病、茎线虫和疫霉根腐病的抗性。亲本种质来源:Whitney(33%)、Medalist(33%)和 Masterpiece(34%)。该品种花色 70% 为紫色,2% 为乳白色,9% 为黄色,11% 为杂色,8% 为白色;属于中等秋眠类型,秋眠等级为 5 级;小叶数量多,为多叶型品种。该品种对炭疽病、细菌性萎蔫病、镰刀菌萎蔫病、黄萎病、疫霉根腐病、丝囊霉根腐病、豌豆蚜和茎线虫具有高抗性;对北方根结线虫有抗性;对蓝苜蓿蚜和苜蓿斑翅蚜的抗性未测试。该品种适宜于美国寒冷和中等寒冷的山区种植;已在爱达荷州和华盛顿州通过测试。基础种永久由 Forage Genetics 公司生产和持有,审定种子于 2009 年上市。

347. FG 44M317

FG 44M317 是由 17 个亲本植株通过杂交而获得的综合品种。其亲本材料选择具有牧草产量高、牧草质量好和持久性好等特性的多个种群,并运用基因型和表型轮回选择相结合的方法加以选择,以获得具有对细菌性萎蔫病、镰刀菌萎蔫病、黄萎病、炭疽病、疫霉根腐病、丝囊霉根腐病、茎线虫和北方根结线虫的抗性。该品种花色 92% 为紫色,5% 为杂色,3% 为黄色略带白色和乳白色;属于中等秋眠类型,秋眠等级为 5 级;抗寒性类似于 Vernal;小叶数量较多,为多叶型品种。该品种对炭疽病、细菌性萎蔫病、镰刀菌萎蔫病、黄萎病、疫霉根腐病、北方根结线虫和丝囊霉根腐病具有高抗性;对茎线虫和豌豆蚜有抗性;对蓝苜蓿蚜和苜蓿斑翅蚜的抗性未测试。该品种适宜于美国中北部和中东部地区种植;已在印第安纳州、威斯康星州和爱荷华州通过测试。基础种永久由 Forage Genetics 公司生产和持有,审定种子于 2009 年上市。

348. FG 55W277

FG 55W277 是由 115 个亲本植株通过杂交而获得的综合品种。其亲本材料选择具有牧草产量高、持久性好、抗虫性高和秋眠性等特性的多个种群,并运用基因型和表型轮回选择相结合的方法加以选择,以获得具有对细菌性萎蔫病、镰刀菌萎蔫病、黄萎病、疫霉根腐病和茎线虫的抗性。该品种花色 97% 为紫色,3% 为杂色并略带白色、黄色和乳白色;属于中等秋眠类型,秋眠等级为 5 级;小叶数量较多,为中等多叶型品种。该品种对炭疽病、细菌性萎蔫病、镰刀菌萎蔫病、黄萎病、茎线虫和豌豆蚜具有高抗性;对丝囊霉根腐病和北方根结线虫有抗性;对苜蓿斑翅蚜和蓝苜蓿蚜的抗性未测试。该品种适宜于美国中等寒冷和寒冷的山区种植;已在爱达荷州和华盛顿州通过测试。基础种永久由 Forage Genetics 公司生产和持有,审定种子于 2009 年上市。

349. Ruccus

Ruccus 是由 300 个亲本植株通过杂交而获得的综合品种。亲本材料是在爱达荷州 Nampa 附近生长 2~3 年的苗圃里选出的根系及根颈全部健康的多个种群,并运用表型轮回选择法加以选择,以获得对疫霉根腐病、炭疽病、细菌性萎蔫病、镰刀菌萎蔫病、黄萎病、蓝苜蓿蚜、苜蓿斑翅蚜、豌豆蚜、茎线虫和北方根结线虫的抗性。亲本种质来源:Archer(80%)、Lobo(10%)和 Nemagone(10%)。种质资源的贡献大约为:杂花苜蓿占 19%,黄花苜蓿占 6%,拉达克苜蓿占 6%,土耳其斯坦苜蓿占 13%,佛兰德斯苜蓿占 30%,智利苜蓿占 9%,秘鲁苜蓿占 2%,印第安苜蓿占 2%,非洲苜蓿占 1%,未知苜蓿占 12%。该品种花色 88%为紫色,12%为杂色,略带乳白色、黄色和白色;属于中等秋眠类型,秋眠等级 5 级;发芽时期具有耐盐性。该品种对镰刀菌萎蔫病和疫霉根腐病具有高抗性;对细菌性萎蔫病、黄萎病、苜蓿斑翅蚜、豌豆蚜和茎线虫有抗性;对炭疽病和北方根结线虫抗性适中;对蓝苜蓿蚜的抗性未测试。该品种适宜于美国寒冷的山区种植;已在爱达荷州和华盛顿州通过测试。基础种由 Cal/West 种子公司生产和持有,审定种子于 2001 年上市。

350. 55V12

55V12 是由 18 个亲本植株通过改良的多系杂交而获得的综合品种。亲本材料的选择是在半同胞后代中根据植株早春活力、牧草生长状况、秋眠性和对寄主抗性等特性选出的多个种群,并运用表型选择法加以选择,以获得具有对炭疽病、细菌性萎蔫病、镰刀菌萎蔫病、黄萎病、丝囊霉根腐病、疫霉根腐病、茎线虫和苜蓿斑翅蚜的抗性。亲本种质来源:54H11(39%)和 5个 Pioneer 实验系列(61%)。该品种花色 93%为紫色,6%为杂色,1%为白色,略带乳白色和黄色;属于中等秋眠类型,秋眠等级 5 级。该品种对炭疽病、黄萎病、镰刀菌萎蔫病和疫霉根腐病具有高抗性;对细菌性萎蔫病、茎线虫、苜蓿斑翅蚜、丝囊霉根腐病和北方根结线虫有抗性;对豌豆蚜抗性中等;对蓝苜蓿蚜的抗性未测试。该品种适宜于美国中北部、中东部地区和中等寒冷的山区种植;已在伊利诺伊州、威斯康星州、爱荷华州、华盛顿州和加拿大通过测试。基础种永久由 Pioneer Hi-Bred International 公司生产和持有,审定种子于 2009 年上市。

351. 512

512 是由 180 个亲本植株通过杂交而获得的综合品种。其亲本材料具有抗疫霉根腐病、丝囊霉根腐病、多叶型的特性;亲本材料是从宾夕法尼亚生长 3 年的产量试验田里选出的秋眠较晚的多个种群。亲本种质来源:DK 133、Bolt M、Benchmark、Class。种质资源贡献率大约为:黄花苜蓿占 7%,拉达克苜蓿占 6%,杂花苜蓿占 24%,土耳其斯坦苜蓿占 4%,佛兰德斯苜蓿占 48%,智利苜蓿占 11%。该品种花色 99%紫色,1%杂色带有一丝乳白色、白色和黄色;属于中等秋眠类型,秋眠等级为 5 级;与 Multiking I 苜蓿相似,小叶数量较多,具多叶性状。该品种对细菌性萎蔫病、镰刀菌萎蔫病、疫霉根腐病、炭疽病和蓝苜蓿蚜具有高抗性;对黄萎病、丝囊霉根腐病、茎线虫、豌豆蚜、苜蓿斑翅蚜有抗性;对根结线虫的抗性未测试。该品种适宜于美国中北部地区种植;已在威斯康星州、明尼苏达州和爱荷华州通过测试。基础种永久由 Cal/West 种子公司生产和持有,审定种子于 1996 年上市。

352. GrazeKing(Amended)

GrazeKing 是由 67 个亲本植株通过杂交而获得的综合品种。亲本材料是在格鲁吉亚经过连续放牧 2 年的试验田里选出的多个种群,于 1993 年在加利福尼亚州的温室中天然杂交授粉。亲本种质来源：VS 181。种质资源贡献率大约为：黄花首蓿占 2%，杂花首蓿占 2%，土耳其斯坦首蓿占 4%，佛兰德斯首蓿占 47%，非洲首蓿占 35%，未知首蓿占 10%。该品种花色99%为紫色，1%为杂色并带有少许白色、乳白色和黄色；属于中等秋眠类型，秋眠等级为 5 级；耐放牧程度类似 Alfagraze。该品种对镰刀菌萎蔫病、炭疽病、豌豆蚜、蓝首蓿蚜具有高抗性；对疫霉根腐病、茎线虫有抗性；对细菌性萎蔫病和首蓿斑翅蚜有中度抗性；易感黄萎病和丝囊霉根腐病，对根结线虫的抗性未测试。该品种适宜于美国中东部和东南部地区种植，已在格鲁吉亚和美国加利福尼亚州、肯塔基州通过测试。基础种永久由 Cal/West 中心生产和持有，审定种子于 1996 年上市。

353. Archer

Archer 是由 43 个亲本植株通过杂交而获得的综合品种。亲本材料的 2 个群体经过(1～4 个周期)表型轮回选择，并获得对疫霉根腐病、炭疽病、细菌性萎蔫病、镰刀菌萎蔫病、黄萎病、蓝首蓿蚜、首蓿斑翅蚜、茎线虫和北方根结线虫的抗性。亲本种质来源：Diamond、Apollo Ⅱ、Trident、Endure、Oregon GXC、Apollo、Maverick 和 Atlas。种质资源贡献率大约为：黄花首蓿占 3%，拉达克首蓿占 4%，杂花首蓿占 13%，土耳其斯坦首蓿占 14%，佛兰德斯首蓿占 18%，智利首蓿占 9%，秘鲁首蓿占 1%，印第安首蓿占 2%，非洲首蓿占 1%，未知品种占 35%。该品种花色 84%为紫色，16%为杂色，略带乳白色、白色和黄色；属于中等秋眠类型，秋眠等级(类似于 Dupuits)为 5 级；耐牧强度类似于 Alafagraze。该品种对镰刀菌萎蔫病和首蓿斑翅蚜具有高抗性；对疫霉根腐病、茎线虫、蓝首蓿蚜和北方根结线虫具有抗性；对炭疽病、细菌性萎蔫病和黄萎病具有中等抗性；对豌豆蚜的抗性尚未充分测试。该品种适宜于美国的西北部、中西俄克拉荷马部和中南部地区种植；已经在爱达荷州、加利福尼亚州、俄勒冈州和俄克拉荷马州通过测试。审定种子于 1989 年上市。

354. LM 459

LM 459 是由亲本植株通过杂交而获得的综合品种。亲本材料运用表型轮回选择(2 个轮回)加以选择，以获得对细菌性萎蔫病、镰刀菌萎蔫病、疫霉根腐病和茎线虫的抗性。亲本种质来源：Deseret、GT58、Resis 和 FSRC 实验品系 F-129、H-131、F-133、H-134、F-146、H-154 和 H-156。种质资源贡献率大约为：黄花首蓿占 1%，拉达克首蓿占 2%，杂花首蓿占 16%，土耳其斯坦首蓿占 18%，佛兰德斯首蓿占 37%，智利首蓿占 10%，秘鲁首蓿占 2%，未知首蓿占 14%。该品种花色 92%为紫色，6%为杂色，2%为白色，略带黄色和乳白色；属于中等秋眠类型，秋眠等级同 DuPuits。该品种对镰刀菌萎蔫病、茎线虫和豌豆蚜具有高抗性；对细菌性萎蔫病、黄萎病、首蓿斑翅蚜、蓝首蓿蚜、疫霉根腐病和南方根结线虫有抗性；中度抗炭疽病，对北方根结线虫抗性低；对丝囊霉根腐病敏感。该品种适宜于美国西部地区种植；已在加利福尼亚州、印第安纳州和新墨西哥州通过测试。基础种永久由 Lohse Mills 公司生产和持有，审定种子于 1994 年上市。

355. ZC 9650

ZC 9650 是由 85 个亲本植株通过杂交而获得的综合品种。其亲本材料是在堪萨斯州拉尼德地区的植物苗圃中根据其产量、耐寒性、秋眠性、对黄色叶蝉和叶部病害的抗性等选出的

39 个种群,并运用表型轮回选择法加以选择,以获得对细菌性萎蔫病、镰刀菌萎蔫病、黄萎病、疫霉根腐病、炭疽病、茎线虫和丝囊霉根腐病的抗性。亲本种质来源:Synergy、Allegro、AP 8841、ABI 9022、ABI 9042、ABI 9134、2444、Apollo Supreme、ZX 9345B、ABI 8939、ABI 700、ABI 9042、SuperCuts、TMF Generation、Depend ＋EV 和其他种质。种质资源贡献率大约为:拉达克苜蓿占 6%,杂花苜蓿占 17%,土耳其斯坦苜蓿占 20%,佛兰德斯苜蓿占 39%,智利苜蓿占 8%,秘鲁苜蓿占 4%。该品种花色 76% 为紫色,24% 为杂色并带有一些乳白色、白色和黄色;秋眠等级同 Archer 为 5 级。该品种对细菌性萎蔫病、黄萎病、镰刀菌萎蔫病、炭疽病、疫霉根腐病和豌豆蚜具有高抗性;中度抗苜蓿斑翅蚜;对北方根结线虫抗性弱,对茎线虫、蓝苜蓿蚜和的丝囊霉根腐病的抗性未测试。该品种适宜于美国中东部和大平原地区种植,并计划推广到上述地区利用。基础种永久由 ABI 公司生产和持有,审定种子于 1999 年上市。

356. **W214**

W214 是由 100 个亲本植株通过杂交而获得的综合品种。亲本材料是运用表型轮回选择法和近红外反射光谱法选出的高产种群。亲本种质来源:DK 127、WL 252 HQ 和 ALPHA 2001r。种质资源贡献率大约为:黄花苜蓿占 18%,拉达克苜蓿占 22%,杂花苜蓿占 30%,土耳其斯坦苜蓿占 18%,佛兰德斯苜蓿占 12%。该品种花色 95% 为紫色,5% 为杂色并带有少许白色、乳白色和黄色;秋眠等级为 5 级。该品种对炭疽病、细菌性萎蔫病、镰刀菌萎蔫病、疫霉根腐病和丝囊霉根腐病具有高抗性;对黄萎病、茎线虫和苜蓿斑翅蚜有抗性;对豌豆蚜、蓝苜蓿蚜和根结线虫的抗性未测试。该品种适宜于美国中北部、中东部地区种植;已在宾夕法尼亚州和威斯康星州通过测试。基础种永久由 W-L 种子公司生产和持有,审定种子于 1998 年上市。

357. **54H55**

54H55 是亲本材料通过杂交培育的综合品种。其亲本材料具有抗疫霉根腐病、茎线虫和北方根结线虫的特性,并运用表型轮回选择法加以选择,以获得对蓝苜蓿蚜新变种的抗性。该品种花色 94% 为紫色,6% 为杂色并略带黄色、乳白色和白色;属于中等秋眠类型,秋眠等级为 5 级。该品种对细菌性萎蔫病、茎线虫、北方根结线虫、疫霉根腐病、黄萎病、豌豆蚜、苜蓿斑翅蚜具有高抗性;对炭疽病、镰刀菌萎蔫病、蓝苜蓿蚜有抗性;对丝囊霉根腐病的抗性未测试。该品种适合在有蓝苜蓿蚜危害的美国中东部地区、高寒及中等寒冷的山区种植;已在爱荷华州、俄勒冈州、华盛顿州、威斯康星州和加拿大安大略省通过测试。基础种永久由 Pioneer Hi-Bred International 公司生产和持有,审定种子于 2000 年上市。

358. **CW 55057**

CW 55057 是由 164 个亲本植株通过杂交而获得的综合品种。亲本材料是从加利福尼亚附近林地经过连续 2 年重度放牧后选择出持久性好、生长势好和耐放牧性的多个种群。亲本种质来源:CW 481、Archer、LM 455、Felix 和 Cal/West 育种群体。种质资源贡献率大约为:黄花苜蓿占 2%,拉达克苜蓿占 3%,杂花苜蓿占 10%,土耳其斯坦苜蓿占 10%,佛兰德斯苜蓿占 38%,智利苜蓿占 8%,秘鲁苜蓿占 3%,印第安苜蓿占 2%,非洲苜蓿占 15%,未知的占 11%。该品种花色有近 99% 为紫色,1% 为杂色,略带黄色、乳白色和白色;属于中等秋眠类型,秋眠等级为 5 级;重度放牧条件下耐受性好。该品种对炭疽病、镰刀菌萎蔫病、豌豆蚜、蓝苜蓿蚜具有高抗性;对疫霉根腐病、苜蓿斑翅蚜、茎线虫有抗性;对细菌性萎蔫病、黄萎病、丝囊霉根腐病、根结线虫的抗性未检测。该品种适合在美国西南部地区、中度寒冷的山区种植;已在加利福尼亚州通过测试。基础种永久由 Cal/ West 生产和持有,审定种子于 2000 年上市。

359. CW 55058

CW 55058 是由 180 个亲本植株通过杂交而获得的综合品种。亲本材料是从加利福尼亚附近林地经过连续 2 年重度放牧后选出的持久性好、生长势好和耐放牧性的多个种群。亲本种质来源:OK 49、Atene、Shenandoah、Cimarron 和 Cal/West 育种群体。种质资源贡献率大约为:黄花苜蓿占 3%,拉达克苜蓿占 3%,杂花苜蓿占 15%,土耳其斯坦苜蓿占 2%,佛兰德斯苜蓿占 27%,智利苜蓿占 50%。该品种花色有近 99% 为紫色,1% 为杂色,略带黄色、乳白色和白色;属于中等秋眠类型,秋眠等级为 5 级。重度放牧条件下耐受性好。该品种对镰刀菌萎蔫病、蓝苜蓿蚜具有高抗性;对炭疽病、豌豆蚜、苜蓿斑翅蚜、茎线虫有抗性;中抗疫霉根腐病,对细菌性萎蔫病、黄萎病、丝囊霉根腐病、根结线虫的抗性未检测。该品种适合在美国西南部地区、中等寒冷的山区等地种植;已在加利福尼亚州通过测试。基础种永久由 Cal/ West 生产和持有,审定种子于 2000 年上市。

360. DAGGER+EV

DAGGER+EV 是由 44 个亲本植株通过杂交而获得的综合品种。其亲本材料是在堪萨斯州 Lamed 附近生长 2 年的单株圃中根据产量、越冬率、秋眠性、对黄色叶蝉和叶部病害的抗性选出的 17 个种群,并运用表型轮回选择法加以选择,以获得对细菌性萎蔫病、镰刀菌萎蔫病、黄萎病、疫霉根腐病、炭疽病、茎线虫、根结线虫和丝囊霉根腐病的抗性。亲本种质来源:Arrow(21%)、Apollo II(15%)、Apollo Supreme(15%)、Envy(15%)、Garst 645(3%)、AP 8922(3%)、Endure(3%)、Answer(3%)、Atlas(3%)、Trident(3%)、Saranac AF(3%)、Impact(3%)、Olympic(3%)以及其他育种群体(7%)。该品种花色有近 74% 为紫色,26% 为杂色并带有少许黄色、乳白色和白色,秋眠等级为 5 级。该品种对细菌性萎蔫病、黄萎病、镰刀菌萎蔫病、炭疽病、疫霉根腐病、豌豆蚜、丝囊霉根腐病具有高抗性;对茎线虫、根结线虫有抗性;中抗蓝苜蓿蚜、苜蓿斑翅蚜;对北方根结线虫的抗性低。该品种适合在美国大平原、中东部等地区种植,已在堪萨斯州、爱荷华州、伊利诺伊州、爱达荷州和宾夕法尼亚州等地通过测试。基础种永久由 ABI 生产和持有,审定种子在 1999 年上市。

361. FG 4A135

FG 4A135 亲本材料选择标准为高产、品质好、持久性好,并且获得对疫霉根腐病、黄萎病、茎线虫、根结线虫和丝囊霉根腐病的抗性。该品种花色 90% 为紫色,7% 为杂色,2% 为黄色,1% 为乳白色,略带极少量白色;属于中等秋眠类型,秋眠等级为 5 级。该品种对炭疽病、细菌性萎蔫病、疫霉根腐病、丝囊霉根腐病、豌豆蚜和茎线虫有高度抗性;对黄萎病、苜蓿斑翅蚜、镰刀菌萎蔫病和北方根结线虫具有抗性;对蓝苜蓿蚜的抗性未测试。该品种适宜于寒冷山间地区种植;已在爱达荷州和华盛顿州通过测试。基础种永久由 Forage Genetics 公司生产和持有,审定种子于 2001 年上市。

362. 5-Star

5-Star 亲本材料选择标准为具有牧草产量高、牧草品质好、持久性好等特性,并且具有对细菌性萎蔫病、黄萎病、镰刀菌萎蔫病、炭疽病、疫霉根腐病、苜蓿斑翅蚜和丝囊霉根腐病的抗性。该品种花色 96％为紫色,4％为杂色,极少量为黄色、白色和乳白色;属于中等秋眠类型,秋眠等级为 5 级,抗寒性类似于 Ranger。该品种对镰刀菌萎蔫病具有高抗性;对炭疽病、细菌性萎蔫病、疫霉根腐病、丝囊霉根腐病、豌豆蚜、苜蓿斑翅蚜、蓝苜蓿蚜、黄萎病和茎线虫有抗性;对根结线虫的抗性未测试。该品种适宜于美国中北部地区、冬季寒冷山区和大平原地区种植;已在爱达荷州、威斯康星州、俄克拉荷马州通过测试。基础种永久由 Forage Genetics 公司生产和持有,审定种子于 2001 年上市。

363. 55V05

55V05 是由 196 个亲本植株通过杂交而获得的综合品种。其亲本材料选择具有牧草产量高、持久性好、耐寒和抗蓝苜蓿蚜等特性的多个种群,并运用表型轮回选择法加以选择,以获得对细菌性萎蔫病、黄萎病、疫霉根腐病、茎线虫、北方根结线虫、丝囊霉根腐病和蓝苜蓿蚜的抗性。该品种花色 72％为紫色,25％为杂色,3％为黄色带有少量乳白色、白色,属于中等秋眠类型,秋眠等级为 5 级。该品种对炭疽病、茎线虫、北方根结线虫、疫霉根腐病、黄萎病、豌豆蚜具有高抗性;对细菌性萎蔫病、苜蓿斑翅蚜、丝囊霉根腐病、镰刀菌萎蔫病有抗性;对蓝苜蓿蚜的抗性未测试。该品种适宜于美国中北部地区和寒冷的山区种植。审定种子于 2003 年上市。

364. ASCEND

Ascend 是由 200 个亲本植株通过杂交而获得的综合品种。其亲本材料具有抗疫霉根腐病、丝囊霉根腐病、多叶型的特性;亲本材料是从明尼苏达州和威斯康星州生长 3 年的产量试验田里选出的多个种群,并运用表型轮回选择法和近红外反射光谱法技术对牧草产量,饲用价值加以选择,以获得对细菌性萎蔫病、镰刀菌萎蔫病、黄萎病、疫霉根腐病、丝囊霉根腐病、小光壳叶斑病和炭疽病的抗性。亲本种质来源:512 和 Cal/West 育种群体。种质资源贡献率大约为:黄花苜蓿占 5％,拉达克苜蓿占 5％,杂花苜蓿占 25％,土耳其斯坦苜蓿占 5％,佛兰德斯苜蓿占 50％,智利苜蓿占 10％。该品种花色 98％为紫色,2％为杂色并带有少量白色、乳白色和黄色;属于中等秋眠类型,秋眠等级为 5 级。该品种对炭疽病、细菌性萎蔫病、镰刀菌萎蔫病、黄萎病、疫霉根腐病、丝囊霉根腐病和苜蓿斑翅蚜具有高抗性;对茎线虫有抗性;对豌豆蚜、根结线虫和蓝苜蓿蚜的抗性未测试。该品种适宜于美国中北部、中东部地区种植;已在威斯康星州、明尼苏达州、爱荷华州通过测试。基础种永久由 Cal/West 种子公司生产和持有,审定种子于 2002 年上市。

365. ZX 9453

ZX 9453 是由 400 个亲本植株通过杂交而获得的综合品种。亲本材料是在爱达荷州生长 2 年或 3 年的苗圃里选出的根及根颈大而健康的多个种群,并运用表型轮回选择法加以选择,以获得对疫霉根腐病、炭疽病、细菌性萎蔫病、镰刀菌萎蔫病、黄萎病、苜蓿斑翅蚜、蓝苜蓿蚜、根结线虫和茎线虫的抗性。该品种花色 88％为紫色,9％为杂色,1％为乳白色,1％为白色,

1%为黄色;属于中等秋眠类型,秋眠等级5级。该品种对镰刀菌萎蔫病、苜蓿斑翅蚜、茎线虫具有高抗性;对细菌性萎蔫病、黄萎病、疫霉根腐病、豌豆蚜、蓝苜蓿蚜有抗性;对炭疽病、北方根结线虫有中度抗性;对丝囊霉根腐病的抗性未测试。该品种适宜于美国冬季寒冷地区作为储备饲料种植。基础种永久由ABI公司生产和持有,审定种子于2002年上市。

366. **FG 4M76**

FG 4M76亲本材料选择标准是为了改良这个品种的牧草产量、持久性,并且获得对细菌性萎蔫病、镰刀菌萎蔫病、黄萎病、炭疽病、疫霉根腐病和丝囊霉根腐病的抗性。该品种花色94%为紫色,3%为杂色,2%为黄色,1%为白色和乳白色;属于中等秋眠类型,秋眠等级为5级;抗寒性类似于Vernal;小叶数量较少。该品种对炭疽病、细菌性萎蔫病、镰刀菌萎蔫病、黄萎病、疫霉根腐病、苜蓿斑翅蚜和丝囊霉根腐病具有高抗性;对茎线虫和豌豆蚜有抗性;中抗根结线虫,对蓝苜蓿蚜的抗性未测试。该品种适宜于美国中北部和中东部地区种植;已在威斯康星州、宾夕法尼亚州和印第安纳州通过测试。基础种永久由Forage Genetics公司生产和持有,审定种子于2002年上市。

367. **Recover**

Recover亲本材料选择标准是为了改良这个品种的牧草产量、牧草品质、持久性和秋眠性,并且获得对细菌性萎蔫病、镰刀菌萎蔫病、黄萎病、炭疽病、疫霉根腐病、丝囊霉根腐病和苜蓿斑翅蚜的抗性。该品种花色97%为紫色,3%为杂色带有少量黄色、白色和乳白色;属于中等秋眠类型,秋眠等级为5级;抗寒性类似于Ranger。该品种对炭疽病、镰刀菌萎蔫病具有高抗性;对细菌性萎蔫病、疫霉根腐病、丝囊霉根腐病、豌豆蚜、苜蓿斑翅蚜、蓝苜蓿蚜、黄萎病和茎线虫有抗性;对根结线虫的抗性未测试。该品种适宜于美国中北部、寒冷的山区和大平原地区种植;已在爱达荷州、威斯康星州和俄克拉荷马州通过测试。基础种永久由Forage Genetics公司生产和持有,审定种子于2002年上市。

368. **DU299**

DU299亲本材料选择标准是为了改良这个品种在极其潮湿的条件下抗根腐病、牧草产量、牧草品质、持久性、低秋眠级,耐寒性等性状,并且获得对象鼻虫、豌豆蚜、苜蓿斑翅蚜、茎线虫、炭疽病、细菌性萎蔫病和镰刀菌萎蔫病的抗性。该品种花色60%为紫色,40%为杂色;属于中等秋眠类型,秋眠等级5级。该品种对细菌性萎蔫病、镰刀菌萎蔫病、疫霉根腐病、茎线虫和豌豆蚜具有高抗性;对炭疽病、黄萎病和苜蓿斑翅蚜有抗性;中度抗南方根结线虫,对蓝苜蓿蚜的抗性未测试。该品种适宜于美国中东部地区种植;基础种永久由Great Plains Research Company生产和持有,审定种子于2002年上市。

369. **ZC 9854A**

ZC 9854A亲本材料是在堪萨斯州Larned、爱荷华州Napier和威斯康星州Livingston生长2~3年的植株苗圃里根据其产量、越冬率、秋眠性、抗叶病及黄色叶蝉的特性选出的多个种群,并运用表型轮回选择法加以选择,以获得对镰细菌性萎蔫病、镰刀菌萎蔫病、黄萎病、疫霉根腐病、炭疽病和丝囊霉根腐病的抗性。该品种花色74%为紫色,26%为杂色带有少量乳白色、白色和黄色;属于中等秋眠类型,秋眠等级 5 级。该品种对细菌性萎蔫病、镰刀菌萎蔫病、黄萎病、炭疽病、疫霉根腐病、丝囊霉根腐病具有高抗性;对豌豆蚜、苜蓿斑翅蚜和蓝苜蓿蚜有中度抗性;低抗茎线虫;对根结线虫的抗性未测试。该品种适宜于美国中北部和中东部地区种植;已在爱荷华州、威斯康星州和伊利诺伊州通过测试。基础种永久由 ABI 公司生产和持有,审定种子于 2002 年上市。

370. **6530**

6530 其亲本材料是在堪萨斯州的 Larned、爱荷华州的 Napier 和威斯康星州的 Marshfield 生长 2~3 年的植株苗圃里依据产量、越冬率、秋眠性、抗叶病及黄色叶蝉等特性选出的多个种群,并运用表型轮回选择法加以选择,以获得对细菌性萎蔫病、镰刀菌萎蔫病、黄萎病、疫霉根腐病、炭疽病、丝囊霉根腐病和茎线虫的抗性。该品种花色 77% 为紫色,其余有黄色、乳白色和白色;属于中等秋眠类型,秋眠等级 5 级。该品种对细菌性萎蔫病、镰刀菌萎蔫病、黄萎病、炭疽病、疫霉根腐病、丝囊霉根腐病和豌豆蚜具有高抗性;对茎线虫有抗性;对苜蓿斑翅蚜、蓝苜蓿蚜和根结线虫的抗性未测试。该品种适宜于美国中北部、中东部和平原地区种植;已在爱荷华州、威斯康星州、堪萨斯州和伊利诺伊州通过测试。基础种永久由 ABI 公司生产和持有,审定种子于 2003 年上市。

371. **CW 75046**

CW 75046 是由 225 个亲本植株通过杂交而获得的综合品种。其亲本材料具有抗疫霉根腐病、丝囊霉根腐病、多叶型的特性;亲本材料是在明尼苏达州、威斯康星州生长 3 年的产量试验田和威斯康星州生长 3 年的单株选择苗圃里选出的多个种群,并运用表型轮回选择法及近红外反射光谱法技术加以选择,以获得相对较高的饲用价值和对细菌性萎蔫病、镰刀菌萎蔫病、黄萎病、疫霉根腐病、丝囊霉根腐病、炭疽病、小光壳叶斑病的抗性。亲本种质来源:512、Gold Plus 和 Cal/West 育种种群。种质资源贡献率大约为:黄花苜蓿占 5%,拉达克苜蓿占 4%,杂花苜蓿占 25%,土耳其斯坦苜蓿占 5%,佛兰德斯苜蓿占 51%,智利苜蓿占 10%。该品种花色 100% 为紫色,带有少许乳白色、白色和黄色;属于中等秋眠类型,秋眠等级 5 级。该品种对细菌性萎蔫病和苜蓿斑翅蚜具有高抗性;对镰刀菌萎蔫病、黄萎病、疫霉根腐病、丝囊霉根腐病、炭疽病、豌豆蚜、茎线虫和北方根结线虫有抗性;对蓝苜蓿蚜的抗性未测试。该品种适宜于美国的中北部、中东部和平原地带地区种植;已在威斯康星州、宾夕法尼亚州和内布拉斯加州通过测试。基础种永久由 Cal/West 种子公司生产和持有,审定种子于 2003 年上市。

372. **Archer Ⅱ**

Archer Ⅱ 是由 450 个亲本植株通过杂交而获得的综合品种。亲本材料是在爱达荷州 Nampa 地区的单株选苗圃里选出的根颈和根系都健康的多个种群,并运用表型轮回选择法加以选择,以获得对细菌性萎蔫病、镰刀菌萎蔫病、黄萎病、疫霉根腐病、炭疽病、苜蓿斑翅蚜、豌豆蚜、北方根结线虫、蓝苜蓿蚜和茎线虫的抗性。亲本种质来源:Archer(100%)。种质资源贡献率大约为:黄花苜蓿占 6%,拉达克苜蓿占 6%,杂花苜蓿占 19%,土耳其斯坦苜蓿占 13%,佛兰德斯苜蓿占 30%,智利苜蓿占 9%,秘鲁苜蓿占 2%,印第安苜蓿占 2%,非洲苜蓿占 1%,未知苜蓿占 12%。该品种花色 88% 为紫色,11% 为杂色,混有少于 1% 的乳白色、黄色和白色;属于中等秋眠类型,秋眠等级 5 级。该品种对疫霉根腐病、黄萎病、镰刀菌萎蔫病、炭疽病、蓝苜蓿蚜和根结线虫具有高抗性;该品种对细菌性萎蔫病、苜蓿斑翅蚜、茎线虫和北方根结线虫有抗性;对豌豆蚜有中度抗性。该品种适宜于美国中度寒冷山区种植;已在爱达荷州、华盛顿州和加利福尼亚州通过测试。基础种永久由 ABI 种子公司生产和持有,审定种子于 1997年上市。

373. Evermore

Evermore 亲本材料选择标准是为了改良这个品种的牧草产量和持久性,并且获得对细菌性萎蔫病、镰刀菌萎蔫病、黄萎病、炭疽病、疫霉根腐病和丝囊霉根腐病的抗性。该品种花色 94% 为紫色,3% 为杂色,2% 为黄色,1% 为白色混有乳白色;属于中等秋眠类型,秋眠等级为 5级;抗寒性类似于 Vernal;小叶数量较多,为多叶型品种。该品种对丝囊霉根腐病、细菌性萎蔫病、镰刀菌萎蔫病、疫霉根腐病、苜蓿斑翅蚜、黄萎病和炭疽病具有高抗性;对豌豆蚜和茎线虫有抗性;中度抗北方根结线虫;对蓝苜蓿蚜的抗性未测试。该品种适宜于美国中北部和中东部地区种植;已在威斯康星州、宾夕法尼亚州和印第安纳州通过测试。基础种永久由 ForageGenetics 公司生产和持有,审定种子于 2002 年上市。

374. FG 4M124

FG 4M124 亲本材料选择标准是为了改良这个品种的牧草产量、秋眠性和持久性,并且获得对细菌性萎蔫病、镰刀菌萎蔫病、黄萎病、茎线虫和疫霉根腐病的抗性。该品种花色 92% 为紫色,6% 为杂色,2% 为白色并混有黄色和乳白色;属于中等秋眠类型,秋眠等级为 5 级,小叶数量较多,为多叶型品种。该品种对细菌性萎蔫病、镰刀菌萎蔫病、疫霉根腐病、茎线虫和豌豆蚜具有高抗性;对黄萎病、苜蓿斑翅蚜和根结线虫有抗性;对蓝苜蓿蚜的抗性未测试。该品种适宜于美国寒冷山区和中度寒冷山区种植;已在爱达荷州、华盛顿州和科罗拉多州通过测试。基础种永久由 Forage Genetics 公司生产和持有,审定种子于 2003 年上市。

375. FG 4M125

FG 4M125 亲本材料选择标准是为了改良这个品种的牧草产量、秋眠性和持久性,并且获得对细菌性萎蔫病、镰刀菌萎蔫病、黄萎病、茎线虫和丝囊霉根腐病的抗性。该品种花色 98%为紫色,2% 为杂色并混有白色、黄色和乳白色;属于中等秋眠类型,秋眠等级为 5 级,小叶数量较多,为多叶型品种。该品种对丝囊霉根腐病、细菌性萎蔫病、镰刀菌萎蔫病、黄萎病、疫霉根腐病、茎线虫、豌豆蚜和苜蓿斑翅蚜具有高抗性;对根结线虫有抗性;对蓝苜蓿蚜的抗性未测试。该品种适宜于美国寒冷的山区和中度寒冷山区种植;已在爱达荷州、华盛顿州和科罗拉多州通过测试。基础种永久由 Forage Genetics 公司生产和持有,审定种子于 2003 年上市。

376. FG 5M87

FG 5M87 亲本材料选择标准是为了改良这个品种的牧草产量和持久性,并且获得对细菌性萎蔫病、镰刀菌萎蔫病、黄萎病、炭疽病、疫霉根腐病和丝囊霉根腐病的抗性。该品种花色96% 为紫色,3% 为杂色,1% 为黄色并混有白色和乳白色;属于中等秋眠类型,秋眠等级为 5

级;抗寒性接近 Ranger。该品种对炭疽病、镰刀菌萎蔫病、黄萎病、疫霉根腐病和丝囊霉根腐病具有高抗性;对细菌性萎蔫病、茎线虫、苜蓿斑翅蚜和根结线虫有抗性;对蓝苜蓿蚜的抗性未测试。该品种适宜于美国中北部、中东部和平原地区种植;已在威斯康星州、内布拉斯加州和印第安纳州通过测试。基础种永久由 Forage Genetics 公司生产和持有,审定种子于 2003 年上市。

377. FG 5M107

FG 5M107 亲本材料选择标准是为了改良这个品种的牧草产量、牧草质量、秋眠性和持久性,并且获得对细菌性萎蔫病、镰刀菌萎蔫病、黄萎病、茎线虫和疫霉根腐病的抗性。该品种花色 93% 为紫色,4% 为杂色,1% 为黄色,1% 为白色,1% 为乳白色;属于中等秋眠类型,秋眠等级为 5 级;小叶数量较多,为多叶型品种。该品种对镰刀菌萎蔫病、疫霉根腐病和豌豆蚜具有高抗性;对炭疽病、细菌性萎蔫病、黄萎病、茎线虫和苜蓿斑翅蚜有抗性;对丝囊霉根腐病、蓝苜蓿蚜和根结线虫的抗性未测试。适宜于美国寒冷山区和中度寒冷山区种植;已在爱达荷州、华盛顿州和科罗拉多州通过测试。基础种永久由 Forage Genetics 公司生产和持有,审定种子于 2003 年上市。

378. Regal

Regal 品种花色 60% 为紫色,40% 为杂色;属于中等秋眠类型,秋眠等级 5 级。该品种对细菌性萎蔫病、镰刀菌萎蔫病、疫霉根腐病、茎线虫和豌豆蚜具有高抗性;对炭疽病、苜蓿斑翅蚜和黄萎病有抗性;对丝囊霉根腐病和根结线虫有中度抗性;对蓝苜蓿蚜的抗性未测试。该品种适宜于美国的中北部地区种植;已在纽约州和卡罗来纳州通过测试。基础种永久由 Great Plains Research Company 生产和持有,审定种子于 2002 年上市。

379. WL 357HQ

WL 357HQ 亲本材料选择标准是为了改良这个品种的牧草产量、牧草质量、持久性并且获得对细菌性萎蔫病、镰刀菌萎蔫病、黄萎病、炭疽病、疫霉根腐病、丝囊霉根腐病的抗性。该品种花色 95% 为紫色,5% 为杂色并带有黄色、白色和乳白色;属于中等秋眠类型,秋眠等级为 5 级;抗寒性类似于 Vernal。该品种对炭疽病、细菌性萎蔫病、镰刀菌萎蔫病、黄萎病、豌豆蚜、疫霉根腐病和丝囊霉根腐病具有高抗性;对蓝苜蓿蚜、苜蓿斑翅蚜和根结线虫的抗性未测试。该品种适宜于美国中北部、中东部地区种植;已在威斯康星州、密歇根州和肯塔基州通过测试。基础种永久由 Forage Genetics 公司生产和持有,审定种子于 2003 年上市。

380. Baralfa 53HR

Baralfa 53HR 亲本材料选择标准是为了改良这个品种的牧草产量、牧草质量、持久性并且获得对细菌性萎蔫病、镰刀菌萎蔫病、黄萎病、炭疽病、疫霉根腐病、丝囊霉根腐病的抗性。该品种花色 95% 为紫色,3% 为杂色,1% 为黄色,1% 为白色并混有乳白色;属于中等秋眠类型,秋眠等级为 5 级;抗寒性类似于 Vernal。该品种对炭疽病、细菌性萎蔫病、镰刀菌萎蔫病、疫霉根腐病和丝囊霉根腐病具有高抗性;对黄萎病、茎线虫、豌豆蚜和马铃薯叶蝉有抗性;对蓝苜蓿蚜、苜蓿斑翅蚜和根结线虫的抗性未测试。该品种适宜于美国中北部地区和中度寒冷山区种植；已在威斯康星州和爱达荷州通过测试。基础种永久由 Forage Genetics 公司生产和持有，审定种子于 2003 年上市。

381. **55H05**

55H05 是由 196 个亲本植株通过杂交而获得的综合品种。其亲本材料选择具有抗寒性好、牧草产量高、持久性好、抗蓝苜蓿蚜等特性的多个种群，并运用表型轮回选择法加以选择，以获得对丝囊霉根腐病、疫霉根腐病、细菌性萎蔫病、镰刀菌萎蔫病、茎线虫、北方根结线虫、黄萎病和蓝苜蓿蚜的抗性。该品种花色 72% 为紫色，25% 为杂色，3% 为黄色并混有乳白色和白色；属于中等秋眠类型，秋眠等级 5 级。该品种对蓝苜蓿蚜、苜蓿斑翅蚜、炭疽病、茎线虫、北方根结线虫、黄萎病、疫霉根腐病和豌豆蚜具有高抗性；对细菌性萎蔫病、镰刀菌萎蔫病和丝囊霉根腐病有抗性。该品种适宜于美国和加拿大平原地区、中东部地区、寒冷山区、中度寒冷山区种植，基础种永久由 Pioneer Hi-Bred International 公司生产和持有，审定种子于 2003 年上市。

382. **DKA50-18**

DKA50-18 的选育标准是为了改良这个品种的牧草产量、牧草品质和持久性等特性并且获得对细菌性萎蔫病、镰刀菌萎蔫病、黄萎病、炭疽病、疫霉根腐病和丝囊霉根腐病的抗性。该品种花色为 98% 为紫色，2% 为杂色、黄色、乳白色和白色；属于中等秋眠类型，秋眠等级为 5 级；小叶数量较多，为多叶型品种；抗寒性类似于 Vernal。该品种对炭疽病、细菌性萎蔫病、镰刀菌萎蔫病、黄萎病和丝囊霉根腐病具有高抗性；对茎线虫、豌豆蚜和苜蓿斑翅蚜有抗性；对蓝苜蓿蚜和北方根结线虫的抗性未测试。该品种适宜于美国中北部、中东部地区种植；已在爱荷华州、肯塔基州、密歇根州和威斯康星州通过测试。基础种永久由 Forage Genetics 公司生产和持有，审定种子于 2004 年上市。

383. **Expedition**

Expedition 这个品种的选育标准是为了改良这个品种的牧草产量、牧草品质和持久性等特性并且获得对细菌性萎蔫病、镰刀菌萎蔫病、黄萎病、炭疽病、疫霉根腐病和丝囊霉根腐病的抗性。该品种花色 96% 为紫色，3% 为杂色，1% 为乳白色、白色、黄色；属于中等秋眠类型，秋眠等级为 5 级；抗寒性接近 Ranger。该品种对炭疽病、镰刀菌萎蔫病、黄萎病、疫霉根腐病具有高抗性；对细菌性萎蔫病、茎线虫、苜蓿斑翅蚜和北方根结线虫有抗性；对蓝苜蓿蚜和豌豆蚜的抗性未测试。该品种适宜于美国中北部、中东部和大平原地区种植；已在威斯康星州、内布拉斯加州和印第安纳州通过测试。基础种永久由 Forage Genetics 公司生产和持有，审定种子于 2004 年上市。

384. **FG 50T176**

FG 50T176 这个品种的选育标准是为了改良这个品种的牧草产量和持久性等特性并且获得对细菌性萎蔫病、镰刀菌萎蔫病、黄萎病、炭疽病、疫霉根腐病、丝囊霉根腐病、核盘菌茎腐病的抗性。该品种花色 97% 为紫色，3% 为乳白色、黄色和白色；属于中等秋眠类型，秋眠等级为 5 级；抗寒性接近 Saranac。该品种对炭疽病、细菌性萎蔫病、镰刀菌萎蔫病、黄萎病、疫霉根腐病和豌豆蚜具有高抗性;对丝囊霉根腐病有抗性;对茎线虫、苜蓿斑翅蚜、蓝苜蓿蚜虫和北方根结线虫的抗性未测试。该品种适宜于美国中东部地区种植;已在爱荷华州、印第安纳州和田纳西州通过测试。基础种永久由 Forage FGenetics 公司生产和持有,审定种子于 2004 年上市。

385. **Mountaineer 2.0**

Mountaineer 2.0 品种的选育标准是为了改良这个品种的牧草产量、秋眠性和持久性等特性并且获得对细菌性萎蔫病、镰刀菌萎蔫病、黄萎病、茎线虫、疫霉根腐病的抗性。该品种花色 92%为紫色,6%为白色,2%为乳白色、黄色;属于中等秋眠类型,秋眠等级为 5 级;小叶数量多,为多叶型苜蓿。该品种对炭疽病、细菌性萎蔫病、镰刀菌萎蔫病、疫霉根腐病、茎线虫和豌豆蚜具有高抗性;对黄萎病、苜蓿斑翅蚜、北方根结线虫和丝囊霉根腐病有抗性;对蓝苜蓿蚜的抗性未测试。该品种适宜于威斯康星州寒冷的山区和中度寒冷的山区种植;已在爱荷华州,威斯康星州和科罗拉多州通过测试。基础种永久由 Forage Genetics 公司生产和持有,审定种子于 2003 年上市。

386. **FG 50W207**

FG 50W207 亲本材料选择标准包括牧草产量、秋眠性、持久性和对细菌性萎蔫病、镰刀菌萎蔫病、黄萎病、茎线虫、疫霉根腐病的抗性。该品种花色 91%为紫色,6%为杂色,2%为乳白色,1%为白色并略带黄色;属于中等秋眠类型,秋眠等级 5 级;多小叶性状表达为中等水平。该品种对炭疽病、细菌性萎蔫病、镰刀菌萎蔫病、黄萎病、疫霉根腐病、苜蓿斑翅蚜、茎线虫和根结线虫具有高抗性;对豌豆蚜和蓝苜蓿蚜有抗性;对丝囊霉根腐病的抗性未测试。该品种适宜于美国寒冷山区种植;已在爱达荷州和科罗拉多州通过测试。基础种永久由 Forage Genetics 公司生产和持有,审定种子于 2005 年上市。

387. **CW 15041**

CW 15041 是由 235 个亲本植株通过杂交而获得的综合品种。其亲本材料具有抗疫霉根腐病、丝囊霉根腐病和多叶型的特性,亲本材料是从爱达荷州、威斯康星州生长 3 年的产量试验田材料和生长 2 年的苗圃植株的杂交后代中选出的,并运用表型轮回选择法和近红外反射光谱法技术加以选择,以获得抗寒、抗叶部病害、高叶茎比例、持久性好、高饲用价值、高产等特性以及对细菌性萎蔫病、镰刀菌萎蔫病、黄萎病、疫霉根腐病、丝囊霉根腐病、炭疽病、小光壳叶斑病的抗性。亲本种质来源:Ascend、CW 75046、512、Stallion、Gold Plus、Abound、DK 142、MultiQueen 和 Cal/West 育种群体。种质资源贡献率大约为:黄花苜蓿占 4%,拉达克苜蓿占 4%,杂花苜蓿占 28%,土耳其斯坦苜蓿占 4%,佛兰德斯苜蓿占 52%,智利苜蓿占 8%。该品种花色 99%为紫色,略带杂色、乳白色、白色和黄色。该品种属于中等秋眠类型,秋眠等级为 5 级。该品种对黄萎病、豌豆蚜和疫霉根腐病具有高抗性;对炭疽病、细菌性萎蔫病、镰刀菌萎蔫病、丝囊霉根腐病和苜蓿斑翅蚜具有抗性;对蓝苜蓿蚜、茎线虫和根结线虫的抗性未测试。该品种适宜于美国中北南达科塔州部地区种植,计划推广到美国中北部、中东部和大平原地区利用;已在威斯康星州、南达科塔州、爱荷华州通过测试。基础种永久由 Cal/West 种子公司生产和持有,审定种子于 2005 年上市。

388. CW 15030

CW 15030 是由 210 个亲本植株通过杂交而获得的综合品种。其亲本材料具有抗疫霉根腐病、丝囊霉根腐病的特性;亲本材料是从爱达荷州、威斯康星州生长 3 年的产量试验田材料的杂交后代中选出的,并运用表型轮回选择法加以选择,以获得抗寒、抗叶部病害、高叶茎比例、持久性好、高饲用价值、高产等特性以及对细菌性萎蔫病、镰刀菌萎蔫病、黄萎病、疫霉根腐病、丝囊霉根腐病、炭疽病、小光壳叶斑病的抗性。亲本种质来源:CW 75046、512、Stallion、Gold Plus、Abound、DK 142、MultiQueen 和 Cal/West 育种群体。种质资源贡献率大约为:黄花苜蓿占 4%,拉达克苜蓿占 4%,杂花苜蓿占 27%,土耳其斯坦苜蓿占 4%,佛兰德斯苜蓿占 53%,智利苜蓿占 8%。该品种花色 99% 为紫色,略带杂色、乳白色、白色和黄色;属于中等秋眠类型,秋眠等级为 5 级。该品种对细菌性萎蔫病、疫霉根腐病具有高抗性;对炭疽病、黄萎病、镰刀菌萎蔫病、丝囊霉根腐病和豌豆蚜具有抗性,中度抗苜蓿斑翅蚜;对蓝苜蓿蚜、茎线虫和根结线虫的抗性未测试。该品种适宜于美国中北部、中东部地区种植,计划推广到美国中北部、中东部和大平原地区利用。已在威斯康星州、明尼苏达州、南达科塔州、爱荷华州、印第安纳州、俄亥俄州和宾夕法尼亚州通过测试。基础种永久由 Cal/West 种子公司生产和持有,审定种子于 2005 年上市。

389. CW 05009

CW 05009 是由 195 个亲本植株通过杂交而获得的综合品种。其亲本材料具有抗疫霉根腐病、丝囊霉根腐病和多叶型的特性。其中,165 个亲本材料是从宾夕法尼亚州、威斯康星州生长 5 年的产量试验田和威斯康星州生长 3 年的产量试验田选出的,并运用表现型轮回选择法和近红外反射光谱法技术加以选择,以获得高饲用价值、高产量以及对细菌性萎蔫病、镰刀菌萎蔫病、黄萎病、疫霉根腐病、丝囊霉根腐病、炭疽病、小光壳叶斑病的抗性。亲本种质来源:512、Ascend 和 Cal/West 育种群体。种质资源贡献率大约为:黄花苜蓿占 4%,拉达克苜蓿占 5%,杂花苜蓿占 28%,土耳其斯坦苜蓿占 4%,佛兰德斯苜蓿占 51%,智利苜蓿占 8%。该品种花色 99% 为紫色,带有少许杂色、白色、乳白色和黄色。属于中等秋眠类型,秋眠等级为 5 级。该品种对炭疽病、细菌性萎蔫病、镰刀菌萎蔫病、黄萎病、疫霉根腐病和茎线虫具有高抗性;对丝囊霉根腐病、豌豆蚜、苜蓿斑翅蚜和南方根结线虫有抗性;对蓝苜蓿蚜的抗性未测试。该品种适宜于美国中北部、中东部和大平原地区种植;已在威斯康星州、爱荷华州、印第安纳州、俄亥俄州、宾夕法尼亚州和内布拉斯加州通过测试。基础种永久由 Cal/West 公司生产和持有,审定种子于 2005 年上市。

390. FC 1055

FC 1055 是由 200 个亲本植株通过杂交而获得的综合品种。其亲本材料是在爱达荷州南帕地区附近生长 4 年或 5 年的苗圃中选出的在重牧和车轮碾压的条件下根部和根颈全部健康的多个种群,并运用表型轮回选择法加以选择,以获得对疫霉根腐病、炭疽病、细菌性萎蔫病、镰刀菌萎蔫病、黄萎病、蓝苜蓿蚜、斑翅蚜、豌豆蚜、茎线虫和北方根结线虫的抗性。亲本种质来源:Archer 品种。种质资源贡献率大约为:黄花苜蓿占 6%,拉达克苜蓿占 6%,杂花苜蓿占 19%,土耳其斯坦苜蓿占 13%,佛兰德斯苜蓿占 30%,智利苜蓿占 9%,秘鲁苜蓿占 2%,印第安苜蓿占 2％,非洲苜蓿占 1％,未知苜蓿占 12％。该品种花色 90％为紫色,9％为杂色并夹杂乳白色、黄色和白色;秋眠等级(近似于 Archer)为 5 级。该品种对细菌性萎蔫病、镰刀菌萎蔫病、黄萎病、疫霉根腐病、北方根结线虫和茎线虫具有高抗性;对炭疽病、豌豆蚜、苜蓿斑翅蚜、蓝苜蓿蚜有抗性;中度抗丝囊霉根腐病。该品种适宜于美国寒冷山区和中度寒冷山区种植;已在爱达荷州和加利福尼亚州通过测试。基础种永久由 ABI 公司生产和持有,审定种子于 2005 年上市。

391. **FG 50W210**

FG 50W210 亲本材料的选择标准是牧草产量、秋眠反应和持久性并且获得对细菌性萎蔫病、镰刀菌萎蔫病、黄萎病、茎线虫、疫霉根腐病的抗性。该品种花色 89％为紫色,8％为杂色,1％为黄色,1％为白色,1％为乳白色;属于中等秋眠类型,秋眠等级 5 级;抗寒性类似于 Ranger;小叶数量较多,为多叶型品种。该品种对炭疽病、镰刀菌萎蔫病、黄萎病、疫霉根腐病、茎线虫、根结线虫和苜蓿斑翅蚜具有高抗性;对细菌性萎蔫病和豌豆蚜具有抗性;对丝囊霉根腐病和蓝苜蓿蚜的抗性未测试。该品种适宜于美国寒冷的山区种植;已在爱达荷州和科罗拉多州通过测试。基础种永久由 Forage Genetics 公司生产和持有,审定种子于 2006 年上市。

392. **Shepherd**

Shepherd 品种花色 99％为紫色,其余略带杂色、黄色、白色和乳白色;属于中等秋眠类型,秋眠等级 5 级。该品种对炭疽病、细菌性萎蔫病、镰刀菌萎蔫病、黄萎病、疫霉根腐病、茎线虫具有高抗性;对丝囊霉根腐病、豌豆蚜、苜蓿斑翅蚜和北方根结线虫具有抗性;对蓝苜蓿蚜的抗性未测试。该品种适宜于美国中北部、中东部和大平原地区种植;已在威斯康星州、爱荷华州、印第安纳州、俄亥俄州、宾夕法尼亚州和内布拉斯加州通过测试。基础种永久由 Cal/West 生产和持有,审定种子于 2005 年上市。

393. **CW 25006**

CW 25006 是由 39 个亲本植株通过杂交而获得的综合品种。其亲本材料具有抗寒性好、牧草产量高、相对饲用价值高和多叶性的特性。其中 9 个亲本材料是在威斯康星州生长 3 年的苗圃里选出的多个种群,另外 30 个亲本材料是在宾夕法尼亚州生长 5 年、伊利诺伊州生长 3 年、明尼苏达州和威斯康星州生长 3 年的测产试验田里选出的多个种群,并运用表型轮回选择法和近红外反射光谱法技术加以选择,以获得相对较高的饲用价值和对细菌性萎蔫病、镰刀菌萎蔫病、黄萎病、疫霉根腐病、丝囊霉根腐病、炭疽病和小光壳叶斑病的抗性。亲本种质来源:Tribute、Escalade、Royal Harvest、WinterGold 和 Cal/West 种子育种种群。该品种花色 99％为紫色,1％为杂色,略带乳白、黄色和白色;属于中等秋眠类型,秋眠等级 5 级。该品种对炭疽病、细菌性萎蔫病、镰刀菌萎蔫病、黄萎病和疫霉根腐病具有高抗性;对丝囊霉根腐病有抗性;对蓝苜蓿蚜、豌豆蚜、苜蓿斑翅蚜、茎线虫和根结线虫的抗性未测试。该品种适宜于美国的中北部、中东部地区种植;已在威斯康星州、爱荷华州和南达科塔州通过测试。基础种永久由 Cal/West 种子公司生产和持有,审定种子于 2006 年上市。

394. CW 95026

CW 95026 是由 225 个亲本植株通过杂交而获得的综合品种。其亲本材料是从宾夕法尼亚州生长 3 年的测产试验田、威斯康星州生长 3 年的苗圃里选出的具有多叶型特性、抗疫霉根腐病和丝囊霉根腐病等特性的多个种群，并运用表型轮回选择法和品系杂交技术加以选择，以获得具有高饲用价值（近红外反射光谱法）和对细菌性萎蔫病、镰刀菌萎蔫病、黄萎病、疫霉根腐病、丝囊霉根腐病、炭疽病、小光壳叶斑病的抗性。亲本种质来源：512、Gold Plus 和由 Cal/West 种子培育公司提供的混杂群体。种质资源贡献率大约为：黄花苜蓿占 8%，拉达克苜蓿占 5%，杂花苜蓿占 24%，土耳其斯坦苜蓿占 3%，佛兰德斯苜蓿占 51%，智利苜蓿占 9%。该品种花色超过 99% 为紫色，1% 为杂色、白色、乳白色和黄色；属于中等秋眠类型，秋眠等级 5 级。该品种对炭疽病、细菌性萎蔫病、镰刀菌萎蔫病、疫霉根腐病、丝囊霉根腐病具有高抗性；对黄萎病、豌豆蚜、苜蓿斑翅蚜和北方根结线虫有抗性；对蓝苜蓿蚜的抗性未测试。该品种适宜于美国中北部、中东部和大平原地区种植；已在威斯康星州、明尼苏达州、爱荷华州、宾夕法尼亚州和内布拉斯加州通过测试。基础种永久由 Cal/West 种子公司生产和持有，审定种子于 2003 年上市。

395. CW 76098

CW 76098 是由 118 个亲本植株通过杂交而获得的综合品种。其亲本材料具有抗疫霉根腐病、炭疽病、茎线虫的特性；亲本材料是在加利福尼亚州生长 3 年的选择圃里选出的具有抗根结线虫和茎线虫等特性的多个种群，并运用表型轮回选择法和品系杂交技术加以选择，以获得对镰刀菌萎蔫病、黄萎病、疫霉根腐病、丝囊霉根腐病、炭疽病、苜蓿斑翅蚜、蓝苜蓿蚜的抗性。亲本种质来源：DK 166（24%）、Mission TNT（8%）、Prince（6%）、Express（4%）、Mede（4%）、Archer（4%）、GT-58（4%）、SPS 6550（3%）、OK-49（3%）、Sutter（2%）和 Cal/West 种子育种种群（38%）。该品种花色 100% 为紫色，含极少数杂色、黄色、乳白色和白色；属于中等秋眠类型，秋眠等级 6 级。该品种对细菌性萎蔫病、镰刀菌萎蔫病、疫霉根腐病、豌豆蚜、苜蓿斑翅蚜、蓝苜蓿蚜、茎线虫和北部根结线虫具有高抗性；对炭疽病和南部根结线虫有抗性；对黄萎病和丝囊霉根腐病的抗性未测试。该品种适宜于美国西南部地区、中等寒冷的山区和阿根廷种植；已在加利福尼亚州和阿根廷通过测试。基础种永久由 Cal/West 种子公司生产和持有，审定种子于 2007 年上市。

396. CW 96108

CW 96108 是由 210 个亲本植株通过杂交而获得的综合品种。亲本材料是在阿根廷的单株选择圃和测产试验田里选出的具有抗蚜虫、耐干旱、耐霜冻、持久性好、农艺学特征好等特性的多个种群，并运用表型轮回选择法和品系杂交技术加以选择，以获得对镰刀菌萎蔫病、黄萎病、疫霉根腐病、炭疽病、苜蓿斑翅蚜、蓝苜蓿蚜和茎线虫的抗性。亲本种质来源：5681（12%）、DK 166（10%）、Atene（8%）、Archer（5%）、Alfa 50（5%）、Aspire（4%）、555（4%）、Mede（3%）、Tahoe（3%）、WL 320（3%）、Prince（2%）和 Cal/West 种子育种种群（41%）。该品种花色 99% 为紫色，1% 杂色含极少数黄色、乳白色和白色；属于中等秋眠类型，秋眠等级 6 级。该品种对炭疽病、细菌性萎蔫病、镰刀菌萎蔫病、疫霉根腐病、豌豆蚜、苜蓿斑翅蚜、南方根结线虫和北方根结线虫具有高抗性；对蓝苜蓿蚜和茎线虫有抗性；对黄萎病和丝囊霉根腐病的抗性未测试。该品种适宜于美国西南部地区、适度寒冷的山区和阿根廷种植；已在加利福尼亚州和阿根廷通过测试。基础种永久由 Cal/West 种子公司生产和持有，审定种子于 2007 年上市。

397. **Transition 6.10RR**

Transition 6.10RR 亲本材料的选择标准是为了改良这个品种对草甘膦除草剂的耐性、牧草产量、冬季生长活力和持久性并且获得对镰刀菌萎蔫病、黄萎病、炭疽病、疫霉根腐病的抗性。亲本材料包含耐草甘膦除草剂 CP4-EPSPS 的基因，特别是美国农业部放松管制的草甘膦独特标识转入苜蓿的 J101 或 J163 基因。该品种花色 100% 为紫色，有极少量杂色、黄色、乳白色、白色；属于中等秋眠类型，秋眠等级 6 级；对转农达除草剂有抗性。该品种对疫霉根腐病和豌豆蚜具有高抗性；对炭疽病、细菌性萎蔫病、镰刀菌萎蔫病、黄萎病、北方根结线虫具有抗性；对茎线虫有中度抗性；对苜蓿斑翅蚜、蓝苜蓿蚜和丝囊霉根腐病的抗性未测试。该品种适宜于美国加利福尼亚州和西部轻度沙漠地区种植；已在加利福尼亚州和爱达荷州通过测试。基础种永久由 Forage Genetics 公司生产和持有。

398. **Cimarron VL600**

Cimarron VL600 亲本材料的选择标准是为了改良这个品种的牧草产量和较弱的秋眠性并且增强对 3 种蚜虫的抗性。该品种花色 95% 为紫色，5% 为杂色；属于中等秋眠类型，秋眠等级 6 级。该品种对疫霉根腐病、苜蓿斑翅蚜和豌豆蚜具有高抗性；对炭疽病、细菌性萎蔫病、镰刀菌萎蔫病、茎线虫和蓝苜蓿蚜具有抗性；对黄萎病、丝囊霉根腐病有中度的抗性；该品种已在美国中东部和大平原地区通过测试；基础种永久由 Cimarron USA 生产和持有，审定种子于 2008 年上市。

399. **Arriba Ⅱ**

Arriba Ⅱ 的亲本材料是在一个生长多年的试验田或苗圃里选择出来的。其选择标准是为了改良这个品种在冬季的生长活力、高牧草产量、多小叶表达性和持久性。该品种花色 98% 为紫色，2% 为杂色，含极少量的黄色、乳白色和白色；属于中等秋眠类型，秋眠等级 6 级，小叶数量多，为多叶型品种。该品种对炭疽病、细菌性萎蔫病、镰刀菌萎蔫病、豌豆蚜、疫霉根腐病、北方根结线虫、茎线虫和苜蓿斑翅蚜具有高抗性；对黄萎病、蓝苜蓿蚜和丝囊霉根腐病的抗性未测试。该品种适宜于美国西南地区种植；已在加利福尼亚州通过测试。基础种永久由 Forage Genetics 公司生产和持有，审定种子于 2007 年上市。

400. **Tahoe**

Tahoe 是由 782 个亲本植株通过杂交而获得的综合品种。其亲本材料是选择具有多小叶型和植株活力高等特性的多个种群，并运用表型轮回选择技术加以选择，以获得对黄萎病、疫霉根腐病、炭疽病、豌豆蚜、蓝苜蓿蚜和苜蓿斑翅蚜的抗性。亲本种质来源：AzML（germplasm release）、Legend、Mede、Express、Meteor 和 Condor。种质资源贡献率大约为：黄花苜蓿占 1%，拉达克苜蓿占 12%，杂花苜蓿占 8%，土耳其斯坦苜蓿占 25%，佛兰德斯苜蓿占

11%,智利首蓿占 9%,非洲首蓿占 10%,秘鲁首蓿占 1%,印第安首蓿占 10%,未知首蓿占 13%。该品种花色 98%为紫色,2%为杂色,夹杂黄色、乳白色和白色,属于中度秋眠类型,秋眠等级(类似于 Lahontan)为 6 级。该品种对炭疽病、镰刀菌萎蔫病、豌豆蚜、疫霉根腐病和首蓿斑翅蚜具有高抗性;对蓝首蓿蚜、黄萎病、茎线虫和根结线虫有抗性;对细菌性萎蔫病有中度的抗性。该品种适宜于美国加州的萨克拉蒙多峡谷和西部多沙漠地区种植,已经在加利福尼亚州和爱达荷州经过测试。基础种永久由 Forage Genetics 公司生产和持有,审定种子于 1995年上市。

401. CW 5087

CW 5087 是由 155 个亲本植株育成的综合品种。其亲本材料是从 1992 年 10 月在加利福尼亚州 Woodland 放牧试验地确定牧场开始在 1993 年经过 175 d 的不间断放牧和 1994 年经过 190 d 的不间断放牧条件下选出的持久性和生长势都很好的多个种群。亲本种质来源:Madera(31%)、Yolo(29%)、Maricopa(13%)、WL516(11%)、P5715(7%)、Monarca(6%)和 P5888(3%)。该品种花色 99%为紫色,1%为乳白色,少许为杂色、白色和黄色;属于中等秋眠类型,秋眠等级为 6 级。该品种对炭疽病、镰刀菌萎蔫病、首蓿斑翅蚜和茎线虫具有高抗性;对疫霉根腐病、豌豆蚜和蓝首蓿蚜有抗性;对细菌性萎蔫病、黄萎病、丝囊霉根腐病和根结线虫的抗性未测试。该品种适宜于美国西南部和澳大利亚种植,已在美国的加利福尼亚州、阿根廷和澳大利亚通过测试。基础种永久由 Forage Genetics 公司生产和持有,审定种子于 2008 年上市。

402. FSG 639ST

FSG 639ST 是由 50 个亲本植株通过杂交而获得的综合品种。其亲本材料是在亚利桑那州 Tucson 大学的耐盐评价圃中选择其中 25%的植株并由蜜蜂、首蓿切叶蜂、熊蜂在其间传粉进行自然杂交获得的。该品种花色 80%为紫色,20%为杂色夹杂乳白色、白色和黄色;属于中等秋眠类型,秋眠等级为 6 级;抗寒性类似于 Ranger。该品种对细菌性萎蔫病、镰刀菌萎蔫病、疫霉根腐病、北方根结线虫、茎线虫具有高抗性;对豌豆蚜、炭疽病、黄萎病、南方根结线虫有抗性;对丝囊霉根腐病具有中等抗性;对蓝首蓿蚜和首蓿斑翅蚜的抗性未测试。该品种适宜于美国中北部地区种植;已在威斯康星州通过测试。基础种永久由 Dairyland 研究中心生产和持有,审定种子于 2009 年上市。

403. FG 54W210

FG 54W210 是由 120 个亲本植株通过杂交而获得的综合品种。其亲本材料运用表型轮回选择法和联合基因技术对其产量性能、秋眠性、持久性加以选择,以获得对细菌性萎蔫病、镰刀菌萎蔫病、黄萎病、茎线虫和疫霉根腐病的抗性。亲本种质来源:Mountaineer 2.0(33%)、Expedition(33%)和 FG 5M107(34%)。该品种花色 85%为紫色,15%为杂色夹杂少许乳白色、黄色和白色;属于中等秋眠类型,秋眠等级为 6 级;小叶数量较多,具多叶性状。该品种对炭疽病、细菌性萎蔫病、镰刀菌萎蔫病、黄萎病、疫霉根腐病、丝囊霉根腐病、豌豆蚜和茎线虫具有高度抗性;对北方根结线虫和首蓿斑翅蚜有抗性;对蓝首蓿蚜的抗性未测试。该品种适宜于美国寒冷和中度寒冷的山区种植;已在爱荷华州和华盛顿州通过测试。基础种永久由 Forage Genetics 公司生产和持有,审定种子于 2008 年上市。

404. Alfagraze 600 RR

Alfagraze 600 RR 是由 110 个亲本植株通过杂交而获得的综合品种。其亲本材料是运用品系特异性标记的基因型选择方法选择其抗农达(草甘膦)除草剂、耐牧性好、产量高、抗寒性强、持久性好的不同种群,以获得对镰刀菌萎蔫病、炭疽病、疫霉根腐病的抗性。亲本种质75%来自乔治亚州大学提供的试验种群,25%来自 FGI 试验种群中成功转入抗农达基因的抗农达品系。该品种花色 100%为紫色,夹杂少许黄色、白色、乳白色和杂色;属于中等秋眠类型,秋眠等级为 6 级;具有抗农达除草剂的特性。该品种对镰刀菌萎蔫病和南方根结线虫具有高抗性;对炭疽病、疫霉根腐病、黄萎病和苜蓿斑翅蚜有抗性;对茎线虫具有中等抗性;对细菌性萎蔫病、豌豆蚜、蓝苜蓿蚜和丝囊霉根腐病的抗性未测试。该品种适宜于西南部和寒冷的山区种植;已在加利福尼亚州和爱达荷州通过测试。基础种永久由 Forage Genetics 公司生产和持有。

405. Integra 8600

Integra 8600 是由 120 个亲本植株通过杂交而获得的综合品种。其亲本材料是在生长多年的试验地或者苗圃中选择出来的多个种群,并运用表型轮回选择法对其抗寒性、产量性能和持久性加以选择。亲本种质 50%来自 P5683,50%来自 Aurora。该品种花色 100%为紫色,夹杂少许白色、乳白色、杂色和黄色;属于中等秋眠类型,秋眠等级为 6 级。该品种高抗豌豆蚜、苜蓿斑翅蚜、蓝苜蓿蚜和北方根结线虫;对炭疽病、镰刀菌萎蔫病、疫霉根腐病和茎线虫有抗性;对黄萎病和丝囊霉根腐病有中等抗性;对细菌性萎蔫病的抗性未检测。该品种适宜于加利福尼亚州和西南轻度沙漠地区种植;已在加利福尼亚州通过测试。基础种永久由 Forage Genetics 公司生产和持有,审定种子于 2006 年上市。

406. WL 440HQ

WL 440HQ 是由 135 个亲本植株通过杂交而获得的综合品种。其亲本材料选自具有牧草产量高、秋眠性、抗虫性高和持久性好等特性的多个种群,并运用基因型和表型轮回选择相结合的方法加以选择,以获得具有对细菌性萎蔫病、镰刀菌萎蔫病、黄萎病、疫霉根腐病和茎线虫的抗性。该品种花色 93%为紫色,5%为杂色,2%为白色,略带黄色和乳白色;属于中等秋眠类型,秋眠等级为 6 级;小叶数量较多,为中等多叶型品种。该品种对炭疽病、细菌性萎蔫病、镰刀菌萎蔫病、黄萎病、疫霉根腐病、茎线虫、豌豆蚜和北方根结线虫具有高抗性;对丝囊霉根腐病有抗性;对苜蓿斑翅蚜和蓝苜蓿蚜的抗性未测试。该品种适宜于美国中等寒冷和寒冷的山区种植;已在爱达荷州和加利福尼亚州通过测试。基础种永久由 Forage Genetics 公司生产和持有,审定种子于 2009 年上市。

407. PGI 608

PGI 608 是由 210 个亲本植株通过杂交而获得的综合品种。亲本材料是在阿根廷选种苗圃里或产量试验田里选出的抗蚜虫、耐干旱、耐霜冻、持久性好等农艺性状的多个种群,并运用表型轮回选择法和品系杂交技术加以选择,以获得具有对镰刀菌萎蔫病、黄萎病、疫霉根腐病、炭疽病、苜蓿斑翅蚜、蓝苜蓿蚜和茎线虫的抗性。亲本种质来源:5681 (12%)、DK 166

（10%）、Atene（8%）、Archer（5%）、Alfa 50（5%）、Aspire（4%）、555（4%）、Mede（3%）、Tahoe（3%）、WL 320（3%）、Prince（2%）和混杂的 Cal/West 育种种群（41%）。该品种花色99%以上为紫色，1%为杂色，略带乳白色、黄色和白色；属于中等秋眠类型，秋眠等级 6 级。该品种对炭疽病、细菌性萎蔫病、镰刀菌萎蔫病、黄萎病、疫霉根腐病、豌豆蚜、北方根结线虫和南方根结线虫具有高抗性；对苜蓿斑翅蚜、蓝苜蓿蚜和茎线虫抗性较低；对丝囊霉根腐病的抗性未测试。该品种适宜于中等寒冷的山区、美国西南部地区和阿根廷等地种植；已在美国的加利福尼亚州和阿根廷通过测试。基础种永久由 Cal/West 种子公司生产和持有，审定种子于2007 年上市。

408. **SW 6330**

SW 6330 这个综合品种亲本材料的选择标准是为了改良这个品种牧草产量，并且获得对豌豆蚜、苜蓿斑翅蚜、疫霉根腐病和南方根结线虫的抗性。该品种花色97%为紫色，3%为杂色；属于中等秋眠类型，秋眠等级 6 级。该品种对豌豆蚜具有高抗性；对苜蓿斑翅蚜、炭疽病、疫霉根腐病和南方根结线虫有抗性；对茎线虫和蓝苜蓿蚜具有中度抗性；对黄萎病抗性较低，对镰刀菌萎蔫病、细菌性萎蔫病和丝囊霉根腐病的抗性未测试。该品种适宜于美国西南部和大平原地区种植；已在美国的加利福尼亚州和墨西哥通过测试。基础种永久由 S & W 种子公司和持有，审定种子于 2009 年上市。

409. **CW 3666**

CW 3666 是由 250 个亲本植株经过杂交而获得的综合品种。其亲本材料具有抗疫霉根腐病和丝囊霉根腐病等特性；亲本材料是从加利福尼亚州生长 4 年的测产试验田里选出的多个种群，并运用表型轮回选择法和品系杂交技术加以选择，以获得对镰刀菌萎蔫病、黄萎病、炭疽病、疫霉根腐病、蓝苜蓿蚜、苜蓿斑翅蚜等病虫害的抗性。亲本种质来源：WL 252 HQ 和 Ovation。种质资源贡献率大约为：黄花苜蓿占 1%，拉达克苜蓿占 2%，杂花苜蓿占 8%，土耳其斯坦苜蓿占 17%，佛兰德斯苜蓿占 26%，智利苜蓿占 11%，秘鲁苜蓿占 2%，印第安苜蓿占9%，非洲苜蓿占 18%，未知的占 6%。该品种花色约 99% 为紫色，略带乳白色；属于中等秋眠类型，秋眠等级（类似于 ABI 700）为 6 级。该品种对炭疽病、镰刀菌萎蔫病、疫霉根腐病、茎线虫、蓝苜蓿蚜、苜蓿斑翅蚜和豌豆蚜等病虫害具有高抗性；对黄萎病具有抗性；对细菌性萎蔫病具有中度抗性。该品种适宜于美国西南部地区、中度寒冷山区和墨西哥种植；已经在美国的加利福尼亚州、新墨西哥州以及墨西哥通过测试。基础种由 Cal/West 生产，审定种子于 1997 年上市。

410. **FG 6B175**

FG 6B175 是由 140 个亲本植株通过杂交而获得的综合品种。亲本材料选择标准包括种子产量、多叶型特性和对炭疽病、镰刀菌萎蔫病、黄萎病、疫霉根腐病的抗性。亲本种质来源：DK 166（70%）和 Tahoe（30%）。种质资源贡献率大约为：黄花苜蓿占 1%，拉达克苜蓿占10%，杂花苜蓿占 6%，土耳其斯坦苜蓿占 20%，佛兰德斯苜蓿占 11%，智利苜蓿占 14%，秘鲁苜蓿占 1%，印第安苜蓿占 17%，非洲苜蓿占 17%，未知苜蓿占 3%。该品种花色近 100% 为紫色；秋眠等级接近 6 级。该品种对炭疽病、镰刀菌萎蔫病、疫霉根腐病、豌豆蚜和苜蓿斑翅蚜具有高抗性;对黄萎病、蓝苜蓿蚜和根结线虫有抗性;对细菌性萎蔫病和茎线虫有中度抗性;对丝囊霉根腐病的抗性未测试。该品种适宜于美国中度寒冷山区种植;已在爱达荷州和加利福尼亚州通过测试。基础种永久由 Forage Genetics 公司生产和持有,审定种子于 1998 年上市。

411. FG 6L402

FG 6L402 是由 184 个亲本植株通过杂交而获得的综合品种。其亲本材料具有对炭疽病、镰刀菌萎蔫病、黄萎病、炭疽病、疫霉根腐病、蓝苜蓿蚜、豌豆蚜和苜蓿斑翅蚜的抗性。亲本种质来源:Tahoe (100%)。种质资源贡献率大约为:黄花苜蓿占 1%,拉达克苜蓿占 12%,杂花苜蓿占 8%,土耳其斯坦苜蓿占 25%,佛兰德斯苜蓿占 11%,智利苜蓿占 9%,秘鲁苜蓿占 1%,印第安苜蓿占 10%,非洲苜蓿占 10%,未知苜蓿占 13%。该品种花色 98% 为紫色,2% 为杂色并带有少许白色、乳白色和黄色;秋眠等级为 6 级。该品种对炭疽病、镰刀菌萎蔫病、疫霉根腐病、根结线虫、豌豆蚜和苜蓿斑翅蚜具有高抗性;对黄萎病、蓝苜蓿蚜和茎线虫有抗性;中度抗细菌性萎蔫病,对丝囊霉根腐病的抗性未测试。该品种适宜于美国西南地区和西部多沙漠地区种植;已在爱达荷州和加利福尼亚州通过测试。基础种永久由 Forage Genetics 公司生产和持有,审定种子于 1998 年上市。

412. FG 6L406

FG 6L406 是由 154 个亲本植株通过杂交而获得的综合品种。其亲本材料具有对黄萎病、炭疽病、疫霉根腐病、蓝苜蓿蚜、豌豆蚜和苜蓿斑翅蚜的抗性。亲本种质来源:Parade (100%)。种质资源贡献率大约为:黄花苜蓿占 1%,拉达克苜蓿占 12%,杂花苜蓿占 2%,土耳其斯坦苜蓿占 16%,佛兰德斯苜蓿占 11%,智利苜蓿占 13%,秘鲁苜蓿占 1%,印第安苜蓿占 14%,非洲苜蓿占 25%,未知苜蓿占 5%。该品种花色 99% 为紫色,1% 为杂色并带有少许白色、乳白色和黄色;秋眠等级为 6 级。该品种对炭疽病、镰刀菌萎蔫病、黄萎病、疫霉根腐病、豌豆蚜和苜蓿斑翅蚜具有高抗性;对蓝苜蓿蚜有抗性;中度抗细菌性萎蔫病和茎线虫,对丝囊霉根腐病和根结线虫的抗性未测试。该品种适宜于美国西南地区和西部多沙漠地区种植;已在爱达荷州和加利福尼亚州通过测试。基础种永久由 Forage Genetics 公司生产和持有,审定种子于 1998 年上市。

413. CW 4598

CW 4598 是由 291 个亲本植株通过杂交而获得的综合品种。其亲本材料具有抗疫霉根腐病、炭疽病、种子产量高的特性,亲本材料是从加利福尼亚州生长 4 年的产量试验田和 1993 份育种家种子材料的杂交后代中选出的,并运用表型轮回选择法和杂交方法加以选择,以获得对镰刀菌萎蔫病、黄萎病、疫霉根腐病、炭疽病、苜蓿斑翅蚜、蓝苜蓿蚜和茎线虫的抗性。亲本种质来源:Felix、N650、GT 58、Archer 和 Cal/West Seeds 育种群体。种质资源贡献率大约为:黄花苜蓿占 2%,拉达克苜蓿占 3%,杂花苜蓿占 10%,土耳其斯坦苜蓿占 13%,佛兰德斯苜蓿占 31%,智利苜蓿占 8%,秘鲁苜蓿占 3%,印第安苜蓿占 5%,非洲苜蓿占 10%,未知苜蓿占 15%。该品种花色 78% 为紫色,21% 为杂色,1% 为乳白色,少许为白色和黄色;属于中等秋眠类型,秋眠等级同 ABI 700。该品种对炭疽病、镰刀菌萎蔫病、疫霉根腐病、苜蓿斑翅蚜和蓝苜蓿蚜具有高抗性;对黄萎病、豌豆蚜和茎线虫有抗性;对细菌性萎蔫病、丝囊霉根腐病和根结线虫的抗性未测试。该品种适宜于美国西南部地区种植,计划推广到阿根廷利用;已在美国的加利福尼亚州通过测试。基础种永久由 Cal/West 种子公司生产和持有,审定种子于 1999 年上市。

414. **CW 4696**

CW 4696 是由 266 个亲本植株通过杂交而获得的综合品种。其亲本材料具有抗疫霉根腐病、炭疽病以及种子产量高、多叶型的特性;亲本材料是从加利福尼亚州生长 4 年的产量试验田和 1993 份育种家种子材料的杂交后代中选出的,并运用表型轮回选择法和杂交方法加以选择,以获得对镰刀菌萎蔫病、黄萎病、疫霉根腐病、炭疽病、苜蓿斑翅蚜、蓝苜蓿蚜和茎线虫的抗性。亲本种质来源:N650、DK 166、Express、Prince 和 Cal/West Seeds 育种群体。种质资源贡献率大约为:黄花苜蓿占 1%,拉达克苜蓿占 2%,杂花苜蓿占 9%,土耳其斯坦苜蓿占 15%,佛兰德斯苜蓿占 32%,智利苜蓿占 12%,秘鲁苜蓿占 2%,印第安苜蓿占 8%,非洲苜蓿占 15%,未知苜蓿占 4%。该品种花色 94% 为紫色,6% 为杂色,略带乳白色、白色和黄色;属于中等秋眠类型,秋眠等级同 ABI 700。该品种对炭疽病、镰刀菌萎蔫病、疫霉根腐病、苜蓿斑翅蚜和蓝苜蓿蚜具有高抗性;对黄萎病和豌豆蚜有抗性;对细菌性萎蔫病、丝囊霉根腐病和根结线虫的抗性未测试。该品种适宜于美国西南部种植,计划推广到阿根廷利用。已在美国的加利福尼亚州通过测试。基础种永久由 Cal/West 种子公司生产和持有,审定种子于 1999 年上市。

415. **DK 166**

DK 166 是由 184 个亲本植株通过杂交而获得的综合品种。其亲本材料具有多叶型的特性,并运用表型轮回选择法加以选择,以获得对炭疽病、黄萎病、疫霉根腐病、蓝苜蓿蚜和苜蓿斑翅蚜的抗性。亲本种质来源:Express、Condor、Valley +、VS-626、Shenandoah、VS-481 和 Mede。种质资源贡献率大约为:黄花苜蓿占 1%,拉达克苜蓿占 2%,杂花苜蓿占 8%,土耳其斯坦苜蓿占 12%,佛兰德斯苜蓿占 30%,智利苜蓿占 11%,秘鲁苜蓿占 1%,印第安苜蓿占 10%,非洲苜蓿占 19%,未知苜蓿占 6%。该品种花色 99% 为紫色,1% 为杂色,夹杂白色、乳白色和黄色;属于中等秋眠类型,秋眠等级同 Lahonton。该品种对炭疽病、疫霉根腐病、镰刀菌萎蔫病、豌豆蚜和苜蓿斑翅蚜具有高抗性;对蓝苜蓿蚜和南方根结线虫有抗性;中度抗细菌性萎蔫病和黄萎病;对茎线虫、北方根结线虫和丝囊霉根腐病的抗性未测试。该品种适宜于美国加州的萨克拉门托河谷和圣华金河谷、新墨西哥州的梅西亚山谷和圣胡安山谷、爱达荷州地区种植;已在加利福尼亚州、爱达荷州和新墨西哥州通过测试。基础种永久由 Cal/West 种子公司生产和持有,审定种子于 1993 年上市。

416. **Sendero**

Sendero 是由 140 个亲本植株通过杂交而获得的综合品种。其亲本材料选择标准包括种子产量、多叶型特性以及对炭疽病、镰刀菌萎蔫病、黄萎病、疫霉根腐病的抗性。亲本种质来源:DK 166(70%)和 Tahoe(30%)。种质资源贡献率大约为:黄花苜蓿占 1%,拉达克苜蓿占 10%,杂花苜蓿占 6%,土耳其斯坦苜蓿占 20%,佛兰德斯苜蓿占 11%,智利苜蓿占 14%,秘鲁苜蓿占 1%,印第安苜蓿占 17%,非洲苜蓿占 17%,未知苜蓿占 3%。该品种花色近 100% 为紫色;秋眠等级为 6 级。该品种对镰刀菌萎蔫病、炭疽病、疫霉根腐病、豌豆蚜、苜蓿斑翅蚜具有高抗性;对黄萎病、蓝苜蓿蚜和北方根结线虫有抗性;中度抗细菌性萎蔫病和茎线虫,对丝囊霉根腐病的抗性未测试。该品种适宜于美国中度寒冷山区和寒冷山区种植,计划推广到美国西部中度寒冷的山区;已在爱达荷州和加利福尼亚州通过测试。基础种永久由 Forage Genetics 公司种子公司生产和持有,审定种子于 1998 年上市。

417. **CW 56078**

CW 56078 是由 111 个亲本植株通过杂交而获得的综合品种。亲本材料是从加利福尼亚附近林地经过连续 2 年重度放牧后选出的持久性好、生长势好和耐放牧的多个种群。亲本种质来源:Express 和 SPS 6550。种质资源贡献率大约为:黄花苜蓿占 1%,拉达克苜蓿占 2%,杂花苜蓿占 10%,土耳其斯坦苜蓿占 13%,佛兰德斯苜蓿占 34%,智利苜蓿占 12%,秘鲁苜蓿占 1%,印第安苜蓿占 7%,非洲苜蓿占 14%,未知的占 6%。该品种花色近 99% 为紫色,1% 为杂色,略带黄色、乳白色和白色;属于中等秋眠类型,秋眠等级为 6 级;重度放牧条件下耐受性好。该品种对炭疽病、镰刀菌萎蔫病、疫霉根腐病、豌豆蚜、苜蓿斑翅蚜、蓝苜蓿蚜具有高抗性;对茎线虫有抗性;对细菌性萎蔫病、黄萎病、丝囊霉根腐病、根结线虫的抗性未检测。该品种适合在美国西南部地区、中等寒冷的山区等地种植;已在加利福尼亚州通过测试。基础种永久由 Cal/West 生产和持有,审定种子于 2000 年上市。

418. **FG 6R632**

FG 6R632 亲本材料选择标准为具有牧草产量高、持久性好、多叶型等特性的多个种群,并且获得对黄萎病、疫霉根腐病、苜蓿斑翅蚜的抗性。该品种花色有近 99% 为紫色,1% 为杂色,略带乳白色、白色和黄色;属于中等秋眠类型,秋眠等级为 6 级。该品种对炭疽病、镰刀菌萎蔫病、疫霉根腐病、豌豆蚜、蓝苜蓿蚜、苜蓿斑翅蚜具有高抗性;对黄萎病、南方根结线虫有抗性;对细菌性萎蔫病、茎线虫、北方根结线虫有中等的抗性;对丝囊霉根腐病的抗性未测试。该品种适合在美国西南部地区、中度寒冷的山区等地种植;已在爱荷华州和加利福尼亚州通过测试。基础种永久由 Forage Genetics 公司生产和持有,审定种子于 2000 年上市。

419. **WL 442**

WL 442 是由 167 个亲本植株通过杂交而获得的综合品种。其亲本材料运用表型轮回选择法加以选择,以获得对黄萎病的抗性。亲本种质来自 2 个具有疫霉菌根腐病抗性的优良实验品系。种质资源贡献率大约为:黄花苜蓿占 16%,拉达克苜蓿占 14%,杂花苜蓿占 21%,土耳其斯坦苜蓿占 13%,佛兰德斯苜蓿占 36%。该品种花色近 100% 为紫色,略带乳白色、杂色和白色;秋眠等级为 6 级。该品种对炭疽病、镰刀菌萎蔫病、黄萎病、疫霉根腐病、茎线虫、蓝苜蓿蚜、豌豆蚜、苜蓿斑翅蚜具有高抗性;对细菌性萎蔫病、南方根结线虫有抗性;对丝囊霉根腐病的抗性未检测。该品种适合在美国西南地区种植;已在加利福尼亚州通过测试。基础种永久由 W-L Research 生产和持有,审定种子于 1998 年上市。

420. **FG 6R87**

FG 6R87 亲本材料是从苗圃中选出的抗寒性好、抗多种虫害适宜中西部生产、中等秋眠的多个种群。F₁代选择标准为：晚秋眠、活力高、对细菌性萎蔫病、镰刀菌萎蔫病、疫霉根腐病和炭疽病有抗性。该品种花色97％为紫色，3％为杂色带有少许黄色、白色和乳白色；属于中等秋眠类型，秋眠等级为6级；抗寒性类似于Dupuits。该品种对炭疽病、黄萎病、镰刀菌萎蔫病、疫霉根腐病、豌豆蚜和茎线虫具有抗性；中抗丝囊霉根腐病和蓝苜蓿蚜；对细菌性萎蔫病、苜蓿斑翅蚜和根结线虫的抗性未测试。该品种适宜于美国冬季寒冷地区和大平原地区种植；已在爱达荷州、威斯康星州、俄克拉荷马州通过测试。基础种永久由Forage Genetics公司生产和持有，审定种子于2001年上市。

421. TruTest

TruTest亲本材料选择标准为具有高产、持久性强、多叶型特性并且抗黄萎病、疫霉根腐病、苜蓿斑翅蚜等特性的多个种群。该品种花色99％为紫色，1％为杂色，极少量为白色、黄色和乳白色；属于中等秋眠类型，秋眠等级为6级；具有中等的多叶型特性。该品种对炭疽病、镰刀菌萎蔫病、疫霉根腐病、豌豆蚜、苜蓿斑翅蚜和蓝苜蓿蚜具有高抗性；对黄萎病、南方根结线虫有抗性；中抗细菌性萎蔫病、茎线虫和北方根结线虫，对丝囊霉根腐病的抗性未测试。该品种适宜于美国西南部和适度寒冷的山间地区种植；已在爱达荷州和加利福尼亚州通过测试。基础种永久由Forage Genetics公司生产和持有，审定种子于2000年上市。

422. Royal Harvest

Royal Harvest是由291个亲本植株通过杂交而获得的综合品种。其亲本材料具有抗疫霉根腐病、炭疽病、种子产量高、多叶型的特性；亲本材料是在加利福尼亚州生长4年的产量试验田里选择出的多个种群，并运用表型轮回选择法和品系杂交技术加以选择，以获得对镰刀菌萎蔫病、黄萎病、疫霉根腐病、炭疽病、苜蓿斑翅蚜、蓝苜蓿蚜和茎线虫的抗性。亲本种质来源：Felix、N650、GT 58、Archer和Cal/West育种群体。种质资源贡献率大约为：黄花苜蓿占2％、拉达克苜蓿占3％、杂花苜蓿占10％，土耳其斯坦苜蓿占13％，佛兰德斯苜蓿占31％，智利苜蓿占8％，秘鲁苜蓿占3％，印第安苜蓿占5％，非洲苜蓿占10％，未知苜蓿占15％。该品种花色78％为紫色，21％为杂色，1％为乳白色带有极少量白色和黄色；属于中等秋眠类型，秋眠等级6级。该品种对炭疽病、细菌性萎蔫病、镰刀菌萎蔫病、疫霉根腐病、苜蓿斑翅蚜、蓝苜蓿蚜具有高抗性；对黄萎病、豌豆蚜、茎线虫、根结线虫有抗性；对北方根结线虫有中度抗性；对丝囊霉根腐病的抗性未测试。该品种适宜于美国西南地区种植；已在加利福尼亚州通过测试。基础种永久由Cal/West种子公司生产和持有，审定种子于1999年上市。

423. C241

C241是由200个亲本植株通过杂交而获得的综合品种。亲本材料运用表型轮回选择法加以选择，以获得对黄萎病的抗性。亲本种质来源：Valley＋、WL 457、WL 414和Archer。种质资源贡献率大约为：阿拉伯苜蓿占46％，智利苜蓿占32％，秘鲁苜蓿占12％，印第安苜蓿占5％，非洲苜蓿占5％。该品种花色100％为紫色，带有少量杂色、白色；属于中等秋眠类型，秋眠等级为6级。该品种对镰刀菌萎蔫病、疫霉根腐病具有高抗性；对炭疽病、细菌性萎蔫病、茎线虫、豌豆蚜、苜蓿斑翅蚜、蓝苜蓿蚜、根结线虫有抗性；对黄萎病有中度抗性；对丝囊霉根腐病的抗性未测试。该品种适宜于美国西南部地区种植；已在加利福尼亚州通过测试。基础种永久由 Lohse Mills 公司生产和持有,审定种子于 2002 年上市。

424. FG 6R628

FG 6R628 亲本材料是在生长多年的试验田或苗圃里选择出来的,选择标准是为了改良这个品种的多叶表达性、牧草产量和持久性。该品种花色 100％为紫色,略带有少量黄色、白色和乳白色;属于中等秋眠类型,秋眠等级为 6 级;小叶数量较多,为多叶型品种。该品种对炭疽病、镰刀菌萎蔫病、疫霉根腐病、豌豆蚜和苜蓿斑翅蚜具有高抗性;对黄萎病、茎线虫、蓝苜蓿蚜和根结线虫有抗性;中度抗细菌性萎蔫病;对丝囊霉根腐病的抗性未测试。该品种适宜于美国西南部地区和中度寒冷山区种植;已在爱达荷州、加利福尼亚州通过测试。基础种永久由 Forage Genetics 公司生产和持有,审定种子于 2002 年上市。

425. CW 76120

CW 76120 是由 135 个亲本植株通过杂交而获得的综合品种。其亲本材料具有抗蚜虫、耐干旱、耐霜冻、持久性好、农艺性状好的特性;亲本材料是在阿根廷的产量试验田和单株选择苗圃里选出的多个种群,并运用表型轮回选择法及品系杂交技术加以选择,以获得对镰刀菌萎蔫病、黄萎病、疫霉根腐病、炭疽病、苜蓿斑翅蚜、蓝苜蓿蚜和茎线虫的抗性。亲本种质来源:SPS 6550、DK 166、Express、Aspire、Archer、AlfaStar、BigHorn 和 Cal/West 育种种群。种质资源贡献率大约为:黄花苜蓿占 1％,拉达克苜蓿占 2％,杂花苜蓿占 9％,土耳其斯坦苜蓿占 15％,佛兰德斯苜蓿占 27％,智利苜蓿占 11％,秘鲁苜蓿占 2％,印第安苜蓿占 10％,非洲苜蓿占 23％。该品种花色 98％为紫色,2％为杂色带有少许乳白色、白色和黄色;属于中等秋眠类型,秋眠等级 6 级。该品种对炭疽病、镰刀菌萎蔫病、豌豆蚜、苜蓿斑翅蚜和蓝苜蓿蚜具有高抗性;对黄萎病、茎线虫和北方根结线虫有抗性;对细菌性萎蔫病有中度抗性;对丝囊霉根腐病的抗性未测试。该品种适宜于美国和阿根廷中度寒冷的山区和西南地区种植,已在美国的加利福尼亚州和阿根廷通过测试。基础种永久由 Cal/West 种子公司生产和持有,审定种子于 2003 年上市。

426. Toro

Toro 亲本材料选择标准是为了改良这个品种在非常潮湿的条件下对根腐病的抗性以及秋眠性、抗寒性、牧草产量、牧草质量、持久性等特性,并且获得对苜蓿象鼻虫、豌豆蚜和苜蓿斑翅蚜的抗性。该品种花色 78％为紫色,22％为杂色;属于中等秋眠类型,秋眠等级为 6 级。该品种对炭疽病、细菌性萎蔫病、镰刀菌萎蔫病、疫霉根腐病、苜蓿斑翅蚜和豌豆蚜具有高抗性;对黄萎病、丝囊霉根腐病和茎线虫有抗性;对蓝苜蓿蚜的抗性未测试。该品种适宜于美国中东地区和中度寒冷山区种植。基础种永久由 Great Plains Research 公司生产和持有,审定种子于 2004 年上市。

427. 56S82

56S82 是由 220 个亲本植株通过杂交而获得的综合品种。其亲本材料在 Pioneer 试验地中选择具有抗寒性好、牧草产量高和持久性强等特性的种群,并运用表型轮回选择法对其根颈类型加以选择,以获得对细菌性萎蔫病、黄萎病、疫霉根腐病、茎线虫、北方根结线虫和丝囊霉根腐病的抗性。该品种花色93％为紫色，3％为杂色，2％为黄色，1％为乳白色，1％为白色；属于中等秋眠类型，秋眠等级为6级。该品种对炭疽病、茎线虫、北方根结线虫、南方根结线虫、细菌性萎蔫病、镰刀菌萎蔫病、疫霉根腐病、苜蓿斑翅蚜、蓝苜蓿蚜和豌豆蚜具有高抗性；对丝囊霉根腐病有抗性；对豌豆蚜虫抗性适中，对黄萎病的抗性未测试。该品种适宜于美国中北部地区和中度寒冷山区以及阿根廷、澳大利亚种植，同时也适应墨西哥、南非和南欧洲地区。基础种永久由 Pioneer Hi-Bred International 公司生产和持有，审定种子于2005年上市。

428. **Magna 601**

Magna 601 是由48个亲本植株通过杂交而获得的综合品种。其亲本材料是从威斯康星州克林顿地区附近的产量试验田里选出的多个种群，并且对细菌性萎蔫病、镰刀菌萎蔫病、叶部病害的抗性以及根颈健康状态、地上生长状况等特性进行了评估。种质资源贡献率大约为：土耳其斯坦苜蓿占12％，智利苜蓿占4％，秘鲁苜蓿占1％，未知苜蓿占83％。该品种花色95％为紫色，5％杂色并带有少许白色、乳白色和黄色；属于中等秋眠类型，秋眠等级为6级；抗寒性类似于 Ranger；在盐碱土条件下，牧草产量、耐盐性与对照品种相近。该品种对镰刀菌萎蔫病、疫霉根腐病、苜蓿斑翅蚜具有高抗性；对北方根结线虫、茎线虫、南方根结线虫、细菌性萎蔫病、豌豆蚜和炭疽病有抗性；中度抗丝囊霉根腐病和黄萎病；对蓝苜蓿蚜的抗性未测试。该品种适宜于美国西南部、中北部地区种植；已在美国的加利福尼亚州和威斯康星州通过测试。基础种永久由 Dairyland 研究中心生产和持有，审定种子于1999年上市。

429. **HybriForce-600**

HybriForce-600 是杂交率为75％～95％的杂交苜蓿品种。其亲本材料是从产量试验田和抗病苗圃田里选出的多个种群，选择标准包括雄性不育、保持和恢复的能力，并对后代材料的牧草产量、持久性、质量以及对细菌性萎蔫病、镰刀菌萎蔫病、疫霉根腐病、炭疽病、黄萎病、丝囊霉根腐病的抗性进行了评估。该品种花色90％为紫色，10％为杂色并略带黄色、乳白色和白色；属于中等秋眠类型，秋眠等级为6级；抗寒性类似于 Ranger。该品种对细菌性萎蔫病、镰刀菌萎蔫病、疫霉根腐病、北方根结线虫和豌豆蚜具有高抗性；对炭疽病和茎线虫有抗性；对蓝苜蓿蚜、苜蓿斑翅蚜、黄萎病和丝囊霉根腐病的抗性未测试。该品种适宜于美国西南部、大平原和中北部地区种植；已在加利福尼亚州、堪萨斯州和威斯康星州通过测试。基础种永久由 Dairyland 研究中心生产和持有，审定种子于2005年上市。

430. **CW 55067(Del Rio)**

Del Rio 是由95个亲本植株通过杂交而获得的综合品种。其亲本材料具有抗疫霉根腐病、炭疽病的特性；亲本材料是从加利福尼亚州生长4年的产量试验田材料和生长3年的苗圃植株的杂交后代中选出的，并运用表型轮回选择法、近红外反射光谱法和品系杂交技术加以选择，以获得对镰刀菌萎蔫病、黄萎病、疫霉根腐病、炭疽病、苜蓿斑翅蚜、蓝苜蓿蚜和茎线虫的抗性。亲本种质来源：DK 169、Mede、DK 166、Express 和 Cal/West 育种群体。种质资源贡献率大约为：黄花苜蓿占1％，拉达克苜蓿占2％，杂花苜蓿占9％，土耳其斯坦苜蓿占16％，佛兰德斯苜蓿占31％，智利苜蓿占12％，秘鲁苜蓿占2％，印第安苜蓿占8％，非洲苜蓿占15％，未知苜蓿占4％。该品种花色99％为紫色，略带杂色、乳白色、白色和黄色；属于中等秋眠类型，秋眠等级为 6 级。该品种对炭疽病、镰刀菌萎蔫病、疫霉根腐病、豌豆蚜、苜蓿斑翅蚜和南方根结线虫具有高抗性;对细菌性萎蔫病、黄萎病、蓝苜蓿蚜和茎线虫具有抗性;对丝囊霉根腐病的抗性未测试。该品种适宜于美国西南部地区、中度寒冷山区和阿根廷种植。基础种永久由 Cal/West 种子公司生产和持有,审定种子于 2005 年上市。

431. FG 61T011

FG 61T011 的亲本材料是在一个生长多年的试验田或苗圃里选择出来的。其选择标准是为了改良这个品种在冬季的生长活力、牧草产量和持久性。该品种花色 100% 紫色,含极少量的杂色、黄色、乳白色和白色;属于中等秋眠类型,秋眠等级 6 级。该品种对炭疽病、疫霉根腐病、苜蓿斑翅蚜和蓝苜蓿蚜具有高抗性;对镰刀菌萎蔫病、黄萎病和豌豆蚜具有抗性;对细菌性萎蔫病和丝囊霉根腐病具有中度抗性;对北方根结线虫和茎线虫的抗性未测试。该品种适宜于美国加利福尼亚州和西南沙漠地区种植;已在加利福尼亚州和爱达荷州通过测试。基础种永久由 Forage Genetics 公司生产和持有,审定种子于 2006 年上市。

432. FG 71T004

FG 71T004 的亲本材料是在一个生长多年的试验田或苗圃里选择出来的。其选择标准是为了改良这个品种在冬季的生长活力、牧草产量和持久性。该品种花色 100% 紫色,含极少量的杂色、黄色、乳白色和白色;属于中等秋眠类型,秋眠等级 6 级。该品种对豌豆蚜、苜蓿斑翅蚜、蓝苜蓿蚜和北方根结线虫具有高抗性;对炭疽病、镰刀菌萎蔫病、疫霉根腐病和茎线虫具有抗性;对黄萎病和丝囊霉根腐病具有中度抗性;对细菌性萎蔫病的抗性未测试。该品种适宜于美国加利福尼亚州和西南沙漠地区种植;已在加利福尼亚州通过测试。基础种永久由 Forage Genetics 公司生产和持有,审定种子于 2006 年上市。

433. RRALF 6R100

RRALF 6R100 亲本材料的选择标准是为了改良这个品种对草甘膦除草剂的耐性、牧草产量、冬季生长活力和持久性,并且获得对细菌性萎蔫病、镰刀菌萎蔫病、黄萎病、炭疽病、疫霉根腐病和丝囊霉根腐病的抗性。其亲本材料包含耐草甘膦除草剂 CP4-EPSPS 的基因,特别是美国农业部放松管制的草甘膦独特标识转入苜蓿的 J101 或 J163 基因。该品种花色 94% 为紫色,6% 为杂色,略带白色、乳白色和黄色;属于中等秋眠类型,秋眠等级 6 级;小叶数量较多,为多叶型品种;对农达除草剂有抗性。该品种对炭疽病、细菌性萎蔫病、镰刀菌萎蔫病、疫霉根腐病、苜蓿斑翅蚜、蓝苜蓿蚜和根结线虫具有高抗性;对丝囊霉根腐病的抗性未测试。该品种适宜于美国加利福尼亚和西部比较寒冷的地区种植;已在加利福尼亚州和爱达荷州通过测试。基础种永久由 Forage Genetics 公司生产和持有,审定种子于 2006 年上市。

434. Cisco

Cisco 是由 51 个亲本植株通过杂交而获得的综合品种。其中,26 个亲本材料是从位于加利福尼亚附近产量试验田的 Sutter 品种中选出的具有抗细菌性萎蔫病、镰刀菌萎蔫病、叶子疾病以及根颈健康、生长旺盛等特性的种群;另外 25 个亲本材料是从抗病苗圃中选出的具有抗疫霉根腐病和炭疽病特性的种群。亲本种质来源:UC Cibola、WL457 和产地不明的 D/S 实验材料。种质资源贡献率大约为:土耳其斯坦苜蓿占 10%,智利苜蓿占 4%,秘鲁苜蓿占 1%,未知苜蓿占 85%。该品种花色 95% 为紫色,5% 为杂色,略带乳白、白色和黄色,属于中等秋眠类型,秋眠等级为 6 级。该品种对镰刀菌萎蔫病、疫霉根腐病、苜蓿斑翅蚜、北方根结线虫、茎线虫具有高抗性;对南方根结线虫、细菌性萎蔫病、豌豆蚜和炭疽病有抗性;对丝囊霉根腐病和黄萎病有中度抗性,对蓝苜蓿蚜的抗性未测试。该品种适宜于美国西南地区种植;已在利福尼亚州和威斯康星州地区通过测试。基础种永久由 Diarland 研究中心生产和持有,审定种子于 1999 年上市。

4.2.3 非秋眠品种

1. FG 60M1053

FG 60M1053 的亲本材料是在一个生长多年的试验田里选择出来的。其选择标准是为了改良这个品种在冬季的生长活力、牧草产量和持久性。该品种花色 94% 为紫色,6% 为杂色,含有极少量的白色、黄色和乳白色;属于非秋眠类型,秋眠等级 7 级;小叶数量多,为多叶型品种。该品种对炭疽病、细菌性萎蔫病、疫霉根腐病、镰刀菌萎蔫病、苜蓿斑翅蚜、北方根结线虫具有高抗性;对蓝苜蓿蚜、丝囊霉根腐病、黄萎病的抗性未测试。该品种适宜于美国西南部地区和适度寒冷的山区种植;已在加利福尼亚州和爱达荷州通过测试。基础种永久由 Forage Genetics 公司生产和持有,审定种子于 2007 年上市。

2. FG 71M405

FG 71M405 的亲本材料是在一个生长多年的试验田里选择出来的。其选择标准是为了改良这个品种在冬季的生长活力、牧草产量和持久性。该品种花色 94% 为紫色,1% 为杂色,2% 为黄色,3% 为乳白色和极少量的白色;属于非秋眠类型,秋眠等级 7 级;小叶数量多,为多叶型品种。该品种对炭疽病、细菌性萎蔫病、疫霉根腐病、苜蓿斑翅蚜、北方根结线虫和茎线虫具有高抗性;对镰刀菌萎蔫病具有抗性;对豌豆蚜、蓝苜蓿蚜、丝囊霉根腐病和黄萎病的抗性未测试。该品种适宜于美国西南部地区和适度寒冷的山区种植;已在加利福尼亚州通过测试。基础种永久由 Forage Genetics 公司生产和持有,审定种子于 2007 年上市。

3. AmeriStand 815T RR

AmeriStand 815T RR 的亲本材料的选择标准是为了改良这个品种对草甘膦除草剂的耐性、牧草产量、冬季生长活力和持久性,并且获得对细菌性萎蔫病、镰刀菌萎蔫病、黄萎病、炭疽病和疫霉根腐病的抗性。其亲本材料包含耐草甘膦除草剂 CP4-EPSPS 的基因,特别是美国农业部放松管制的草甘膦独特标识转入苜蓿的 J101 或 J163 基因。该品种花色 100% 为紫色,有极少量杂色、黄色、乳白色和白色;属于非秋眠类型,秋眠等级 7 级;对农达除草剂有抗性;在盐胁迫下比耐盐对照品种牧草产量高。该品种对疫霉根腐病具有高抗性;对炭疽病、细菌性萎蔫病、镰刀菌萎蔫病、北方根结线虫、苜蓿斑翅蚜和茎线虫具有抗性;低抗丝囊霉根腐病,对黄萎病、蓝苜蓿蚜和豌豆蚜的抗性未测试。该品种适宜于美国加利福尼亚州和西部轻度沙漠地区种植;已在加利福尼亚州和爱达荷州通过测试。基础种永久由 Forage Genetics 公司生产和持有,审定种子于 2007 年上市。

4. FG 73T043

FG 73T043 的亲本材料是在一个生长多年的试验田或苗圃里选择出来的。其选择标准是为了改良这个品种在冬季的生长活力、牧草产量和持久性。该品种花色 98% 为紫色,2% 为杂色,含极少量的黄色、乳白色和白色;属于非秋眠类型,秋眠等级 7 级。该品种对镰刀菌萎蔫病、豌豆蚜和茎线虫具有高抗性,对疫霉根腐病和北方根结线虫具有抗性;对炭疽病有中度抗性;对细菌性萎蔫病、黄萎病、蓝苜蓿蚜和丝囊霉根腐病的抗性未测试。该品种适宜于美国西南地区和中度寒冷的山区种植;已在加利福尼亚州通过测试。基础种永久由 Forage Genetics 公司生产和持有,审定种子于 2007 年上市。

5. DS787

DS787 是由 331 个亲本植株通过杂交而获得的综合品种。其亲本材料是在阿根廷中部的测产试验田或观察苗圃里选出的具有牧草产量高、持久性好以及抗根、茎、叶和根颈疾病等特性的多个种群。该品种花色 99% 为紫色,1% 为杂色,有极少量乳白色、白色和黄色;属于非秋眠类型,秋眠等级 7 级。该品种对镰刀菌萎蔫病、茎线虫和北方根结线虫具有高抗性,对炭疽病、细菌性萎蔫病、疫霉根腐病和豌豆蚜有抗性;对黄萎病、丝囊霉根腐病、苜蓿斑翅蚜和蓝苜蓿蚜的抗性未测试。该品种适宜于美国中北部地区种植;已在加利福尼亚州和阿根廷通过测试。基础种永久由 Dairyland 研究中心生产和持有,审定种子于 2007 年上市。

6. CW 88076

CW 88076 是由 99 个亲本植株育成的综合品种。其亲本材料是从 1995 年 10 月在加利福尼亚州 Woodland 放牧试验地确定牧场开始,在 1996 年经过 180 d 的不间断放牧和 1997 年经过 195 d 的不间断放牧条件下选择持久性和生长势都很好的多个种群。亲本种质来源:Cibola (18%)、Beacon(13%)、P5939(13%)、Mecca Ⅱ(12%)、SanMiguelito(5%)、CUF101(4%)、Mecca(2%)和 Cal/West 各种群体(33%)。该品种花色 99% 以上为紫色,略有一些杂色、乳白色和黄色;属于非秋眠类型,秋眠等级为 7 级。该品种对镰刀菌萎蔫病、疫霉根腐病、豌豆蚜、北方根结线虫和茎线虫具有高抗性;对细菌性萎蔫病、苜蓿斑翅蚜和蓝苜蓿蚜有抗性;对抗炭疽病有中等抗性;对黄萎病、丝囊霉根腐病的抗性未测试。该品种适宜于美国西南部地区和澳大利亚种植;已在美国的加利福尼亚州和澳大利亚通过测试。基础种永久由 Forage Genetics 公司生产和持有,审定种子于 2008 年上市。

7. PGI 670

PGI 670 是由 69 个亲本植株通过杂交而获得的综合品种。其亲本材料运用表型轮回选择法和品系杂交技术,对其耐牧性加以选择,并获得对镰刀菌萎蔫病、黄萎病、疫霉根腐病、炭疽病、苜蓿斑翅蚜、蓝苜蓿蚜、茎线虫的抗性。亲本种质来源:Del Rio、5683、Archer、CW 704、Beacon、CUF 101、5939 和 Cal/West 繁殖群体。种质资源贡献率约为:黄花苜蓿占 2%,拉达克苜蓿占 3%,杂花苜蓿占 13%,土耳其斯坦苜蓿占 16%,佛兰德斯苜蓿占 35%,智利苜蓿占 7%,秘鲁苜蓿占 4%,印第安苜蓿占 5%,非洲苜蓿占 10%,未知苜蓿占 5%。该品种花色约

99％为紫色,1％为杂色带有乳白色、白色和黄色;属于非秋眠类型,秋眠等级为7级。该品种高抗镰刀菌萎蔫病、疫霉根腐病、豌豆蚜、苜蓿斑翅蚜、蓝苜蓿蚜和南方根结线虫;对茎线虫有中等抗性;对炭疽病、细菌性萎蔫病、黄萎病和丝囊霉根腐病的抗性未检测。该品种适宜于美国西南部地区种植;已在加利福尼亚州通过测试。基础种永久由 Cal/West 种子公司生产和持有,审定种子于2008年上市。

8. Hybri-Force 700

Hybri-Force 700 是一个杂交率为75％～95％的三系配套苜蓿品种。其亲本材料是在产量试验田或抗病资源圃中选出的具有雄性不育、保持力和恢复力等特性的不同种群,并由蜜蜂、苜蓿切叶蜂、熊蜂在其中间传粉进行自然杂交,同时对其产量性能、持久性、抗镰刀菌萎蔫病、疫霉根腐病、炭疽病、黄萎病等病害的抗性做了检测。亲本种质雄性不育系、保持系和恢复系全部由 Dairyland 实验中心提供。该品种花色99％为紫色,1％为白色、乳白色和杂色;属于非秋眠类型,秋眠等级为7级。该品种高抗镰刀菌萎蔫病、疫霉根腐病、苜蓿斑翅蚜、北方根结线虫、茎线虫,对黄萎病、豌豆蚜、南方根结线虫有抗性;对细菌性萎蔫病具有中等抗性;对蓝苜蓿蚜、炭疽病和丝囊霉根腐病的抗性未测试。该品种适宜于美国西南地区种植;已在加利福尼亚州通过测试。基础种永久由 Dairyland 研究中心生产和持有,审定种子于2009年上市。

9. PGI 709

PGI 709 是由124个亲本植株通过杂交而获得的综合品种。其亲本材料具有抗豇豆蚜虫的特性,亲本材料是在阿根廷选种苗圃里或产量试验田里选择出的抗蚜虫、耐干旱、耐霜冻、持久性好等农艺性状的多个种群。亲本种质来源:Stamina GT6、Victoria、Sutter、WL 457、DK 170、Diamond、5715 和混杂的 Cal/West 种子库育种家种群。种质资源的贡献大约为:杂花苜蓿占4％,土耳其斯坦苜蓿占15％,佛兰德斯苜蓿占6％,智利苜蓿占12％,秘鲁苜蓿占6％,印第安苜蓿占23％,非洲苜蓿占34％。该品种花色99％以上为紫色,略带杂色、乳白色、黄色和白色;属于非秋眠类型,秋眠等级7级。该品种对镰刀菌萎蔫病、黄萎病、疫霉根腐病、蓝苜蓿蚜、豌豆蚜、北方根结线虫和苜蓿斑翅蚜具有高抗性;对细菌性萎蔫病和豇豆蚜虫有抗性;对茎线虫抗性适中;对炭疽病和丝囊霉根腐病的抗性未测试。该品种适宜美国的西南部地区种植;已在加利福尼亚州通过测试。基础种永久由 Cal/West 种子公司生产和持有,审定种子于2009年上市。

10. ABT705

ABT705 是由150个亲本植株通过杂交而获得的综合品种。其亲本材料是从格鲁吉亚蒂夫顿的放牧试验田里选出的具有耐放牧特性的多个种群,并运用表型轮回选择法加以选择,以获得对黄萎病、苜蓿斑翅蚜、豌豆蚜的抗性。亲本种质来源于3大种群,即 pecos(占80％)、ABT805(占10％)、Amerigraze702(占10％)。亲本种质资源贡献率约为:黄花苜蓿占2％,拉达克苜蓿占1％,杂花苜蓿占7％,土耳其斯坦苜蓿占22％,佛兰德斯苜蓿占2％,智利苜蓿占15％,秘鲁苜蓿占1％,印第安苜蓿占15％,非洲苜蓿占2％,未知品种占33％。该品种花色95％为紫色,4％为杂色,略带乳白色、白色和黄色;属于非秋眠类型,秋眠等级(类似于 Mesilla)为7级;耐牧强度显著优于佩克斯和佛罗里达77。该品种对细菌性萎蔫病、镰刀菌萎蔫病和苜蓿斑翅蚜具有高抗性;对炭疽病、黄萎病、疫霉根腐病、蓝苜蓿蚜和南方根结线虫具有抗性;对茎线虫和豌豆蚜具有中等抗性;对丝囊霉根腐病的抗性尚未测试。该品种适宜于美国的西南地区种植;已在加利福尼亚州、亚利桑那州和佐治亚州通过测试,基础种永久由 ABI 生产和持有,审定种子于 1997 年上市。

11. Arriba(推荐)

Arriba 是由 250 个亲本植株通过杂交而获得的综合品种。其亲本材料是在南帕市苗圃里选出的多个种群,并运用表型轮回选择法加以选择,以获得对黄萎病、炭疽病、苜蓿斑翅蚜、蓝苜蓿蚜、豌豆蚜和茎线虫的抗性。亲本种质来源于 2 大种群,即 Lobo(占 80%)、ABI(占20%)。种质资源贡献率大约为:黄花苜蓿占 6%,拉达克苜蓿占 6%,杂花苜蓿占 19%,土耳其斯坦苜蓿占 13%,佛兰德斯苜蓿占 30%,智利苜蓿占 9%,秘鲁苜蓿占 2%,印第安苜蓿占2%,非洲苜蓿占 1%,未知品种占 12%。该品种花色 90% 为紫色,9% 为杂色,不到 1% 为乳白色,略带白色和黄色;属于非秋眠类型,秋眠等级(类似于 Mesilla)为 7 级。对镰刀菌萎蔫病、豌豆蚜、苜蓿斑翅蚜、蓝苜蓿蚜具有高抗性;对炭疽病、细菌性萎蔫病、黄萎病、疫霉根腐病和茎线虫具有抗性;对北方根结线虫和丝囊霉根腐病具有中等抗性。该品种适宜于美国的中度寒冷山区种植;已经在加利福尼亚和爱达荷州经过测试。基础种永久由 ABI 生产和持有,审定种子于 1997 年上市。

12. CW 2870

CW 2870 是由 62 个亲本植株通过杂交而获得的综合品种。其亲本材料具有抗炭疽病、疫霉根腐病以及种子产量高的特性;亲本材料选自多个种群的杂交后代,并运用表型轮回选择法加以选择,以获得对镰刀菌萎蔫病、黄萎病、疫霉根腐病、炭疽病、苜蓿斑翅蚜和蓝苜蓿蚜的抗性。亲本种质来源:CW 446、Condor、CW 2818、Express、Mecca、Armona 和 UC 332。种质资源贡献率约为:拉达克苜蓿占 1%,杂花苜蓿占 4%,土耳其斯坦苜蓿占 10%,佛兰德斯苜蓿占 6%,智利苜蓿占 8%,秘鲁苜蓿占 1%,印第安苜蓿占 28%,非洲苜蓿占 35%,未知苜蓿占7%。该品种花色超过 99% 为紫色,略带有少许杂色、白色、乳白色和黄色;属于非秋眠品种,秋眠等级(接近 Mesilla)为 7 级。该品种对炭疽病、镰刀菌萎蔫病、黄萎病、疫霉根腐病、苜蓿斑翅蚜、豌豆蚜和蓝苜蓿蚜具有高抗性;对茎线虫有抗性;对细菌性萎蔫病、丝囊霉根腐病和根结线虫的抗性未测试。该品种适宜于美国西南部地区种植,计划推广到墨西哥和阿根廷利用;已在美国的加利福尼亚州通过测试。基础种永久由 Cal/West 种子公司生产和持有,审定种子于 1998 年上市。

13. FG 7G517

FG 7G517 是由 165 个亲本植株通过杂交而获得的综合品种。亲本材料选择标准包括多叶型特性和对黄萎病、疫霉根腐病、苜蓿斑翅蚜和根结线虫的抗性。亲本种质来源:Arade(30%)、FG 6J92(30%)、Tahoe(26%)和 VS—i38(14%)。种质资源贡献率大约为:黄花苜蓿占 1%,拉达克苜蓿占 10%,杂花苜蓿占 6%,土耳其斯坦苜蓿占 20%,佛兰德斯苜蓿占11%,智利苜蓿占 13%,秘鲁苜蓿占 2%,印第安苜蓿占 17%,非洲苜蓿占 17%,未知苜蓿 3%。该品种花色近 100% 为紫色;秋眠等级接近 7 级;小叶数量较多,为多叶型品种。该品种对炭疽病、镰刀菌萎蔫病、疫霉根腐病、豌豆蚜和苜蓿斑翅蚜具有高抗性；对黄萎病、蓝苜蓿蚜有抗性；对细菌性萎蔫病和茎线虫有中度抗性；对丝囊霉根腐病和根结线虫的抗性未测试。该品种适宜于美国西南部地区和中度寒冷山区种植；已在美国的爱达荷州、加利福尼亚州和阿根廷通过测试。基础种永久由 Forage Genetics 公司生产和持有，审定种子于 1998 年上市。

14. 57NO2

57NO2 是由 1996 个亲本植株通过杂交而获得的综合品种。其亲本材料是根据农艺性状（如产量和对意大利地区生长条件的适应性等）进行选择的，并获得对疫霉根腐病、茎线虫、黄萎病的抗性。该品种花色有近 94％为紫色，6％为杂色，略带黄色、乳白色和白色；属于非秋眠类型，秋眠等级为 7 级。该品种对疫霉根腐病和黄萎病具抗性，对镰刀菌萎蔫病、苜蓿斑翅蚜、豌豆蚜、根结线虫有中度抗性；对细菌性萎蔫病、南方根结线虫抗性较低；对炭疽病和茎线虫敏感；对蓝苜蓿蚜、丝囊霉根腐病的抗性未测试。该品种适合在意大利中部、波河平原以及地中海盆地种植；已在意大利的 Malagnino、Sissa 和 Medesano 通过测试。基础种永久由 Pioneer Hi-Bred International 公司生产和持有，审定种子于 2001 年在意大利上市。

15. C242

C242 是由 54 个亲本植株通过杂交而获得的综合品种。其亲本材料选自 2 个优良的实验品系，运用表型轮回选择法加以选择，以获得对疫霉根腐病、丝囊霉根腐病的抗性。亲本种质来源：Archer 和 Valley＋。种质资源贡献率大约为：阿拉伯苜蓿占 50％，智利苜蓿占 30％，秘鲁苜蓿占 10％，印第安苜蓿占 5％，非洲苜蓿占 5％。该种花色有近 100％为紫色，略带杂色；秋眠等级为 7 级。该品种对镰刀菌萎蔫病、茎线虫、苜蓿斑翅蚜、蓝苜蓿蚜具有高抗性；对细菌性萎蔫病、疫霉根腐病、豌豆蚜、南方根结线虫和北方根结线虫有抗性；中抗炭疽病、黄萎病；对丝囊霉根腐病的抗性未检测。该品种适合在美国西南地区种植；已在加利福尼亚州通过测试，基础种永久由 W-L Research 生产和持有，审定种子于 2000 年上市。

16. CW 58086

CW 58086 是由 146 个亲本植株通过杂交而获得的综合品种。其亲本材料是从加利福尼亚附近林地经过连续 2 年重度放牧后选出的持久性好、耐放牧和生长势好的多个种群。亲本种质来源：KD 189、13R Supreme、Queen 801 和 Cal/West 育种群体。种质资源贡献率大约为：拉达克苜蓿占 1％，杂花苜蓿占 3％，土耳其斯坦苜蓿占 22％，佛兰德斯苜蓿占 1％，智利苜蓿占 7％，秘鲁苜蓿占 6％，印第安苜蓿占 15％，非洲苜蓿占 45％。该品种花色近 99％为紫色，1％为杂色，略带黄色、乳白色和白色；属于非秋眠品种，秋眠等级为 7 级；高密度放牧条件下耐受性好。该品种对炭疽病、镰刀菌萎蔫病、疫霉根腐病、豌豆蚜、苜蓿斑翅蚜、蓝苜蓿蚜具有高抗性；对茎线虫有抗性；对细菌性萎蔫病、黄萎病、丝囊霉根腐病、根结线虫的抗性未检测。该品种适合在美国西南部地区、中等寒冷的山区等地种植；已在加利福尼亚州通过测试。基础种永久由 Cal/West 生产和持有，审定种子于 2000 年上市。

17. DS771

DS771 是由多个亲本植株通过杂交而获得的综合品种。其亲本材料是从产量测试小区和

222

抗病苗圃中选择出来的;选择标准包括产量、持久性、品质以及对镰刀菌萎蔫病、疫霉根腐病、炭疽病、苜蓿斑翅蚜的抗性。种质资源贡献率大约为:佛兰德斯苜蓿占 25%,智利苜蓿占 18%,秘鲁苜蓿占 12%,未知苜蓿占 45%。该品种花色约 85% 为紫色,15% 为黄色、乳白和白色等杂色;属于非秋眠品种,秋眠等级为 7 级。该品种对镰刀菌萎蔫病、北方根结线虫、南方根结线虫具有高抗性;对豌豆蚜、茎线虫、炭疽病有抗性;中抗细菌性萎蔫病;对苜蓿斑翅蚜、蓝苜蓿蚜、疫霉根腐病、黄萎病、丝囊霉根腐病的抗性未检测。该品种适合在美国西南部、阿根廷等地区种植;已在美国的加利福尼亚州和阿根廷的拉潘帕省、布宜诺斯艾利斯和圣菲等地通过测试。基础种永久由 Dairyland Research International 生产和持有,审定种子于 2000 年上市。

18. SW 7403

SW 7403 亲本材料选择标准包括节间短、茎干较细、根系健康、荚果大、叶片大、深绿色且具有对蓝苜蓿蚜和镰刀菌萎蔫病的抗性。该品种花色约 96% 为紫色,3% 为杂色,1% 为白色;秋眠级为 7 级。该品种对蓝苜蓿蚜、镰刀菌萎蔫病具有高抗性;对苜蓿斑翅蚜、南方根结线虫有抗性,对疫霉根腐病、炭疽病、豌豆蚜具有中等抗性;对细菌性萎蔫病、黄萎病和北方根结线虫抗性较低;对丝囊霉根腐病、茎线虫的抗性未测试。该品种适宜在加利福尼亚州对秋季饲料有需求的地区种植;已在加利福尼亚州的萨克拉曼多地区和圣华金谷地进行测试。基础种永久由 S&W 种子公司生产和持有,合格种子于 2001 年上市。

19. FG 7R629

FG 7R629 亲本材料是从生长多年的测产试验田或苗圃中选出的;选择标准是为了改良这个品种的多叶型特性、牧草产量、持久性。该品种花色 100% 为紫色,略带乳白色、白色和黄色;属于非秋眠类型,秋眠等级为 7 级;小叶数量多,为多叶型品种。该品种对炭疽病、镰刀菌萎蔫病、疫霉根腐病、豌豆蚜、苜蓿斑翅蚜和蓝苜蓿蚜具有高抗性;对细菌性萎蔫病、黄萎病、茎线虫和根结线虫有抗性;对丝囊霉根腐病的抗性未测试。该品种适宜于美国西南地区和适度寒冷的山区种植;已在爱达荷州和加利福尼亚州通过测试。基础种永久由 Forage Genetics 公司生产和持有,审定种子于 2002 年上市。

20. Amerileaf 721(ZL 9677)

AmeriLeaf 721 是由 200 个亲本植株通过杂交而获得的综合品种。其亲本材料是在加利福尼亚州 Kingsburg 地区的单株苗圃里选出的,具有叶子大、颜色呈墨绿色、多叶表达性的特性多个非秋眠种群,并运用表型轮回选择法加以选择,以获得对黄萎病、炭疽病、苜蓿斑翅蚜和南方根结线虫的抗性。亲本种质来源:Pecos(70%)和非秋眠种质(30%)。种质资源贡献率大约为:黄花苜蓿占 2%,拉达克苜蓿占 1%,杂花苜蓿占 7%,土耳其斯坦苜蓿占 25%,佛兰德斯苜蓿占 2%,智利苜蓿占 15%,秘鲁苜蓿占 1%,印第安苜蓿占 15%,非洲苜蓿占 2%,未知苜蓿占 30%。该品种花色 98% 为紫色,2% 为杂色并带有少许白色、乳白色和黄色;属于非秋眠类型,秋眠等级 7 级;多叶型特性较差。对疫霉根腐病、炭疽病、镰刀菌萎蔫病和苜蓿斑翅蚜具有高抗性;对黄萎病、细菌性萎蔫病、豌豆蚜和南方根结线虫有抗性;对茎线虫和蓝苜蓿蚜有中度抗性;对丝囊霉根腐病的抗性未测试。该品种适宜于美国西南部和中东部山区种植。基础种永久由 ABI 公司生产和持有,审定种子于 1998 年上市。

21. Artesian Sunrise

Artesian Sunrise 的亲本材料选择标准是为了改良这个品种的牧草产量、牧草品质和持久性,并且获得对黄萎病、炭疽病、疫霉根腐病、蓝苜蓿蚜、豌豆蚜和苜蓿斑翅蚜的抗性。该品种花色 100％为紫色,带有极少量黄色、白色和乳白色;属于非秋眠类型,秋眠等级为 7 级。该品种对炭疽病、疫霉根腐病、豌豆蚜和苜蓿斑翅蚜具有高抗性;对黄萎病、茎线虫、镰刀菌萎蔫病、蓝苜蓿蚜和根结线虫有抗性;中度抗茎细菌性萎蔫病;对丝囊霉根腐病的抗性未测试。该品种适宜于美国西南部地区和中度寒冷山区种植;已在爱达荷州和加利福尼亚州通过测试。基础种永久由 Forage Genetics 公司生产和持有,审定种子于 2001 年上市。

22. 57Q75

57Q75 是由 149 个亲本植株通过杂交而获得的综合品种。其亲本材料是选择具有抗茎线虫、疫霉根腐病和苜蓿斑翅蚜特性的多个种群,并运用表型轮回选择法加以选择,以获得相对较高的饲用价值。该品种花色 97％为紫色,3％为杂色并混有乳白色、黄色和白色;属于非秋眠类型,秋眠等级 7 级。该品种对炭疽病、疫霉根腐病、镰刀菌萎蔫病具有高抗性;对茎线虫、豌豆蚜、北方根结线虫、南方根结线虫、黄萎病和苜蓿斑翅蚜有抗性;对丝囊霉根腐病、细菌性萎蔫病、蓝苜蓿蚜有中度抗性。该品种适宜于阿根廷、澳大利亚和意大利种植。基础种永久由 Pioneer Hi-Bred International 公司生产和持有,审定种子于 2003 年上市。

23. SW 6403

SW 6403 品种的选育标准是茎干较细、根系健康、豆荚大、牧草呈深绿色等特性,并且获得对蓝苜蓿蚜和疫霉根腐病的抗性。该品种花色 96％为紫色,3％为杂色,1％为白色;属于非秋眠类型,秋眠等级为 7 级。该品种对蓝苜蓿蚜和疫霉根腐病具有高抗性;对苜蓿斑翅蚜和南方根结线虫有抗性;对镰刀菌萎蔫病和炭疽病的抗性适中;对细菌性萎蔫病、黄萎病、豌豆蚜和北方根结线虫的抗性较低;对丝囊霉根腐病和茎线虫的抗性未测试。该品种适宜于加利福尼亚州部分区域种植;已在加利福尼亚州的萨克拉曼多和圣华金河谷地区进行了区域试验,基础种永久由 S&W 种子公司生产和持有,审定种子于 2001 年上市。

24. 57Q53

57Q53 是由 226 个亲本植株通过杂交而获得的综合品种。其亲本材料选择具有产量高和持久性好的多个种群,并运用表型选择法加以选择,以获得对黄萎病、疫霉根腐病、茎线虫和豌豆蚜的抗性。亲本种质来自 Pioneer 试验群体。该品种花色 98％为紫色,1％为杂色,1％为白色,略带乳白色和黄色;属于非秋眠类型,秋眠等级为 7 级。该品种对炭疽病、镰刀菌萎蔫病、黄萎病、豌豆蚜和北方根结线虫具有高抗性;对疫霉根腐病和茎线虫有抗性;对细菌性萎蔫病、苜蓿斑翅蚜、蓝苜蓿蚜和南方根结线虫有中度抗性;抵抗丝囊霉根腐病。该品种适宜于美国西南部、中度寒冷山区和大平原地区种植。基础种由 Pioneer Hi-Bred International 公司生产和持有,审定种子于 2006 年上市。

25. CW 87129

CW 87129 是由 269 个亲本植株通过杂交而获得的综合品种。其亲本材料具有抗蚜虫、耐旱、耐寒、持久性好、农艺性状表现好等特性;亲本材料是从位于阿根廷的产量试验田和植物苗圃中选出的,并运用表型轮回选择法和品系杂交技术加以选择,以获得对镰刀菌萎蔫病、黄萎病、疫霉根腐病、炭疽病、苜蓿斑翅蚜、蓝苜蓿呀和茎线虫的抗性。亲本种质来源:DK 187、Z-771、GAPP810+、Medallion、Tahoe、Mesa、Prestige、Pecos 和 Cal/West 育种群体。种质资源贡献率大约为:杂花苜蓿占 6%,土耳其斯坦苜蓿占 16%,佛兰德斯苜蓿占 15%,智利苜蓿占 14%,秘鲁苜蓿占 2%,印第安苜蓿占 17%,非洲苜蓿占 24%,未知苜蓿占 6%。该品种花色98%为紫色,2%为杂色,略带乳白色、白色和黄色;属于非秋眠类型,秋眠等级为 7 级。该品种对炭疽病、镰刀菌萎蔫病、疫霉根腐病、豌豆蚜、苜蓿斑翅蚜、蓝苜蓿蚜和北方根结线虫具有高抗性;对茎线虫具有抗性;对细菌性萎蔫病、黄萎病、丝囊霉根腐病的抗性未测试。该品种适宜于美国西南部地区和阿根廷种植;已在美国的加利福尼亚州和阿根廷通过测试。基础种永久由 Cal/West 种子公司生产和持有,审定种子于 2005 年上市。

26. CW 704

CW 704 是由 110 个亲本植株通过杂交而获得的综合品种。其亲本材料具有抗疫霉根腐病和炭疽病的特性;亲本材料是从加利福尼亚州生长 3 年的产量试验田材料的杂交后代中选择出的,并运用表型轮回选择法、近红外反射光谱法和品系杂交技术加以选择,以获得高质量的饲用价值和对镰刀菌萎蔫病、黄萎病、疫霉根腐病、炭疽病、苜蓿斑翅蚜、蓝苜蓿蚜、茎线虫的抗性。亲本种质来源:Doblone、Activa、DK 187 和 Cal/West 育种群体。种质资源贡献率大约为:黄花苜蓿占 1%,拉达克苜蓿占 2%,杂花苜蓿占 7%,土耳其斯坦苜蓿占 15%,佛兰德斯苜蓿占 14%,智利苜蓿占 14%,秘鲁苜蓿占 2%,印第安苜蓿占 15%,非洲苜蓿占 23%,未知苜蓿占 7%。该品种花色99%为紫色,略带杂色、白色、乳白色和黄色;属于非秋眠类型,秋眠等级为 7 级。该品种对炭疽病、镰刀菌萎蔫病、疫霉根腐病、豌豆蚜、苜蓿斑翅蚜、蓝苜蓿蚜、茎线虫和南方根结线虫具有高抗性;对细菌性萎蔫病、黄萎病和北方根结线虫具有抗性;对丝囊霉根腐病的抗性未测试。该品种适宜于美国西南部地区和阿根廷种植;已在美国的加利福尼亚州和阿根廷通过测试。基础种永久由 Cal/West 种子公司生产和持有,审定种子于 2005 年上市。

27. Magna 788

Magna 788 是由 392 个亲本植株通过杂交而获得的综合品种。其亲本材料是从位于阿根廷的产量试验田和植株生长观察苗圃里选出的具有抗复合根腐病的多个种群。该品种花色99%为紫色,1%为杂色,略带乳白和白色;属于非秋眠类型,秋眠等级为 7 级。该品种对疫霉根腐病、北方根结线虫和南方根结线虫具有高抗性;对炭疽病、茎线虫和豌豆蚜有抗性;对细菌性萎蔫病、镰刀菌萎蔫病、黄萎病、蓝苜蓿蚜、苜蓿斑翅蚜和丝囊霉根腐病的抗性未测试。该品种适宜于美国西南地区种植;已在加利福尼亚州通过测试。基础种永久由 Dairyland 研究中心生产和持有,审定种子于 2005 年上市。

28. **Magna 7**

Magna 7 是由 238 个亲本植株通过杂交而获得的综合品种。其亲本材料运用表型轮回选择法加以选择,其中,62% 的亲本材料后代经过牧草产量、种子产量、存活率、抗倒伏测试,并获得对疫霉根腐病、炭疽病、苜蓿斑翅蚜、豌豆蚜和蓝苜蓿蚜的抗性;38% 的亲本材料是选择具有种子产量高、牧草质量好、牧草产量高和持久性好的种群。亲本种质来源:WL 457、Diamond、Pioneer 5683 和 Sutter4 个大种群。种质资源贡献率大约为:拉达克苜蓿占 6%,杂花苜蓿占 4%,土耳其斯坦苜蓿占 5%,佛兰德斯苜蓿占 12%,智利苜蓿占 21%,秘鲁苜蓿占 17%,印第安苜蓿占 20%,非洲苜蓿占 15%。该品种花色约 95% 为中度暗紫色,5% 为杂色,略带乳白色、白色和黄色;秋眠等级 7 级。该品种对镰刀菌萎蔫病、疫霉根腐病、茎线虫、豌豆蚜、蓝苜蓿蚜、苜蓿斑翅蚜和南方根结线虫具有高抗性;对北方根结线虫和炭疽病具有抗性;对细菌性萎蔫病和丝囊霉根腐病具有中等抗性;对黄萎病的抗性尚未测试。该品种适宜于美国西南地区和阿根廷种植;已经在美国的加利福尼亚州、威斯康星州和阿根廷经过测试。基础种永久由 Dairyland 研究中心生产和持有,审定种子于 1997 年上市。

29. **Achiever(Amendment Ⅰ)**

Achiever 是由 450 个亲本植株通过杂交而获得的综合品种。该品种是在 LM 455 基础上育成的,其亲本材料是在威斯康星州霍利斯特地区和华盛顿州摩西莱克地区的苗圃中运用表型轮回选择法加以选择,以获得对疫霉根腐病、炭疽病、苜蓿斑翅蚜、茎线虫和黄萎病的抗性。该品种花色 90% 为紫色,7% 为杂色,3% 为白色,略带乳白色和黄色;属于非秋眠类型,秋眠等级为 7 级;抗寒等级同 Vernal。该品种对镰刀菌萎蔫病、茎线虫、豌豆蚜、蓝苜蓿蚜和苜蓿斑翅蚜具有高抗性;对细菌性萎蔫病、疫霉根腐病和南方根结线虫有抗性;中度抗炭疽病和黄萎病。对丝囊霉根腐病的抗性未测试。该品种适宜在美国西部适合非秋眠品种生长的地区利用;已在萨克拉曼多地区和加州圣华金山谷地区通过测试。基础种永久由 Lohse Mills 公司生产和持有,审定种子于 1997 年上市。

30. **CW 4791**

CW 4791 是由 274 个亲本植株通过杂交而获得的综合品种。其亲本材料具有抗疫霉根腐病、炭疽病、种子产量高和多叶型的特性;亲本材料是从加利福尼亚州生长 4 年的产量试验田材料和 1993 份育种家种子材料的杂交后代中选出的,并运用表型轮回选择法和品系杂交方法加以选择,以获得对镰刀菌萎蔫病、黄萎病、疫霉根腐病、炭疽病、苜蓿斑翅蚜、蓝苜蓿蚜和茎线虫的抗性。亲本种质来源:Alfa 70、SPS 6550、Zeneca 771、Express 和 Sutter 育种群体。种质资源贡献率大约为:黄花苜蓿占 2%,拉达克苜蓿占 2%,杂花苜蓿占 7%,土耳其斯坦苜蓿占 19%,佛兰德斯苜蓿占 17%,智利苜蓿占 10%,秘鲁苜蓿占 3%,印第安苜蓿占 14%,非洲苜蓿占 20%,未知苜蓿占 6%。该品种花色 98% 为紫色,2% 为杂色,略带乳白色、白色和黄色;属于非秋眠类型,秋眠等级 7 级。该品种对炭疽病、镰刀菌萎蔫病、疫霉根腐病和蓝苜蓿蚜具有高抗性;对茎线虫、豌豆蚜和苜蓿斑翅蚜有抗性;中度抗黄萎病;对细菌性萎蔫病、丝囊霉根腐病和根结线虫的抗性未测试。该品种适宜于美国西南部地区种植,计划推广到阿根廷利用;已在美国的加利福尼亚州通过测试。基础种永久由 Cal/West 种子公司生产和持有,审定种子于 1999 年上市。

31. CW 4887

CW 4887 是由 271 个亲本植株通过杂交而获得的综合品种。其亲本材料具有抗疫霉根腐病、炭疽病、种子产量高和多叶型的特性；亲本材料是从加利福尼亚州生长 4 年的产量试验田材料和生长 3 年的抗虫圃材料的杂交后代中选出的，并运用表型轮回选择法和品系杂交方法加以选择，以获得对镰刀菌萎蔫病、黄萎病、疫霉根腐病、炭疽病、苜蓿斑翅蚜、蓝苜蓿蚜和茎线虫的抗性。亲本种质来源：Sutter、DK 166、Express，Prince、ICI 990、Mecca、Armona 和 Cal/West Seeds 育种群体。种质资源贡献率大约为：黄花苜蓿占 1%，拉达克苜蓿占 2%，杂花苜蓿占 6%，土耳其斯坦苜蓿占 16%，佛兰德斯苜蓿占 14%，智利苜蓿占 14%，秘鲁苜蓿占 2%，印第安苜蓿占 15%，非洲苜蓿占 22%，未知苜蓿占 8%。该品种花色 99% 为紫色，1% 为杂色，略带乳白色、白色和黄色；属于非秋眠类型，秋眠等级 7 级。该品种对炭疽病、镰刀菌萎蔫病、疫霉根腐病、苜蓿斑翅蚜和蓝苜蓿蚜具有高抗性；对黄萎病、茎线虫和豌豆蚜有抗性；对细菌性萎蔫病、丝囊霉根腐病和根结线虫的抗性未测试。该品种适宜于美国西南部种植，计划推广到阿根廷利用；已在美国的加利福尼亚州通过测试。基础种永久由 Cal/West 种子公司生产和持有，审定种子于 1999 年上市。

32. Medallion

Medallion 是由 274 个亲本植株通过杂交而获得的综合品种。其亲本材料具有抗疫霉根腐病、炭疽病以及种子产量高、多叶型的特性；亲本材料是在加利福尼亚州生长 4 年的产量试验田和生长 3 年的抗病虫害苗圃里选出的多个种群，并运用表型轮回选择法和品系杂交技术加以选择，以获得对镰刀菌萎蔫病、黄萎病、疫霉根腐病、炭疽病、苜蓿斑翅蚜、蓝苜蓿蚜和茎线虫的抗性。亲本种质来源：Alfa 70、SPS 6550、Zeneca 771、Express 和 Sutter。种质资源贡献率大约为：黄花苜蓿占 2%，拉达克苜蓿占 2%，杂花苜蓿占 7%，土耳其斯坦苜蓿占 19%，佛兰德斯苜蓿占 17%，智利苜蓿占 10%，秘鲁苜蓿占 3%，印第安苜蓿占 14%，非洲苜蓿占 20%，未知苜蓿占 6%。该品种花色 98% 为紫色，2% 为杂色并带有少量白色、乳白色和黄色；属于非秋眠类型，秋眠等级 7 级。该品种对炭疽病、镰刀菌萎蔫病、疫霉根腐病、蓝苜蓿蚜和南方根结线虫具有高抗性；对茎线虫、豌豆蚜、苜蓿斑翅蚜、细菌性萎蔫病和北方根结线虫有抗性；对黄萎病有中度抗性；对丝囊霉根腐病的抗性未测试。该品种适宜于美国西南部地区种植；已在加利福尼亚州通过测试。基础种永久由 Cal/West 种子公司生产和持有，审定种子于 1999 年上市。

33. CW 29095

CW 29095 是由 77 个亲本植株通过杂交而获得的综合品种。其亲本材料是在加利福尼亚州林地里经过连续封闭 2 年放牧牛羊后选出的多个种群，并运用表型轮回选择法和品系杂交技术对植株活力、持久性加以选择，以获得对镰刀菌萎蔫病、黄萎病、疫霉根腐病、炭疽病、苜蓿斑翅蚜和蓝色苜蓿蚜的抗性。亲本种质来源：ACA 900（20%）、CW 1010（20%）、Topacio（15%）和 Cal/West 种子育种种群（45%）。该品种花色 99% 为紫色，1% 为白色和极少数乳白色和黄色；属于非秋眠类型，秋眠等级 8 级。该品种对镰刀菌萎蔫病、疫霉根腐病、蓝苜蓿蚜和苜蓿斑翅蚜具有高抗性；对豌豆蚜和茎线虫有抗性；对炭疽病、细菌性萎蔫病、黄萎病、丝囊霉根腐病和北方根结线虫的抗性未测试。该品种适宜于美国西南部和墨西哥地区种植;已在美国加州和墨西哥通过测试。基础种永久由 Cal/West 种子公司生产和持有,审定种子于 2007 年上市。

34. CW 98117

CW 98117 是由 44 个亲本植株通过杂交而获得的综合品种。其亲本材料具有种子产量高的特性;亲本材料是在阿根廷的单株选择圃和测产试验田里选出的具有抗蚜虫、耐干旱、耐霜冻、持久性好、农艺学特征好等特性的多个种群,并运用表型轮回选择法和品系杂交技术加以选择,以获得对镰刀菌萎蔫病、黄萎病、疫霉根腐病、炭疽病、苜蓿斑翅蚜、蓝苜蓿蚜和茎线虫的抗性。亲本种质来源:DK 189(52%)、WestStar(16%)、Monarca(5%)、Alfa200(5%)、Mission TNT(4%)、Doblone(4%)和 Cal/West 种子育种种群(14%)。该品种花色 99% 为紫色,1% 为杂色含极少数色、乳白色和白色;属于非秋眠类型,秋眠等级 8 级。该品种对镰刀菌萎蔫病、疫霉根腐病、苜蓿斑翅蚜、南方根结线虫和北方根结线虫具有高抗性;对炭疽病、豌豆蚜、蓝苜蓿蚜和茎线虫有抗性;对细菌性萎蔫病、黄萎病和丝囊霉根腐病的抗性未测试。该品种适宜于美国西南部地区、墨西哥和阿根廷种植;已在美国的加利福尼亚州、墨西哥和阿根廷通过测试。基础种永久由 Cal/West 种子公司生产和持有,审定种子于 2007 年上市。

35. FG 83M046

FG 83M046 的亲本材料是在一个生长多年的试验田或苗圃里选择出来的,其选择标准是为了改良这个品种在冬季的生长活力、牧草产量、多小叶表达和持久性。该品种花色 100% 紫色,含极少量的杂色、黄色、乳白色和白色;属于非秋眠类型,秋眠等级 8 级;小叶数量多,为多叶型品种。该品种对镰刀菌萎蔫病和疫霉根腐病具有高抗性;对炭疽病、豌豆蚜、北方根结线虫和茎线虫具有抗性;对细菌性萎蔫病、苜蓿斑翅蚜、蓝苜蓿蚜、丝囊霉根腐病和黄萎病的抗性未测试。该品种适宜于美国西南部地区和中度寒冷的山区种植;已在加利福尼亚州通过测试。基础种永久由 Forage Genetics 公司生产和持有,审定种子于 2007 年上市。

36. AmeriStand 855T RR

AmeriStand 855T RR 亲本材料的选择标准是为了改良这个品种对草甘膦除草剂的耐性、牧草产量、冬季生长活力和持久性,并且获得对镰刀菌萎蔫病和疫霉根腐病的抗性。亲本材料包含耐草甘膦除草剂 CP4-EPSPS 的基因,特别是美国农业部放松管制的草甘膦独特标识转入苜蓿的 J101 或 J163 基因。该品种花色 100% 为紫色,有极少量杂色、黄色、乳白色、白色;属于非秋眠类型,秋眠等级 8 级;对转农达除草剂有抗性。在盐胁迫下比耐盐对照品种牧草产量高。该品种对疫霉根腐病和苜蓿斑翅蚜具有高抗性;对炭疽病、细菌性萎蔫病、镰刀菌萎蔫病、北方根结线虫和茎线虫具有抗性;对黄萎病、丝囊霉根腐病、蓝苜蓿蚜和豌豆蚜的抗性未测试。该品种适宜于美国西南部地区种植;已在加利福尼亚州和爱达荷州通过测试。基础种永久由 Forage Genetics 公司生产和持有,审定种子于 2007 年上市。

37. Desert Sun 8.10RR

Desert Sun 8.10RR 亲本材料的选择标准是为了改良这个品种对草甘膦除草剂的耐性、

牧草产量、冬季生长活力和持久性,并且获得对镰刀菌萎蔫病和疫霉根腐病的抗性。亲本材料包含耐草甘膦除草剂 CP4-EPSPS 的基因,特别是美国农业部放松管制的草甘膦独特标识转入苜蓿的 J101 或 J163 基因。该品种花色 100％紫色,有极少量杂色、黄色、乳白色、白色;属于非秋眠类型,秋眠等级 8 级;对转农达除草剂有抗性。该品种对疫霉根腐病和北方根结线虫具有高抗性;对炭疽病、细菌性萎蔫病具有抗性;对镰刀菌萎蔫病和茎线虫具有中度抗性;对丝囊霉根腐病、豌豆蚜、苜蓿斑翅蚜、黄萎病和蓝苜蓿蚜的抗性未测试。该品种适宜于美国西南地区种植;已在加利福尼亚州和爱达荷州通过测试。基础种永久由 Forage Genetics 公司生产和持有,审定种子于 2007 年上市。

38. Integra 8801R

Integra 8801R 亲本材料的选择标准是为了改良这个品种对草甘膦除草剂的耐性、牧草产量和持久性,并且获得对细菌性萎蔫病、炭疽病、镰刀菌萎蔫病和疫霉根腐病的抗性。亲本材料包含耐草甘膦除草剂 CP4-EPSPS 的基因,特别是美国农业部放松管制的草甘膦独特标识转入苜蓿的 J101 或 J163 基因。该品种花色 100％紫色,有极少量杂色、黄色、乳白色、白色;属于非秋眠类型,秋眠等级 8 级;对转农达除草剂有抗性。该品种对疫霉根腐病和北方根结线虫具有高抗性,对镰刀菌萎蔫病和细菌性萎蔫病具有抗性,对炭疽病和茎线虫具有中度抗性,对丝囊霉根腐病、豌豆蚜、苜蓿斑翅蚜、黄萎病和蓝苜蓿蚜的抗性未测试。该品种适宜于美国西南地区种植;已在加利福尼亚州和爱达荷州通过测试。基础种永久由 Forage Genetics 公司生产和持有,审定种子于 2007 年上市。

39. Integra 8800

Integra 8800 的亲本材料是在一个生长多年的试验田或苗圃里选择出来的,其选择标准是为了改良这个品种在冬季的生长活力、牧草产量、多小叶表达性和持久性。该品种花色 100％紫色,含极少量的杂色、黄色、乳白色和白色;属于非秋眠类型,秋眠等级 8 级;小叶数量较多,为多叶型品种。该品种对镰刀菌萎蔫病、豌豆蚜、疫霉根腐病和茎线虫具有高抗性,对炭疽病、北方根结线虫和苜蓿斑翅蚜具有抗性;对细菌性萎蔫病、黄萎病、蓝苜蓿蚜和丝囊霉根腐病的抗性未测试。该品种适宜于美国西南地区种植,已在加利福尼亚州通过测试。基础种永久由 Forage Genetics 公司生产和持有,审定种子于 2007 年上市。

40. DS789

DS789 是由 257 个亲本植株通过杂交而获得的综合品种。其亲本材料是在阿根廷中部的测产试验田或观察苗圃里选出的具有牧草产量高、持久性好以及抗根、茎、叶和根颈疾病等特性的多个种群。该品种花色 99％为紫色,1％为杂色,有极少量乳白色、白色和黄色;属于非秋眠类型,秋眠等级 8 级。该品种对镰刀菌萎蔫病和北方根结线虫具有高抗性;对炭疽病、细菌性萎蔫病、疫霉根腐病、茎线虫和豌豆蚜有抗性;对黄萎病、丝囊霉根腐病、苜蓿斑翅蚜和蓝苜蓿蚜的抗性未测试。该品种适宜于美国中北部地区和阿根廷种植;已在美国的加利福尼亚州和阿根廷通过测试。基础种永久由 Dairyland 研究中心生产和持有,审定种子于 2007 年上市。

41. HybriForce-800

HybriForce-800 是一个三系配套杂交率为 $75\%\sim95\%$ 的杂交苜蓿品种。其亲本材料具有雄性不育性、保持性、恢复性的特性;亲本材料是在测产试验田或疾病苗圃里选择出来的具有牧草产量高、牧草质量好和持久性好等特性的多个种群,并且获得对黄萎病、炭疽病和疫霉根腐病的抗性。该品种花色 100% 为紫色,有极少量杂色、乳白色和白色;属于非秋眠类型,秋眠等级 8 级。该品种对炭疽病、镰刀菌萎蔫病、茎线虫和北方根结线虫具有高抗性;对疫霉根腐病和南方根结线虫有抗性;对细菌性萎蔫病和豌豆蚜有中度抗性;对黄萎病、丝囊霉根腐病、苜蓿斑翅蚜和蓝苜蓿蚜的抗性未测试。该品种适宜于美国西南地区种植;已在加利福尼亚州通过测试。基础种永久由 Dairyland 研究中心生产和持有,审定种子于 2006 年上市。

42. CW 18099

CW 18099 是由 433 个亲本植株通过杂交而获得的综合品种。其亲本材料是从阿根廷植株评价圃和产量样地中选出的具有抗蚜虫、耐干旱、耐霜冻、持久性强等特性的多个种群,并运用表型轮回选择法和品系杂交技术加以选择,以获得对镰刀菌萎蔫病、黄萎病、疫霉根腐病、炭疽病、苜蓿斑翅蚜、蓝苜蓿蚜和茎线虫的抗性。亲本种质来源:13R Supreme、DK 170、DK 180ML、DK 189、DK 194、Monarca、N890、5715、WL 516、WL 525 和 Cal/West 种子公司提供的不同的繁殖群体。种质资源贡献率大约为:杂花苜蓿占 5%,土耳其斯坦苜蓿占 16%,佛兰德斯苜蓿占 6%,智利苜蓿占 9%,秘鲁苜蓿占 5%,印第安苜蓿占 24%,非洲苜蓿占 35%。该品种花色 99% 以上为紫色,少许为杂色、乳白色、白色和黄色;属于非秋眠类型,秋眠等级为 8 级。该品种对炭疽病、镰刀菌萎蔫病、疫霉根腐病、豌豆蚜、北方根结线虫和南方根结线虫具有高抗性;对蓝苜蓿蚜、苜蓿斑翅蚜和茎线虫有抗性;对细菌性萎蔫病、黄萎病、丝囊霉根腐病的抗性未测试。该品种适宜于美国西南部地区和阿根廷种植;已在美国的加利福尼亚州和阿根廷通过测试。基础种永久由 Cal/West 种子公司生产和持有,审定种了丁 2008 年上市。

43. CW 38100

CW 38100 是由 393 个亲本植株通过杂交而获得的综合品种。其亲本材料是选择具有抗蚜虫、耐干旱、耐霜冻、持久性强等特性的并且在阿根廷经过轮流放牧实验后选出的多个种群,并运用表型轮回选择法和品系杂交技术加以选择,以获得对镰刀菌萎蔫病、黄萎病、疫霉根腐病、炭疽病、苜蓿斑翅蚜、蓝苜蓿蚜和茎线虫的抗性。亲本种质来源:DK 170、DK 189、58N58、WL 525 和 Cal/West 繁殖群体。种质资源贡献率大约为:杂花苜蓿占 6%,土耳其斯坦苜蓿占 15%,佛兰德斯苜蓿占 4%,智利苜蓿占 11%,秘鲁苜蓿占 6%,印第安苜蓿占 23%,非洲苜蓿占 35%。该品种花色 99% 为紫色,1% 为杂色和少许为乳白色、白色和黄色;属于非秋眠类型,秋眠等级为 8 级。该品种对镰刀菌萎蔫病、疫霉根腐病、豌豆蚜、苜蓿斑翅蚜、蓝苜蓿蚜、北方根结线虫具有高抗性;对茎线虫有中度抗性;对炭疽病、细菌性萎蔫病、黄萎病和丝囊霉根腐病的抗性未测试。该品种适宜于美国西南部和阿根廷种植;已在美国的加利福尼亚州和阿根廷通过测试。基础种永久由 Cal/West 种子公司生产和持有,审定种子于 2008 年上市。

44. DS783

DS783 是由 22 个亲本植株通过杂交而获得的综合品种。其亲本材料是在加利福尼亚州附近的 Sloughhouse 产量试验田中选出的具有产量高、持久性好、叶部病虫害少等特性的多个种群,由蜜蜂、苜蓿切叶蜂、熊蜂传粉进行自然杂交,并加强对镰刀菌萎蔫病、疫霉根腐病、炭疽病和丝囊霉根腐病抗性的选择。亲本种质来自 Dairyland 实验中心。该品种花色 98% 为紫色,2% 为杂色夹杂乳白色、白色和黄色;属于非秋眠类型,秋眠等级为 8 级。该品种对镰刀菌萎蔫病、疫霉根腐病、茎线虫、苜蓿斑翅蚜具有高抗性;对细菌性萎蔫病、炭疽病、北方根结线虫有抗性;对豌豆蚜和黄萎病具中度抗性;对丝囊霉根腐病和蓝苜蓿蚜的抗性未测试。该品种适宜于美国西南部地区种植;已在加利福尼亚州通过测试。基础种永久由 Dairyland 研究中心生产和持有,审定种子于 2008 年上市。

45. RRALF 8R100

RRALF 8R100 是由 110 个亲本植株通过杂交而获得的综合品种。其亲本材料运用品系特异性标记的基因型选择方法选择抗农达(草甘膦)除草剂、产量高、抗寒性好、持久性好的不同种群,以获得对细菌性萎蔫病、镰刀菌萎蔫病、炭疽病、疫霉根腐病的抗性。亲本种质来自 FGI 试验种群中成功转入抗农达基因的 J101 和 J163 抗农达品系。该品种花色 100% 为紫色,夹杂少许黄色、白色、乳白色和杂色;属于非秋眠类型,秋眠等级为 8 级;具有抗农达除草剂的特性。该品种高抗疫霉根腐病、北方根结线虫和苜蓿斑翅蚜;对炭疽病、细菌性萎蔫病、镰刀菌萎蔫病和南方根结线虫有抗性;对茎线虫具有中度抗性;对黄萎病、丝囊霉根腐病、豌豆蚜和蓝苜蓿蚜的抗性未检测。该品种适宜于美国西南部地区种植;已在加利福尼亚州和爱达荷州通过测试。基础种永久由 Forage Genetics 公司生产和持有。

46. DKA84-10RR

DKA84-10RR 是由 110 个亲本植株通过杂交而获得的综合品种。其亲本材料运用品系特异性标记的基因型选择方法,选择抗农达(草甘膦)除草剂、产量高、抗寒性好、持久性好的不同种群,以获得对细菌性萎蔫病、镰刀菌萎蔫病、黄萎病、炭疽病、疫霉根腐病和丝囊霉根腐病的抗性。亲本种质来自 FGI 试验种群中成功转入抗农达基因的 J101 和 J163 抗农达品系。该品种花色 100% 为紫色,夹杂少许黄色、白色、乳白色和杂色;属于非秋眠类型,秋眠等级为 8 级;具有抗农达除草剂的特性。该品种高抗炭疽病、镰刀菌萎蔫病、疫霉根腐病、豌豆蚜、苜蓿斑翅蚜、蓝苜蓿蚜、北方根结线虫和茎线虫;对细菌性萎蔫病和南方根结线虫有抗性;对黄萎病具有中度抗性,对丝囊霉根腐病的抗性未检测。该品种适宜于美国加利福尼亚州和西部轻度荒漠区域种植;已在加利福尼亚州通过测试。基础种永久由 Forage Genetics 公司生产和持有。

47. WL 550RR

WL 550RR 是由 120 个亲本植株通过杂交而获得的综合品种。其亲本材料运用品系特异性标记的基因型选择方法选择抗农达(草甘膦)除草剂、产量高、抗寒性好、持久性好的不同种群,以获得对细菌性萎蔫病、镰刀菌萎蔫病、黄萎病、炭疽病、疫霉根腐病和丝囊霉根腐病的抗性。亲本种质来自 FGI 试验种群中成功转入抗农达基因的 J101 和 J163 抗农达品系。该品种花色 100% 为紫色；属于非秋眠秋类型，秋眠等级为 8 级；具有抗农达除草剂的特性。该品种高抗炭疽病、细菌性萎蔫病、镰刀菌萎蔫病、豌豆蚜、蓝苜蓿蚜和南方根结线虫；对疫霉根腐病、苜蓿斑翅蚜、北方根结线虫和茎线虫有抗性；对黄萎病具有中度抗性；对丝囊霉根腐病的抗性未检测。该品种适宜于加利福尼亚州和西部轻度荒漠区域种植；已在加利福尼亚州通过测试。基础种永久由 Forage Genetics 公司生产和持有，审定种子于 2006 年上市。

48. Revolution

Revolution 是由 120 个亲本植株通过杂交而获得的综合品种。其亲本材料运用品系特异性标记的基因型选择方法选择抗农达（草甘膦）除草剂、产量高、抗寒性好、持久性好的不同种群，以获得对细菌性萎蔫病、镰刀菌萎蔫病、黄萎病、炭疽病、疫霉根腐病和丝囊霉根腐病的抗性。亲本种质来自 FGI 试验种群中成功转入抗农达基因的抗农达品系。该品种花色 100% 为紫色，极微量的黄色、白色、乳白色和杂色；属于非秋眠类型，秋眠等级为 8 级；具有抗农达除草剂的特性。该品种高抗炭疽病、细菌性萎蔫病、镰刀菌萎蔫病、疫霉根腐病、豌豆蚜、苜蓿斑翅蚜、北方根结线虫、南方根结线虫、蓝苜蓿蚜和茎线虫；对黄萎病有中度抗性；对丝囊霉根腐病的抗性未检测。该品种适宜于加利福尼亚州和西部轻度荒漠区域种植；已在加利福尼亚州和爱达荷州通过测试。基础种永久由 Forage Genetics 公司生产和持有，审定种子于 2006 年上市。

49. 58R51

58R51 是由 100 个亲本植株通过杂交而获得的综合品种。其亲本材料运用特异性标记基因型选择方法选择抗农达（草甘膦）除草剂、产量高、抗寒性好的不同种群，以获得对细菌性萎蔫病、镰刀菌萎蔫病、炭疽病、疫霉根腐病的抗性。亲本种质来自 FGI 试验种群中成功转入抗农达基因的抗农达品系。该品种花色 100% 为紫色，有极微量的黄色、白色、乳白色和杂色；属于非秋眠类型，秋眠等级为 8 级；具有抗农达除草剂的特性。该品种高抗镰刀菌萎蔫病、疫霉根腐病、豌豆蚜、苜蓿斑翅蚜和茎线虫；对炭疽病和蓝苜蓿蚜有抗性；对细菌性萎蔫病、黄萎病有中等抗性；对丝囊霉根腐病和根结线虫的抗性未检测。该品种适宜于加利福尼亚州和西部轻度荒漠区域种植；已在加利福尼亚州和爱达荷州通过测试。基础种永久由 Forage Genetics 公司生产和持有，审定种子于 2009 年上市。

50. DS510

DS510 是由 16 个亲本植株通过杂交而获得的综合品种。其亲本材料是在产量试验田或抗病资源圃中选出的具有抗蚜虫、抗苜蓿花叶病毒、幼苗生长势好、产量高、持久性好的不同种群，同 DS788 进行杂交。该品种花色 99% 为紫色，1% 为杂色夹杂乳白色、白色和黄色；属于非秋眠类型，秋眠等级为 8 级。该品种高抗镰刀菌萎蔫病、疫霉根腐病、茎线虫、苜蓿斑翅蚜；对细菌性萎蔫病、炭疽病、豌豆蚜、北方根结线虫、南方根结线虫有抗性；对黄萎病有中度抗性；对丝囊霉根腐病和蓝苜蓿蚜的抗性未检测。该品种适宜于美国西南部和阿根廷地区种植；已在美国的加利福尼亚州和阿根廷通过测试。基础种永久由 Dairyland 研究中心生产和持有，审定种子于 2008 年上市。

51. **AmeriStand 802TQ**

AmeriStand 802TQ 是由 300 个亲本植株通过杂交而获得的综合品种。亲本材料的选择标准是牧草产量、秋眠性和持久性,运用基因型和表型轮回选择相结合的方法来改良这个品种。该品种花色 100％为紫色,略带杂色、乳白色、黄色和白色;属于非秋眠类型,秋眠等级 8 级。该品种对镰刀菌萎蔫病、疫霉根腐病、豌豆蚜、根结线虫和茎线虫具有高抗性;对苜蓿斑翅蚜具有抗性;对炭疽病和细菌性萎蔫病具有中度抗性;对丝囊霉根腐病、黄萎病和蓝苜蓿蚜的抗性未测试。该品种适宜于美国西南部地区种植;已在加利福尼亚州通过测试。基础种永久由 Forage Genetics 公司生产和持有,审定种子于 2009 年上市。

52. **FG 65T067**

FG 65T067 是由 110 个亲本植株通过杂交而获得的综合品种。其亲本材料选择具有牧草产量高、秋眠反应、持久性好、抗虫性强等特性的多个种群,并运用基因型和表型轮回选择相结合的方法加以选择,以获得具有对细菌性萎蔫病、镰刀菌萎蔫病、黄萎病、疫霉根腐病、茎线虫的抗性。该品种花色 96％为紫色,4％为杂色,略带乳白、黄色和白色;属于非秋眠类型,秋眠等级为 8 级。该品种对炭疽病、疫霉根腐病和茎线虫具有高抗性;对镰刀菌萎蔫病、豌豆蚜和细菌性萎蔫病有抗性;对黄萎病、丝囊霉根腐病、蓝苜蓿蚜、苜蓿斑翅蚜和北方根结线虫的抗性未测试。该品种适宜于美国中度寒冷的山区和西南部地区种植;已在爱达荷州和 加利福尼亚州通过测试。基础种永久由 Forage Genetics 公司生产和持有,审定种子于 2009 年上市。

53. **FG 83T048**

FG 83T048 是由 241 个亲本植株通过杂交而获得的综合品种。亲本材料的选择标准是牧草产量、秋眠性和持久性,运用基因型和表型轮回选择相结合的方法来改良这个品种。该品种花色 100％为紫色,略带杂色、乳白色、黄色和白色;属于非秋眠类型,秋眠等级 8 级。该品种对镰刀菌萎蔫病、疫霉根腐病、豌豆蚜和北方根结线虫具有高抗性;对苜蓿斑翅蚜、黄萎病、茎线虫具有抗性;对炭疽病和细菌性萎蔫病的抗性较低;对蓝苜蓿蚜和丝囊霉根腐病的抗性未测试。该品种适宜于美国的西南地区种植;已在加利福尼亚州通过测试。基础种永久由 Forage Genetics 公司生产和持有,审定种子于 2009 年上市。

54. **CW 38099**

CW 38099 是由 531 个亲本植株通过杂交而获得的综合品种。其亲本材料是从阿根廷的产量试验田和苗圃里选择出的具有抗叶病、抗蚜虫、耐干旱、耐霜冻、持久性好等农艺学特性的多个种群,并运用表型轮回选择法和品系杂交技术加以选择,以获得对镰刀菌萎蔫病、黄萎病、疫霉根腐病、炭疽病、苜蓿斑翅蚜、茎线虫和蓝苜蓿蚜的抗性。亲本种质来源:DK 170、DK 189、CW 194、WL 525HQ、58N58、SP8900 和混杂的 Cal/West 育种种群。种质资源的贡献率大约为:杂花苜蓿占 4％,土耳其斯坦苜蓿占 15％,佛兰德斯苜蓿占 6％,智利苜蓿占 10％,秘鲁苜蓿占 6％,印第安苜蓿占 24％,非洲苜蓿占 35％。该品种花色 99％为紫色,其余略带杂色、乳白、黄色和白色;属于非秋眠类型,秋眠等级为 8 级。该品种对疫霉根腐病、苜蓿斑翅蚜、豌豆蚜、蓝苜蓿蚜和北方根结线虫具有高抗性;对镰刀菌萎蔫病和黄萎病有抗性;对细菌性萎蒌病、茎线虫和豇豆蚜虫抗性适中;对炭疽病和丝囊霉根腐病的抗性未测试。该品种适宜于美国西南部地区和阿根廷种植;已在美国的加利福尼亚州和阿根廷通过测试。基础种永久由 Cal/West 种子公司生产和持有,审定种子于 2009 年上市。

55. MissionTNT(Amended)

Mission TNT 是由 90 个亲本植株通过杂交而获得的综合品种。其亲本材料具有抗疫霉根腐病、炭疽病、多叶型的特性;亲本材料是从加利福尼亚州生长 4 年的产量试验田里选择出的多个种群,并运用表型轮回选择法进行选择,以获得对炭疽病、黄萎病、疫霉根腐病、蓝首蓿蚜、首蓿斑翅蚜的抗性。亲本种质来源:TNT、VS-448、C/W 2820、Mecca、DK 189、Condor、UC 332、C/W 2815、C/W 2817、VS 446、Sundor、Army Express、DK 187、UC 176、UC 196、UC 222、UC 263 和 UC 276。种质资源贡献率大约为:杂花首蓿占 3%,土耳其斯坦首蓿占 13%,佛兰德斯首蓿占 3%,智利首蓿占 7%,秘鲁首蓿占 4%,印第安首蓿占 21%,非洲首蓿占 44%,未知首蓿占 5%。该品种花色 97% 为紫色,3% 为杂色;属于非秋眠类型,秋眠等级为 8 级;小叶数量较多,为多叶型品种。该品种对镰刀菌萎蒌病、疫霉根腐病、豌豆蚜、蓝首蓿蚜、首蓿斑翅蚜具有高抗性;对炭疽病、茎线虫、根结线虫有抗性;低抗黄萎病和细菌性萎蒌病;对丝囊霉根腐病的抗性未测试。该品种适宜于美国西南部地区和寒冷的山区种植;已在加利福尼亚州通过测试。基础种永久由 Cal/West 种子公司生产和持有,审定种子于 1996 年上市。

56. El Tigre Verde(Amended)

El Tigre Verde 是由 154 个亲本植株通过杂交而获得的综合品种。亲本材料是从萨克拉门托和加州圣华金河谷生长 2~4 年的大约 21 hm² 的首蓿大田里选出的具有植株活力、整齐度和对病虫害的抗性等特性的多个种群,超过 23% 的植株经过盆栽比较和农艺性状鉴定,并将这些植株单独隔离、通过蜜蜂授粉。亲本种质来源:AS 13R、Pierce、ND85 Brand、WL 515、Madera 和 Mission 477 Brand。种质资源贡献率大约为:黄花首蓿占 1%,拉达克首蓿占 1%,杂花首蓿占 4%,土耳其斯坦首蓿占 18,佛兰德斯首蓿占 1%,智利首蓿占 9%,秘鲁首蓿占 1%,印第安首蓿占 28%,非洲首蓿占 11%,未知首蓿占 26%。该品种花色 99% 为紫色,1% 为杂色并带有少许白色、乳白色和黄色;属于非秋眠类型,秋眠等级为 8 级。该品种对镰刀菌萎蒌病、首蓿斑翅蚜具有高抗性;对疫霉根腐病、豌豆蚜、茎线虫、根结线虫有抗性;对细菌性萎蒌病和蓝首蓿蚜有中度抗性;低抗炭疽病和黄萎病,对丝囊霉根腐病的抗性未测试。该品种适宜于美国加利福尼亚州的萨克拉门托和圣华金河谷地区种植;已在加利福尼亚州通过测试。基础种永久由 I. K. 种子研究中心生产和持有,审定种子于 1997 年上市。

57. DK 180ML

DK 180ML 是由 202 个亲本植株通过杂交而获得的综合品种。其亲本材料选择具有种子产量高、多小叶性状表达、夏季生长慢等特性的多个种群,并运用表型轮回选择法加以选择,以获得对疫霉根腐病、炭疽病、镰刀菌萎蒌病、黄萎病的抗性。亲本种质来源:Parade、Kern、FG 6J92、FG 6J95。种质资源贡献率大约为:黄花首蓿占 1%,拉达克首蓿占 2%,杂花首蓿占 5%,土耳其斯坦首蓿占 15%,佛兰德斯首蓿占 3%,智利首蓿占 11%,秘鲁首蓿占 1%,印第安首蓿占 20%,非洲首蓿占 35%,未知品种占 7%。该品种花色约 100% 为紫色,略带杂色、乳白色、白色和黄色；属于非秋眠类型，秋眠等级为 8 级；具有多叶性状，多叶性比 MultiKing L 苜蓿更加突出。该品种对镰刀菌萎蔫病、炭疽病、疫霉根腐病、豌豆蚜和蓝苜蓿蚜具有高抗性；对黄萎病、南方根结线虫和北方根结线虫具有抗性；对茎线虫和细菌性萎蔫病具有中度抗性，对丝囊霉根腐病的抗性尚未充分测试。该品种适宜于美国中南部地区种植；已经在加利福尼亚州和爱达荷州通过测试。基础种永久由 Forage Genetics 公司生产和持有，审定种子于 1997 年上市。

58. FG 8L194

FG 8L194 是由 300 个亲本植株通过杂交而获得的综合品种。其亲本材料选择是具有夏季生长慢特性的多个种群，并运用表型轮回选择法加以选择，以获得对疫霉根腐病、炭疽病、镰刀菌萎蔫病、黄萎病的抗性。亲本种质来源：Kern 和 FG 9B78。种质资源贡献率大约为：黄花苜蓿占 1%，拉达克苜蓿占 2%，杂花苜蓿占 4%，土耳其斯坦苜蓿占 11%，佛兰德斯苜蓿占 3%，智利苜蓿占 4%，秘鲁苜蓿占 5%，印第安苜蓿占 20%，非洲苜蓿占 40%，未知品种占 10%。该品种花色约 100% 为紫色，略带杂色、乳白色、白色和黄色；属于非秋眠类型，秋眠等级为 8 级。该品种对镰刀菌萎蔫病、疫霉根腐病、豌豆蚜、苜蓿斑翅蚜、北方根结线虫和蓝苜蓿蚜等病虫害具有高抗性，对炭疽病具有抗性，对黄萎病、茎线虫具有中度抗性，对细菌性萎蔫病和丝囊霉根腐病的抗性尚未充分测试。该品种适宜于美国中南部地区种植；已经在加利福尼亚州和爱达荷州经过测试。基础种永久由 Forage Genetics 公司生产和持有，审定种子于 1997 年上市。

59. FG 8T198

FG 8T198 是由 153 个亲本植株通过杂交而获得的综合品种。其亲本材料是从加利福尼亚州生长 4 年的测产试验田里选择出来的具有晚秋生长特性和持久性好的多个种群，并运用表型轮回选择法加以选择。亲本种质来源：Condor 和 DKIB9。种质资源贡献率大约为：黄花苜蓿占 1%，拉达克苜蓿占 1%，杂花苜蓿占 5%，土耳其斯坦苜蓿占 10%，佛兰德斯苜蓿占 1%，智利苜蓿占 5%，秘鲁苜蓿占 5%，印第安苜蓿占 18%，非洲苜蓿占 45%，未知品种占 9%。该品种花色约 100% 为紫色，略带杂色、乳白色、白色和黄色；属于非秋眠类型，秋眠等级为 8 级。该品种对镰刀菌萎蔫病、疫霉根腐病、北方根结线虫、豌豆蚜、苜蓿斑翅蚜和蓝苜蓿蚜具有高抗性，对黄萎病、茎线虫和炭疽病具有中度的抗性，对细菌性萎蔫病和丝囊霉根腐病的抗性尚未测试。该品种适宜于美国西南部地区；已经在加利福尼亚州和爱达荷州经过测试。基础种永久由 Forage Genetics 公司生产和持有，审定种子于 1997 年上市。

60. SW 8200

SW 8200 是由 128 个亲本植株通过杂交而获得的综合品种。其亲本材料是在加利福尼亚州的 Mendota 种子生产试验田选出的，选择标准是种子产量、植株活力、茎秆好的以及根部没有病害的种群。亲本种质来源：SW 9112 和 SW 8210。种质资源贡献率大约为：非洲苜蓿占 43%，印第安苜蓿占 20%，土耳其斯坦苜蓿占 16%，智利苜蓿占 8%，秘鲁苜蓿占 4%，佛兰德斯苜蓿占 2%，杂花苜蓿占 2%，未知品种占 5%。该品种花色 99% 为紫色，1% 为杂色；属于非秋眠类型，秋眠等级为 8 级。该品种对镰刀菌萎蔫病和苜蓿斑翅蚜具有高抗性；对疫霉根腐病、炭疽病、蓝苜蓿蚜、豌豆蚜和南方根结线虫具有抗性;对细菌性萎蔫病具有中等的抗性;对黄萎病和茎线虫具有低抗性;对丝囊霉根腐病和北方根结线虫的抗性尚未测试。该品种适宜于加利福尼亚州需要秋季放牧及秋眠等级为 7 级、8 级、9 级的苜蓿地区种植;已在美国的加利福尼亚州和阿根廷通过测试。基础种永久由 S&W 生产和持有,审定种子于 1998 年上市。

61. Rodeo

Rodeo 是由 190 个亲本植株通过杂交而获得的综合品种。其亲本材料是在乔治亚州的 Tifton 放牧试验田里选出的具有耐牧特性的多个种群,并运用表型轮回选择法加以选择,以获得对黄萎病、炭疽病、苜蓿斑翅蚜、蓝苜蓿蚜、豌豆蚜、南方根结线虫的抗性。亲本种质来源:Cuf(80%)和一种不秋眠的实验室种(20%)。亲本种质资源贡献率为:拉达克苜蓿占 1%,杂花苜蓿占 2%,土耳其斯坦苜蓿占 11%,佛兰德斯苜蓿占 1%,智利苜蓿占 7%,秘鲁苜蓿占 2%,印第安苜蓿占 23%,非洲苜蓿占 53%。该品种花色 98% 为紫色,1% 为杂色,不到 1% 为乳白色、黄色和白色;属于非秋眠类型,秋眠等级(类似于 Moapa 69)为 8 级。该品种对镰刀菌萎蔫病具有高抗性;对细菌性萎蔫病、苜蓿斑翅蚜、豌豆蚜、蓝苜蓿蚜、茎线虫、疫霉根腐病和南方根结线虫具有抗性;对黄萎病和炭疽病具有中度抗性。该品种适宜于美国西南部地区种植;已经在加利福尼亚州和亚利桑那州通过测试。基础种永久由 ABI 生产和持有,审定种子于 1997 年上市。

62. C143

C143 是由 120 个亲本植株通过杂交而获得的综合品种。其亲本材料是从加利福尼亚州弗雷斯诺和沃斯科地区苗圃中选出的具有高产特性的种群,并运用表型轮回选择法和近红外反射光谱法技术加以选择,以获得高质量的饲用价值。亲本种质来源:WL 512、WL 514、Pioneer 581、Falkiner 和 VC76。种质资源贡献率约为:拉达克苜蓿占 3%,杂花苜蓿占 3%,土耳其斯坦苜蓿占 8%,佛兰德斯苜蓿占 6%,智利苜蓿占 16%,秘鲁苜蓿占 10%,印第安苜蓿占 24%,非洲苜蓿占 30%。该品种花色 100% 为紫色,略带杂色、白色、乳白色和黄色;属于非秋眠类型,秋眠等级为 8 级。该品种对镰刀菌萎蔫病、豌豆蚜、苜蓿斑翅蚜、疫霉根腐病和蓝苜蓿蚜具有高抗性;对茎线虫、北方根结线虫具有抗性;对细菌性萎蔫病和南方根结线虫具有中等抗性,对炭疽病和丝囊霉根腐病的抗性未做测试。该品种适宜于美国西南部地区种植;已在加利福尼亚州通过测试。基础种永久由 W-L 研究公司生产和持有,审定种子于 1998 年上市。

63. DS491

DS491 是由 5 个亲本植株通过杂交而获得的综合品种。其亲本材料是从抗病害苗圃里选出的多个种群,选择标准包括牧草产量、持久性、种子产量以及对疫霉根腐病、炭疽病、叶部病害的抗性。亲本种质来源:Sapphire、Nitro、Volo、Falcon 和 Monarch。种质资源贡献率大约为:佛兰德斯苜蓿占 10%,智利苜蓿占 13%,秘鲁苜蓿占 31%,印第安苜蓿占 20%,非洲苜蓿占 26%。该品种花色 90% 为紫色,10% 为杂色,略带白色、乳白色和黄色;属于不秋眠类型,秋眠等级(接近 Moapa 69)为 8 级。该品种对镰刀菌萎蔫病、苜蓿斑翅蚜、蓝苜蓿蚜、北方根结线虫具有高抗性,对疫霉根腐病、细菌性萎蔫病有抗性;中度抗丝囊霉根腐病、炭疽病;对黄萎病、豌豆蚜、茎线虫的抗性未测试。该品种适宜于美国西南部地区种植;已在美国的加利福尼亚州、威斯康星州以及阿根廷的布宜诺斯艾利斯和圣达菲地区通过测试。基础种永久由 Dairy-land Research 公司生产和持有,审定种子于 1998 年上市。

64. FG 8G519

FG 8G519 是由 80 个亲本植株通过杂交而获得的综合品种。其亲本材料选择标准包括持久性、秋眠性、小叶型和对疫霉根腐病、黄萎病、蓝苜蓿蚜、苜蓿斑翅蚜的抗性。亲本种质来源:Tulare (50%) 和 DK I8OML (50%)。种质资源贡献率大约为:黄花苜蓿占 1%,拉达克苜蓿占 2%,杂花苜蓿占 5%,土耳其斯坦苜蓿占 15%,佛兰德斯苜蓿占 3%,智利苜蓿占 11%,秘鲁苜蓿占 1%,印第安苜蓿占 20%,非洲苜蓿占 35%,未知苜蓿 7%。该品种花色近 100% 为紫色;秋眠等级接近 8 级;小叶数量较多,为多叶型品种。该品种对镰刀菌萎蔫病、疫霉根腐病、豌豆蚜和苜蓿斑翅蚜具有高抗性;对炭疽病、黄萎病、蓝苜蓿蚜和茎线虫有抗性;对细菌性萎蔫病有中度抗性;对丝囊霉根腐病和根结线虫的抗性未测试。该品种适宜于美国西南部地区和中度寒冷山区种植;已在美国的威斯康星州、明尼苏达州和阿根廷部分地区通过测试。基础种永久由 Forage Genetics 公司生产和持有,审定种子于 1998 年上市。

65. FG 8G521

FG 8G521 是由 120 个亲本植株通过杂交而获得的综合品种。其亲本材料具有对黄萎病、疫霉根腐病和苜蓿斑翅蚜的抗性。亲本种质来源:Sundor (20%)、WL 516 (24%)、Yolo (14%)、Diamond (14%) 和 DK 189 (28%)。种质资源贡献率大约为:黄花苜蓿占 1%,拉达克苜蓿占 2%,杂花苜蓿占 5%,土耳其斯坦苜蓿占 15%,佛兰德斯苜蓿占 3%,智利苜蓿占 11%,秘鲁苜蓿占 1%,印第安苜蓿占 20%,非洲苜蓿占 35%,未知苜蓿占 7%。该品种花色 100% 为紫色;属于非秋眠品种,秋眠等级接近 8 级。该品种对镰刀菌萎蔫病、疫霉根腐病、蓝苜蓿蚜、豌豆蚜和苜蓿斑翅蚜具有高抗性;中度抗细菌性萎蔫病、黄萎病和茎线虫;低抗炭疽病;对丝囊霉根腐病和根结线虫的抗性未测试。该品种适宜于美国西南部地区和中度寒冷山区种植;已在美国的爱达荷州、加利福尼亚州和阿根廷通过测试。基础种永久由 Forage Genetics 公司生产和持有,审定种子于 1998 年上市。

66. FG 8L418

FG 8L418 是由 154 个亲本植株通过杂交而获得的综合品种。其亲本材料具有对黄萎病、炭疽病、疫霉根腐病、蓝苜蓿蚜、豌豆蚜和苜蓿斑翅蚜的抗性。亲本种质来源:DK 189(60%)、Condor(30%) 和 Tahoe(10%)。种质资源贡献率大约为:黄花苜蓿占 1%,拉达克苜蓿占 5%,杂花苜蓿占 6%,土耳其斯坦苜蓿占 20%,佛兰德斯苜蓿占 7%,智利苜蓿占 6%,秘鲁苜蓿占 3%,印第安苜蓿占 17%,非洲苜蓿占 30%,未知苜蓿占 5%。该品种花色 100% 为紫色;属于非秋眠品种,秋眠等级接近 8 级。该品种对炭疽病、镰刀菌萎蔫病、疫霉根腐病、蓝苜蓿蚜、豌豆蚜和苜蓿斑翅蚜具有高抗性;抗茎线虫、黄萎病和根结线虫,对丝囊霉根腐病和细菌性萎蔫病的抗性未测试。该品种适宜于美国西南部地区和中度寒冷山区种植;已在美国的爱达荷州、加利福尼亚州通过测试。基础种永久由 Forage Genetics 公司生产和持有,审定种子于 1998 年上市。

67. FG 8T1094

FG 8T1094 是由 191 个亲本植株通过杂交而获得的综合品种。其亲本材料具有秋季生长量高和抗黄萎病、疫霉根腐病、蓝首蓿蚜、首蓿斑翅蚜的特性。亲本种质来源：DK 189（48%）、Beacon（23%）、Sundor（11%）和 Tahoe（18%）。种质资源贡献率大约为：杂花首蓿占4%，土耳其斯坦首蓿占 12%，佛兰德斯首蓿占 1%，智利首蓿占 5%，秘鲁首蓿占 1%，印第安首蓿占 20%，非洲首蓿占 50%，未知首蓿 7%。该品种花色 100% 为紫色；秋眠等级接近 8 级。该品种对炭疽病、镰刀菌萎蔫病、蓝首蓿蚜和首蓿斑翅蚜具有高抗性；对疫霉根腐病、豌豆蚜、茎线虫和根结线虫有抗性；中度抗黄萎病；对丝囊霉根腐病和细菌性萎蔫病的抗性未测试。该品种适宜于美国西南部地区和中度寒冷山区种植；已在爱达荷州和加利福尼亚州通过测试。基础种永久由 Forage Genetics 公司生产和持有，审定种子于 1998 年上市。

68. FG 8L417

FG 8L417 是由 154 个亲本植株通过杂交而获得的综合品种。其亲本材料具有对黄萎病、炭疽病、疫霉根腐病、蓝首蓿蚜、豌豆蚜和首蓿斑翅蚜的抗性。亲本种质来源：Condor（100%）。种质资源贡献率大约为：黄花首蓿占 1%，拉达克首蓿占 3%，杂花首蓿占 6%，土耳其斯坦首蓿占 18%，佛兰德斯首蓿占 4%，智利首蓿占 9%，秘鲁首蓿占 1%，印第安首蓿占18%，非洲首蓿占 35%，未知首蓿占 5%。该品种花色近 100% 为紫色；属于非秋眠品种，秋眠等级 8 级。该品种对镰刀菌萎蔫病、疫霉根腐病、蓝首蓿蚜、根结线虫、豌豆蚜和首蓿斑翅蚜具有高抗性；对茎线虫有抗性；中度抗炭疽病、黄萎病；对丝囊霉根腐病和细菌性萎蔫病的抗性未测试。该品种适宜于美国西南部地区和中度寒冷山区种植；已在美国的爱达荷州和加利福尼亚州通过测试。基础种永久由 Forage Genetics 公司生产和持有，审定种子于 1998 年上市。

69. DK 143

DK 143 是由 202 个亲本植株通过杂交而获得的综合品种。亲本材料选择标准包括种子产量、多叶型特性和夏末的生长势，并运用表型轮回选择法加以选择，以获得对疫霉根腐病、炭疽病、镰刀菌萎蔫病和黄萎病的抗性。亲本种质来源：Parade、Kern、FG 6J92 和 FG 6J95。种质资源贡献率大约为：黄花首蓿占 1%，拉达克首蓿占 2%，杂花首蓿占 5%，土耳其斯坦首蓿占 15%，佛兰德斯首蓿占 3%，智利首蓿占 11%，秘鲁首蓿占 1%，印第安首蓿占 20%，非洲首蓿占 35%，未知首蓿占 7%。该品种花色 100% 为紫色，略带有少许杂色、白色、乳白色和黄色；秋眠等级 8 级。该品种对镰刀菌萎蔫病、炭疽病、疫霉根腐病、豌豆蚜、首蓿斑翅蚜和蓝首蓿蚜具有高抗性；对黄萎病、南方根结线虫和北方根结线虫有抗性；中度抗茎线虫和细菌性萎蔫病；对丝囊霉根腐病的抗性未测试。该品种适宜于美国西南部地区种植；已在加利福尼亚州和爱达荷州通过测试。基础种永久由 Forage Genetics 种公司生产和持有，审定种子于 1997年上市。

70. Falcon

Falcon 亲本材料是通过表型轮回选择法加以选择，以获得对疫霉根腐病、茎线虫和叶部病害的抗性。亲本种质来源：GT 13R Plus（50%）、AS 13R（10%）、BAA-15（10%）、

Nev. Syn XX（15%）、WL 512（5%）、WL 514（5%）和 Pioneer Brand 572（5%）。种质资源贡献率大约为：非洲苜蓿占 35%，印第安苜蓿占 49%，智利苜蓿占 2%，土耳其斯坦苜蓿占 4%，杂花苜蓿占 10%。该品种花色近 100% 为紫色；属于非秋眠类型，秋眠等级同 Moapa 69。该品种对镰刀菌萎蔫病具有高抗性；对南方根结线虫有抗性；中度抗疫霉根腐病、豌豆蚜、苜蓿斑翅蚜、蓝苜蓿蚜和茎线虫，对细菌性萎蔫病抗性低；对炭疽病易感，对黄萎病的抗性未测试。该品种适宜于美国加利福尼亚州中部及南部、亚利桑那州、内华达州地区和新墨西哥州的沙漠谷地种植；已在新墨西哥州和加利福尼亚州通过测试。基础种永久由 Lohse Mills 公司生产和持有，审定种子于 1990 年上市。

71. NK Matrera 8

NK Matrera 8 是由 120 个亲本植株通过杂交而获得的综合品种。其亲本材料具有抗疫霉根腐病、黄萎病、苜蓿斑翅蚜和持久性强的特性。亲本种质来源：Sundor（20%）、WL 516（24%）、Yolo（14%）、Diamond（14%）和 DK189（28%）。种质资源贡献率大约为：黄花苜蓿占 1%，拉达克苜蓿占 2%，杂花苜蓿占 5%，土耳其斯坦苜蓿占 15%，佛兰德斯苜蓿占 3%，智利苜蓿占 11%，秘鲁苜蓿占 1%，印第安苜蓿占 20%，非洲苜蓿占 35%，未知苜蓿占 7%。该品种花色近 100% 为紫色；秋眠等级 8 级。该品种对镰刀菌萎蔫病、疫霉根腐病、豌豆蚜、苜蓿斑翅蚜和蓝苜蓿蚜具有高抗性；对细菌性萎蔫病、黄萎病和茎线虫有中度抗性；对炭疽病抗性低；对丝囊霉根腐病和根结线虫的抗性未测试。该品种适宜于美国西南部地区和中度寒冷山区种植，计划推广到美国西南部和阿根廷利用；已在美国的爱达荷州、加利福尼亚州和阿根廷通过测试。基础种永久由 Forage Genetics 种子公司生产和持有，审定种子于 1998 年上市。

72. Pershing

Pershing 是由 150 个亲本植株通过杂交而获得的综合品种。其亲本材料是从加利福尼亚州维塞利亚地区的产量试验田 PGI 8621C 品种中选择出的，并且对其抗镰刀菌萎蔫病、茎线虫、根结线虫、苜蓿斑翅蚜的抗性以及对秋眠性、根颈健康程度、种子产量等特性进行了评估。种质资源贡献率大约为：印第安苜蓿占 25%，非洲苜蓿占 50%，阿拉伯苜蓿占 25%。该品种花色 90% 为紫色，10% 为杂色并带有少许白色、乳白色和黄色；属于非秋眠类型，秋眠等级为 8 级。该品种对镰刀菌萎蔫病、疫霉根腐病、苜蓿斑翅蚜、北方根结线虫具有高抗性；对豌豆蚜、蓝苜蓿蚜、茎线虫、南方根结线虫有抗性；对细菌性萎蔫病有中度抗性；对炭疽病和黄萎病抗性低；对丝囊霉根腐病的抗性未测试。该品种适宜于美国西南部地区种植；已在加利福尼亚州和新墨西哥州通过测试。基础种永久由 Dairyland 研究中心生产和持有，审定种子于 1999 年上市。

73. WL 525 HQ

WL 525 HQ 是由 120 个亲本植株通过杂交而获得的综合品种。其亲本材料是从加利福尼亚州贝克斯菲尔德地区的苗圃中选出的持久性强的材料，并运用表型轮回选择法和近红外反射光谱法技术进行选择，选择出饲用价值高（粗蛋白含量高、酸性和中性洗涤纤维含量低）的亲本。亲本种质来源：WL 516、86-222、Ca 898 和 Maxidor。种质资源贡献率大约为：杂花苜蓿占 5%，智利苜蓿占 10%，土耳其斯坦苜蓿占 11%，佛兰德斯苜蓿占 4%，秘鲁苜蓿占 11%，印第安苜蓿占 29％，非洲苜蓿占 30％。该品种花色近 99％为紫色，1％为乳白色，略带有少许白色和杂色；属于非秋眠品种，秋眠等级同 Moapa 69；与其他非秋眠品种相比，该品种的饲草品质高（粗蛋白含量高、酸性洗涤纤维和中性洗涤纤维比例低）。该品种对镰刀菌萎蔫病、疫霉根腐病、蓝苜蓿蚜、豌豆蚜、苜蓿斑翅蚜和南方根结线虫具有高抗性；对茎线虫有抗性；中度抗细菌性萎蔫病和北方根结线虫；对炭疽病、黄萎病和丝囊霉根腐病的抗性未测试。该品种适宜于美国加利福尼亚州中部和中南部地区种植，计划推广到美国西南部利用；已在加利福尼亚州通过测试。基础种永久由 W-L 种子公司生产和持有，审定种子于 1993 年上市。

74. CW 59059

CW 59059 是由 116 个亲本植株通过杂交而获得的综合品种。亲本材料是从加利福尼亚附近林地经过连续 2 年重度放牧后选出的持久性好、耐放牧性和生长势好的多个种群。亲本种质来源：Supreme Forager、Topacio、Grasis、Altiva、Mecca 和 WL 605。种质资源贡献率大约为：拉达克苜蓿占 1％，杂花苜蓿占 2％，土耳其斯坦苜蓿占 13％，佛兰德斯苜蓿占 1％，智利苜蓿占 12％，秘鲁苜蓿占 3％，印第安苜蓿占 20％，非洲苜蓿占 48％。该品种花色有近 99％为紫色，1％为杂色，略带黄色、乳白色和白色；属于非秋眠品种，秋眠等级为 8 级；重度放牧条件下耐受性好。该品种对镰刀菌萎蔫病、豌豆蚜、蓝苜蓿蚜具有高抗性；对疫霉根腐病、苜蓿斑翅蚜、茎线虫有抗性；中度抗炭疽病；对细菌性萎蔫病、黄萎病、丝囊霉根腐病、根结线虫的抗性未检测。该品种适合在美国西南部、中等寒冷的山区种植；已在加利福尼亚州通过测试。基础种永久由 Cal/ West 生产和持有，审定种子于 2000 年上市。

75. FIESTA

FIESTA 是由 80 个亲本植株通过杂交而获得的综合品种。亲本材料选择标准为具有持久性好、晚秋眠、多叶型等特性的多个种群，并且获得对疫霉根腐病、黄萎病、蓝苜蓿蚜和苜蓿斑翅蚜的抗性。亲本种质来源：Tulare（50％）和 DK 180ML（50％）。种质资源贡献率大约为：黄花苜蓿占 1％，拉达克苜蓿占 2％，杂花苜蓿占 5％，土耳其斯坦苜蓿占 15％，佛兰德斯苜蓿占 3％，智利苜蓿占 11％，秘鲁苜蓿占 1％，印第安苜蓿占 20％，非洲苜蓿占 35％，未知苜蓿占 7％。该品种花色近 100％为紫色，略带乳白色、黄色和白色；秋眠等级为 8 级；多叶型品种。该品种对镰刀菌萎蔫病、疫霉根腐病、豌豆蚜、苜蓿斑翅蚜具有高抗性；对炭疽病、黄萎病、蓝苜蓿蚜、茎线虫有抗性；中抗细菌性萎蔫病；对丝囊霉根腐病、根结线虫的抗性未测试。该品种适合在美国西南部地区、中度寒冷的山区种植；已在美国的爱达荷州、加利福尼亚州以及阿根廷各地通过测试。基础种永久由 Forage Genetics 公司生产和持有，审定种子在 1998 年上市。

76. FG 8A213

FG 8A213 亲本材料选择标准包括牧草潜在产量、持久性、多叶型等性状以及对黄萎病、疫霉根腐病、苜蓿斑翅蚜的抗性。该品种花色约 100％为紫色，略带杂色、黄色、乳白色和白色；属于非秋眠品种，秋眠等级为 8 级；小叶数量较多，为多叶型品种。该品种对炭疽病、镰刀菌萎蔫病、疫霉根腐病、苜蓿斑翅蚜、蓝苜蓿蚜具有高抗性，对茎线虫、豌豆蚜有抗性；中抗细菌性萎蔫病、黄萎病，对丝囊霉根腐病、根结线虫的抗性未测试。该品种适合在美国西南部地区、中等寒冷的山区种植；已在爱达荷州和加利福尼亚州等地通过测试。基础种永久由 Forage

Genetics 公司生产和持有,审定种子在 2000 年上市。

77. **FG 8A223**

FG 8A223 亲本材料选择标准包括牧草潜在产量、持久性、多叶型等性状以及对黄萎病、疫霉根腐病、苜蓿斑翅蚜的抗性。该品种花色约 100% 为紫色,略带杂色、黄色、乳白色和白色;属于非秋眠品种,秋眠等级为 8 级;小叶数量中等。该品种对镰刀菌萎蔫病、疫霉根腐病、苜蓿斑翅蚜、蓝苜蓿蚜具有高抗性;对炭疽病、细菌性萎蔫病、黄萎病、茎线虫、豌豆蚜有抗性;对丝囊霉根腐病、根结线虫的抗性未测试。该品种适合在美国西南部地区种植;已在爱达荷州和加利福尼亚州通过测试。基础种永久由 Forage Genetics 公司生产和持有,审定种子在 2000 年上市。

78. **RIO GRANDE**

RIO GRANDE 亲本材料选择标准为具有植株活力强并且抗细菌性萎蔫病、黄萎病、疫霉菌根腐病、炭疽病、豌豆蚜、苜蓿斑翅蚜等特性的多个种群。该品种花色近 81% 为紫色,19% 为杂色;秋眠等级为 8 级。该品种对炭疽病、疫霉根腐病、豌豆蚜、苜蓿斑翅蚜、蓝苜蓿蚜具有高抗性;对茎线虫有抗性,对细菌性萎蔫病、根结线虫抗性中等;对黄萎病的抗性未测试。该品种适宜于美国中东部、东南部、西南部等地区生长;已在加利福尼亚州和北卡罗来纳州通过测试。基础种永久由 Great Plains Research Company 生产和持有,审定种子于 2000 年上市。

79. **W320**

W320 是由 163 个亲本植株通过杂交而获得的综合品种。其亲本材料是从 2 个优良的实验品系的杂交后代中选出的多个种群。亲本种质来源:WL 320、WL 457、WL 512、WL 450 和 WL 451。种质资源贡献率大约为:阿拉伯苜蓿占 24%,非洲苜蓿占 30%,印第安苜蓿占 10%,智利苜蓿占 16%,土耳其斯坦苜蓿占 8%,佛兰德斯苜蓿占 6%,拉达克苜蓿占 3%,杂花苜蓿占 3%。该品种花色近 100% 为紫色,略带杂色;秋眠等级为 8 级。该品种对镰刀菌萎蔫病、黄萎病、疫霉根腐病、苜蓿斑翅蚜具有高抗性;对茎线虫和南方根结线虫有抗性;对炭疽病、细菌性萎蔫病、蓝苜蓿蚜、豌豆蚜、北方根结线虫和丝囊霉根腐病的抗性未检测。该品种适合在美国西南部地区种植;已在加利福尼亚州通过测试。基础种永久由 W-L Research 生产和持有,审定种子于 2000 年上市。

80. **FG 8A220**

FG 8A220 亲本材料选择标准为高产、持久性好以及对黄萎病、疫霉根腐病、苜蓿斑翅蚜和丝囊霉根腐病有抗性。该品种花色 100% 为紫色,带有少许乳白色、黄色、杂色和白色;属于非秋眠类型,秋眠等级为 8 级;该品种对炭疽病、镰刀菌萎蔫病、疫霉根腐病、豌豆蚜、苜蓿斑翅蚜和蓝苜蓿蚜具有高抗性;对黄萎病有抗性,中抗细菌性萎蔫病和茎线虫,对丝囊霉根腐病的抗性未测试。该品种适宜于美国西南部地区种植;已在加利福尼亚州通过测试。基础种永久由 Forage Genetics 公司生产和持有,审定种子于 2001 年上市。

81. **DS681FQ**

DS681FQ 是由 120 个亲本植株通过杂交而获得的综合品种。其亲本材料的一半是从产量试验田或抗病虫害苗圃里选出的多个种群,并且对镰刀菌萎蔫病、茎线虫、根结线虫、苜蓿斑翅蚜的抗性以及秋眠性、根颈健康状态、种子产量等特性进行了评估;其亲本材料的另一半选出牧草品质好、植株活力和种子产量高的多个种群。种质资源贡献率大约为:杂花苜蓿占2%,土耳其斯坦苜蓿占 5%,佛兰德斯苜蓿占 4%,智利苜蓿占 12%,秘鲁苜蓿占 10%,印第安苜蓿占 20%,非洲苜蓿占 15%,未知苜蓿占 32%。该品种花色 85% 为紫色,15% 杂色并带有少量白色、乳白色和黄色;属于非秋眠类型,秋眠等级为 8 级。该品种对镰刀菌萎蔫病、北方根结线虫、南方根结线虫具有高抗性;对细菌性萎蔫病、茎线虫和豌豆蚜有抗性;对炭疽病、黄萎病有中度抗性;对苜蓿斑翅蚜、蓝苜蓿蚜、疫霉根腐病、丝囊霉根腐病的抗性未测试。该品种适宜于美国西南部地区种植;已在加利福尼亚州和新墨西哥州通过测试。基础种永久由 Dairyland 研究中心生产和持有,审定种子于 2002 年上市。

82. **Sw 8829**

Sw 8829 亲本材料选择标准是植株活力、种子产量、主根健康,并且获得对南方根结线虫、蓝苜蓿蚜和苜蓿斑翅蚜的抗性。该品种花色 98.5% 为紫色,0.5% 为乳白色,0.5% 为杂色,0.5% 为白色;属于非秋眠类型,秋眠等级为 8 级。该品种对镰刀菌萎蔫病、苜蓿斑翅蚜、蓝苜蓿蚜和南方根结线虫具有高抗性;对细菌性萎蔫病、疫霉根腐病、茎线虫和豌豆蚜有抗性;对炭疽病有低抗性;对丝囊霉根腐病和黄萎病的抗性未测试。该品种适宜于美国中部和加利福尼亚圣华金河谷地区种植;已在这些地区通过测试。基础种永久由 S&W 种子公司生产和持有,审定种子于 2003 年上市。

83. **FG 8R612**

FG 8R612 亲本材料选择标准是为了改良这个品种的多叶型特性,并且获得对疫霉根腐病、黄萎病、炭疽病、蓝苜蓿蚜、豌豆蚜和苜蓿蚜的抗性。该品种花色 100% 为紫色,带有极少量黄色、白色和乳白色;属于非秋眠类型,秋眠等级为 8 级;小叶数量多,为多叶型品种。该品种对炭疽病、镰刀菌萎蔫病、疫霉根腐病、豌豆蚜、苜蓿斑翅蚜和蓝苜蓿蚜具有高抗性;对茎线虫有抗性;中抗细菌性萎蔫病、黄萎病,对丝囊霉根腐病和根结线虫的抗性未测试。该品种适宜于美国西南部和适度寒冷地区种植;已在爱达荷州和加利福尼亚州通过测试。基础种永久由 Forage Genetics 公司生产和持有,审定种子于 2002 年上市。

84. **Ameristand 802**

Ameristand 802 是由 200 个亲本植株通过杂交而获得的综合品种。亲本材料是在加利福尼亚州金斯堡附近生长 2～3 年的苗圃里选出的根系发达而健康的多个种群,并运用表型轮回选择法加以选择,以获得对疫霉根腐病、炭疽病、细菌性萎蔫病、镰刀菌萎蔫病、黄萎病、苜蓿斑翅蚜、豌豆蚜、蓝苜蓿蚜、根结线虫和茎线虫的抗性。该品种花色 97% 为紫色,1% 为乳白色,1% 为白色,1% 为黄色;属于非秋眠类型,秋眠等级 8 级。该品种对镰刀菌萎蔫病、疫霉根腐病、苜蓿斑翅蚜、豌豆蚜、蓝苜蓿蚜和南方根结线虫具有高抗性;对炭疽病和细菌性萎蔫病有抗性;对黄萎病和丝囊霉根腐病的抗性未测试。该品种适宜于美国西南部地区种植。基础种永久由 ABI 公司生产和持有,审定种子于 2002 年上市。

85. CW 88130

CW 88130 是由 314 个亲本植株通过杂交而获得的综合品种。其亲本材料具有抗蚜虫、耐干旱、耐霜冻、持久性好、农艺性状好的特性;亲本材料是在阿根廷的产量试验田和单株选择苗圃里选出的多个种群,并运用表型轮回选择法及品系杂交技术加以选择,以获得对镰刀菌萎蔫病、黄萎病、疫霉根腐病、炭疽病、苜蓿斑翅蚜、蓝苜蓿蚜和茎线虫的抗性。亲本种质来源:Alfa 200、Monarca、DK 189、Weston、WL 525HQ 和 Cal/West 育种种群。种质资源贡献率大约为:杂花苜蓿占 3%,土耳其斯坦苜蓿占 28%,智利苜蓿占 5%,秘鲁苜蓿占 5%,印第安苜蓿占 14%,非洲苜蓿占 45%。该品种花色 98% 为紫色,2% 为杂色带有少量乳白色、白色和黄色;属于非秋眠类型,秋眠等级 8 级。该品种对炭疽病、镰刀菌萎蔫病、疫霉根腐病、豌豆蚜、苜蓿斑翅蚜、蓝苜蓿蚜、茎线虫和北方根结线虫具有高抗性;对黄萎病有抗性;对细菌性萎蔫病有中度抗性;对丝囊霉根腐病的抗性未测试。该品种适宜于美国、墨西哥和阿根廷的西南地区种植;已在美国的加利福尼亚州和阿根廷通过测试。基础种永久由 Cal/West 种子公司生产和持有,审定种子于 2003 年上市。

86. WL 530HQ

WL 530HQ 亲本材料选择标准是为了改良这个品种的多叶型特性,并且获得对疫霉根腐病、黄萎病、炭疽病、蓝苜蓿蚜、豌豆蚜和苜蓿斑翅蚜的抗性。该品种花色近 100% 为紫色,略带有杂色、黄色、白色和乳白色;属于非秋眠类型,秋眠等级为 8 级;小叶数量较多,为多叶型品种。该品种对炭疽病、镰刀菌萎蔫病、豌豆蚜、蓝苜蓿蚜和苜蓿斑翅蚜具有高抗性;对茎线虫有抗性;中度抗细菌性萎蔫病、黄萎病;对丝囊霉根腐病和根结线虫的抗性未测试。该品种适宜于美国西南部和中度寒冷地区种植;已在爱达荷州和加利福尼亚州通过测试。基础种永久由 Forage Genetics 公司生产和持有,审定种子于 2002 年上市。

87. SW 8718

SW 8718 亲本材料选择标准是为了改良这个品种的植株活力、种子产量和根系健康状况等特性,并且获得对镰刀菌萎蔫病、苜蓿斑翅蚜、南方根结线虫、蓝苜蓿蚜、豌豆蚜和细菌性萎蔫病的抗性。该品种花色 96% 为紫色,3% 为杂色,1% 为白色;属于非秋眠类型,秋眠等级为 8 级。该品种对镰刀菌萎蔫病、苜蓿斑翅蚜具有高抗性;对南方根结线虫、蓝苜蓿蚜、豌豆蚜和细菌性萎蔫病有抗性;中度抗茎线虫和疫霉根腐病;对炭疽病、黄萎病和丝囊霉根腐病的抗性未测试。该品种适宜于美国加利福尼亚州萨克拉曼多山区南部及圣华金河谷的南部和中部地区种植。基础种永久由 S&W 种子公司生产和持有,审定种子于 2003 年上市。

88. 13R Supreme

13R Supreme 是由 200 个亲本植株通过杂交而获得的综合品种。其亲本材料是在加利福尼亚州 Kingsburg 地区生长 2 年的单株苗圃里选出的多个种群,并运用表型轮回选择法加以选择,以获得对细菌性萎蔫病、镰刀菌萎蔫病、黄萎病、疫霉根腐病、炭疽病、苜蓿斑翅蚜和豌豆蚜的抗性。亲本种质来源:GT 13R Plus(100%)。种质资源贡献率大约为:非洲苜蓿占70%,土耳其斯坦苜蓿占30%。该品种花色99%为紫色,1%为杂色略带有白色、乳白色和黄色;属于非秋眠类型,秋眠等级接近 Moapa 69。该品种对疫霉根腐病具有高抗性;对镰刀菌萎蔫病、苜蓿斑翅蚜、豌豆蚜和南方根结线虫有抗性;中度抗细菌性萎蔫病、黄萎病、炭疽病、蓝苜蓿、蚜和茎线虫。该品种适宜于美国的加利福尼亚州中部和南部地区、亚利桑那州和新墨西哥州的低海拔地区种植;已在加利福尼亚州和新墨西哥州通过测试。基础种永久由 Cal/West 种子公司生产和持有,审定种子于 1992 年上市。

89. UC-Impalo-WF

UC-Impalo-WF 是由亲本材料通过杂交获得的综合品种。亲本材料 UC-356 是从加利福尼亚州立大学苜蓿育种体系中的 9 个不同种群中选出的具有适应轻度沙漠的生产条件、种子产量高和抗银叶粉虱等特性的多个种群,并运用表型轮回选择(4 个轮回)加以选择,以获得对根结线虫、疫霉根腐病、细菌性萎蔫病、镰刀菌萎蔫病、蓝苜蓿蚜、豌豆蚜和苜蓿斑翅蚜的抗性。亲本种质来源:Robusta、CW 907、ACA 900、DK 191、Grasis、Grasis Ⅱ、5929、DK 192 和 Cal/West 种子育种种群。种质资源贡献率大约为:杂花苜蓿占1%,土耳其斯坦苜蓿占8%,智利苜蓿占7%,秘鲁苜蓿占1%,印第安苜蓿占15%,非洲苜蓿占35%,阿拉伯苜蓿占10%,未知苜蓿占23%。该品种花色98%为紫色,2%为杂色略带有白色、乳白色和黄色;属于非秋眠类型,秋眠等级8.7级。该品种对镰刀菌萎蔫病和苜蓿斑翅蚜具有高抗性;对疫霉根腐病、蓝苜蓿蚜、豌豆蚜和南方根结线虫有抗性;中度抗细菌性萎蔫病;低抗南方炭疽病和银叶粉虱,对黄萎病、丝囊霉根腐病和茎线虫的抗性未测试。该品种适宜于美国轻度沙漠地区种植;已在加利福尼亚州和亚利桑那州中部通过测试。基础种永久由 Davis 公司生产和持有,审定种子于 2000 年上市。

90. CW 58073

CW 58073 是由 209 个亲本植株通过杂交而获得的综合品种。其亲本材料是从加利福尼亚州生长 4 年的测产试验田里、加利福尼亚州生长 3 年的病害试验田里选出的具有抗疫霉根腐病和炭疽病等特性的多个种群,并运用表型轮回选择法和品系杂交技术加以选择,以获得对镰刀菌萎蔫病、疫霉根腐病、黄萎病、炭疽病、苜蓿斑翅蚜、蓝苜蓿蚜虫和茎线虫的抗性。亲本种质来源:Cal/West 种子公司育种群体。种质资源贡献率大约为:杂花苜蓿占5%,土耳其斯坦苜蓿占18%,佛兰德斯苜蓿占7%,智利苜蓿占8%,秘鲁苜蓿占4%,印第安苜蓿占21%,非洲苜蓿占33%,未知苜蓿占4%。该品种花色99%为紫色,少量为杂色、白色、乳白色和黄色;属于非秋眠类型,秋眠等级为8级。该品种对炭疽病、镰刀菌萎蔫病、疫霉根腐病、豌豆蚜、苜蓿斑翅蚜、蓝苜蓿蚜、茎线虫、北方根线虫和南方根线虫具有高抗性;对黄萎病有抗性;对细菌性萎蔫病有适度抗性;对丝囊霉根腐病的抗性未测试。该品种适宜于美国西南部地区和阿根廷种植;已在美国的加利福尼亚州及阿根廷通过测试。基础种永久由 Cal/West 种子公司生产和持有,审定种子于 2003 年上市。

91. FG 8S920

FG 8S920 亲本材料是从生长多年的试验地和苗圃里选出的,其选育标准是为了改良这个品种的牧草产量、冬季生长能力、多叶性状和持久性等特性。该品种花色97%为紫色,3%为乳白色、黄色和白色;属于非秋眠类型,秋眠等级为8级;小叶数量较多,多叶型苜蓿;抗寒性接近 Saranac。该品种对炭疽病、疫霉根腐病、豌豆蚜虫、苜蓿斑翅蚜和北方根结线虫具有高抗性;对细菌性萎蔫病、镰刀菌萎蔫病、黄萎病和茎线虫有抗性;对丝囊霉根腐病的抗性未测试。该品种适宜于美国加利福尼亚州和西部低沙漠地区种植;已在加利福尼亚州通过测试。基础种永久由 Forage Genetics 公司生产和持有,审定种子于2004年上市。

92. CW 78122

CW 78122 是由202个亲本植株通过杂交而获得的综合品种,其亲本材料是从位于加利福尼亚州的苗圃和阿根廷的品比试验田中选出的具有抗蚜虫、耐干旱、抗霜冻、持久性好和农艺性状优秀的种群,并运用表型轮回选择法和品系杂交技术加以选择,以获得对镰刀菌萎蔫病、黄萎病、疫霉根腐病、炭疽病、蓝苜蓿蚜和茎线虫的抗性。亲本种质来源:Activa、DK 189、Topacio、ACA 900、F969、13 R Supreme、Yolo、Super Supreme、Grasis、DK 191、5715、WL 516、WL 457 以及 Cal/West 种子公司提供的混杂群体。种质资源贡献率大约为:杂花苜蓿占4%,土耳其斯坦苜蓿占17%,佛兰德斯苜蓿占7%,智利苜蓿占8%,秘鲁苜蓿占4%,印第安苜蓿占23%,非洲苜蓿占37%。该品种花色超过99%为紫色,还有少量的杂色、白色、乳白色和黄色;属于非秋眠类型,秋眠等级为8级。该品种对炭疽病、镰刀菌萎蔫病、黄萎病、疫霉根腐病、豌豆蚜、蓝苜蓿蚜和南方根结线虫具有高抗性;对茎线虫有抗性,对北方根结线虫有适度抗性;对细菌性萎蔫病和丝囊霉根腐病的抗性未测试。该品种适宜于美国西南部地区以及墨西哥、阿根廷种植;已在这些地区通过测试。基础种永久由 Cal/West 种子公司生产和持有,审定种子于2003年上市。

93. Yosemite

Yosemite 亲本材料是从生长多年的试验田和苗圃中选出的多叶型、冬季生长势好、牧草产量高和持久性好的多个种群。该品种花色100%为紫色,略带杂色、白色、乳白色和黄色;属于非秋眠品种,秋眠等级8级。该品种对炭疽病、疫霉根腐病、豌豆蚜、苜蓿斑翅蚜、蓝苜蓿蚜和根结线虫具有高抗性;对细菌性萎蔫病、镰刀菌萎蔫病、黄萎病和茎线虫有抗性;对丝囊霉根腐病的抗性未测试。该品种适宜于美国加利福尼亚州和西部的轻度沙漠地区种植;已在加利福尼亚州通过测试。基础种永久由 Forage Genetics 公司生产和持有,审定种子于2004年上市。

94. Pacifico

Pacifico 亲本材料是从生长年限较长的试验田和苗圃中选出的冬季生长势好、牧草产量高和持久性好的多个种群。该品种花色100%为紫色,略带杂色、白色、乳白色和黄色;属于非秋眠品种,秋眠等级8级。该品种对镰刀菌萎蔫病、豌豆蚜、苜蓿斑翅蚜、蓝苜蓿蚜和疫霉根腐病具有高抗性;对细菌性萎蔫病、茎线虫、炭疽病和根结线虫有抗性;中度抗黄萎病,对丝囊霉根腐病的抗性未测试。该品种适宜于美国西南部地区种植;已在加利福尼亚州通过测试。基础种永久由 Forage Genetics 公司生产和持有,审定种子于2005年上市。

95. Conquistador

Conquistador 亲本材料是从生长年限较长的试验田和苗圃中选出的冬季生长势好、多叶型、牧草产量高和持久性好的多个种群。该品种花色 100% 为紫色,略带杂色、白色、乳白色和黄色;属于非秋眠品种,秋眠等级 8 级;多小叶性状表达为中等水平。该品种对镰刀菌萎蔫病、疫霉根腐病、豌豆蚜、苜蓿斑翅蚜和蓝苜蓿蚜具有高抗性;对炭疽病、黄萎病、根结线虫和茎线虫有抗性;低抗细菌性萎蔫病;对丝囊霉根腐病的抗性未测试。该品种适宜于美国西南部地区种植;已在加利福尼亚州通过测试。基础种永久由 Forage Genetics 公司生产和持有,审定种子于 2005 年上市。

96. FG 81M401

FG 81M401 亲本材料是从生长年限较长的试验田和苗圃中选出的冬季生长势好、多叶型、牧草产量高和持久性好的多个种群。该品种花色 100% 为紫色,略带杂色、白色、乳白色和黄色;属于非秋眠品种,秋眠等级 8 级;多小叶性状表达水平高。该品种对炭疽病、细菌性萎蔫病、镰刀菌萎蔫病、疫霉根腐病、茎线虫、豌豆蚜、苜蓿斑翅蚜和根结线虫具有高抗性;对蓝苜蓿蚜有抗性;对黄萎病、丝囊霉根腐病的抗性未测试。该品种适宜于美国西南部地区种植;已在加利福尼亚州通过测试。基础种永久由 Forage Genetics 公司生产和持有,审定种子于 2005 年上市。

97. Sequoia

Sequoia 是由 235 个亲本植株通过杂交而获得的综合品种。其亲本是从加利福尼亚州 Bakersfield 地区产量试验田的 WL 种质材料中根据其产量、持久性等选出的多个种群,并运用表型轮回选择法加以选择,以获得对茎线虫的抗性。亲本种质来源:WL 457、WL 514 和 Cuf 101。种质资源贡献率大约为:阿拉伯苜蓿占 50%,智利苜蓿占 10%,印第安苜蓿占 10%,非洲苜蓿占 20%,秘鲁苜蓿占 10%。该品种花色 100% 为紫色,略带乳白色、白色和杂色;秋眠等级接近于 8 级。该品种对镰刀菌萎蔫病、茎线虫、苜蓿斑翅蚜、蓝苜蓿蚜和南方根结线虫具有高抗性;对细菌性萎蔫病、疫霉根腐病、豌豆蚜和北方根结线虫有抗性;对炭疽病、黄萎病、丝囊霉根腐病的抗性未测试。该品种适宜于美国西南部地区种植;已在加利福尼亚州通过测试。基础种永久由 W-L 公司生产和持有,审定种子于 1999 年上市。

98. CW 801

CW 801 是由 209 个亲本植株通过杂交而获得的综合品种。其亲本材料具有抗疫霉根腐病、炭疽病的特性;亲本材料是从加利福尼亚州生长 4 年的产量试验田材料和生长 3 年的苗圃植株的杂交后代中选出的,并运用表型轮回选择法和品系杂交技术加以选择,以获得镰刀菌萎蔫病、黄萎病、疫霉根腐病、炭疽病、苜蓿斑翅蚜、蓝苜蓿蚜和茎线虫的抗性。亲本种质来源:DK 189、WestStar 和 Cal/West 育种群体。种质资源贡献率大约为:杂花苜蓿占 5%,土耳其斯坦苜蓿占 18%,佛兰德斯苜蓿占 7%,智利苜蓿占 8%,秘鲁苜蓿占 4%,印第安苜蓿占 21%,非洲苜蓿占 33%,未知苜蓿占 4%。该品种花色 99% 为紫色,略带杂色、乳白色、白色和黄色;属于非秋眠类型,秋眠等级为 8 级。该品种对炭疽病、镰刀菌萎蔫病、疫霉根腐病、豌豆蚜、苜蓿斑翅蚜、蓝苜蓿蚜、茎线虫、北方根结线虫和南方根结线虫具有高抗性；对黄萎病具有抗性；中度抗细菌性萎蔫病；对丝囊霉根腐病的抗性未测试。该品种适宜于美国西南部地区种植；已在美国的加利福尼亚州和阿根廷州通过测试。基础种永久由 Cal/West 种子公司生产和持有，审定种子于 2003 年上市。

99. Daytona

Daytona 亲本材料的选择标准是冬季生长活力强、牧草产量高和持久性好。该品种花色 100％为紫色，略带杂色、黄色、白色和乳白色；属于非秋眠类型，秋眠等级 8 级。该品种对疫霉根腐病、镰刀菌萎蔫病、豌豆蚜、北方根结线虫和苜蓿斑翅蚜具有高抗性；对炭疽病、蓝苜蓿蚜和茎线虫具有抗性；对细菌性萎蔫病、黄萎病和丝囊霉根腐病的抗性未测试。该品种适宜于美国加利福尼亚州和西南沙漠地区种植；已在加利福尼亚州通过测试。基础种永久由 Forage Genetics 公司生产和持有，审定种子于 2006 年上市。

100. FG 81T010

FG 81T010 的亲本材料是在一个生长多年的试验田或苗圃里选择出来的，其选择标准是为了改良这个品种在冬季的生长活力、牧草产量和持久性。该品种花色 100％紫色，含极少量的杂色、黄色、乳白色和白色；属于非秋眠类型，秋眠等级 8 级。该品种对镰刀菌萎蔫病、疫霉根腐病、豌豆蚜、苜蓿斑翅蚜和蓝苜蓿蚜具有高抗性；对炭疽病和茎线虫具有抗性；对黄萎病具有中度抗性；对丝囊霉根腐病抗性低；对细菌性萎蔫病和根结线虫的抗性未测试。该品种适宜于美国加利福尼亚州和西南轻度沙漠地区种植；已在加利福尼亚州通过测试。基础种永久由 Forage Genetics 公司生产和持有，审定种子于 2006 年上市。

101. GrandSlam

GrandSlam 的亲本材料选择标准是为了改良这个品种的冬季的生长活力、牧草产量、多小叶性状和持久性。该品种花色 100％为紫色，含极少量的杂色、黄色、乳白色和白色；属于非秋眠类型，秋眠等级 8 级；小叶数量多，为多叶型品种。该品种对镰刀菌萎蔫病、疫霉根腐病、豌豆蚜、苜蓿斑翅蚜、蓝苜蓿蚜和根结线虫具有高抗性；对炭疽病、细菌性萎蔫病、黄萎病和茎线虫具有抗性；对丝囊霉根腐病的抗性未测试。该品种适宜于美国加利福尼亚州和西南轻度沙漠地区种植；已在加利福尼亚州通过测试。基础种永久由 Forage Genetics 公司生产和持有，审定种子于 2006 年上市。

102. PGI 801

PGI 801 该品种花色 99％为紫色，略带杂色、黄色、白色和乳白色；属于非秋眠类型，秋眠等级 8 级。该品种对炭疽病、镰刀菌萎蔫病、疫霉根腐病、豌豆蚜、苜蓿斑翅蚜、蓝苜蓿蚜、茎线虫、北方根结线虫和南方根结线具有高抗性，对黄萎病具有抗性，对细菌性萎蔫病具有中度抗性，对丝囊霉根腐病的抗性未测试。该品种适宜于美国西南部地区和阿根廷种植；已在美国的加利福尼亚州和阿根廷通过测试。基础种永久由 Cal/West 生产和持有，审定种子于 2003 年上市。

103. **Magna 804**

Magna 804 是由 38 个亲本植株通过杂交而获得的综合品种。其亲本材料是从 Dairyland 2 个原种品系杂交群体中选择出来的:第一个种群包括 16 个亲本,选自生长 3 年的测产试验田里;第二个种群的 22 个亲本是从苗圃里选出的具有牧草质量好(叶茎比)、植株活力强和种子产量高的特性。该品种花色 95% 为紫色,5% 为杂色,略带乳白、黄色和白色;属于非秋眠类型,秋眠等级 8 级。该品种对疫霉根腐病、豌豆蚜、茎线虫和北方根结线虫具有高抗性;对南方根结线虫有抗性;对炭疽病具有中度抗性;对丝囊霉根腐病、镰刀菌萎蔫病、细菌性萎蔫病、黄萎病、苜蓿斑翅蚜和蓝苜蓿蚜的抗性未测试。该品种适宜于美国的西南部地区种植;已在加利福尼亚州通过测试。基础种永久由 Dairyland 研究中心生产和持有,审定种子于 2005 年上市。

104. **WL 535HQ**

WL 535HQ 是由 163 个亲本植株通过杂交而获得的综合品种。其亲本材料是从 2 个原种品系实验杂交群体中选择出来的多个种群。其亲本种质来源:WL 320、WL 457 和 WL 451。种质资源贡献率大约为:杂花苜蓿占 3%,土耳其斯坦苜蓿占 8%,佛兰德斯苜蓿占 6%,智利苜蓿占 16%,印第安苜蓿占 10%,阿拉伯苜蓿占 24%,拉达克苜蓿占 3%,非洲苜蓿占 30%。该品种花色 100% 为紫色,略带杂色;属于非秋眠类型,秋眠等级 8 级。该品种对镰刀菌萎蔫病、黄萎病、疫霉根腐病和苜蓿斑翅蚜具有高抗性;对茎线虫和南方根结线虫有抗性;对炭疽病、细菌性萎蔫病、蓝苜蓿蚜、豌豆蚜、北方根结线虫和丝囊霉根腐病的抗性未测试。该品种适宜于美国的西南部地区种植;已在加利福尼亚州通过测试。基础种永久由 W-L 研究中心生产和持有,审定种子于 2005 年上市。

105. **DS288**

DS288 是一个三系配套杂交率为 75%~95% 的杂交苜蓿品种。其亲本材料具有雄性不育性、保持性、恢复性的特性;亲本材料是在测产试验田或疾病苗圃里选择出来的其后代具有牧草产量高、牧草质量好和持久性好等特性的多个种群,并且获得对疫霉根腐病、炭疽病和黄萎病的抗性。该品种花色 100% 为紫色,略带杂色、乳白色和白色;属于非秋眠类型,秋眠等级 8 级。该品种对炭疽病、茎线虫、北方根结线虫具有高抗性;对疫霉根腐病和南方根结线虫有抗性;对豌豆蚜具有中度抗性;对苜蓿斑翅蚜、蓝苜蓿蚜、丝囊霉根腐病、细菌性萎蔫病、镰刀菌萎蔫病和黄萎病的抗性未测试。该品种适宜于美国西南部地区种植;已在加利福尼亚州通过测试。基础种永久由 Dairyland 研究中心生产和持有,审定种子于 2006 年上市。

106. **WestStar（Amendment 3）**

WestStar 是由 187 个亲本植株通过杂交而获得的综合品种。其亲本材料是具有持久性好、抗疫霉根腐病和茎线虫特性的多个种群。亲本种质来源:Maricopa（40%）、Yolo（30%）、Pioneer 5929（10%）、Baron（10%）和 Diamond（10%）。种质资源贡献率大约为:拉达克苜蓿占 1%,杂花苜蓿占 14%,土耳其斯坦苜蓿占 26%,佛兰德斯苜蓿占 1%,智利苜蓿占 9%,秘鲁苜蓿占 2%,印第安苜蓿占 22%,非洲苜蓿占 16%,未知苜蓿占苜蓿占 9%。该品种花色几乎 100% 紫色,略带有极少量的杂色;属于非秋眠类型,秋眠等级 8 级。该品种对镰刀菌萎蔫病、茎线虫、苜蓿斑翅蚜、蓝苜蓿蚜和疫霉根腐病具有高抗性;对豌豆蚜、根结线虫有抗性;对炭疽病、细菌性萎蔫病和黄萎病具中度抗性;对丝囊霉根腐病的抗性未测试。该品种适宜于美国西南部地区种植。基础种永久由 Lohse Mill 公司生产和持有,审定种子于 1996 年上市。

107. CW 3864

CW 3864 是由 314 个亲本植株通过杂交而获得的综合品种。其亲本材料具有抗炭疽病、疫霉根腐病、种子产量高的特性;亲本材料是从加利福尼亚州生长 4 年的产量试验田材料和多份材料的杂交后代中选出的,并运用表型轮回选择法和品系杂交加以选择,以获得对镰刀菌萎蔫病、黄萎病、疫霉根腐病、炭疽病、苜蓿斑翅蚜和蓝苜蓿蚜的抗性。亲本种质来源:CW 1889、CW 2888、DK 189、GT 13R ＋、Yolo 和 Cal/West 育种种群。种质资源贡献率约为:杂花苜蓿占 5%,土耳其斯坦苜蓿占 18%,佛兰德斯苜蓿占 7%,智利苜蓿占 8%,秘鲁苜蓿占 4%,印第安苜蓿占 21%,非洲苜蓿占 33%,未知苜蓿占 4%。该品种花色超过 99% 为紫色,带有少许杂色、白色、乳白色和黄色;属于非秋眠品种,秋眠等级为 8 级。该品种对炭疽病、镰刀菌萎蔫病、疫霉根腐病、苜蓿斑翅蚜、豌豆蚜和蓝苜蓿蚜具有高抗性,对黄萎病、茎线虫有抗性,对细菌性萎蔫病、丝囊霉根腐病和根结线虫的抗性未测试。该品种适宜于美国西南部地区种植,计划推广到墨西哥和阿根廷利用;已在加利福尼亚州通过测试。基础种永久由 Cal/West 种子公司生产和持有,审定种子于 1998 年上市。

108. CW 4880

CW 4880 是由 254 个亲本植株通过杂交而获得的综合品种。其亲本材料具有抗疫霉根腐病、炭疽病、种子产量高和多叶型的特性;亲本材料是从加利福尼亚州生长 4 年的产量试验田材料和生长 3 年的抗虫圃材料的杂交后代中选择出的,并运用表型轮回选择法加以选择,以获得对镰刀菌萎蔫病、黄萎病、疫霉根腐病、炭疽病、苜蓿斑翅蚜、蓝苜蓿蚜和茎线虫的抗性。亲本种质来源:DK 189、Condor、Yolo 和 Cal/West Seeds 育种群体。种质资源贡献率大约为:杂花苜蓿占 3%,土耳其斯坦苜蓿占 26%,智利苜蓿占 6%,秘鲁苜蓿占 6%,印第安苜蓿占 18%,非洲苜蓿占 36%,未知苜蓿占 5%。该品种花色 97% 为紫色,3% 为杂色,略带乳白色、白色和黄色;属于非秋眠类型,秋眠等级 8 级。该品种对炭疽病、镰刀菌萎蔫病、疫霉根腐病、茎线虫、豌豆蚜、苜蓿斑翅蚜、蓝苜蓿蚜和南方根结线虫具有高抗性;对黄萎病有抗性;对细菌性萎蔫病和丝囊霉根腐病的抗性未测试。该品种适宜于美国西南部地区种植,计划推广到墨西哥和阿根廷利用;已在加利福尼亚州和墨西哥通过测试。基础种永久由 Cal/West 种子公司生产和持有,审定种子于 1999 年上市。

109. CW 4888

CW 4888 是由 222 个亲本植株通过杂交而获得的综合品种。其亲本材料具有抗疫霉根腐病、丝囊霉根腐病和多叶型的特性;亲本材料是从加利福尼亚州生长 4 年的产量试验田材料和生长 3 年的抗虫圃材料的杂交后代中选出的,并运用表型轮回选择法加以选择,以获得对镰刀菌萎蔫病、黄萎病、疫霉根腐病、炭疽病、苜蓿斑翅蚜、蓝苜蓿蚜和茎线虫的抗性。亲本种质来源:DK 189、13R Supreme、Condor、Yolo 和 Cal/West Seeds 育种群体。种质资源贡献率大约为:杂花苜蓿占 3%,土耳其斯坦苜蓿占 28%,智利苜蓿占 5%,秘鲁苜蓿占 5%,印第安苜蓿占 14％,非洲苜蓿占 42％,未知苜蓿占 3％。该品种花色 97％为紫色,3％为杂色,略带乳白色、白色和黄色;属于非秋眠类型,秋眠等级 8 级。该品种对炭疽病、镰刀菌萎蔫病、疫霉根腐病、豌豆蚜、苜蓿斑翅蚜和蓝苜蓿蚜具有高抗性;对黄萎病和茎线虫有抗性;对细菌性萎蔫病、丝囊霉根腐病和根结线虫的抗性未测试。该品种适宜于美国西南部地区种植,计划推广到墨西哥和阿根廷利用;已在加利福尼亚州和墨西哥通过测试。基础种永久由 Cal/West 种子公司生产和持有,审定种子于 1999 年上市。

110. ArneriStand 801S

ArneriStand 801S 是由 250 个亲本植株通过杂交而获得的综合品种。其亲本材料从亚利桑那州和加利福尼亚州的盐胁迫试验中选出的发芽率和产量都高的多个种群,并运用表型轮回选择法加以选择。亲本种质来源:Salado（100％）。种质资源贡献率大约为:印第安苜蓿占 50％,未知苜蓿 50％。该品种花色 98％为紫色,1％为杂色,1％为黄色;属于非秋眠类型,秋眠等级 8 级。该品种对镰刀菌萎蔫病、蓝苜蓿蚜、苜蓿斑翅蚜、南方根结线虫具有高抗性;对细菌性萎蔫病、炭疽病和丝囊霉根腐病有抗性;对黄萎病、豌豆蚜和茎线虫有中度抗性。该品种适宜于加利福尼亚州中部和南部、亚利桑那州低海拔地区以及新墨西哥州地区种植。基础种永久由 ABI 种子公司生产和持有,审定种子于 2001 年上市。

111. Weston

Weston 是由 254 个亲本植株通过杂交而获得的综合品种。其亲本材料具有抗疫霉根腐病、炭疽病、种子产量高、多叶型的特性;亲本材料是在加利福尼亚州生长 4 年的产量试验田和生长 3 年的抗病虫害苗圃里选出的多个种群,并运用表型轮回选择法和品系杂交技术对牧草产量、饲用价值加以选择,以获得对镰刀菌萎蔫病、黄萎病、疫霉根腐病、炭疽病、苜蓿斑翅蚜、蓝苜蓿蚜和茎线虫的抗性。亲本种质来源:DK 189、Condor、Yolo 和 Cal/West 育种群体。种质资源贡献率大约为:杂花苜蓿占 3％,土耳其斯坦苜蓿占 26％,智利苜蓿占 6％,秘鲁苜蓿占 6％,印第安苜蓿占 18％,非洲苜蓿占 36％,未知苜蓿占 5％。该品种花色 97％为紫色,3％为杂色并带有少量白色、乳白色和黄色;属于非秋眠类型,秋眠等级 8 级。该品种对炭疽病、镰刀菌萎蔫病、疫霉根腐病、茎线虫、豌豆蚜、苜蓿斑翅蚜、蓝苜蓿蚜、根结线虫具有高抗性;对细菌性萎蔫病、黄萎病有抗性;对北方根结线虫有中度抗性,对丝囊霉根腐病的抗性未测试。该品种适宜于美国西南部地区种植,已在美国的加利福尼亚州和墨西哥通过测试。基础种永久由 Cal/West 种子公司生产和持有,审定种子于 1999 年上市。

112. Pinal 9

Pinal 9 亲本材料的选择标准是为了改良这个品种对草甘膦除草剂的耐性、牧草产量、冬季生长活力和持久性,并且获得对炭疽病、细菌性萎蔫病、镰刀菌萎蔫病和疫霉根腐病的抗性。其亲本材料包含耐草甘膦除草剂 CP4-EPSPS 的基因,特别是美国农业部放松管制的草甘膦独特标识转入苜蓿的 J101 或 J163 基因。该品种花色 100％为紫色,有极少量杂色、黄色、乳白色、白色;属于非秋眠类型,秋眠等级 9 级;对转农达除草剂有抗性。该品种对疫霉根腐病和北方根结线虫具有高抗性;对炭疽病、细菌性萎蔫病、镰刀菌萎蔫病和茎线虫具有抗性;对丝囊霉根腐病、豌豆蚜、苜蓿斑翅蚜、黄萎病和蓝苜蓿蚜的抗性未测试。该品种适宜于美国西南部地区种植;已在加利福尼亚州和爱达荷州通过测试。基础种永久由 Forage Genetics 公司生产和持有,审定种子于 2007 年上市。

113. Integra 8900

Integra 8900 亲本材料的选择标准是为了改良这个品种的冬季生长活力、牧草产量和持久性。该品种花色为 100％为紫色,有极少量杂色、黄色、乳白色、白色;属于非秋眠类型,秋眠等级为 9 级。该品种对镰刀菌萎蔫病、苜蓿斑翅蚜、蓝苜蓿蚜和豌豆蚜具有高抗性,对炭疽病、细菌性萎蔫病、疫霉根腐病、黄萎病、北方根结线虫和茎线虫有抗性;对丝囊霉根腐病的抗性未测试。该品种适宜于美国加利福尼亚州和西南部的轻度沙漠地区种植;已在加利福尼亚州通过测试。基础种永久由 Forage Genetics 公司生产和持有,审定种子于 2006 年上市。

114. SP 806

SP 806 是由 100 个亲本植株通过杂交而获得的综合品种。其亲本材料是在生长多年的测产试验田或苗圃里选出的具有冬季生长活力强、牧草产量高和持久性好等特性的多个种群,并运用表型轮回选择技术加以选择。亲本种质来源:WL525HQ（40％）、UN900（40％）和 Yolo（20％）。该品种花色 100％为紫色;属于非秋眠类型,秋眠等级 9 级。该品种对镰刀菌萎蔫病、疫霉根腐病、豌豆蚜、苜蓿斑翅蚜、蓝苜蓿蚜和茎线虫具有高抗性;对炭疽病、细菌性萎蔫病和北方根结线虫有抗性;低抗丝囊霉根腐病;对黄萎病的抗性未测试。该品种适宜于美国加利福尼亚州和西部低沙漠地区种植;已在加利福尼亚州通过测试。基础种永久由 Forage Genetics 公司生产和持有,审定种子于 2006 年上市。

115. CW 040095

CW 040095 是由 449 个亲本植株通过杂交而获得的综合品种。其亲本材料是从 Saudi Arabia 产量试验田里选出的具有耐热、耐盐碱、抗病毒、持久性好的多个种群。亲本种质来源:Cal/West varieties、Super Supreme、Supreme Forager。种质资源贡献率大约为:杂花苜蓿占 1％,土耳其斯坦苜蓿占 9％,智利苜蓿占 13％,秘鲁苜蓿占 2％,印第安苜蓿占 19％,非洲苜蓿占 53％,未知苜蓿占 3％。该品种花色 99％以上为紫色,夹杂少许杂色、乳白色、白色和黄色;属于非秋眠类型,秋眠等级为 9 级。该品种对镰刀菌萎蔫病、疫霉根腐病、豌豆蚜、蓝苜蓿蚜和南方根结线虫具有高抗性;对细菌性萎蔫病、苜蓿斑翅蚜有抗性;对茎线虫有中度抗性;对炭疽病、黄萎病、丝囊霉根腐病的抗性未测试。该品种适宜于美国西南部地区种植;已在加利福尼亚州通过测试。基础种永久由 Cal/West 种子公司生产和持有,审定种子于 2008 年上市。

116. CW 040096

CW 040096 是由 204 个亲本植株通过杂交而获得的综合品种。其亲本材料具有抗疫霉根腐病、丝囊霉根腐病、炭疽病、多叶型的特性;亲本材料是从 Saudi Arabia 产量试验田里选出的具有耐热、耐旱、抗病毒等特性的多个种群,并运用表型轮回选择法和品系杂交技术加以选择,以获得对镰刀菌萎蔫病、黄萎病、疫霉根腐病、炭疽病、苜蓿斑翅蚜、蓝苜蓿蚜和茎线虫的抗性。亲本种质来自 DK 194,SPS 9000、CW 101、PGI 1086、CUF-101 和 Cal/West 种子公司提供的不同的繁殖群体。种质资源贡献率大约为:杂花苜蓿占 1％,土耳其斯坦苜蓿占 8％,佛兰德斯苜蓿占 2%,智利苜蓿占 10%,秘鲁苜蓿占 6%,印第安苜蓿占 31%,非洲苜蓿占 42%。该品种花色 98% 为紫色,2% 为杂色并夹杂少许乳白色、白色和黄色;属于非秋眠类型,秋眠等级为 9 级。该品种对镰刀菌萎蔫病、豌豆蚜、苜蓿斑翅蚜和南方根结线虫具有高抗性;对疫霉根腐病、蓝苜蓿蚜、茎线虫有抗性,对细菌性萎蔫病有中度抗性;对炭疽病、黄萎病、丝囊霉根腐病的抗性未测试。该品种适宜于美国西南部地区种植;已在加利福尼亚州通过测试。基础种永久由 Cal/West 种子公司生产和持有,审定种子于 2008 年上市。

117. **CW 19098**

CW 19098 是由 339 个亲本植株通过杂交而获得的综合品种。其亲本材料是从单株评价圃和产量样地中选出的具有抗蚜虫、耐干旱、耐霜冻、持久性强等特性的多个种群,并运用表型轮回选择法和品系杂交技术加以选择,以获得对镰刀菌萎蔫病、黄萎病、疫霉根腐病、炭疽病、苜蓿斑翅蚜、蓝苜蓿蚜和茎线虫的抗性。亲本种质来源:DK 191、DK 192、DK193、DK 194、N910、5939、CUF 101 和 Cal/West 种子公司提供的不同的繁殖群体。种质资源贡献率大约为:杂花苜蓿占 1%,土耳其斯坦苜蓿占 10%,佛兰德斯苜蓿占 3%,智利苜蓿占 11%,秘鲁苜蓿占 7%,印第安苜蓿占 28%,非洲苜蓿占 40%。该品种花色 99% 以上为紫色,少许为杂色、乳白色、白色和黄色;属于非秋眠类型,秋眠等级为 9 级。该品种对炭疽病、镰刀菌萎蔫病、疫霉根腐病、豌豆蚜、蓝苜蓿蚜、北方根结线虫和南方根结线虫具有高抗性;对苜蓿斑翅蚜和茎线虫有抗性;对细菌性萎蔫病、黄萎病、丝囊霉根腐病的抗性未测试。该品种适宜于美国西南部地区、墨西哥和阿根廷种植;已在美国的加利福尼亚州、墨西哥和阿根廷通过测试。基础种永久由 Cal/West 种子公司生产和持有,审定种子于 2008 年上市。

118. **CW 39060**

CW 39060 是由 177 个亲本植株通过杂交而获得的综合品种。其亲本材料在盐环境条件下选择其幼苗的生存活力强和成熟期产量高等特性的多个种群,并运用表型轮回选择法和品系杂交技术加以选择,以获得对镰刀菌萎蔫病、黄萎病、疫霉根腐病、炭疽病、苜蓿斑翅蚜、蓝苜蓿蚜、豌豆蚜和茎线虫的抗性。亲本种质资来源:DK 194、SPS 9000、CW 907、Milenia 和多个 Cal/West 繁殖群体。种质资源贡献率大约为:杂花苜蓿占 2%,土耳其斯坦苜蓿占 6%,佛兰德斯苜蓿占 3%,智利苜蓿占 11%,秘鲁苜蓿占 7%,印第安苜蓿占 25%,非洲苜蓿占 41%,未知苜蓿占 5%。该品种花色 99% 为紫色,1% 为乳白色,少许为杂色、白色和黄色;属于非秋眠类型,秋眠等级为 9 级。该品种对镰刀菌萎蔫病、疫霉根腐病、豌豆蚜、苜蓿斑翅蚜、蓝苜蓿蚜、北方根结线虫和南方根结线虫具有高抗性;对细菌性萎蔫病和茎线虫有抗性;对炭疽病、黄萎病和丝囊霉根腐病的抗性未测试。该品种适宜于美国西南部地区种植;已在加利福尼亚州和亚利桑那州通过测试。基础种永久由 Cal/West 种子公司生产和持有,审定种子于 2008 年上市。

119. **FG 93T055**

FG 93T055 是由 130 个亲本植株通过杂交而获得的综合品种。其亲本材料运用基因型和表型轮回选择法和结合的方法对其产量性能、秋眠性、持久性加以选择,以获得对细菌性萎蔫病、镰刀菌萎蔫病、黄萎病、茎线虫和疫霉根腐病的抗性。亲本种质来自 FG 原种繁殖种群。

该品种花色 100％为紫色,夹杂少许杂色、乳白色、黄色和白色;属于非秋眠类型,秋眠等级为 9
级。该品种对镰刀菌萎蔫病、疫霉根腐病、豌豆蚜、苜蓿斑翅蚜和蓝苜蓿蚜和北方根结线虫具
有高度抗性;对炭疽病和茎线虫有抗性;对细菌性萎蔫病具中度抗性;对黄萎病和丝囊霉根腐
病的抗性未测试。该品种适宜于美国西南部地区种植;已在加利福尼亚州通过测试。基础种
永久由 Forage Genetics 公司生产和持有,审定种子于 2008 年上市。

120. FG 94T02

FG 94T02 是由 162 个亲本植株通过杂交而获得的综合品种。其亲本材料运用基因型和
表型轮回选择法相结合的方法,对其产量性能、秋眠性、持久性加以选择,以获得对细菌性萎蔫
病、镰刀菌萎蔫病、黄萎病、茎线虫和疫霉根腐病的抗性。亲本种质来源:TriplePlay(50％)
和 FG 原种繁殖种群(50％)。该品种花色 100％为紫色,夹杂少许杂色、乳白色、黄色和白色;
属于非秋眠类型,秋眠等级为 9 级。该品种对镰刀菌萎蔫病、疫霉根腐病、豌豆蚜、苜蓿斑翅蚜
和蓝苜蓿蚜具有高度抗性;对茎线虫有抗性;对炭疽病和细菌性萎蔫病有中度抗性;对黄萎病、
丝囊霉根腐病和北方根结线虫的抗性未测试。该品种适宜于美国西南部地区种植;已在加利
福尼亚州通过测试。基础种永久由 Forage Genetics 公司生产和持有,审定种子于 2008 年
上市。

121. WL 660RR

WL 660RR 是由 110 个亲本植株通过杂交而获得的综合品种。其亲本材料运用品系特异
性标记的基因型选择方法选出的抗农达(草甘膦)除草剂、产量高、抗寒性好、持久性好的不同
种群,并获得对镰刀菌萎蔫病、炭疽病、疫霉根腐病的抗性。亲本种质来自不同的 FGI 试验种
群中成功转入抗农达基因的抗农达品系。该品种花色 100％为紫色,极微量的黄色、白色、乳
白色和杂色;属于非秋眠类型,秋眠等级为 9 级;具有抗农达除草剂的特性。该品种高抗疫霉
根腐病、北方根结线虫和南方根结线虫;对炭疽病、细菌性萎蔫病、镰刀菌萎蔫病、苜蓿斑翅蚜
和茎线虫有抗性;对丝囊霉根腐病有弱抗性;对豌豆蚜、蓝苜蓿蚜和黄萎病的抗性未检测。该
品种适宜于美国西南部地区种植;已在加利福尼亚州和爱达荷州通过测试。基础种永久由
Forage Genetics 公司生产和持有,审定种子于 2007 年上市。

122. AmeriStand 901TSQ

AmeriStand 901TSQ 是由 67 个亲本植株通过杂交而获得的综合品种。亲本材料的选择
标准是牧草产量、秋眠性和持久性,运用基因型和表型轮回选择相结合的方法来改良这个品
种。该品种花色 100％为紫色,略带杂色、乳白色、黄色和白色;属于非秋眠类型,秋眠等级 9
级。该品种对镰刀菌萎蔫病、疫霉根腐病、豌豆蚜和北方根结线虫具有高抗性;对炭疽病、细菌
性萎蔫病、蓝苜蓿蚜和茎线虫具有抗性;对黄萎病具有中度抗性;对苜蓿斑翅蚜和丝囊霉根腐
病的抗性未测试。该品种适宜于美国西南部地区种植;已在加利福尼亚州通过测试。基础种
永久由 Forage Genetics 公司生产和持有,审定种子于 2009 年上市。

123. FG 85M282

FG 85M282 是由 125 个亲本植株通过杂交而获得的综合品种。其亲本材料的选择标准

是牧草产量、秋眠性和持久性,运用基因型和表型轮回选择相结合的方法来改良这个品种。该品种花色 100% 为紫色,略带杂色、乳白色、黄色和白色;属于非秋眠类型,秋眠等级 9 级;小叶数量多,为多叶型品种。该品种对炭疽病、镰刀菌萎蔫病、疫霉根腐病、豌豆蚜和茎线虫具有高抗性;对黄萎病具有抗性;对细菌性萎蔫病的抗性较低,对根结线虫、苜蓿斑翅蚜、蓝苜蓿蚜和丝囊霉根腐病的抗性未测试。该品种适宜于美国的西南部地区种植;已在加利福尼亚州通过测试。基础种永久由 Forage Genetics 公司生产和持有,审定种子于 2009 年上市。

124. Catalina

Catalina 亲本材料的选择标准是为了改良这个品种牧草产量潜力和持久性,并且获得对南方根结线虫、苜蓿斑翅蚜、豌豆蚜和疫霉根腐病的抗性。该品种花色 98% 为紫色,2% 为杂色;属于非秋眠类型,秋眠等级 9 级。该品种对南方根结线虫、苜蓿斑翅蚜和镰刀菌萎蔫病具有高抗性;对炭疽病、黄萎病、茎线虫和丝囊霉根腐病的抗性未测试。该品种适宜于美国西南部地区种植;已在加利福尼亚州、亚利桑那州的圣华金河谷、萨克拉曼多河谷和 Imperial Valley 通过测试。基础种永久由 Imperial Valley Milling Company 生产和持有,审定种子于 2009 年上市。

125. PGI 909

PGI 909 是由 61 个亲本植株通过杂交而获得的综合品种。其亲本材料具有抗苜蓿盲椿和种子产量高的特性;亲本材料是在阿根廷选种苗圃里或产量试验田里选出的抗蚜虫、耐干旱、耐霜冻、持久性好等农艺性状的多个种群。其亲本种质来源:混杂的 Cal/West 种子库育种家种群(100%)。种质资源的贡献率大约为:杂花苜蓿占 4%,土耳其斯坦苜蓿占 10%,佛兰德斯苜蓿占 4%,智利苜蓿占 10%,秘鲁苜蓿占 4%,印第安苜蓿占 25%,非洲苜蓿占 43%。该品种花色 99% 以上为紫色,略带杂色、乳白色、黄色和白色;属于非秋眠类型,秋眠等级 9 级。该品种对镰刀菌萎蔫病、蓝苜蓿蚜、茎线虫、豌豆蚜、北方根结线虫和南方根结线虫具有高抗性;对炭疽病、疫霉根腐病、苜蓿斑翅蚜和细菌性萎蔫病抗性较低;对黄萎病和丝囊霉根腐病的抗性未测试。该品种适宜于美国的西南部地区和墨西哥、阿根廷等地区种植;已在美国的加利福尼亚州、墨西哥和阿根廷通过测试。基础种永久由 Cal/West 种子公司生产和持有,审定种子于 2003 年上市。

126. La Paloma

La Paloma 是由 204 个亲本植株通过杂交而获得的综合品种。其亲本材料是从沙特阿拉伯的产量试验田选出的具有耐干旱、耐热、耐病毒等农艺学特性的多个种群,并运用表型轮回选择法和品系杂交技术加以选择,以获得对镰刀菌萎蔫病、黄萎病、疫霉根腐病、炭疽病、苜蓿斑翅蚜、茎线虫和蓝苜蓿蚜的抗性。亲本种质来源:DK 194、SPS 9000、CW 101、GI 1086、CUF—101 和 Cal/West 种子库育种家种群。种质资源的贡献率大约为:杂花苜蓿占 1%,土耳其斯坦苜蓿占 8%,佛兰德斯苜蓿占 2%,智利苜蓿占 10%,秘鲁苜蓿占 6%,印第安苜蓿占 31%,非洲苜蓿占 42%。该品种花色 98% 为紫色,2% 为杂色,略带乳白、黄色和白色;属于非秋眠类型,秋眠等级为 9 级。该品种对镰刀菌萎蔫病、豌豆蚜、苜蓿斑翅蚜和南方根结线虫具有高抗性;对疫霉根腐病、蓝苜蓿蚜和茎线虫抗性较低;对细菌性萎蔫病抗性适中;对炭疽病、黄萎病和丝囊霉根腐病的抗性未测试。该品种适合于美国西南部地区种植;已在加利福尼亚州通过测试。基础种永久由 Cal/West 种子公司生产和持有,审定种子于 2008 年上市。

127. SALTANA

SALTANA 为综合品种,其亲本材料的选择标准是为了改良这个品种牧草产量、盐胁迫条件下的牧草产量、健康的根系并且获得对南方根结线虫、苜蓿斑翅蚜和蓝苜蓿蚜的抗性。该品种花色 98% 为紫色,2% 为杂色;属于非秋眠类型,秋眠等级 9 级。该品种对镰刀菌萎蔫病、细菌性萎蔫病、苜蓿斑翅蚜、蓝苜蓿蚜和南方根结线虫具有高抗性;对疫霉根腐病和豌豆蚜有抗性;对炭疽病、黄萎病、茎线虫和丝囊霉根腐病的抗性未测试。该品种适宜于美国西南部地区种植;已在加利福尼亚州和亚利桑那州通过测试。基础种永久由 Imperial Valley Milling Company 生产和持有,审定种子于 2009 年上市。

128. Saltine

Saltine 是由 300 个亲本植株通过杂交而获得的综合品种。其亲本材料是在加利福尼亚州和亚利桑那州经过盐胁迫实验后选出的发芽能力强、牧草产量高的多个种群,并运用表型轮回选择法加以选择,以获得具有对疫霉根腐病、炭疽病、细菌性萎蔫病、镰刀菌萎蔫病、黄萎病、蓝苜蓿蚜、苜蓿斑翅蚜、豌豆蚜、茎线虫和南方根结线虫的抗性。种质资源的贡献率大约为:印第安苜蓿占 50%,未知苜蓿占 50%。该品种花色 99% 以上为紫色,略带杂色、乳白色、黄色和白色;属于非眠类型,秋眠等级 9 级。该品种对细菌性萎蔫病、镰刀菌萎蔫病、疫霉根腐病、蓝苜蓿蚜、苜蓿斑翅蚜和南方根结线虫具有高抗性;对炭疽病和豌豆蚜有抗性;中抗黄萎病和茎线虫;对丝囊霉根腐病的抗性未测试。该品种适宜于美国中等寒冷的山区和西南部地区种植;已在加利福尼亚州通过测试。基础种永久由 Winsor Grain 公司生产和持有,审定种子于 2004 年上市。

129. Beacon

Beacon 是由 233 个亲本植株通过杂交而获得的综合品种。其亲本材料选择具有植株生长势好、抗疫霉根腐病的多个种群。亲本种质来源:Mecca（43%）、UC Cibola（42%）、VS 754（7%）、Maxidor（4%）和 Pierce（4%）。种质资源贡献率大约为:黄花苜蓿占 1%,拉达克苜蓿占 1%,杂花苜蓿占 3%,土耳其斯坦苜蓿占 15%,非洲苜蓿占 35%,佛兰德斯苜蓿占 1%,智利苜蓿占 11%,秘鲁苜蓿占 3%,印第安苜蓿占 24%,未知苜蓿占苜蓿占 6%。该品种花色几乎 100% 为紫色,略带杂色、白色、黄色或乳白色;属于非秋眠类型,秋眠等级为 9 级。该品种对镰刀菌萎蔫病、疫霉根腐病、豌豆蚜、蓝苜蓿蚜具有高抗性;对苜蓿斑翅蚜、根结线虫有抗性;对茎线虫具中度抗性;低抗细菌性萎蔫病,对黄萎病的抗性未测试。适宜于美国加利福尼亚州中央谷地种植,已在加利福尼亚州和爱达荷州通过测试。基础种永久由 Forage Genetics 公司生产和持有,审定种子于 1995 年上市。

130. DK 193

DK 193 是由 275 个亲本植株通过杂交而获得的综合品种。其亲本材料是从 Mecca、UC Cibola、Pierce 和 Sequel 的杂交后代中在夏末选出的具有抗疫霉根腐病、炭疽病、苜蓿斑翅蚜和黄萎病的多个种群。亲本种质来源：Mecca（60%）、UC Cibola（20%）、Pierce（15%）和 Sequel（5%）。种质资源贡献率大约为：黄花苜蓿占 1%、拉达克苜蓿占 1%、杂花苜蓿占 3%、土耳其斯坦苜蓿占 10%、非洲苜蓿占 35%、佛兰德斯苜蓿占 1%、智利苜蓿占 9%、秘鲁苜蓿占 1%、印第安苜蓿占 25%、未知苜蓿占 14%。该品种花色几乎 100% 为紫色，略带有杂色、白色、黄色或乳白色；属于非秋眠类型，秋眠等级为 9 级。该品种对镰刀菌萎蔫病、豌豆蚜、蓝苜蓿蚜和疫霉根腐病具有高抗性；对苜蓿斑翅蚜、北方根结线虫有抗性；对炭疽病、茎线虫和黄萎病具中度抗性；易感细菌性萎蔫病。该品种适宜于美国加利福尼亚州地区种植，已在加利福尼亚州和爱达荷州通过测试。基础种永久由 Forage Genetics 公司生产和持有，审定种子于 1996 年上市。

131. C245

C245 是由 18 个亲本植株通过杂交而获得的综合品种。其亲本材料运用表型轮回选择法加以选择，以获得对疫霉根腐病和茎线虫的抗性。亲本种质来源：89-218 和 Mecca。种质资源贡献率大约为：拉达克苜蓿占 2%，杂花苜蓿占 2%，土耳其斯坦苜蓿占 9%，佛兰德斯苜蓿占 6%，智利苜蓿占 14%，秘鲁苜蓿占 11%，印第安苜蓿占 20%，非洲苜蓿占 32%，阿拉伯苜蓿占 4%。该品种花色几乎 100% 为紫色，略带杂色和乳白色；属于非秋眠类型，秋眠等级为 9 级。该品种对镰刀菌萎蔫病、疫霉根腐病、蓝苜蓿蚜、豌豆蚜、苜蓿斑翅蚜、茎线虫和南方根结线虫具有高抗性；对细菌性萎蔫病具有中度抗性；对黄萎病抗性低；对炭疽病和丝囊霉根腐病的抗性尚未测试。该品种适宜于美国西南部地区种植；已经在加利福尼亚州通过测试。基础种永久由 W-L 研究中心生产和持有，审定种子于 1997 年上市。

132. CW 3869

CW 3869 是由 440 个亲本植株经过杂交而获得的综合品种。其亲本材料具有抗疫霉根腐病和炭疽病的特性；亲本材料是从加利福尼亚州生长 4 年的测产试验田里选出的多个种群，并运用表型轮回选择法和品系杂交技术加以选择，以获得对镰刀菌萎蔫病、黄萎病、炭疽病、疫霉根腐病、蓝苜蓿蚜和苜蓿斑翅蚜等病虫害的抗性。亲本种质来源：Altiva、CW 2817、DK 189、Mecca、UC 332。种质资源贡献率大约为：杂花苜蓿占 2%，土耳其斯坦苜蓿占 6%，佛兰德斯苜蓿占 3%，智利苜蓿占 4%，秘鲁苜蓿占 2%，印第安苜蓿占 24%，非洲苜蓿占 52%，未知苜蓿占 7%。该品种花色约 100% 为紫色；属于非秋眠型类型，秋眠等级为 9 级。该品种对炭疽病、镰刀菌萎蔫病、茎线虫、蓝苜蓿蚜、苜蓿斑翅蚜、豌豆蚜具有高抗性；对疫霉根腐病和黄萎病有抗性；对细菌性萎蔫病、丝囊霉根腐病和根结线虫的抗性尚未测试。该品种适宜于美国西南部地区种植；已经在美国的加利福尼亚州和墨西哥通过测试。基础种由 Cal/West 生产和持有，审定种子于 1997 年上市。

133. ZX 9392

ZX 9392 是由 300 个亲本植株通过杂交而获得的综合品种。其亲本材料在加利福尼亚州的金斯堡苗圃里选出的多个种群，并运用表型轮回选择法加以选择，以获得对黄萎病、炭疽病、苜蓿斑翅蚜、蓝苜蓿蚜、豌豆蚜的抗性。亲本种质来源：UC 332（40%）、UC 195（40%）、Cuf101（20%）。种质资源贡献率大约为：黄花苜蓿占 2%，拉达克苜蓿占 1%，杂花苜蓿占 1%，土耳其斯坦苜蓿占 10%,佛兰德斯苜蓿占 1%,智利苜蓿占 10%,秘鲁苜蓿占 1%,印第安苜蓿占 14%,非洲苜蓿占 60%。该品种花色 90% 为紫色,其他为杂色、乳白色、白色和黄色;属于非秋眠类型,秋眠等级为 9 级,类似于 Cuf 101 苜蓿。该品种对豌豆蚜、苜蓿斑翅蚜和蓝苜蓿蚜具有高抗性;对镰刀菌萎蔫病、疫霉根腐病和南方根结线虫具有抗性;对炭疽病、黄萎病和茎线虫有中等的抗性;对细菌性萎蔫病有低抗性;已经在加利福尼亚州和亚利桑那州通过测试。基础种永久由 ABI 生产和持有,审定种子于 1997 年上市。

134. **SW 9301**

SW 9301 是由 140 个亲本植株通过杂交而获得的综合品种,其亲本包括 SW 9112、SW 9202 和 SW 9204。其中,SW9202 和 SW9204 种群的选择标准是种子产量、植株活力和对苜蓿斑翅蚜、豌豆蚜、蓝苜蓿蚜、南方根结线虫、镰刀菌萎蔫病的抗性;SW9112 种群是通过对豌豆蚜和炭疽病的抗性筛选出的。种质资源贡献率大约为:非洲苜蓿占 62%,印第安苜蓿占 21%,土耳其斯坦苜蓿占 10%,智利苜蓿占 4%,秘鲁苜蓿占 1%,阿拉伯苜蓿占 1%,杂花苜蓿占 1%。该品种花色 99% 为紫色,1% 为杂色;属于非秋眠类型,秋眠等级为 9 级。该品种对镰刀菌萎蔫病、苜蓿斑翅蚜和南方根结线虫具有高抗性;对豌豆蚜和蓝苜蓿蚜具有抗性;对细菌性萎蔫病、疫霉根腐病和茎线虫具有中度的抗性;对黄萎病、丝囊霉根腐病和炭疽病的抗性尚未测试。该品种适宜于加利福尼亚州需要在秋季放牧且秋眠等级在 8 级、9 级的苜蓿地区种植;已在加利福尼亚州、亚利桑那州以及墨西哥、阿根廷通过测试。基础种永久由 S&W 生产和持有,审定种子于 1997 年上市。

135. **Magna 9**

Magna 9 是由 90 个亲本植株经过杂交而获得的综合品种。其亲本材料选择具有种子产量高、牧草产量高、持久性好等特性的多个种群,并运用表型轮回选择法加以选择,以获得对疫霉根腐病、苜蓿斑翅蚜、豌豆蚜和蓝苜蓿蚜等病虫害的抗性。亲本种质来源:WL 605、5929、Sundor、Florida 77 和 Dairyland 实验材料 DS514。种质资源贡献率大约为:智利苜蓿占 10%,印第安苜蓿占 15%,非洲苜蓿占 40%,阿拉伯苜蓿占 3%,未知品种占 32%。该品种花色约 94% 为紫色,1% 为乳白色,1% 为黄色,4% 为杂色并略带白色;属于非秋眠类型,秋眠等级(类似于 Cuf 101)为 9 级。该品种对镰刀菌萎蔫病、疫霉根腐病、苜蓿斑翅蚜、蓝苜蓿蚜、南方根结线虫具有高抗性;对豌豆蚜和北方根结线虫具有抗性;对茎线虫和炭疽病具有中度的抗性;对细菌性萎蔫病的抗性低;对黄萎病和丝囊霉根腐病的抗性尚未测试。该品种适宜于美国西南部地区;已经在美国的加利福尼亚州和阿根廷经过测试。基础种永久由 Dairyland 研究中心生产和持有,审定种子于 1996 年上市。

136. **C290**

C290 是由 115 个亲本植株通过杂交而获得的综合品种。亲本材料具有不秋眠和抗苜蓿斑翅蚜的特性,通过表型轮回选择以获得对银叶粉虱的抗性。亲本种质来源:Hasawi、WL 605 和 Pioneer 5929。种质资源贡献率约为:智利苜蓿占 5%,秘鲁苜蓿占 5%,印第安苜蓿占 10%,非洲苜蓿占 30%,阿拉伯苜蓿占 50%。该品种花色 100% 为紫色,带有少许杂色、白色、乳白色和黄色;属于非秋眠类型,秋眠等级为 9 级。该品种对镰刀菌萎蔫病、豌豆蚜、蓝苜蓿蚜、北方根结线虫和南方根结线虫具有高抗性;对疫霉根腐病、茎线虫和苜蓿斑翅蚜具有抗性,对炭疽病、细菌性萎蔫病、黄萎病和丝囊霉根腐病的抗性未测试。该品种适宜于美国的西南部地区种植;已在加利福尼亚州通过测试。基础种永久由 W-L 研究公司生产和持有,审定种子于 1998 年上市。

137. CW 3986

CW 3986 是由 59 个亲本植株通过杂交而获得的综合品种。其亲本材料具有抗炭疽病、疫霉根腐病、种子产量高的特性;亲本材料是从多个种群的杂交后代中选出的,并运用表型轮回选择和品系杂交方法加以选择,以获得对镰刀菌萎蔫病、黄萎病、炭疽病、疫霉根腐病、苜蓿斑翅蚜和蓝苜蓿蚜的抗性。亲本种质来源:Grasis、CW 446、Mecca、DK 189、Cibola 和 Sundor。种质资源贡献率大约为:拉达克苜蓿占 1%,杂花苜蓿占 2%,土耳其斯坦苜蓿占 11%,佛兰德斯苜蓿占 1%,智利苜蓿占 9%,秘鲁苜蓿占 3%,印第安苜蓿占 17%,非洲苜蓿占 40%,未知苜蓿占 16%。该品种花色 99% 为紫色、1% 为杂色并带有少许白色、乳白色和黄色;属于非秋眠品种,秋眠等级(接近 CUF 101)为 9 级。该品种对炭疽病、镰刀菌萎蔫病、疫霉根腐病、茎线虫、苜蓿斑翅蚜、蓝苜蓿蚜和豌豆蚜具有高抗性;中度抗黄萎病;对细菌性萎蔫病、丝囊霉根腐病、根结线虫的抗性未测试。该品种适宜于美国西南部地区和墨西哥种植;已在美国的加利福尼亚州和墨西哥通过测试。基础种永久由 Cal/West 种子公司生产和持有,审定种子于 1998 年上市。

138. CW 4978

CW 4978 是由 301 个亲本植株通过杂交而获得的综合品种。其亲本材料具有抗炭疽病、疫霉根腐病、种子产量高的特性,是从多个种群的杂交后代中选择出的,并运用表型轮回选择和品系杂交方法加以选择,以获得对镰刀菌萎蔫病、黄萎病、炭疽病、疫霉根腐病、蓝苜蓿蚜和苜蓿斑翅蚜的抗性。亲本种质来源:CW 3956、Mecca、DK 189 和 UC 332。种质资源贡献率大约为:土耳其斯坦苜蓿占 12%,佛兰德斯苜蓿占 4%,智利苜蓿占 8%,秘鲁苜蓿占 4%,印第安苜蓿占 22%,非洲苜蓿占 50%。该品种花色超过 99% 为紫色,带有少许杂色、白色、乳白色和黄色;属于非秋眠品种,秋眠等级(接近 CUF 101)为 9 级。该品种对炭疽病、镰刀菌萎蔫病、疫霉根腐病、苜蓿斑翅蚜、豌豆蚜和蓝苜蓿蚜具有高抗性;中度抗黄萎病;对细菌性萎蔫病、丝囊霉根腐病、茎线虫和根结线虫的抗性未测试。该品种适宜于美国西南部地区种植,计划推广到墨西哥和阿根廷利用;已在加利福尼亚州通过测试。基础种永久由 Cal/West 种子公司生产和持有,审定种子于 1998 年上市。

139. DS591

DS591 是由 60 个亲本植株通过杂交而获得的综合品种。其亲本材料是从加利福尼亚州维塞利亚地区的产量试验田里选出的,具有抗根系和根颈部病害特性的多个种群。亲本种质来源:Mecca Ⅱ。种质资源贡献率大约为:黄花苜蓿占 1%,拉达克苜蓿占 1%,杂花苜蓿占 2%,土耳其斯坦苜蓿占 10%,佛兰德斯苜蓿占 1%,智利苜蓿占 9%,秘鲁苜蓿占 2%,印第安苜蓿占 20%,非洲苜蓿占 46%,未知苜蓿占 8%。该品种花色 95% 为紫色,5% 为杂色,略带白色、乳白色和黄色;属于非秋眠类型,秋眠等级接近 CUF101。该品种对镰刀菌萎蔫病、苜蓿斑翅蚜、豌豆蚜具有高抗性；对疫霉根腐病、蓝苜蓿蚜、北方根结线虫有抗性；中度抗细菌性萎蔫病、丝囊霉根腐病，对黄萎病、炭疽病和茎线虫的抗性未测试。该品种适宜于美国西南部地区种植；已在美国的加利福尼亚州、阿根廷的布宜诺斯艾利斯和圣达菲地区通过测试。基础种永久由 Dairyland Research 公司生产和持有，审定种子于 1998 年上市。

140. CW 4958

CW 4958 是由 134 个亲本植株通过杂交而获得的综合品种。其亲本材料具有抗炭疽病、疫霉根腐病、种子产量高的特性，并运用表型轮回选择法加以选择，以获得高质量的饲用价值和对镰刀菌萎蔫病、黄萎病、疫霉根腐病、炭疽病、苜蓿斑翅蚜、蓝苜蓿蚜的抗性。亲本种质来源：CW 3958、AItiva、Bahio 90、Grasis 和 CW 446。种质资源贡献率大约为：拉达克苜蓿占 1%、杂花苜蓿占 2%、土耳其斯坦苜蓿占 7%、佛兰德斯苜蓿占 2%、智利苜蓿占 5%、秘鲁苜蓿占 2%、印第安苜蓿占 23%、非洲苜蓿占 55%、未知苜蓿占 3%。该品种花色 95% 为紫色，5% 为杂色中带有少许白色、乳白色和黄色；属于极度非秋眠品种，秋眠等级接近 CUF 101。该品种对炭疽病、镰刀菌萎蔫病、苜蓿斑翅蚜、豌豆蚜、蓝苜蓿蚜具有高抗性；对疫霉根腐病有抗性；中度抗黄萎病；对细菌性萎蔫病、丝囊霉根腐病、茎线虫和根结线虫的抗性未测试。该品种适宜于美国西南部地区种植，计划推广到墨西哥和阿根廷利用；已在加利福尼亚州通过测试。基础种永久由 Cal/West 种子公司生产和持有，审定种子于 1998 年上市。

141. CW 49100

CW 49100 是由 133 个亲本植株通过杂交而获得的综合品种。其亲本材料具有抗炭疽病、疫霉根腐病和种子产量高的特性，是从多个种群的杂交后代中选择出的，并运用表型轮回选择和品系杂交法加以选择，以获得对镰刀菌萎蔫病、黄萎病、疫霉根腐病、炭疽病、苜蓿斑翅蚜和蓝苜蓿蚜的抗性。亲本种质来源：Altiva、Mecca、DK 189、CW 2820 和 UC 332。种质资源贡献率大约为：杂花苜蓿占 2%，土耳其斯坦苜蓿占 6%，佛兰德斯苜蓿占 2%，智利苜蓿占 4%，秘鲁苜蓿占 2%，印第安苜蓿占 24%，非洲苜蓿占 52%，未知苜蓿 8%。该品种花色 99% 为紫色、1% 为杂色并带有少许白色、乳白色和黄色；属于极度非秋眠类型，秋眠等级接近 CUF101。该品种对镰刀菌萎蔫病、苜蓿斑翅蚜、豌豆蚜、蓝苜蓿蚜具有高抗性；对炭疽病、疫霉根腐病有抗性；低抗黄萎病，对细菌性萎蔫病、丝囊霉根腐病、茎线虫和根结线虫的抗性未测试。该品种适宜于美国西南部地区种植，计划推广到墨西哥和阿根廷利用；已在加利福尼亚州通过测试。基础种永久由 Cal/West 种子公司生产和持有，审定种子于 1998 年上市。

142. FG 9G515

FG 9G515 是由 145 个亲本植株通过杂交而获得的综合品种。亲本材料选自生长年限较长的牧草试验田，选择标准包括持久性和生长势。亲本种质来源：Coronado（46%）、DK 189（22%）、Beacon（18%）和 9L900（14%）。种质资源贡献率大约为：黄花苜蓿占 1%，拉达克苜蓿占 3%，杂花苜蓿占 4%，土耳其斯坦苜蓿占 12%，佛兰德斯苜蓿占 6%，智利苜蓿占 10%，秘鲁苜蓿占 1%，印第安苜蓿占 18%，非洲苜蓿占 38%，未知苜蓿 7%。该品种花色近 100% 为紫色；秋眠等级接近 9 级。该品种对镰刀菌萎蔫病、疫霉根腐病、豌豆蚜和苜蓿斑翅蚜具有高抗性；对蓝苜蓿蚜、黄萎病和茎线虫有抗性；对炭疽病有中度抗性，低抗细菌性萎蔫病，对丝囊霉根腐病和根结线虫的抗性未测试。该品种适宜于美国西南部地区种植；已在美国的爱达荷州、加利福尼亚州和阿根廷部分地区通过测试。基础种永久由 Forage Genetics 公司生产和持有，审定种子于 1998 年上市。

143. FG 9L600

FG 9L600 是由 138 个亲本植株通过杂交而获得的综合品种。其亲本材料是从加利福尼亚州的帝王谷地区选择出仲冬生长旺盛而且具有抗镰刀菌萎蔫病、黄萎病、炭疽病、疫霉根腐病、蓝苜蓿蚜、豌豆蚜、苜蓿斑翅蚜等特性的多个种群。亲本种质来源：Coronado（60%）、Beacon（30%）和 UC 332（10%）。种质资源贡献率大约为：黄花苜蓿占 1%，拉达克苜蓿占 1%，杂花苜蓿占 1%，土耳其斯坦苜蓿占 9%，佛兰德斯苜蓿占 1%，智利苜蓿占 5%，秘鲁苜蓿占 4%，印第安苜蓿占 26%，非洲苜蓿占 45%，未知苜蓿占 7%。该品种花色 100% 为紫色；属于极度不秋眠品种，秋眠等级接近 CUF 101。该品种对根结线虫、镰刀菌萎蔫病、蓝苜蓿蚜、豌豆蚜和苜蓿斑翅蚜具有高抗性；对疫霉根腐病有抗性；中度抗茎线虫；低抗黄萎病，对炭疽病、丝囊霉根腐病和细菌性萎蔫病的抗性未测试。该品种适宜于美国西南部地区种植；已在爱达荷州和加利福尼亚州通过测试。基础种永久由 Forage Genetics 种子公司生产和持有，审定种子于 1998 年上市。

144. FG 9T78

FG 9T78 是由 174 个亲本植株通过杂交而获得的综合品种。其亲本材料选择标准是为了改良这个品种的晚秋生长量和对疫霉根腐病、蓝苜蓿蚜、苜蓿斑翅蚜的抗性。亲本种质来源：Beacon（46%）、Sundor（36%）和 UC 332（18%）。种质资源贡献率大约为：杂花苜蓿占 4%，土耳其斯坦苜蓿占 12%，佛兰德斯苜蓿占 1%，智利苜蓿占 5%，秘鲁苜蓿占 1%，印第安苜蓿占 25%，非洲苜蓿占 50%，未知苜蓿 2%。该品种花色 100% 为紫色；秋眠等级接近 9 级。该品种对镰刀菌萎蔫病、豌豆蚜、蓝苜蓿蚜和苜蓿斑翅蚜具有高抗性；对疫霉根腐病和根结线虫有抗性；中度抗黄萎病、茎线虫和炭疽病；对丝囊霉根腐病和细菌性萎蔫病的抗性未测试。该品种适宜于美国西南部地区种植；已在爱达荷州和加利福尼亚州通过测试。基础种永久由 Forage Genetics 公司生产和持有，审定种子于 1998 年上市。

145. FG 9L400

FG 9L400 是由 198 个亲本植株通过杂交而获得的综合品种。其亲本材料是从加利福尼亚州的帝王谷地区选出的仲冬生长旺盛而且具有抗镰刀菌萎蔫病、黄萎病、炭疽病、疫霉根腐病、蓝苜蓿蚜、豌豆蚜、苜蓿斑翅蚜等特性的多个种群。亲本种质来源：D Coronado（45%）、Beacon（35%）、CUF 101（10%）和 UC 332（10%）。种质资源贡献率大约为：黄花苜蓿占 1%，拉达克苜蓿占 1%，杂花苜蓿占 5%，土耳其斯坦苜蓿占 9%，佛兰德斯苜蓿占 1%，智利苜蓿占 5%，秘鲁苜蓿占 4%，印第安苜蓿占 24%，非洲苜蓿占 44%，未知苜蓿 6%。该品种花色 100% 为紫色，略带杂色；属于极度不秋眠品种，秋眠等级接近 CUF 101。该品种对根结线虫、镰刀菌萎蔫病、蓝苜蓿蚜、豌豆蚜和苜蓿斑翅蚜具有高抗性；对疫霉根腐病有抗性；中度抗茎线虫、黄萎病；对炭疽病、丝囊霉根腐病和细菌性萎蔫病的抗性未测试。该品种适宜于美国西南部地区种植；已在阿根廷和美国的加利福尼亚州通过测试。基础种永久由 Forage Genetics 公司生产和持有,审定种子于 1998 年上市。

146. **92-296**

92-296 是由 235 个亲本植株通过杂交而获得的综合品种。亲本材料其亲本材料是从位于加利福尼亚州贝克斯菲尔德地区的产量试验田中根据其持久性和产量选出的多个种群,并运用表型轮回选择法加以选择,以获得对茎线虫的抗性。亲本种质来源:WL 457,WL 514 和 Cuf 101。种质资源贡献率大约为:阿拉伯苜蓿占 50%,智利苜蓿占 10%,印第安苜蓿占 10%,非洲苜蓿占 20%,秘鲁苜蓿占 10%。该品种花色几乎 100% 为紫色,混杂少量乳白色、白色和杂色;秋眠等级(与 Cuf101 近似)为 9 级。该品种对镰刀菌萎蔫病、茎线虫、苜蓿斑翅蚜、蓝苜蓿蚜和南方根结线虫具有高抗性;对细菌性萎蔫病、疫霉根腐病、豌豆蚜和北方根结线虫有抗性;对炭疽病、黄萎病和丝囊霉根腐病的抗性未测试。该品种适宜于并计划推广到美国西南部;已在加利福尼亚州通过测试。基础种永久由 W-L 公司生产和持有,审定种子于 1999 年上市。

147. **C252**

C252 是由 90 个亲本植株通过杂交而获得的综合品种。其亲本材料是运用表型轮回选择法选出的饲用价值高和牧草产量高的多个种群。亲本种质来源:WL 457、Cuf101、WL 514、Cibola 和 8 个 WL 育种群体。种质资源贡献率大约为:阿拉伯苜蓿占 50%,智利苜蓿占 30%,秘鲁苜蓿占 10%,印第安苜蓿占 5%,非洲苜蓿占 5%。该品种花色 100% 为紫色,略带有一些杂色;秋眠等级为 9 级,与 Cuf 101 相同。该品种对镰刀菌萎蔫病、豌豆蚜、苜蓿斑翅蚜、蓝苜蓿蚜具有高抗性;对茎线虫、北方根结线虫和南方根结线虫有抗性;中度抗细菌性萎蔫病;对炭疽病、黄萎病、疫霉根腐病和丝囊霉根腐病的抗性未测试。该品种适宜于美国西南部地区种植;已在加利福尼亚州通过测试。基础种永久由 W-L 种子公司生产和持有,审定种子于 1999 年上市。

148. **CW 59128**

CW 59128 是由 87 个亲本植株通过杂交而获得的综合品种。亲本材料是从墨西哥生长 3 年的产量试验田里选出的具有抗镰刀菌萎蔫病、黄萎病、疫霉根腐病、炭疽病、苜蓿斑翅蚜、蓝苜蓿蚜和茎线虫等特性的多个种群,并运用杂交育种和表型轮回选择法加以选择。亲本种质来源:Grasis、Topacio、Altiva、Almar、Mecca、ICI 990、5929 和 WL 605。种质资源贡献率大约为:杂花苜蓿 2%,土耳其斯坦苜蓿占 10%,佛兰德斯苜蓿占 1%,智利苜蓿占 8%,秘鲁苜蓿占 3%,印第安苜蓿占 20%,非洲苜蓿占 50%,未知苜蓿占 6%。该品种花色 99% 为紫色,略带杂色、乳白色、白色和黄色;属于中等秋眠类型,秋眠等级同 CUF 101。该品种对镰刀菌萎蔫病、疫霉根腐病、苜蓿斑翅蚜和蓝苜蓿蚜具有高抗性;对豌豆蚜和茎线虫有抗性;中度抗炭疽病和黄萎病;对细菌性萎蔫病、丝囊霉根腐病和根结线虫的抗性未测试。该品种适宜于并计划推广到美国西南部地区和墨西哥、阿根廷利用;已在美国的加利福尼亚州、墨西哥通过测试。基础种永久由 Cal/West 种子公司生产和持有,审定种子于 1999 年上市。

149. CW 69120

CW 69120 是由 199 个亲本植株通过杂交而获得的综合品种。亲本材料是从墨西哥生长 3 年的产量试验田里选出的具有抗镰刀菌萎蔫病、黄萎病、疫霉根腐病、炭疽病、苜蓿斑翅蚜、蓝苜蓿蚜、茎线虫等特性的多个种群，并运用杂交育种和表型轮回选择法加以选择。亲本种质来源：DK 191、Robusta、Topacio、Mecca 和 Cal/West Seeds 育种群体。种质资源贡献率大约为：杂花苜蓿 3%，土耳其斯坦苜蓿占 11%，佛兰德斯苜蓿占 2%，智利苜蓿占 8%，秘鲁苜蓿占 2%，印第安苜蓿占 22%，非洲苜蓿占 44%，未知苜蓿占 8%。该品种花色 99% 为紫色，略带杂色、乳白色、白色和黄色；属于非秋眠类型，秋眠等级同 CUF 101。该品种对镰刀菌萎蔫病、疫霉根腐病、苜蓿斑翅蚜和蓝苜蓿蚜具有高抗性；对炭疽病、黄萎病、豌豆蚜和茎线虫有抗性；中度抗细菌性萎蔫病；对丝囊霉根腐病和根结线虫的抗性未测试。该品种适宜于并计划推广到美国西南部地区、墨西哥和阿根廷利用；已在美国的加利福尼亚州、墨西哥通过测试。基础种永久由 Cal/West 种子公司生产和持有，审定种子于 1999 年上市。

150. DK 191

DK 191 是由 87 个亲本植株通过杂交而获得的综合品种。其亲本材料具有抗疫霉根腐病、丝囊霉根腐病的特性；亲本材料是从加利福尼亚州生长 4 年的试验田里选出的多个种群，并运用表型轮回选择法加以选择，以获得对镰刀菌萎蔫病、黄萎病、炭疽病、疫霉根腐病、蓝苜蓿蚜和苜蓿斑翅蚜的抗性。亲本种质来源：CW 2817、WL 605、CW 2820、Sundor 和 VS-446。种质资源贡献率大约为：拉达克苜蓿占 1%，杂花苜蓿占 4%，土耳其斯坦苜蓿占 15%，佛兰德斯苜蓿占 5%，智利苜蓿占 8%，秘鲁苜蓿占 1%，印第安苜蓿占 21%，非洲苜蓿占 42%，未知苜蓿占 3%。该品种花色几乎 100% 为紫色；属于非秋眠类型，秋眠等级同 CUF 101。该品种对炭疽病、镰刀菌萎蔫病、疫霉根腐病、苜蓿斑翅蚜、蓝苜蓿蚜、豌豆蚜和南方根结线虫具有高抗性；对茎线虫有抗性；中度抗细菌性萎蔫病和黄萎病；对丝囊霉根腐病的抗性未测试。该品种适宜于美国西南部地区种植，计划推广到墨西哥和阿根廷利用；已在美国的加利福尼亚州和新墨西哥州通过测试。基础种永久由 Cal/West 种子公司生产和持有，审定种子于 1998 年上市。

151. Mecca Ⅲ

Mecca Ⅲ 是由 60 个亲本植株通过杂交而获得的综合品种。其亲本材料是从加利福尼亚州维塞利亚地区附近的产量试验田里的 Mecca Ⅱ 中选择出的，并且对其抗根部病害和根颈部病害的抗性进行了评估。种质资源贡献率大约为：黄花苜蓿占 1%，拉达克苜蓿占 1%，杂花苜蓿占 2%，土耳其斯坦苜蓿占 10%，佛兰德斯苜蓿占 1%，智利苜蓿占 9%，秘鲁苜蓿占 2%，印第安苜蓿占 20%，非洲苜蓿占 46%，未知苜蓿占 8%。该品种花色 95% 为紫色、5% 为杂色并带有少许白色、乳白色和黄色；属于非秋眠类型，秋眠等级同 CUF101。该品种对镰刀菌萎蔫病、苜蓿斑翅蚜、豌豆蚜具有高抗性；对疫霉根腐病、蓝苜蓿蚜、北方根结线虫、茎线虫、南方根结线虫有抗性；中度抗细菌性萎蔫病和丝囊霉根腐病；对炭疽病和黄萎病的抗性未测试。该品种适宜于美国西南部地区种植。已在美国加利福尼亚州、阿根廷的布宜诺斯艾利斯和圣达菲地区通过测试。基础种永久由 Dairyland 研究中心生产和持有，审定种子于 1998 年上市。

152. **NK Vaquera 9**

NK Vaquera 9是由145个亲本植株通过杂交而获得的综合品种。其亲本材料是从试验田里选出的持久性强、植株活力高的种群。亲本种质来源:Coronado (46%)、DK 189 (22%)、Beacon (18%)和9L900 (14%)。种质资源贡献率大约为:黄花苜蓿占1%,拉达克苜蓿占3%,杂花苜蓿占4%,土耳其斯坦苜蓿占12%,佛兰德斯苜蓿占6%,智利苜蓿占10%,秘鲁苜蓿占1%,印第安苜蓿占18%,非洲苜蓿占38%,未知苜蓿占7%。该品种花色近100%为紫色;秋眠等级9级。该品种对镰刀菌萎蔫病、疫霉根腐病、豌豆蚜和苜蓿斑翅蚜具有高抗性,对黄萎病、茎线虫和蓝苜蓿蚜有抗性;中度抗炭疽病;对细菌性萎蔫病抗性低;对丝囊霉根腐病和根结线虫的抗性未测试。该品种适宜于美国西南部地区种植,计划推广到阿根廷利用;已在美国的爱达荷州、加利福尼亚州及阿根廷通过测试。基础种永久由 Forage Genetics 种子公司生产和持有,审定种子于1998年上市。

153. **Salado（Amended）**

Salado是由200个亲本植株育成的综合品种。其亲本材料是从温室中在盐胁迫条件下选择出来的具有发芽率高、产量高的多个种群,并运用表型轮回选择法加以选择。亲本种质来源:Mesa Sirsa (50%)和其他非秋眠的实验品种(50%)。种质资源贡献率大约为:印第安苜蓿占50%,未知苜蓿占50%。该品种花色98%为紫色,1%为杂色,其余为黄色、乳白色和白色;秋眠等级类似于 CUF 101。该品种对镰刀菌萎蔫病、蓝苜蓿蚜和南方根结线虫具有高抗性,对苜蓿斑翅蚜有抗性;对豌豆蚜、茎线虫和小光壳叶斑病有中度抗性;对炭疽病和疫霉根腐病抗性弱;对黄萎病敏感,对细菌性萎蔫病和根结线虫的抗性未测试。该品种适宜于美国西南部地区种植,计划推广到加州的中部和南部、亚利桑那州低海拔地区和新墨西哥州。基础种永久由 ABI 种子公司生产和持有,审定种子于1998年上市。

154. **Zaino**

Zaino是由175个亲本植株通过杂交而获得的综合品种。其亲本材料是根据持久性和对病虫害抗性选择出的。亲本种质来源:Coronado (66%)、DK 189 (11%)、FG 9T78 (15%)和FG 9L400 (8%)。种质资源贡献率大约为:黄花苜蓿占1%,拉达克苜蓿占1%,杂花苜蓿占4%,土耳其斯坦苜蓿占12%,佛兰德斯苜蓿占6%,智利苜蓿占10%,秘鲁苜蓿占1%,印第安苜蓿占20%,非洲苜蓿占40%,未知苜蓿占5%。该品种花色近100%为紫色;秋眠等级为9级。该品种对镰刀菌萎蔫病、疫霉根腐病、豌豆蚜和苜蓿斑翅蚜具有高抗性;对黄萎病、茎线虫和蓝苜蓿蚜有抗性;中度抗炭疽病;对细菌性萎蔫病抗性弱;对丝囊霉根腐病和根结线虫的抗性未测试。该品种适宜于美国西南部地区和中等寒冷山区种植,已在爱达荷州和加利福尼亚州通过测试。基础种永久由 Forage Genetics 种子公司生产和持有,审定种子于1999年上市。

155. **C349**

C349是由105个亲本植株通过杂交而获得的综合品种。其亲本材料是从生长3年的产量试验田中选出的,并运用表型轮回选择法加以选择,以获得具有高体外干物质消化率(IVTD)的材料。亲本种质来源:Mecca、CUF 101、WL 501、WL 504 和 UC Cibola。种质资源贡献率大约为:阿拉伯苜蓿占 40%,非洲苜蓿占 30%,印第安苜蓿占 20%,智利苜蓿占 10%。该品种花色近 100% 为紫色,略带杂色;秋眠等级为 9 级。该品种对镰刀菌萎蔫病、疫霉根腐病、豌豆蚜、苜蓿斑翅蚜、蓝苜蓿蚜和南方根结线虫具有高抗性;对茎线虫有抗性;中抗细菌性萎蔫病;对炭疽病、黄萎病、丝囊霉根腐病的抗性未测试。该品种适合在美国西南部地区种植;已在加利福尼亚州通过测试。基础种永久由 W-L Research 生产和持有,审定种子于 2000 年上市。

156. FG 9R616

FG 9R616 亲本材料选择标准为改良这个品种的牧草产量、持久性和冬季生长量以及对黄萎病、疫霉根腐病、苜蓿斑翅蚜的抗性。该品种花色约 100% 为紫色,略带杂色;属于非秋眠品种,秋眠等级为 9 级。对镰刀菌萎蔫病、疫霉根腐病、蓝苜蓿蚜、豌豆蚜、苜蓿斑翅蚜具有高抗性;中抗炭疽病、细菌性萎蔫病、茎线虫;对根结线虫、丝囊霉根腐病的抗性未测试。该品种适合在美国西南部、阿根廷的科尔多瓦和圣菲地区种植;已在美国的加利福尼亚州和阿根廷等地通过测试。基础种永久由 Forage Genetics 公司生产和持有,审定种子在 2000 年上市。

157. MAGNA 901

MAGNA 901 是由 250 个亲本植株通过杂交而获得的综合品种。其亲本材料是从加利福尼亚州 VisaRia 地区附近的产量试验田里选出的,并对镰刀菌萎蔫病、茎线虫、根结线虫、苜蓿斑翅蚜的抗性以及根颈健康状态、秋眠性、种子产量等特性进行了评估。该品种花色 85% 为紫色、15% 为杂色,略带乳白色、白色和黄色;属于非秋眠类型,秋眠等级为 9 级。对镰刀菌萎蔫病、豌豆蚜、北方根结线虫具有高抗性;对蓝苜蓿蚜、茎线虫、南方根结线虫有抗性;对细菌性萎蔫病、炭疽病抗性中等;对丝囊霉根腐病、疫霉菌根腐病、苜蓿斑翅蚜、黄萎病的抗性未测试。该品种适宜于在美国西南部地区种植;已在加利福尼亚州和威斯康星州通过测试。基础种永久由 Dairyland 研究中心生产和持有,审定种子于 1999 年上市。

158. SW 9628

SW 9628 亲本材料选择标准为具有植株活力强、株高较高、根颈大、主根健康并且抗南方根结线虫等特性的多个种群。该品种花色约 98.5% 为紫色,1% 为杂色,0.5% 为白色;秋眠级为 9 级。该品种对南方根结线虫、苜蓿斑翅蚜具有高抗性;对豌豆蚜、蓝苜蓿蚜、镰刀菌萎蔫病和疫霉根腐病有抗性;对细菌性萎蔫病和炭疽病抗性较低;对黄萎病、茎线虫和丝囊霉根腐病的抗性未测试。该品种适宜于加利福尼亚州圣华金谷地南部、帝王谷地区以及亚利桑那州的热带地区种植;已在上述地区通过测试。基础种永久由 S&W 种子公司生产和持有,审定种子于 2000 年上市。

159. FG 9A216

FG 9A216 亲本材料选择标准为高产、持久性好并对黄萎病、疫霉根腐病、苜蓿斑翅蚜和丝囊霉根腐病有抗性。该品种花色 100% 为紫色,带有少许杂色、乳白色、黄色和白色;属于非秋眠类型,秋眠等级为 9 级。该品种对镰刀菌萎蔫病、疫霉根腐病、豌豆蚜、苜蓿斑翅蚜和蓝苜蓿蚜具有高抗性;对细菌性萎蔫病、根结线虫和黄萎病有抗性;中抗炭疽病和茎线虫;对丝囊霉根腐病的抗性未测试。该品种适宜于美国西南部地区种植,已在加利福尼亚州通过测试。基础种永久由 Forage Genetics 公司生产和持有,审定种子于 2001 年上市。

160. SW 9720

SW 9720 是由 90 个亲本植株通过杂交而获得的综合品种。其亲本材料的选择最后是在温室中通过浇灌 130mmol/L 的 NaCl 液体进行的;亲本材料是从 SW 14、SW 8112 和 SW 9301 群体中在盐胁迫下选出的产量高的多个种群。该品种花色 97％为紫色,3％杂色;属于非秋眠类型,秋眠等级为 9 级;在盐胁迫条件下,与 AZ-90NDC-ST 相比,产量相近。该品种对豌豆蚜、苜蓿斑翅蚜、南方根结线虫具有高抗性;对蓝苜蓿蚜、疫霉根腐病、镰刀菌萎蔫病有抗性;对细菌性萎蔫病和茎线虫有中度抗性;对黄萎病、丝囊霉根腐病和炭疽病抗性未测试。该品种适宜于美国南部圣华金山谷、加利福尼亚州帝王谷、亚利桑那州的热带地区种植。基础种永久由 S&W 种子公司生产和持有,审定种子于 2001 年秋季上市。

161. UC-IMPALO-WF

UC-IMPALO-WF 是由 UC-356 育种群体半同胞家系经过 4 次轮回选择育成的品种。其亲本材料选择标准是为改良这个品种的耐盐性和对根结线虫、疫霉根腐病、细菌性萎蔫病、镰刀菌萎蔫病、蓝苜蓿蚜、豌豆蚜、苜蓿斑翅蚜、银叶粉虱的抗性以及产量性状、在轻度荒漠地区种植的适宜性和种子产量。亲本种质来自加利福尼亚大学苜蓿育种体系中的 9 个群体。种质资源贡献率大约为:杂花苜蓿占 1％,土耳其斯坦苜蓿占 8％,智利苜蓿占 7％,秘鲁苜蓿占 1％,印第安苜蓿占 15％,非洲苜蓿占 35％,阿拉伯苜蓿占 10％,未知苜蓿占 23％。该品种花色 99％以上为紫色,其余为杂色、乳白色;属于非秋眠类型,秋眠等级为 9 级。该品种对镰刀菌萎蔫病、苜蓿斑翅蚜具有高抗性;对疫霉根腐病、蓝苜蓿蚜、豌豆蚜、南方根结线虫有抗性;中度抗细菌性萎蔫病;对疽病抗性低;对黄萎病、丝囊霉根腐病和茎线虫抗性未测试。该品种适宜在轻度荒漠地区种植;已在加利福尼亚州的帝王谷、亚利桑那州中部地区通过测试。基础种永久由加州大学 Foundation Seed Project 生产和持有,审定种子于 2000 年上市。

162. 59N49

59N49 是从 2 个 Pioneer 非秋眠实验群体中选择出的 180 个植株相互杂交而获得的综合品种,并通过最后一轮选择以获得对疫霉根腐病和茎线虫的抗性。该品种花色 96％为紫色,4％为杂色并带有少许黄色、乳白色和白色;属于非秋眠类型,秋眠等级为 9 级。该品种对疫霉根腐病、苜蓿斑翅蚜、豌豆蚜、北方根结线虫和南方根结线虫具有高抗性;对炭疽病、镰刀菌萎蔫病、蓝苜蓿蚜有抗性;中度抗黄萎病;对茎线虫和细菌性萎蔫病抗性低;对丝囊霉根腐病敏感。该品种适宜于美国西南部地区、阿根廷和澳大利亚种植。基础种永久由 Pioneer Hi-Bred Internationa 公司生产和持有,审定种子于 2002 年上市。

163. Grasis Ⅱ

Grasis Ⅱ是由 301 个亲本植株通过杂交而获得的综合品种。其亲本材料选择具有抗疫霉根腐病、炭疽病和种子产量高等特性的多个种群,并运用表型轮回选择法和品系杂交技术加以选择,以获得对镰刀菌萎蔫病、黄萎病、炭疽病、疫霉根腐病、蓝苜蓿蚜和苜蓿斑翅蚜的抗性。

亲本种质来源：CW 3956、Mecca、DK 189 和 UC 332。种质资源贡献率大约为：土耳其斯坦苜蓿占 12%，佛兰德斯苜蓿占 4%，智利苜蓿占 8%，秘鲁苜蓿占 4%，印第安苜蓿占 22%，非洲苜蓿占 50%。该品种花色 99% 为紫色，1% 为杂色并带有少量乳白色、白色和黄色；属于非秋眠类型，秋眠等级为 9 级。该品种对炭疽病、镰刀菌萎蔫病、疫霉根腐病、苜蓿斑翅蚜、蓝苜蓿蚜和豌豆蚜具有高抗性；对黄萎病有中度抗性；对细菌性萎蔫病、丝囊霉根腐病、茎线虫和根结线虫的抗性未测试。该品种适宜于美国西南部地区种植；已在加利福尼亚州通过测试。基础种永久由 Cal/West 公司生产和持有，审定种子于 1999 年上市。

164. FG 9M813

FG 9M813 的亲本材料是从生长多年的测产试验田或苗圃中选择出来的，选择标准是为了改良这个品种的牧草产量、持久性、抗疫霉根腐病等特性。该品种花色 100% 为紫色，带有极少量黄色、白色、乳白色；属于非秋眠类型，秋眠等级为 9 级。该品种对炭疽病、镰刀菌萎蔫病、疫霉根腐病、豌豆蚜、苜蓿斑翅蚜、蓝苜蓿蚜和根结线虫具有高抗性；对黄萎病和茎线虫有抗性；对丝囊霉根腐病的抗性未测试。该品种适宜于美国西南部地区以及寒冷的山区种植；已在爱达荷州和加利福尼亚州通过测试。基础种永久由 Forage Genetics 公司生产和持有，审定种子于 2002 年上市。

165. SW 9601

Sw 9601 亲本材料选择标准是植株活力强、株高、根颈大而健康的主根，并且具有抗南方根结线虫、豌豆蚜和苜蓿斑翅蚜等特性。该品种花色 98.5% 为紫色，1% 为杂色，0.5% 为白色；属于非秋眠类型，秋眠等级为 9 级。该品种对南方根结线虫、苜蓿斑翅蚜和豌豆蚜具有高抗性；对蓝苜蓿蚜、疫霉根腐病、镰刀菌萎蔫病有抗性；对细菌性萎蔫病、炭疽病和茎线虫有中度抗性；对丝囊霉根腐病和黄萎病的抗性未测试。该品种适宜于美国南部圣华金山谷、加利福尼亚州帝王谷地区、亚利桑那州炎热地区种植。基础种永久由 S&W 种子公司生产和持有，审定种子于 2003 年上市。

166. ZX 9894

ZX 9894 是由 300 个亲本植株通过杂交而获得的综合品种。其亲本材料是在加利福尼亚州的埃尔森特罗附近圃里选出的多个种群，并运用表型轮回选择法加以选择，以获得对黄萎病、炭疽病、苜蓿斑翅蚜、蓝苜蓿蚜和豌豆蚜的抗性。该品种花色 97% 为紫色，1% 为杂色，1% 为乳白色，1% 为黄色；属于非秋眠类型，秋眠等级 9 级。该品种对镰刀菌萎蔫病、炭疽病、豌豆蚜、南方根结线虫和丝囊霉根腐病具有高抗性；对黄萎病、疫霉根腐病、苜蓿斑翅蚜和蓝苜蓿蚜有抗性；对细菌性萎蔫病和茎线虫的抗性未测试。该品种适宜于美国西南部地区种植。基础种永久由 ABI 公司生产和持有，审定种子于 2002 年上市。

167. ZS 9992

ZS 9992 是由 200 个亲本植株通过杂交而获得的综合品种。亲本材料是在亚利桑那州的盐碱地选出的多个种群，并运用表型轮回选择法加以选择，以获得在盐胁迫(氯化钠)条件下种子发芽势和牧草产量以及对丝核菌根腐病的抗性。该品种花色 98% 为紫色，1% 为杂色，1%

为黄色;属于非秋眠类型,秋眠等级9级。该品种对镰刀菌萎蔫病、炭疽病、疫霉根腐病具有高抗性,对细菌性萎蔫病、黄萎病、蓝苜蓿蚜和丝囊霉根腐病有抗性,对苜蓿斑翅蚜、豌豆蚜、茎线虫和南方根结线虫的抗性未测试。该品种适宜于美国西南部地区种植,基础种永久由ABI公司生产和持有,审定种子于2002年上市。

168. FG 9S932

FG 9S932亲本材料选择标准是为了改良这个品种在冬季生长、牧草产量和持久性,并运用表型轮回选择法加以选择。该品种花色100%为紫色,混有乳白色、黄色和白色;属于非秋眠类型,秋眠等级为9级。该品种对镰刀菌萎蔫病、疫霉根腐病、茎线虫、豌豆蚜、苜蓿斑翅蚜、蓝苜蓿蚜和根结线虫具有高抗性;中度抗炭疽病和黄萎病;低抗细菌性萎蔫病;对丝囊霉根腐病的抗性未测试。该品种适宜于美国西南部地区种植;已在加利福尼亚州通过测试。基础种永久由Forage Genetics公司生产和持有,审定种子于2003年上市。

169. FG 9S950

FG 9S950亲本材料选择标准是为了改良这个品种在冬季生长、牧草产量和持久性,并运用表型轮回选择法加以选择。该品种花色100%为紫色,混有乳白色、黄色和白色,属于非秋眠类型,秋眠等级为9级。该品种对镰刀菌萎蔫病、疫霉根腐病、豌豆蚜、苜蓿斑翅蚜、蓝苜蓿蚜和根结线虫具有高抗性;对茎线虫有抗性;中度抗炭疽病和黄萎病;低抗细菌性萎蔫病;对丝囊霉根腐病的抗性未测试。该品种适宜于美国西南部地区种植;已在加利福尼亚州通过测试。基础种永久由Forage Genetics公司生产和持有,审定种子于2003年上市。

170. CW 89126

CW 89126是由126个亲本植株通过杂交而获得的综合品种。其亲本材料具有抗苜蓿斑翅蚜的特性,亲本材料是在墨西哥干燥地区选出的耐干旱、持久性好的多个种群;并运用表型轮回选择法和品系杂交技术加以选择,以获得对镰刀菌萎蔫病、黄萎病、疫霉根腐病、炭疽病、苜蓿斑翅蚜和蓝苜蓿蚜的抗性。亲本种质来源:Cal/West种子育种种群。种质资源贡献率大约为:非洲苜蓿占100%。该品种花色100%为紫色,略带有杂色、白色、乳白色和黄色,属于非秋眠类型,秋眠等级9级。该品种对镰刀菌萎蔫病、豌豆蚜和苜蓿斑翅蚜具有高抗性,对蓝苜蓿蚜有抗性,中度抗疫霉根腐病,低抗炭疽病,对丝囊霉根腐病、细菌性萎蔫病、黄萎病、茎线虫和根结线虫的抗性未测试。该品种适宜于美国和墨西哥的西南部地区种植;已在美国的加利福尼亚州和墨西哥通过测试。基础种永久由Cal/West种子公司生产和持有,审定种子于2003年上市。

171. CW 09051

CW 09051是由70个亲本植株通过杂交而获得的综合品种。其亲本材料具有抗逆性好,种子产量高特性;亲本材料是从加利福尼亚的苗圃和阿根廷品比试验中选出的具有抗蚜虫、耐干旱、耐霜冻、存活率高和农艺性状优秀的多个种群。亲本种质来源:Cal/West种子公司提供的育种种群。种质资源贡献率大约为:杂花苜蓿占4%,土耳其斯坦苜蓿占9%,佛兰德斯苜蓿占4%,智利苜蓿占9%,秘鲁苜蓿占4%,印第安苜蓿占22%,非洲苜蓿占48%。该品种花色

99％为紫色,少量为杂色、白色、乳白色和黄色;属于非秋眠类型,秋眠等级为 9 级。该品种对炭疽病、镰刀菌萎蔫病、黄萎病、疫霉根腐病、豌豆蚜、蓝苜蓿蚜、苜蓿斑翅蚜和茎线虫具有高抗性;对北方根结线虫有抗性;对细菌性萎蔫病有适度抗性;对丝囊霉根腐病的抗性未测试。该品种适宜于美国西南部地区、墨西哥以及阿根廷种植;已在这些地区通过测试。基础种永久由 Cal/west 种子公司生产和持有,审定种子于 2003 年上市。

172. CW 09052

CW 09052 是由 82 个亲本植株通过杂交而获得的综合品种。其亲本材料具有抗逆性好、种子产量高的特性;亲本材料是从加利福尼亚的苗圃和阿根廷品比试验中选出的具有抗蚜虫、耐干旱、耐霜冻、存活率高和农艺性状优秀的多个种群。亲本种质来源:Cal/West 种子公司育种种群。种质资源贡献率大约为:杂花苜蓿占 4％,土耳其斯坦苜蓿占 9％,佛兰德斯苜蓿占 4％,智利苜蓿占 10％,秘鲁苜蓿占 4％,印第安苜蓿占 23％,非洲苜蓿占 46％。该品种花色 99％是紫色,少量为杂色、白色、乳白色和黄色;属于非秋眠类型,秋眠等级为 9 级。该品种对炭疽病、镰刀菌萎蔫病、疫霉根腐病、苜蓿斑翅蚜、茎线虫和南方根结线虫具有高抗性;对黄萎病、豌豆蚜、蓝苜蓿蚜虫和北方根结线虫有抗性;对细菌性萎蔫病有适度抗性;对丝囊霉根腐病的抗性未测试。该品种适宜于美国西南部地区以及墨西哥、阿根廷种植;已在美国的加利福尼亚州、墨西哥和阿根廷通过测试。基础种永久由 Cal/West 种子公司生产和持有,审定种子于 2003 年上市。

173. CW 09084

CW 09084 是由 150 个亲本植株通过杂交而获得的综合品种。其亲本材料来自墨西哥,选择具有耐干旱、持久性好、抗根腐病和苜蓿斑翅蚜的种群,并运用表型轮回选择法和品系杂交技术加以选择,以获得对镰刀菌萎蔫病,疫霉根腐病,炭疽病、苜蓿斑翅蚜和蓝苜蓿蚜虫的抗性。亲本种质来源:Cal/West 种子公司育种种群。种质资源贡献率大约为:非洲苜蓿占 100％。该品种花色 99％为紫色,少量为杂色、白色、乳白色和黄色;属于非秋眠类型,秋眠等级为 9 级。该品种对疫霉根腐病、豌豆蚜虫和茎线虫具有高抗性;对苜蓿斑翅蚜有抗性;对蓝苜蓿蚜虫有适度抗性;对炭疽病的抗性低;对细菌性萎蔫病、黄萎病、丝囊霉根腐病和根结线虫的抗性未测试。该品种适宜于美国西南部地区和墨西哥种植;已在美国的加利福尼亚州及墨西哥通过测试。基础种永久由 Cal/West 种子公司生产和持有,审定种子于 2003 年上市。

174. CW 89132

CW 89132 是由 320 个亲本植株通过杂交而获得的综合品种。其亲本材料是从加利福尼亚的苗圃和阿根廷品比试验田中选出的具有抗蚜虫、耐干旱、耐霜冻、持久性好和农艺性状优秀的多个种群,并运用表型轮回选择法和品系杂交技术加以选择,以获得对镰刀菌萎蔫病、疫霉根腐病、黄萎病、炭疽病、苜蓿斑翅蚜、蓝苜蓿蚜虫和茎线虫的抗性。亲本种质来源:DK 191、Super Supreme、F969、5929、ACA 900、Grasis Ⅱ、Beacon 和由 Cal/West 种子培育公司提供的混杂群体。种质资源贡献率大约为:杂花苜蓿占 5％,土耳其斯坦苜蓿占 15％,佛兰德斯苜蓿占 5％,智利苜蓿占 9％,秘鲁苜蓿占 4％,印第安苜蓿占 25％,非洲苜蓿占 37％。该品种花色 99％为紫色,少量为杂色、白色、乳白色和黄色;属于非秋眠类型,秋眠等级为 9 级。该品种对炭疽病、镰刀菌萎蔫病、疫霉根腐病、豌豆蚜虫、苜蓿斑翅蚜、蓝苜蓿蚜虫、茎线虫和南方根结线虫具有高抗性；对黄萎病北方根结线虫有抗性；对细菌性萎蔫病和丝囊霉根腐病的抗性未测试。该品种适宜于美国西南部地区和阿根廷种植；已在美国的加利福尼亚州和阿根廷通过测试。基础种永久由 Cal/West 种子公司生产和持有，审定种子于 2003 年上市。

175. CW 99112

CW 99112 是由 61 个亲本植株通过杂交而获得的综合品种。其亲本材料具有抗逆性好、种子产量高的特性；亲本材料是从加利福尼亚苗圃和阿根廷品比试验中选出的具有抗蚜虫、耐干旱、耐霜冻、存活率高和农艺性状优秀等特性的多个种群。亲本种质来源：Cal/West 种子公司育种群体。种质资源贡献率大约为：杂花苜蓿占 4%，土耳其斯坦苜蓿占 10%，佛兰德斯苜蓿占 4%，智利苜蓿占 10%，秘鲁苜蓿占 4%，印第安苜蓿占 25%，非洲苜蓿占 43%。该品种花色超过 99%是紫色，还有少量杂色、白色、乳白色和黄色；属于非秋眠类型，秋眠等级为 9 级。该品种对镰刀菌萎蔫病、蓝苜蓿蚜和茎线虫具有高抗性；对炭疽病、疫霉根腐病和苜蓿斑翅蚜有抗性；对细菌性萎蔫病、黄萎病、丝囊霉根腐病、豌豆蚜和根结线虫的抗性未测试。该品种适宜于美国西南部地区以及墨西哥、阿根廷种植；已在美国的加利福尼亚州及墨西哥、阿根廷通过测试。基础种永久由 Cal/West 种子公司生产和持有，审定种子于 2003 年上市。

176. CW 99113

CW 99113 是由 77 个亲本植株通过杂交而获得的综合品种。其亲本材料具有抗逆性好、种子产量高的特性；亲本材料是从加利福尼亚苗圃和阿根廷品比试验中选出的具有抗蚜虫、耐干旱、耐霜冻、存活率高和农艺性状优秀等特性的多个种群。亲本种质来源：Cal/West 种子公司育种种群。种质资源贡献率大约为：杂花苜蓿占 4%，土耳其斯坦苜蓿占 10%，佛兰德斯苜蓿占 4%，智利苜蓿占 9%，秘鲁苜蓿占 4%，印第安苜蓿占 23%，非洲苜蓿占 46%。该品种花色超过 99%为紫色，还有少量的杂色、白色、乳白色和黄色；属于非秋眠类型，秋眠等级为 9 级。该品种对镰刀菌萎蔫病、蓝苜蓿蚜和茎线虫具有高抗性；对炭疽病、疫霉根腐病和苜蓿斑翅蚜有抗性；对细菌性萎蔫病、黄萎病、丝囊霉根腐病、豌豆蚜和根结线虫的抗性未测试。该品种适宜于美国西南部地区以及墨西哥、阿根廷种植；已在这些地区通过测试。基础种永久由 Cal/West 种子公司生产和持有，审定种子于 2003 年上市。

177. Fertilac 804

Fertilac 804 是由 250 个亲本植株通过杂交而获得的综合品种。其亲本材料是从加利福尼亚州金斯堡附近的苗圃里选出的多个种群，并运用表型轮回选择法加以选择，以获得对黄萎病、炭疽病、苜蓿斑翅蚜、蓝苜蓿蚜和豌豆蚜的抗性。亲本种质来源：UC 176（25%）、UC 196（25%）、UC 226（25%）和 CUF 101（25%）。种质资源贡献率大约为：黄花苜蓿占 2%，拉达克苜蓿占 16%，杂花苜蓿占 1%，土耳其斯坦苜蓿占 20%，佛兰德斯苜蓿占 1%，智利苜蓿占 10%，秘鲁苜蓿占 1%，印第安苜蓿占 14%，非洲苜蓿占 50%。该品种花色 99%为紫色，并夹杂不到 1%的乳白色、白色和黄色杂色；属于非秋眠类型，秋眠等级为 9 级。该品种对镰刀菌萎蔫病、苜蓿斑翅蚜和蓝苜蓿蚜具有高抗性；对丝囊霉根腐病、疫霉根腐病、豌豆蚜虫和南方根结线虫有抗性；对细菌性萎蔫病和茎线虫抗性适中。该品种适宜于加利福尼亚州中南部、亚利桑那州和新墨西哥州的低海拔地区种植;已在加利福尼亚州通过测试。基础种永久由 ABI 公司生产和持有,审定种子于 2004 年上市。

178. **59N59**

59N59 是由 174 个亲本植株通过杂交而获得的综合品种。亲本材料来自具有产量高、持久性好和抗多种虫害的 Pioneer 试验群体,并运用表型轮回选择的方法,获得健康的根颈和对疫霉根腐病、炭疽病、茎线虫、镰刀菌萎蔫病的抗性。该品种花色 96% 为紫色,4% 为杂色,带有少许乳白色、白色和黄色;属于非秋眠类型,秋眠等级为 9 级。该品种对炭疽病、茎线虫、北方根结线虫、南方根结线虫、镰刀菌萎蔫病、细菌性萎蔫病、疫霉根腐病、豌豆蚜和斑翅蚜具有高抗性;对蓝苜蓿蚜有抗性;中度抗丝囊霉根腐病和黄萎病。该品种适宜于澳大利亚种植,计划推广到美国西南部、大平原地区以及阿根廷、墨西哥和欧洲南部地区利用。基础种永久由 Pioneer Hi-Bred International 公司生产和持有,审定种子于 2006 年上市。

179. **FG 91T017**

FG 91T017 亲本材料是从生长年限较长的试验田和苗圃中选出的冬季生长势好、牧草产量高和持久性好的多个种群。该品种花色 100% 为紫色,略带杂色、白色、乳白色和黄色;属于极度非秋眠品种,秋眠等级 9 级。该品种对炭疽病、细菌性萎蔫病、疫霉根腐病、镰刀菌萎蔫病、茎线虫、苜蓿斑翅蚜、蓝苜蓿蚜和豌豆蚜具有高抗性;对根结线虫有抗性;对丝囊霉根腐病和黄萎病的抗性未测试。该品种适宜于美国西南部地区种植;已在加利福尼亚州通过测试。基础种永久由 Forage Genetics 公司生产和持有,审定种子于 2005 年上市。

180. **FG 91T013**

FG 91T013 亲本材料是从生长年限较长的试验田和苗圃中选出的冬季生长势好、牧草产量高和持久性好的多个种群。该品种花色 100% 为紫色,略带杂色、白色、乳白色和黄色;属于极度非秋眠品种,秋眠等级为 9 级。该品种对镰刀菌萎蔫病、疫霉根腐病、苜蓿斑翅蚜、蓝苜蓿蚜和豌豆蚜具有高抗性;对炭疽病、细菌性萎蔫病、豌豆蚜、根结线虫有抗性;对丝囊霉根腐病和黄萎病的抗性未测试。该品种适宜于美国西南部地区种植;已在加利福尼亚州通过测试。基础种永久由 Forage Genetics 公司生产和持有,审定种子于 2005 年上市。

181. **CW 3957 (CW 907)**

CW 907 是由 470 个亲本植株通过杂交而获得的综合品种。其亲本材料具有抗疫霉根腐病和丝囊霉根腐病的特性;亲本材料是从加利福尼亚州生长 4 年的产量试验田材料和多个群体的杂交后代中选出的,并运用表型轮回选择法和品系杂交技术加以选择,以获得对镰刀菌萎蔫病、黄萎病、疫霉菌根腐病、蓝苜蓿蚜、斑翅蚜和炭疽病的抗性。亲本种质来源:Altiva、CW 2820、DK 189、Mecca、CW 2817、UC 332 和 CW 2818。种质资源贡献率大约为:杂花苜蓿占 2%,土耳其斯坦苜蓿占 6%,佛兰德斯苜蓿占 2%,智利苜蓿占 4%,秘鲁苜蓿占 2%,印第安苜蓿占 23%,非洲苜蓿占 52%,未知苜蓿占 9%。该品种花色约 100% 为紫色;属于极度非秋眠类型,秋眠等级近似于 CUF101。该品种对镰刀菌萎蔫病、茎线虫、苜蓿斑翅蚜、蓝苜蓿蚜和豌豆蚜具有高抗性;对炭疽病、疫霉菌根腐病具有抗性,中度抗黄萎病,对细菌性萎蔫病、丝囊霉根腐病和根结线虫的抗性未测试。该品种适宜于美国西南部地区种植,计划推广到墨西哥和阿根廷利用;已在美国的加利福尼亚州及墨西哥通过测试。基础种永久由 Cal/West 种子公司生产和持有,审定种子于 1997 年上市。

182. FG 92T030

FG 92T030 的亲本材料是在一个生长多年的试验田或苗圃里选择出来的;其选择标准是为了改良这个品种在冬季的生长活力、牧草产量和持久性。该品种花色 100% 为紫色,含极少量的杂色、黄色、乳白色和白色;属于非秋眠类型,秋眠等级 9 级。该品种对镰刀菌萎蔫病、豌豆蚜、苜蓿斑翅蚜和北方根结线虫具有高抗性;对炭疽病、细菌性萎蔫病、疫霉根腐病、蓝苜蓿蚜和茎线虫具有抗性;对黄萎病和丝囊霉根腐病的抗性未测试。该品种适宜于美国加利福尼亚州和西南部轻度沙漠地区种植;已在加利福尼亚州通过测试。基础种永久由 Forage Genetics 生产和持有,审定种子于 2006 年上市。

183. FG 92T032

FG 92T032 亲本材料的选择标准是为了改良这个品种在冬季的生长活力、牧草产量和持久性。该品种花色 100% 为紫色,含极少量的杂色、黄色、乳白色和白色;属于非秋眠类型,秋眠等级 9 级。该品种对镰刀菌萎蔫病、豌豆蚜、苜蓿斑翅蚜、北方根结线虫和茎线虫具有高抗性;对疫霉根腐病、蓝苜蓿蚜具有抗性;对炭疽病、细菌性萎蔫病具有中度抗性;对黄萎病和丝囊霉根腐病的抗性未测试。该品种适宜于美国加利福尼亚州和西南部轻度沙漠地区种植;已在加利福尼亚州通过测试。基础种永久由 Forage Genetics 公司生产和持有,审定种子于 2006 年上市。

184. HB 8900

HB 8900 的亲本材料选择标准是为了改良这个品种在冬季的生长活力、牧草产量和持久性。该品种花色 100% 为紫色,含极少量的杂色、黄色、乳白色和白色;属于非秋眠类型,秋眠等级 9 级;小叶数量多,为多叶型品种。该品种对镰刀菌萎蔫病、豌豆蚜、苜蓿斑翅蚜和蓝苜蓿蚜具有高抗性,对炭疽病、细菌性萎蔫病、疫霉根腐病、黄萎病、北方根结线虫和茎线虫具有抗性,对丝囊霉根腐病的抗性未测试。该品种适宜于美国加利福尼亚州和西南部轻度沙漠地区种植;已在加利福尼亚州通过测试。基础种永久由 Forage Genetics 公司生产和持有,审定种子于 2006 年上市。

185. SW 9215

SW 9215 亲本材料的选择标准是为了改良这个品种牧草产量的潜能、耐盐性和持久性,并且获得对疫霉根腐病、南方根结线虫、苜蓿斑翅蚜、蓝苜蓿蚜和豌豆蚜的抗性。该品种花色 98% 为紫色,2% 为杂色;属于非秋眠类型,秋眠等级 9 级;耐盐性大于(等于)对照品种 Salado。该品种对南方根结线虫、镰刀菌萎蔫病、苜蓿斑翅蚜和蓝苜蓿蚜具有高抗性;对疫霉根腐病、豌豆蚜和细菌性萎蔫病具有抗性;对炭疽病、黄萎病、茎线虫和丝囊霉根腐病的抗性未测试。该品种适宜于美国西南部地区种植;已在加利福尼亚州的圣华金河谷、帝王河谷及亚利桑那州通过测试。基础种永久由 Forage Genetics 公司生产和持有,审定种子于 2006 年上市。

186. **SW 9217**

SW 9217 亲本材料的选择标准是为了改良这个品种牧草产量的潜能和持久性,并且获得对南方根结线虫、苜蓿斑翅蚜、豌豆蚜和疫霉根腐病的抗性。该品种花色 98% 为紫色,2% 为杂色;属于非秋眠类型,秋眠等级 9 级。该品种对南方根结线虫、苜蓿斑翅蚜和镰刀菌萎蔫病具有高抗性;对疫霉根腐病和豌豆蚜具有抗性;对蓝苜蓿蚜和细菌性萎蔫病具有中度抗性,对炭疽病、黄萎病、茎线虫和丝囊霉根腐病的抗性未测试。该品种适宜于美国西南部地区种植;已在加利福尼亚州的圣华金河谷、萨克拉门托河谷和帝王河谷以及亚利桑那州通过测试。基础种永久由 Forage Genetics 公司生产和持有,审定种子于 2007 年上市。

187. **Magna 995**

Magna 995 是由 24 个亲本植株通过杂交而获得的综合品种。其亲本材料是从美国加利福尼亚大学在曼哈顿西区、科尔尼和帝国小溪的研究中心的测产试验田里选择出的具有植株活力强和根系健康等特性的多个种群。该品种花色 99% 为紫色,1% 为杂色,略带乳白、黄色和白色;属于非秋眠类型,秋眠等级 9 级。该品种对疫霉根腐病、茎线虫、北方根结线虫具有高抗性,对南方根结线虫有抗性;对炭疽病具有中度抗性;对蓝苜蓿蚜、苜蓿斑翅蚜和丝囊霉根腐病、细菌性萎蔫病、镰刀菌根腐病和黄萎病的抗性未测试。该品种适宜于美国的西南部地区种植,已在加利福尼亚州通过测试。基础种永久由 Dairyland 研究中心生产和持有,审定种子于 2005 年上市。

188. **SuperSonic**

SuperSonic 是由澳大利亚的 SGA 公司利用抗病材料通过轮回选择培育而成的。亲本材料的一部分是从生长多年的 SuperSiriver 苜蓿大田中选择出的;另一部分是从生长多年的放牧地选出的,具有茎秆细、叶茎比高、牧草产量高、种子产量稳定、持久性好、抗病虫特性的多个种群。亲本种质来源于美国和阿根廷。每一次轮回选择将表现优良的材料保留下来,其他的在开花之前淘汰掉。该品种株高中等,茎细且半直立,常常表现为分枝多、叶量大,叶茎比高于其来自美国的亲本,冬季生长活力强,春季、秋季生长旺盛,刈割或放牧后再生能力强。开花早,花色从浅色到深蓝。高茎叶比有助于提高粗蛋白含量和消化率,抗性水平已通过美国明尼苏达州 Crop Characteristics Inc. 的测试。该品种对镰刀菌萎蔫病、疫霉根腐病、蓝苜蓿蚜具有高抗性;对炭疽病有中抗性;对苜蓿斑翅蚜、豌豆蚜有抗性。2003 年在南澳大利亚 Keith 地区开展的综合试验中,在灌溉条件下,对 28 个品种和品系进行了比较。2003—2004 年共收获 3 茬,干草产量最高的是 SuperSonic、SuperSiriver 和 SuperSequel。这 3 个品种的产量比 Siriver 增产 10% 以上。2005 年在阿根廷进行的刈割试验中,该品种产量比对照品种阿根廷主栽品种 Monarca 增产 13%。

189. **SuperAurora**

SuperAurora 是由澳大利亚的 SGA 公司通过轮回选择培育而成的。亲本材料是从生长多年的 Aurora 苜蓿大田中选择出的具有牧草产量高、种子产量稳定、持久性好、抗病虫特性的多个种群。每一次轮回选择中将表现好的材料保留下来,将其他材料在开花之前淘汰。澳大利亚品种 Aurora 已经在阿根廷、新南威尔士通过测试,SuperAurora 的育种目标是从经过实践证明的好品种中,通过选择优良的植株,培育出适应性广、产量高的品种。该品种株高中等,茎半直立,多叶,冬季生长活力中等,夏季生长旺盛,刈割或放牧后再生能力强,在放牧条件下存活率高。开花早,花色从浅色到深蓝。抗性水平已通过美国明尼苏达州 Crop Characteristics Inc. 的测试。对苜蓿斑翅蚜、疫霉根腐病、蓝苜蓿蚜具有高抗性;对炭疽病有中抗性;对豌豆蚜有抗性。2003 年在南澳大利亚 Keith 地区开展的综合试验中,在灌溉条件下,对 28 个品种和品系进行了比较。品种 SuperAurora 3 年平均牧草产量比 Aurora 增产 10%。

190. Superstar

Superstar 是由澳大利亚的 SGA 公司利用抗病材料通过轮回选择培育而成的。亲本材料的一部分是从生长多年的放牧地中选择出的;另一部分是经过 3 个轮回选择出的,具有根颈入土深、茎秆细、叶茎比高、牧草产量高、种子产量稳定以及在放牧条件下持久性好、抗病虫特性的多个种群。亲本种质来源于美国和阿根廷。每一次轮回选择将表现优良的材料保留下来,其他材料在开花之前淘汰掉。该品种株高中等,根颈大且入土深、茎细且半直立,表现为分枝多、叶量大,叶茎比高于其亲本。饲草质量测试结果表明,该品种的可消化干物质含量比 SuperAurora 高 11.3%,粗蛋白质含量高 10.1%。该品种冬季生长活力中等,刈割或放牧后再生能力强,开花早,花色从浅色到深蓝、略带白色。该品种高抗土传病害,对放牧场来说,是一个持久性很好的品种。抗性水平已通过美国明尼苏达州 Crop Characteristics Inc. 的测试,该品种对镰刀菌萎蔫病、疫霉根腐病、苜蓿斑翅蚜、蓝苜蓿蚜具有高抗性;对炭疽病有中抗性;对豌豆蚜有抗性。在南澳大利亚开展的综合试验中,在灌溉条件下,对 28 个品种和品系进行了比较。Super Star 比品种 Aurora 和 Genesis 增产 10% 以上,比 SuperAurora 增产 6% 以上。2004—2005 年,在阿根廷官方注册列表的两个地方重复刈割试验中,该品种 24 茬牧草产量比主要商品对照品种 P-5681 增产 12%,该品种在阿根廷和欧洲正在进行注册登记,种子将在 2007 年上市。

191. SuperCuf

SuperCuf 是由澳大利亚 SGA 公司利用抗病材料通过轮回选择培育而成的。其亲本材料具有牧草产量高、种子产量稳定,抗病虫性、持久性好的特性。亲本材料的一部分是从生长多年的 CUF101 苜蓿大田中选择出的;另一部分是从 Sequel 品种优良材料的杂交后代中选择出的。每一次轮回选择将表现好的材料保留下来,将其他材料在开花之前淘汰。澳大利亚品种 Sequel 已经在阿根廷、新南威尔士的北部、昆士兰的南部经过测试。Cuf101 是美国的一个重要抗蚜虫品种,也是 Siriver 和 Sequel 两个品种的亲本材料。SuperCuf 的育种目标是从经过实践证明的好品种中,通过选择优良的植株,培育出适应性广、草产量高的品种。该品种株高中等,茎直立,叶量大,冬季生长活力强,春季、秋季生长旺盛,刈割或放牧后再生能力强,开花早,花色从浅色到深蓝、很少有白色。抗病虫害性能优于 Cuf101 和 Sequel。抗性水平已通过美国明尼苏达州 Crop Characteristics Inc. 的测试,对苜蓿斑翅蚜、蓝苜蓿蚜具有高抗性;对豌豆蚜、疫霉根腐病有抗性;对炭疽病抗性较低。2003 年在南澳大利亚 Keith 地区开展的综合试验中,在灌溉条件下,对 28 个品种和品系进行了比较。2003—2004 年共收获 3 茬,干草产量最高的是 SuperCuf 和 SuperSiriver,品种 SuperCuf 比 Sequel 和 Cuf101 增产 20% 以上。

192. **SuperSequel**

SuperSequel 是由澳大利亚的 SGA 公司利用抗病材料通过轮回选择培育而成的。亲本材料具有牧草产量高、种子产量稳定,抗病虫性好的特性。该亲本材料是从生长多年的 Sequel 和 Cuf101 首蓿田中选择出的多个种群。每一次轮回选择将表现好的材料保留下来,将其他材料在开花之前淘汰。澳大利亚品种 Sequel 已经在阿根廷、新南威尔士的北部、昆士兰的南部经过测试。Cuf101 是美国的一个重要抗蚜虫品种,也是 Siriver 和 Sequel 两个品种的亲本材料。SuperSequel 的育种目标是从经过实践证明的好品种中,通过选择优秀良的植株,培育出适应性广、牧草产量高的品种。该品种株高中等,茎直立,叶量大,冬季生长活力强,春季、秋季生长旺盛,刈割或放牧后再生能力强,开花早,花色从浅色到深蓝、很少有白色。抗病虫害性能优于 Cuf101 和 Sequel。抗性水平已通过美国明尼苏达州 Crop Characteristics Inc. 的测试。该品种对首蓿斑翅蚜、蓝首蓿蚜具有高抗性;对豌豆蚜、疫霉根腐病有抗性;对炭疽病抗性较低。2003 年在南澳大利亚 Keith 地区开展的综合试验中,在灌溉条件下,对 28 个品种和品系进行了比较。2003—2004 年共收获 3 茬,干草产量最高的是 SuperSeque 和 SuperSiriver,品种 SuperSeque 比 Sequel 和 Cuf101 增产 20% 以上。

193. **SuperSiriver**

SuperSiriver 是由澳大利亚的 SGA 公司利用抗病材料通过轮回选择培育而成的。亲本材料具有牧草产量高、种子产量稳定、抗病虫性好的特性。该亲本材料是从生长多年的 Siriver 首蓿田中选择出的多个种群。每一次轮回选择将表现好的材料保留下来,将其他材料在开花之前淘汰。该品种的亲本材料 Siriver 为澳大利亚品种,已经被最广泛的种植,自从 1980 年被推出后一直是澳大利亚的主要出口品种。由于 Siriver 品种在澳大利亚和国际市场具有广泛的适应性和产量高的特性,常常被用作培育新品种的亲本材料。该品种株高中等,茎细且半直立,表现为分枝多、叶量大,叶茎比高。饲草质量测试结果表明:该品种的可消化干物质含量比 Siriver 高 11%,粗蛋白含量比 Siriver 高 7%。该品种冬季生长活力强,春季、秋季生长旺盛,刈割或放牧后再生能力强,开花早,花色从浅色到深蓝、很少有白色。该品种的抗性水平已通过美国明尼苏达州 Crop Characteristics Inc. 测试,对豌豆蚜、蓝首蓿蚜具有高抗性;对首蓿斑翅蚜、疫霉根腐病有抗性;对炭疽病抗性适中。在灌溉条件下的刈割试验中,SuperSiriver 3 茬的年产量比 Siriver 增产 16%。在阿根廷进行的正式登记试验中,SuperSiriver 比 Siriver 和对照品种 Monarca 分别增产 7% 和 10% 以上。SuperSiriver 现已成为近 3 年来澳大利亚主要的出口品种之一。

194. **FG 103T058**

FG 103T058 的亲本材料是在一个生长多年的试验田或苗圃里选择出来的,其选择标准是为了改良这个品种在冬季的生长活力、牧草产量和持久性。该品种花色 100% 为紫色,含极少量的杂色、黄色、乳白色和白色;属于非秋眠类型,秋眠等级 10 级。该品种对首蓿斑翅蚜具有高抗性;对镰刀菌萎蔫病、豌豆蚜、疫霉根腐病、北方根结线虫和茎线虫具有抗性;对炭疽病有中度抗性,对细菌性萎蔫病、黄萎病、蓝首蓿蚜和丝囊霉根腐病的抗性未测试。该品种适宜于美国加州和西部的轻度沙漠地区种植;已在加利福尼亚州通过测试。基础种永久由 Forage

Genetics 公司生产和持有,审定种子于 2007 年上市。

195. PGI 1007 BA

PGI 1007 BA 是由 400 个亲本植株通过杂交而获得的综合品种。其亲本材料是从加利福尼亚州的产量试验田里选出的具有抗豌豆蚜的多个种群,并运用表型轮回选择法和品系杂交法进行选择,以获得对镰刀菌萎蔫病、黄萎病、疫霉根腐病、炭疽病、苜蓿斑翅蚜、蓝苜蓿蚜和茎线虫的抗性。亲本种质来源:ACA 900、Robusta、Mecca、DK 191、Grassis Ⅱ、5939、Topacio、WL 711 和不同的 Cal/West 繁殖群体。种质资源贡献率大约为:杂花苜蓿占 2%,土耳其斯坦苜蓿占 8%,佛兰德斯苜蓿占 1%,智利苜蓿占 6%,秘鲁苜蓿占 3%,印第安苜蓿占 24%,非洲苜蓿占 56%。该品种花色 99% 以上为紫色,带有杂色、乳白色、白色和黄色;属于非秋眠类型,秋眠等级为 10 级。该品种对镰刀菌萎蔫病、疫霉根腐病、豌豆蚜、苜蓿斑翅蚜、蓝苜蓿蚜、北方根结线虫、南方根结线虫具有高抗性;对茎线虫有抗性;对炭疽病、细菌性萎蔫病、黄萎病和丝囊霉根腐病的抗性未测试。该品种适宜于美国西南部和墨西哥地区种植;已在美国的加利福尼亚州和墨西哥通过测试。基础种永久由 Cal/West 种子公司生产和持有,审定种子于 2008 年上市。

196. FG 105T286

FG 105T286 是由 140 个亲本植株通过杂交而获得的综合品种。亲本材料的选择标准是为了改良这个品种的牧草产量、秋眠性、抗虫性和持久性,并运用基因型和表型轮回选择相结合的方法进行选择。该品种花色 100% 为紫色,略带杂色、乳白色、黄色和白色;属于非秋眠类型,秋眠等级 10 级。该品种对疫霉根腐病和豌豆蚜具有高抗性;对镰刀菌萎蔫病和茎线虫具有抗性;对细菌性萎蔫病具有中度抗性;对炭疽病的抗性较低;对黄萎病、丝囊霉根腐病、根结线虫、苜蓿斑翅蚜和蓝苜蓿蚜的抗性未测试。该品种适宜于美国西南部地区种植;已在加利福尼亚州通过测试。基础种永久由 Forage Genetics 公司生产和持有,审定种子于 2009 年上市。

197. FG 104T01

FG 104T01 是由 107 个亲本植株通过杂交而获得的综合品种。其亲本材料的选择标准是为了改良这个品种的牧草产量、秋眠性和持久性,并运用基因型和表型轮回选择相结合的方法进行选择。该品种花色 100% 为紫色,略带杂色、乳白色、黄色和白色;属于非秋眠类型,秋眠等级 10 级。该品种对镰刀菌萎蔫病和豌豆蚜具有高抗性;对疫霉根腐病和茎线虫具有抗性;对炭疽病和细菌性萎蔫病具有中度的抗性;对黄萎病、丝囊霉根腐病、北方根结线虫、苜蓿斑翅蚜和蓝苜蓿蚜的抗性未测试。该品种适宜于美国西南部地区种植;已在加利福尼亚州通过测试。基础种永久由 Forage Genetics 公司生产和持有,审定种子于 2009 年上市。

198. WL 711 WF

WL 711 WF 是由 115 个亲本植株通过杂交而获得的综合品种。其亲本材料是在加利福尼亚州威斯特摩兰地区的苗圃里选出的具有非秋眠性和抗苜蓿斑翅蚜特性的多个种群,并运用表型轮回选择法加以选择,以获得对银叶粉虱的抗性。亲本种质来源:Hasawi、WL 605 和 Pioneer 5929。种质资源贡献率大约为智利苜蓿占 5%,秘鲁苜蓿占 5%,印第安苜蓿占 10%,

非洲苜蓿占 30%,阿拉伯苜蓿占 50%。该品种花色近 100% 为紫色,略带有少许乳白色和杂色;秋眠等级为 10 级。该品种对镰刀菌萎蔫病、豌豆蚜、蓝苜蓿蚜、北方根结线虫和南方根结线虫具有高抗性;对疫霉根腐病、茎线虫和苜蓿斑翅蚜有抗性;对炭疽病、细菌性萎蔫病、黄萎病和丝囊霉根腐病的抗性未测试。该品种适宜于美国西南部地区种植;已在加利福尼亚州通过测试。基础种永久由 W-L 种子公司生产和持有,审定种子于 1998 年上市。

199. FG 10A215

FG 10A215 亲本材料选择标准是为了改良这个品种的牧草潜在产量、持久性、冬季生长情况以及对黄萎病、疫霉根腐病、苜蓿斑翅蚜的抗性。该品种花色约 100% 为紫色,略带乳白色、黄色和白色;属于非秋眠品种,秋眠等级为 10 级。该品种对镰刀菌萎蔫病、疫霉根腐病、豌豆蚜、苜蓿斑翅蚜、蓝苜蓿蚜具有高抗性;对细菌性萎蔫病抗性低;中抗炭疽病、黄萎病和茎线虫;对丝囊霉根腐病、根结线虫的抗性未测试。该品种适合在美国西南部地区种植;已在爱达荷州和加州等地通过测试。基础种永久由 Forage Genetics 公司生产和持有,审定种子于 2000 年上市。

200. FG 9L900

FG 9L900 是由 200 个亲本植株通过杂交而获得的综合品种。其亲本材料是从加利福尼亚州帝王谷地区选出的冬季中期生长旺盛以及具有抗疫霉根腐病、炭疽病、镰刀菌萎蔫病特性的多个种群。亲本种质来源:FG 9B78 和种质材料 UC 332。种质资源贡献率大约为:黄花苜蓿占 1%,拉达克苜蓿占 1%,杂花苜蓿占 1%,土耳其斯坦苜蓿占 9%,佛兰德斯苜蓿占 1%,智利苜蓿占 5%,秘鲁苜蓿占 4%,印第安苜蓿占 26%,非洲苜蓿占 45%,未知苜蓿占 7%。该品种花色约 100% 为紫色,略带杂色;属于非秋眠品种,秋眠等级为 10 级。该品种对镰刀菌萎蔫病、豌豆蚜、苜蓿斑翅蚜、北方根结线虫、蓝苜蓿蚜具有高抗性;对疫霉根腐病有抗性;中抗茎线虫,对黄萎病抗性低;对细菌性萎蔫病、炭疽病、丝囊霉根腐病的抗性未测试。该品种适合在美国西南部地区种植;已在加利福尼亚和爱达荷州等地通过测试。基础种永久由 Forage Genetics 公司生产和持有,审定种子在 1997 年上市。

201. Sedona

Sedona 是由 138 个亲本植株通过杂交而获得的综合品种。其亲本材料是从加利福尼亚州帝王谷地区选出的冬季中期生长旺盛的多个种群,并获得对苜蓿斑翅蚜、蓝苜蓿蚜、豌豆蚜、疫霉根腐病、炭疽病、黄萎病和镰刀菌萎蔫病的抗性。亲本种质来源:Coronado(60%)、Beacon(30%)和 UC 332(10%)。种质资源贡献率大约为:黄花苜蓿占 1%,拉达克苜蓿占 1%,杂花苜蓿占 1%,土耳其斯坦苜蓿占 9%,佛兰德斯苜蓿占 1%,智利苜蓿占 5%,秘鲁苜蓿占 4%,印第安苜蓿占 26%,非洲苜蓿占 45%,未知苜蓿占 7%。该品种花色近 100% 为紫色;属于非秋眠品种,秋眠等级为 10 级。该品种对根结线虫、镰刀菌萎蔫病、苜蓿斑翅蚜、豌豆蚜和蓝苜蓿蚜具有高抗性;对疫霉根腐病有抗性;对茎线虫的抗性中等;对黄萎病抗性较低;对炭疽病、丝囊霉根腐病和细菌性萎蔫病的抗性未测试。该品种适宜于美国西南部地区生长;已在爱达荷州和加利福尼亚州通过测试。基础种永久由 Forage Genetics 公司生产和持有,审定种子于 1998 年上市。

202. FG 9S903

FG 9S903 亲本材料选择标准是在冬季能有效生长、牧草产量高和持久性好,并运用表型轮回选择法加以选择。该品种花色 100％为紫色,混有乳白色、黄色和白色;属于非秋眠类型,秋眠等级为 10 级。该品种对镰刀菌萎蔫病、疫霉根腐病、豌豆蚜、苜蓿斑翅蚜、蓝苜蓿蚜和根结线虫具有高抗性;对茎线虫有抗性;中度抗炭疽病、黄萎病,低抗细菌性萎蔫病;对丝囊霉根腐病的抗性未测试。该品种适宜于美国西南部地区种植;已在加利福尼亚州通过测试。基础种永久由 Forage Genetics 公司生产和持有,审定种子于 2003 年上市。

203. FG 9S910

FG 9S910 亲本材料是在生长多年的测产试验田或苗圃中选出的具有多叶表达性、在冬季能有效生长、牧草产量高、持久性好的多个种群。该品种花色 100％为紫色,略带有极少量乳白色、白色和黄色;属于非秋眠类型,秋眠等级为 10 级;小叶数量多,为多叶型品种。该品种对镰刀菌萎蔫病、疫霉根腐病、豌豆蚜、苜蓿斑翅蚜和蓝苜蓿蚜具有高抗性;对炭疽病、黄萎病和茎线虫有抗性;低抗细菌性萎蔫病;对丝囊霉根腐病和根结线虫的抗性未测试。该品种适宜于美国西南部地区种植;已在加利福尼亚州通过测试。基础种永久由 Forage Genetics 公司生产和持有,审定种子于 2003 年上市。

204. FG 10S916

FG 10S916 亲本材料选择标准是为了改良这个品种对疫霉根腐病的抗性,并运用表型轮回选择法加以选择。该品种花色 100％为紫色,混有乳白色、黄色和白色;属于非秋眠类型,秋眠等级为 10 级。该品种对镰刀菌萎蔫病、疫霉根腐病、豌豆蚜、苜蓿斑翅蚜具有高抗性;对蓝苜蓿蚜和茎线虫有抗性;中度抗炭疽病和黄萎病;低抗细菌性萎蔫病;对丝囊霉根腐病和根结线虫的抗性未测试。该品种适宜于美国西南部地区种植;已在加利福尼亚州通过测试。基础种永久由 Forage Genetics 公司生产和持有,审定种子于 2003 年上市。

205. CW 99052

CW 99052 是由 180 个亲本植株通过杂交而获得的综合品种。其亲本材料具有抗茎线虫、炭疽病和疫霉根腐病的特性;亲本材料是在加利福尼亚州生长 4 年的测产试验田和种子产量圃里选择出的多个种群,并运用表型轮回选择法及品系杂交技术加以选择,以获得对镰刀菌萎蔫病、黄萎病、疫霉根腐病、炭疽病、苜蓿斑翅蚜、蓝苜蓿蚜的抗性。亲本种质来源:Robusta、CW 907、ACA 900、DK 191、Grasis、Grasis Ⅱ、5929、DK 192 和 Cal/West 育种种群。种质资源贡献率大约为:杂花苜蓿占 2％,土耳其斯坦苜蓿占 8％,佛兰德斯苜蓿占 1％,智利苜蓿占 6％,秘鲁苜蓿占 3％,印第安苜蓿占 26％,非洲苜蓿占 54％。该品种花色 100％为紫色,带有少许乳白色、白色和黄色;属于非秋眠类型,秋眠等级 10 级。该品种对镰刀菌萎蔫病、疫霉根腐病、茎线虫和苜蓿斑翅蚜具有高抗性;对炭疽病、黄萎病和蓝苜蓿蚜有抗性;对细菌性萎蔫病有中度抗性;对丝囊霉根腐病、豌豆蚜和北方根结线虫的抗性未测试。该品种适宜于美国、墨西哥和阿根廷的西南部地区种植;已在美国的加利福尼亚州以及墨西哥、阿根廷通过测试。基础种永久由 Cal/West 种子公司生产和持有,审定种子于 2003 年上市。

206. **CW 89092**

CW 89092 是由 180 个亲本植株通过杂交而获得的综合品种。其亲本材料选择具有易授粉等特性的多个种群,并运用表型轮回选择法和品系杂交技术加以选择,以获得对镰刀菌萎蔫病、黄萎病、疫霉根腐病、炭疽病、苜蓿斑翅蚜和蓝苜蓿蚜的抗性。亲本种质来源:Robusta、CW 907、ACA 900、DK 191、Grasis、Grasis Ⅱ 和 Cal/West 种子育种种群。种质资源贡献率大约为:杂花苜蓿占 2%,土耳其斯坦苜蓿占 10%,佛兰德斯苜蓿占 1%,智利苜蓿占 8%,秘鲁苜蓿占 3%,印第安苜蓿占 24%,非洲苜蓿占 52%。该品种花色 100% 为紫色,混有杂色、黄色、乳白色和白色;属于非秋眠类型,秋眠等级 10 级。该品种对镰刀菌萎蔫病、疫霉根腐病和北方根结线虫具有高抗性;对细菌性萎蔫病、黄萎病、豌豆蚜、苜蓿斑翅蚜和蓝苜蓿蚜有抗性;中度抗炭疽病;对丝囊霉根腐病的抗性未测试。该品种适宜于美国、墨西哥和阿根廷的西南部地区种植。基础种永久由 Cal/West 种子公司生产和持有,审定种子于 2003 年上市。

207. **WL 625HQ**

WL 625HQ 是由 105 个亲本植株通过杂交而获得的综合品种。其亲本材料是在加利福尼亚州贝克斯菲尔德地区生长 3 年的测产试验田里选择出的 2 个 W-L 实验种群,并运用表型轮回选择法加以选择,以获得高的体外干物质消化率。亲本种质来源:Mecca、CUF101、WL 501、WL 504 和 UC Cibola,种质资源贡献率大约为:阿拉伯苜蓿占 40%,非洲苜蓿占 30%,印第安苜蓿占 20%,智利苜蓿占 10%。该品种花色 100% 为紫色,混有杂色;属于非秋眠类型,秋眠等级 10 级。该品种对镰刀菌萎蔫病、疫霉根腐病、蓝苜蓿蚜、南方根结线虫、豌豆蚜和苜蓿斑翅蚜具有高抗性;对茎线虫有抗性;中度抗细菌性萎蔫病;对炭疽病、丝囊霉根腐病、黄萎病的抗性未测试。该品种适宜于美国的西南部地区种植;已在加利福尼亚州通过测试。基础种永久由 W-L 公司生产和持有,审定种子于 2000 年上市。

208. **Fertilac 10**

Fertilac 10 的选育标准是为了改良这个品种的牧草产量、冬季生长性和持久性等特性,并且获得对黄萎病、疫霉根腐病和苜蓿斑翅蚜的抗性。该品种花色 100% 紫色,并夹杂有乳白色、黄色、杂色和白色;属于非秋眠类型,秋眠等级为 10 级。该品种对镰刀菌萎蔫病、疫霉根腐病、豌豆蚜、苜蓿斑翅蚜和蓝苜蓿蚜具有高抗性;对炭疽病、黄萎病和茎线虫抗性适中;对细菌性萎蔫病抗性较低,对丝囊霉根腐病和根结线虫的抗性未测试。该品种适宜于美国西南部地区种植;已在爱达荷州和加利福尼亚州通过测试。基础种永久由 Forage Genetics 公司生产和持有,审定种子于 2000 年上市。

209. **SW 10**

SW 10 其亲本材料是从位于亚利桑那州的波士顿、加利福尼亚州的门多萨生长的苜蓿田里选出的仲冬生长旺盛、根及根颈体积大而且健康以及抗苜蓿斑翅蚜、豌豆蚜、蓝苜蓿蚜等特性的多个种群。该品种花色 100% 为紫色;属于非秋眠类型,秋眠等级为 10 级。该品种对苜蓿斑翅蚜、豌豆蚜、蓝苜蓿蚜具有高抗性;对镰刀菌萎蔫病、南方根结线虫和疫霉根腐病有抗性;对炭疽病、黄萎病、茎线虫和丝囊霉根腐病的抗性未测试。该品种适宜于美国西南部地区尤其适合在圣华金河谷南部和加利福尼亚州帝王谷一直到亚利桑那州热带气候区种植;已在这些地区通过测试。基础种永久由 S&W 种子公司生产和持有,审定种子于 2004 年上市。

210. FG 101T014

FG 101T014 亲本材料是从生长年限较长的试验田和苗圃中根据冬季生长势、牧草产量和持久性选择出的多个种群。该品种花色 100% 为紫色,略带杂色、乳白色、黄色和白色;属于极度非秋眠品种,秋眠等级 10 级。该品种对炭疽病、镰刀菌萎蔫病、豌豆蚜和苜蓿斑翅蚜具有高抗性;对疫霉根腐病、茎线虫和蓝苜蓿蚜有抗性;对丝囊霉根腐病、细菌性萎蔫病、根结线虫和黄萎病的抗性未测试。该品种适宜于美国西南部地区种植;已在加利福尼亚州通过测试。基础种永久由 Forage Genetics 公司生产和持有,审定种子于 2005 年上市。

211. CW 1010

CW 1010 是由 200 个亲本植株通过杂交而获得的综合品种。其亲本材料具有抗疫霉根腐病、丝囊霉根腐病、多叶型的特性,是从加利福尼亚州生长 4 年的产量试验田多个种群杂交后代中选择出的,并运用表型轮回选择法和品系杂交技术加以选择,以获得对镰刀菌萎蔫病、黄萎病、炭疽病、疫霉根腐病、蓝苜蓿蚜和苜蓿斑翅蚜的抗性。亲本种质来源:Mecca、Grasis、ACA 900、Super Supreme、CW 907、DK191 和 Cal/West 育种群体。种质资源贡献率大约为:土耳其斯坦苜蓿占 7%,智利苜蓿占 8%,印第安苜蓿占 25%,非洲苜蓿占 55%,未知苜蓿占 5%。该品种花色 99% 为紫色,1% 为杂色,略带乳白色、白色和黄色;属于极度非秋眠类型,秋眠等级为 10 级。该品种对镰刀菌萎蔫病、疫霉根腐病、茎线虫、豌豆蚜、苜蓿斑翅蚜、蓝苜蓿蚜和北方根结线虫具有高抗性;对炭疽病、南方根结线虫和黄萎病具有抗性;中度抗细菌性萎蔫病,对丝囊霉根腐病的抗性未测试。该品种适宜于美国西南部地区、墨西哥和阿根廷种植;已在美国的加利福尼亚州、亚利桑那州以及墨西哥、阿根廷通过测试。基础种永久由 Cal/West 种子公司生产和持有,审定种子于 2004 年上市。

212. ZS 0301

ZS 0301 是由 250 个亲本植株通过杂交而获得的综合品种。亲本材料从亚利桑那州和加利福尼亚州的盐胁迫试验中选择出来的在盐胁迫条件下具有发芽率高和产量高等特性的多个种群,并运用表型轮回选择法加以选择,以获得对疫霉菌根腐病、炭疽病、细菌性萎蔫病、黄萎病、蓝苜蓿蚜、苜蓿斑翅蚜、豌豆蚜、茎线虫和南方根结线虫的抗性。种质资源贡献率大约为:印第安苜蓿占 50%,未知苜蓿占 50%。该品种花色 98% 为紫色,其余为杂色、白色、乳白色和黄色;秋眠等级为 10 级,近似于 US1887。该品种对炭疽病、镰刀菌萎蔫病、疫霉菌根腐病、苜蓿斑翅蚜和蓝苜蓿蚜具有高抗性;对豌豆蚜和南方根结线虫有抗性;中度抗细菌性萎蔫病、黄萎病、丝囊霉根腐病和茎线虫。该品种适宜于美国西南部地区种植;已在加利福尼亚州通过测试。基础种永久由 ABI 公司生产和持有,审定种子于 2005 年上市。

213. ZS 0300

ZS 0300 是由 200 个亲本植株通过杂交而获得的综合品种。其亲本材料从亚利桑那州和加利福尼亚州的盐胁迫试验中选择出来的在盐胁迫条件下具有发芽率高和产量高等特性的多个种群,并运用表型轮回选择法加以选择,以获得对疫霉菌根腐病、炭疽病、细菌性萎蔫病、镰刀菌萎蔫病、黄萎病、蓝苜蓿蚜、苜蓿斑翅蚜、豌豆蚜、茎线虫和南方根结线虫的抗性。种质资源贡献率大约为:印第安苜蓿占 50%,未知苜蓿占 50%。该品种花色 98% 为紫色,1% 为杂色,带有少许白色、乳白色和黄色;秋眠等级为 10 级,近似于 US1887。该品种对炭疽病、镰刀菌萎蔫病、疫霉根腐病、苜蓿斑翅蚜、蓝苜蓿蚜具有高抗性;对黄萎病、豌豆蚜和南方根结线虫有抗性;中度抗细菌性萎蔫病、丝囊霉根腐病和茎线虫。该品种适宜于美国西南部地区种植;已在加利福尼亚州通过测试。基础种永久由 ABI 公司生产和持有,审定种子于 2005 年上市。

214. **Triple Play**

Triple Play 的亲本材料是运用表型轮回选择法获得的。其选择标准是为了改良这个品种冬季生长活力、牧草产量和持久性。该品种花色 100% 为紫色,略带杂色、乳白、黄色和白色;属于非秋眠类型,秋眠等级 10 级。该品种对镰刀菌萎蔫病、疫霉根腐病、豌豆蚜、苜蓿斑翅蚜、蓝苜蓿蚜和根结线虫具有高抗性;对茎线虫有抗性,对炭疽病和黄萎病具有中度抗性;对细菌性萎蔫病抗性低,对丝囊霉根腐病的抗性未测试。该品种适宜于美国西南部地区种植;已在加利福尼亚州通过测试。基础种永久由 Forage Genetics 公司生产和持有,审定种子于 2003 年上市。

参考文献

［1］耿华珠.中国苜蓿.北京:中国农业出版社,1995.

［2］杨青川.苜蓿生产与管理指南.北京:中国林业出版社,2003.

［3］齐预生.二十五史:第1卷.长春:吉林摄影出版社,2002:540-542.

［4］施新荣,赵欣,等.张骞西使研究概述.中国史研究动态,2002(1):15-20.

［5］杨英,宋继学,杨继民,等.论苜蓿在农牧业和秀美山川中的作用.西安联合大学学报,
　　　2001,4(13):97-100.

［6］贾思勰,缪启愉,缪桂龙,等.齐民要术译注.上海:上海古籍出版社,2006:220-221.

［7］全国牧草品种审定委员会.中国牧草登记品种集.北京:中国农业大学出版社,1999.

［8］全国草品种审定委员会.中国审定登记草品种集:1999—2006.北京:中国农业出版社,
　　　2008.

［9］王志锋,徐安凯,周艳春,等.34份苜蓿品种产草量和品质动态研究.吉林农业科学,

［10］杨青川,郭文山,康俊梅,等.17个紫花苜蓿品种产量比较试验.中国畜牧兽医,2004,31
　　　(12):15-16.

［11］孙彦,杨青川,杨起简,等.北京地区8个紫花苜蓿品种产量比较.北京农学院学报,2002,
　　　17(1):77-78.

［12］王殿魁,李红,罗新义,等.扁蓿豆与紫花苜蓿杂交育种研究.草地学报,2008,16(5):458-
　　　465.

［13］吴永敷.苜蓿雄性不育系的选育.中国草原,1980(2):36-38.

［14］任卫波,张蕴薇,邓波,等.卫星搭载紫花苜蓿种子的拉曼光谱分析.光谱学与光谱分析,
　　　2010,30(4):988-990.

［15］张文娟,邓波,张蕴薇,等.空间飞行对不同紫花苜蓿品种叶片显微结构的影响.草地学
　　　报,2010,18(2):233-236.

［16］袁庆华.我国苜蓿病害研究进展.植物保护,2007,33(1):6-10.

［17］刘让元.苜蓿的药用价值.中国食物与营养,2010(7):76-78.

[18] 朱志芳,陈林武,张发会,等.紫花苜蓿蓄水保土功能与经济效益分析.四川林业科技, 2004,25(3):39-42.

[19] 杨连合,王庆雷.苜蓿——品种、栽培、利用.日本国际协力事业团,1997.

[20] 贺春贵.苜蓿病虫草鼠害防治.北京:中国农业出版社,2004.

[21] 袁庆华,张卫国,贺春贵,等牧草病虫鼠害防治技术.北京:化学工业出版社,2004.

[22] 甘肃农业大学编.草原保护学:牧草昆虫学(第二分册).北京:农业出版社,1984.

[23] 华南农学院.农业昆虫学:上册.北京:农业出版社,1981.

[24] 华南农学院.植物化学保护.北京:农业出版社,1983.

[25] 韩金声,侯天爵,罗禄怡,等.牧草病害.北京:北京农业大学出版社,1988.

[26] 云锦凤.牧草及饲料作物育种学.北京:中国农业出版社,2001.

[27] 卢欣石.中国苜蓿秋眠性、适宜引种与生态区划:首届中国苜蓿发展大会论文集,2001.

[28] 甘肃农业大学.牧草及饲料作物育种学.北京:农业出版社,1986.

[29] 冯光翰.草原保护学:草地昆虫学(第二分册).2版.北京:中国农业出版社,1999.

[30] 白文辉,刘爱萍,宋银芳,等.我国北方主要栽培牧草害虫种类的调查.中国草地,1990 (5):58-60.

[31] 云锦凤,米福贵,杨青川,等.牧草育种技术.北京:化学工业出版社,2004.

[32] 甘肃农业大学.草原保护学:牧草病理学(第三分册).北京:农业出版社,1984.

[33] 洪绂曾.全国主要多年生栽培草种区划.北京:中国农业科技出版社,1990.

[34] 苜蓿发苜蓿的科学与技术.中国农业科学院北京畜牧兽医研究所饲料室,等译.中国草 原学会文集,第2集,1986.

[35] 洪绂曾.苜蓿科学.北京:中国农业出版社,2009.

[36] 希斯 M E,巴恩斯 R F,梅特卡夫 D S.牧草—草地农业科学.4版.黄文惠,苏加楷,张玉 发,等译.北京:农业出版社,1992.

[37] 刘锡庚.农作物病虫害的综合防治.北京:农业出版社,1981.

[38] 车晋滇.紫花苜蓿栽培与病虫害防治.北京:中国农业出版社,2002.

[39] 龙丘陵,叶正襄,彭志平,等.苜蓿优势种害虫种群数量动态初步研究.江西畜牧兽医杂 志,1992(3):16-18.

[40] 严林,梅杰人,等.青海省紫花苜蓿病虫种类及害虫天敌调查.植物保护,1991,22(5): 24-25.

[41] Yang ying,Song ji-xue,Yang ji-min,et al. Discussion on the roles of alfalfa in agricul- ture,animal husbandry and beatifying mountains and rivers . Journal of Xi an United University,2001,4(13):97-100.

[42] Malinow M R,McLaughlin P,Naito H K,et al. Effect of alfalfa meal on shrinkage (regression) of atherosclerotic plaques during cholesterol feeding in monkeys. Atherosclerosis,1978,30(1):27.

[43] Colodny L R,Montgomery A,Houston M. The role of esterin processed alfalfa saponins in reducing cholesterol. Journal of the American Nutraceutical Association,2001,3 (4):1-10.

[44] http://www. naaic. org

[45] http://www. seedgenticsaustralia. com

[46] http://www. brettyoung. ca

[47] http://www. americasalfalfa. com